高等职业教育"双高"建设成果教材

高等职业教育新形态一体化教材

高等数学

（第五版）

主 编　马凤敏　李　娟　宋从芝

副主编　田慧竹　陈　静　左立娟　杨云帆　牛双双

主 审　王建刚

中国教育出版传媒集团

高等教育出版社·北京

内容提要

　　本书是高等职业教育"双高"建设成果教材、高等职业教育新形态一体化教材,是根据工科专业人才培养方案,顺应信息化时代的教学要求,在第四版的基础上修订而成的。

　　本书分为基础模块和拓展模块,基础模块包括极限与连续、导数与微分、导数的应用、不定积分、定积分及其应用、常微分方程等内容;拓展模块包括拉普拉斯变换、行列式、矩阵与线性方程组等内容。本书内容深入浅出,符合高职学生的认知规律,注重数学的育人功能,突出数学思想、方法,融入数学建模思想,充分运用信息技术和数字化工具,着力提升学生的科学素养和人文素养。

　　本书的重要知识点和典型例题配有讲解视频,并以二维码链接,读者可以随扫随学;本书配有《高等数学学习指导和习题详解》,可作为学生复习用书;本书在智慧职教平台配套建有在线课程"微积分应用一点通",读者可登录平台在线学习。

　　本书既可作为高等职业教育工科各专业高等数学课程教材、专升本的指导教材,也可作为应用型本科院校和成人高校的教材或参考书。

图书在版编目(CIP)数据

　　高等数学/马凤敏,李娟,宋从芝主编. --5版
. --北京:高等教育出版社,2022.9
　　ISBN 978-7-04-059152-1

　　Ⅰ. ①高… Ⅱ. ①马… ②李… ③宋… Ⅲ. ①高等数学-高等职业教育-教材 Ⅳ. ①O13

　　中国版本图书馆 CIP 数据核字(2022)第 142402 号

GAODENG SHUXUE

| 策划编辑 | 崔梅萍 | 责任编辑 | 崔梅萍 | 封面设计 | 张　楠 | 版式设计 | 杜微言 |
| 责任绘图 | 黄云燕 | 责任校对 | 吕红颖 | 责任印制 | 存　怡 | | |

出版发行	高等教育出版社	网　　址	http://www.hep.edu.cn
社　　址	北京市西城区德外大街 4 号		http://www.hep.com.cn
邮政编码	100120	网上订购	http://www.hepmall.com.cn
印　　刷	北京市大天乐投资管理有限公司		http://www.hepmall.com
开　　本	787mm×1092mm　1/16		http://www.hepmall.cn
印　　张	18.5	版　　次	2009 年 9 月第 1 版
字　　数	440 千字		2022 年 9 月第 5 版
购书热线	010-58581118	印　　次	2022 年 9 月第 1 次印刷
咨询电话	400-810-0598	定　　价	41.80 元

第五版前言

本书是根据《国家职业教育改革实施方案》《关于推动现代职业教育高质量发展的意见》等文件精神，依据《职业教育专业目录（2021 年）》和高职工科专业人才培养方案，顺应信息化时代的教学要求，在第四版基础上对内容进行整体优化修订而成的高等职业教育新形态一体化教材。

本书贯彻立德树人、德技并修的职业教育育人理念，以服务专业发展为导向，注重基本概念和基本理论，注重培养学生应用数学知识分析和解决问题的能力，契合职业教育培养高素质技术技能型人才的类型特色。本书具有以下特点。

1. 深入挖掘数学中蕴含的育人功能，润物无声地提升学生综合素养

本书编写过程中将引入案例和拓展阅读作为科学精神与人文精神融合的重要载体，深入挖掘数学课程所蕴含的育人功能。通过典型案例融入思政元素，促进学生对数学知识的应用，提高学生的综合素养。

2. 遵循深入浅出原则，符合高职学生认知规律

本书难度适中，简明易懂。内容安排上由浅入深，符合认知规律。通过实际背景引入数学概念，便于学生理解和掌握。充分考虑到高职学生的数学学习特点，略去了过难过繁的理论推证和计算，对重要知识点配有几何图形与几何解释，强化了思想方法的介绍，使抽象的数学概念形象化。理论推导或证明以解释清楚有关结论为度，不过分追求理论上的系统性，便于读者理解。比如微分中值定理弱化了定理的推导过程，侧重对定理内容的几何解释。

3. 融入数学建模思想，学以致用

本书力求突出实际应用，培养学生数学建模的创新意识以及利用计算机求解数学模型和解决实际问题的能力。本书循序渐进地渗透建模思想，逐步阐释数学公式，引导学生在实际的模型中通过推导、假设等数学方法解决问题，使学生感受数学知识来源于生活又服务于生活，真正做到学以致用、知行合一。此外，实际问题的引入增加了趣味性，也更容易引起学生的学习兴趣和积极性。

4. 充分利用信息技术手段，注重线上线下教与学的有机统一

本书作为高职数学新形态一体化教材，为了在信息时代充分利用好线上线下的资源，在研制电子课件基础上，抽选了课程的各个知识要点、典型例题和各章的复习题，精心录制了相关视频,并在教材的相应位置提供了二维码链接,读者可以通过手机或平板电脑等移动端扫描二维码观看讲解视频,便于学生有针对性地进行预习、学习和复习,符合泛在化、倾向性学习的需求。

本书的配套课程"微积分应用一点通"是河北省职业教育精品在线开放课程,该课程在"爱课程·中国大学生 MOOC"和"智慧职教 MOOC 频道"同步开课,依托平台,配套建有高等数学电子课件、微视频、习题库等。此外,本书配套的还有《高等数学学习指导和习题详解》,书中有重难点分析和教材课后习题的详细解答。

本书主要由河北工业职业技术大学数学教研室编写,由马凤敏、李娟、宋从芝任主编,田慧竹、陈静、左立娟、杨云帆、牛双双任副主编,王建刚任主审,参加编写工作的还有许彪(石家庄职业技术学院)、刘骥、杨轩婧、赵会引、刘丽娜、李英芳、闫超、薛红肖、白翠霞、赵瑞环、李娟飞等。本书修订过程中还得到了我校赵益坤教授及有关领导的大力支持和帮助,在此表示由衷的感谢。

由于编写水平有限,书中难免会有很多不足之处,恳请各位专家、同仁和读者给予批评指正。

编　者
2022 年 4 月

第一版前言

本书是在高职院校新的教育教学改革和河北工业职业技术学院建设国家级示范院校的背景下,根据教育部制定的《高职高专教育人才培养目标及规格》和《高职高专教育高等数学课程教学基本要求》编写而成。

在编写过程中,我们立足高职高专的现状和职业教育的特点,继承了现有教材的编写成果,汲取了高职高专近年来高等数学课程的教学改革经验,特别是我院高等数学教学改革的经验和精品课建设的成果。

本书按照"实用为主,够用为度"的原则,突出了重素质、重应用、重能力、求创新的总体要求。

本书具有以下特点:

(1)结合高职高专特点,对重要的概念和知识点从实例引入,从学生熟悉的问题入手,力求简洁、朴实和自然,淡化了理论的推导和证明,强化了思想方法的介绍和直观的几何说明,注重通俗化、直观化和形象化,强化了数学文化的渗透。

(2)考虑到各专业对数学教学的不同需求,全书内容分模块、分层次编写,各专业可根据不同情况各取所需,便于分类教学。

(3)注重对学生进行应用意识、兴趣和能力的培养,特别编写了数学实验一章,以提高学生会用 MATLAB 数学软件解决实际问题的能力。

(4)考虑到专业教学的实际需要,优选了部分应用实例。

(5)每节后配有习题,供学生练习,每章后配有复习题,便于学生对该章知识的复习、巩固和提高。

本书按三个模块——基础模块、应用模块和探索模块编写。各模块在内容安排上尽量做到由浅入深、循序渐进,行文语言尽量做到简洁流畅和通俗易懂。这样,不仅使教材更为简明,还使学生不会因数学基础的不足而产生畏难情绪。

本书内容包括:极限与连续、导数与微分、导数的应用、不定积分、定积分及其应用、常微分方程、拉普拉斯变换、随机事件与概率、随机变量及其分布、数理统计、行列式、矩阵与线性方程组、数学实验。

本书由马凤敏、节存来、宋从芝任主编,王书田、强琴英、王磊任副主编,参加编写工作的还有:王力加、田慧竹、白瑞云、赵会引、李娟、赵向会、鞠金东、闫淑芳、郑瑞芝、封春玲。本书编写期间得到我校赵益坤教授和有关领导的大力支持和帮助,在此表示由衷的感谢。

由于时间仓促,更由于水平有限,书中肯定存在不少缺点和错误,恳请读者批评指正。

编　者

2009 年 7 月

目 录

基 础 模 块

第1章 极限与连续

知识导读

　　我国战国时期哲学家庄子的"截杖说",魏晋时期数学家刘徽的"割圆术",都体现出朴素的极限思想.刘徽是我国第一位用极限思想来考虑问题的科学家,他从圆内接正六边形开始,每次把边数加倍,利用勾股定理求出正12边形,正24边形……直到正192边形的面积,求出了圆周率,后来又计算到圆内接正3072边形的面积,奠定了中国科学家在数学史中的地位.

　　19世纪,法国数学家柯西出版了他的三部代表作:《分析教程》《无穷小分析教程概论》和《微分计算教程》. 1821年,他在《分析教程》中给出了极限的定义:"当一个量逐次所取的值无限趋向于一个定值,最终使变量的值和该定值之差想要多小就有多小,这个值就叫所有其他值的极限."半个世纪后,德国数学家魏尔斯特拉斯给出了极限的定义,从而使极限概念摆脱了对几何直观的依赖,摆脱了"无限趋近""想要多小就有多小"等提法的不明确性,极限概念被严密化,成为微积分学坚实的基础工具.

　　极限是高等数学中的一个重要的基本概念,是学习微积分学的理论基础.本章将在复习和加深函数有关知识的基础上讨论函数的极限和函数的连续性等问题.

1.1 函数

函数讲解
视频

1.1.1 函数的概念

1. 函数的定义

　　定义1　设 D 是一个实数集.如果对属于 D 的每一个数 x,按照某个对应关系 f,都有唯一确定的值 y 和它对应,那么 y 就叫做定义在数集 D 上的 x 的函数,记作 $y=$

$f(x)$,其中 x 叫做自变量,y 叫做因变量或函数. 数集 D 叫做函数的定义域,当 x 在定义域内取定某确定的值 x_0 时,因变量 y 按照所给函数关系 $y = f(x)$ 所确定的对应值 y_0 叫做当 $x = x_0$ 时的函数值. 当 x 取遍 D 中一切实数值时,与它对应的函数值的集合 M 叫做函数的值域.

在函数的定义中,并没有要求自变量变化时函数值一定要变,只要求对于自变量 $x \in D$ 都有确定的 $y \in M$ 与它对应. 因此,常量 $y = C$ 也符合函数的定义.

2. 函数的定义域

研究函数时,必须注意函数的定义域. 在考虑实际问题时,应根据问题的实际意义来确定定义域. 对于用数学式子表示的函数,它的定义域可由函数表达式来确定,即要使运算有意义. 例如:

① 在分式中,分母不能为零;

② 在根式中,负数不能开偶次方根;

③ 在对数式中,真数要大于零;

④ 在反三角函数式中,要符合反三角函数的定义域;

⑤ 如果函数表达式中含有分式、根式、对数式或反三角函数时,则应取各部分定义域的交集.

两个函数只有当它们的定义域和对应关系完全相同时,才认为它们是相同的.

3. 函数与函数值的记号

已知 y 是 x 的函数,可记为 $y = f(x)$. 但在同一个问题中,如需要讨论几个不同的函数,为区别清楚起见,就要用不同的函数记号来表示. 例如,以 x 为自变量的函数也可表示为 $F(x), \varphi(x), y(x), S(x)$ 等.

函数 $y = f(x)$ 当 $x = x_0 \in D$ 时,对应的函数值可以记为 $f(x_0)$.

4. 函数的表示法

表示函数的方法,常用的有三种:公式法、表格法、图像法. 本书所讨论的函数常用公式法表示.

有时,会遇到一个函数在自变量不同的取值范围内用不同的式子来表示的情况. 例如,函数

$$f(x) = \begin{cases} \sqrt{x}, & x \geq 0, \\ -x, & x < 0 \end{cases}$$

是定义在区间 $(-\infty, +\infty)$ 内的一个函数. 当 $x \geq 0$ 时,$f(x) = \sqrt{x}$;当 $x < 0$ 时,$f(x) = -x$. 它的图像如图1-1所示.

在不同的区间内用不同的式子来表示的函数称为分段函数.

求分段函数的函数值时,应把自变量的值代入相应取值范围的表达式进行计算. 例如,在上面的分段函

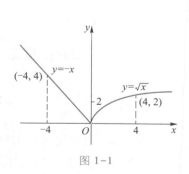

图 1-1

数中,

$$f(4) = \sqrt{4} = 2,$$
$$f(-4) = -(-4) = 4.$$

5. 反函数

> **定义 2** 设有函数 $y = f(x)$,其定义域为 D,值域为 M. 如果对于 M 中的每一个 y 值 $(y \in M)$,都有可以从关系式 $y = f(x)$ 唯一确定的 x 值$(x \in D)$ 与之对应,那么所确定的以 y 为自变量的函数 $x = \varphi(y)$ 或 $x = f^{-1}(y)$ 叫做 $y = f(x)$ 的反函数,它的定义域为 M,值域为 D.

习惯上函数的自变量都以 x 表示,所以通常把 $x = f^{-1}(y)$ 改写为 $y = f^{-1}(x)$. $y = f(x)$ 的图像与其反函数 $y = f^{-1}(x)$ 的图像关于直线 $y = x$ 对称.

6. 函数的几种特性
（1）函数的奇偶性

> **定义 3** 设函数 $y = f(x)$ 的定义域 D 关于原点对称,如果对于任一 $x \in D$,有 $f(-x) = -f(x)$,则称 $f(x)$ 为奇函数;如果对于任一 $x \in D$,有 $f(x) = f(-x)$,则称 $f(x)$ 为偶函数.

奇函数的图像关于原点对称,偶函数的图像关于 y 轴对称.
（2）函数的单调性

> **定义 4** 如果函数 $f(x)$ 在区间 (a, b) 内随 x 的增大而增大,即对于 (a, b) 内任意两点 x_1 及 x_2,当 $x_1 < x_2$ 时,有 $f(x_1) < f(x_2)$,则称 $f(x)$ 在区间 (a, b) 内单调增加,区间 (a, b) 称为函数 $f(x)$ 的单调增加区间.
> 如果函数 $f(x)$ 在区间 (a, b) 内随 x 的增大而减小,即对于 (a, b) 内任意两点 x_1 及 x_2,当 $x_1 < x_2$ 时,有 $f(x_1) > f(x_2)$,则称 $f(x)$ 在区间 (a, b) 内单调减少,区间 (a, b) 称为函数 $f(x)$ 的单调减少区间.

上述定义也适用于其他有限区间和无限区间的情形.
单调增加的函数,其图像自左向右是上升的. 单调减少的函数,它的图像自左向右是下降的. 在某一区间内单调增加或单调减少的函数统称为这个区间内的单调函数,该区间叫做这个函数的单调区间.
（3）函数的有界性

> **定义 5** 设函数 $f(x)$ 在区间 (a, b) 内有定义,如果存在一个正数 M,使得对于区间 (a, b) 内的一切 x 值,对应的函数值 $f(x)$ 都有
> $$|f(x)| \leqslant M$$
> 成立,则称 $f(x)$ 在区间 (a, b) 内有界. 如果这样的正数 M 不存在,则称 $f(x)$ 在区间 (a, b) 内无界.

上述定义也适用于其他类型区间的情形.

（4）函数的周期性

　　定义6　对于函数 $f(x)$，如果存在一个正数 T，使得对于定义域 D 内的一切 x，且 $x \pm T \in D$，使等式

$$f(x \pm T) = f(x)$$

都成立，则称 $f(x)$ 为周期函数，T 叫做这个函数的周期.一个以 T 为周期的函数，它的图像在定义域内每隔长度为 T 的相邻区间上有相同的形状（图1-2）.

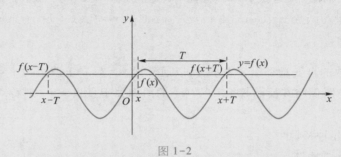

图 1-2

　　显然，如果函数 $f(x)$ 以正数 T 为周期，则 $2T, 3T, \cdots, nT (n \in \mathbf{N}_+)$ 也是它的周期，通常最小的正数 T（如果存在的话）称为周期函数的周期.

1.1.2　基本初等函数

基本初等函数讲解视频

　　幂函数　　　　$y = x^{\alpha}$（α 为任意实数）；

　　指数函数　　　$y = a^x$（$a > 0, a \neq 1, a$ 为常数）；

　　对数函数　　　$y = \log_a x$（$a > 0, a \neq 1, a$ 为常数）；

　　三角函数　　　$y = \sin x, y = \cos x, y = \tan x, y = \cot x, y = \sec x, y = \csc x$；

　　反三角函数　　$y = \arcsin x, y = \arccos x, y = \arctan x, y = \text{arccot } x$.

这五种函数统称为基本初等函数，现把一些常用的基本初等函数的定义域、值域、图像和特性列表如下（表1-1）.

表 1-1

类别	函数	定义域与值域	图像	特性
幂函数	$y = x$	$x \in (-\infty, +\infty)$, $y \in (-\infty, +\infty)$	$y=x$ 经过点 $(1,1)$	奇函数， 单调增加

类别	函数	定义域与值域	图像	特性
幂函数	$y = x^2$	$x \in (-\infty, +\infty)$, $y \in [0, +\infty)$		偶函数, 在$(-\infty, 0)$内单调 减少,在$(0, +\infty)$内 单调增加
	$y = x^3$	$x \in (-\infty, +\infty)$, $y \in (-\infty, +\infty)$		奇函数, 单调增加
	$y = \dfrac{1}{x}$	$x \in (-\infty, 0) \cup (0, +\infty)$, $y \in (-\infty, 0) \cup (0, +\infty)$		奇函数, 单调减少
	$y = \sqrt{x}$	$x \in [0, +\infty)$, $y \in [0, +\infty)$		单调增加
指数函数	$y = a^x$ $(a > 1)$	$x \in (-\infty, +\infty)$, $y \in (0, +\infty)$		单调增加

类别	函数	定义域与值域	图像	特性
指数函数	$y = a^x$ $(0 < a < 1)$	$x \in (-\infty, +\infty)$, $y \in (0, +\infty)$		单调减少
对数函数	$y = \log_a x$ $(a > 1)$	$x \in (0, +\infty)$, $y \in (-\infty, +\infty)$		单调增加
对数函数	$y = \log_a x$ $(0 < a < 1)$	$x \in (0, +\infty)$, $y \in (-\infty, +\infty)$		单调减少
三角函数	$y = \sin x$	$x \in (-\infty, +\infty)$, $y \in [-1, 1]$		奇函数,周期为 2π, 有界,在 $\left(2k\pi - \dfrac{\pi}{2}, 2k\pi + \dfrac{\pi}{2}\right)$ 内单调增加,在 $\left(2k\pi + \dfrac{\pi}{2}, 2k\pi + \dfrac{3\pi}{2}\right)$ 内单调减少
三角函数	$y = \cos x$	$x \in (-\infty, +\infty)$, $y \in [-1, 1]$		偶函数,周期为 2π,有界,在 $(2k\pi, 2k\pi + \pi)$ 内单调减少,在 $(2k\pi + \pi, 2k\pi + 2\pi)$ 内单调增加
三角函数	$y = \tan x$	$x \neq k\pi + \dfrac{\pi}{2}(k \in \mathbf{Z})$, $y \in (-\infty, +\infty)$		奇函数,周期为 π, 在 $\left(k\pi - \dfrac{\pi}{2}, k\pi + \dfrac{\pi}{2}\right)$ 内单调增加

类别	函数	定义域与值域	图像	特性
三角函数	$y = \cot x$	$x \neq k\pi (k \in \mathbf{Z})$, $y \in (-\infty, +\infty)$		奇函数,周期为 π, 在 $(k\pi, k\pi + \pi)$ 内单调减少
反三角函数	$y = \arcsin x$	$x \in [-1, 1]$, $y \in \left[-\dfrac{\pi}{2}, \dfrac{\pi}{2}\right]$		奇函数,单调 增加,有界
反三角函数	$y = \arccos x$	$x \in [-1, 1]$, $y \in [0, \pi]$		单调减少,有界
反三角函数	$y = \arctan x$	$x \in (-\infty, +\infty)$, $y \in \left(-\dfrac{\pi}{2}, \dfrac{\pi}{2}\right)$		奇函数,单调 增加,有界
反三角函数	$y = \text{arccot}\, x$	$x \in (-\infty, +\infty)$, $y \in (0, \pi)$		单调减少,有界

1.1.3 复合函数、初等函数

在实际问题中,常会遇到由几个简单的函数组合而成的较复杂的函数. 例如,函数 $y = \sin^2 x$ 可以看成是由幂函数 $y = u^2$ 与正弦函数 $u = \sin x$ 组合而成的. 因为对于每一个 $x \in \mathbf{R}$,通过变量 u,都有确定的 y 与之对应,所以 y 是 x 的函数. 这个函数可通过把 $u = \sin x$ 代入 $y = u^2$ 而得到.

一般地,我们给出下面的复合函数的定义:

定义 7 设 $y = f(u)$ 是数集 B 上的函数,又 $u = \varphi(x)$ 是数集 A 到值域 B 的函数,则对于每一个 $x \in A$ 通过 u,都有确定的 y 在定义域 B 的子集上与它对应,这时在数集 A 上 y 是 x 的函数,这个函数叫做数集 A 上的由 $y = f(u)$ 和 $u = \varphi(x)$ 复合而成的函数,简称为复合函数,记为 $y = f[\varphi(x)]$,其中变量 u 叫做中间变量.

例 1 指出下列复合函数的复合过程和定义域:

① $y = \sqrt{1 + x^2}$;   ② $y = \lg(1 - x)$.

解 ① $y = \sqrt{1 + x^2}$ 是由 $y = \sqrt{u}$ 与 $u = 1 + x^2$ 复合而成的,它的定义域与 $u = 1 + x^2$ 的定义域一样,都是 $x \in \mathbf{R}$.

② $y = \lg(1 - x)$ 是由 $y = \lg u$ 与 $u = 1 - x$ 复合而成的,它的定义域是 $x < 1$,只是 $u = 1 - x$ 的定义域 $\mathbf{R}$ 的一部分.

从上面的例子不难看出,复合函数 $y = f[\varphi(x)]$ 的定义域与 $u = \varphi(x)$ 的定义域不一定相同,有时是 $u = \varphi(x)$ 的定义域的一部分.

必须注意,不是任何两个函数都可以复合成一个复合函数. 例如,$y = \arcsin u$ 与 $u = 2 + x^2$ 就不能复合成一个复合函数. 因为对于 $u = 2 + x^2$ 的定义域 $(-\infty, +\infty)$ 中任何 x 值所对应的 u 值都大于或等于 2,它们都不能使 $y = \arcsin u$ 有意义.

也可以由两个以上的函数经过复合构成一个函数. 例如,设 $y = \sin u, u = \sqrt{v}, v = 1 - x^2$,则 $y = \sin \sqrt{1 - x^2}$,这里的 u, v 都是中间变量.

由基本初等函数及常数经过有限次四则运算和有限次复合步骤所构成的,并可用一个解析式表示的函数称为初等函数. 例如上述例 1 中的函数以及 $y = 1 + \sqrt{x}, y = x\ln x$, $y = \dfrac{\mathrm{e}^x}{1 + x}, y = 2\sin \sqrt{1 - x^2}, y = \arcsin(\ln x)$ 等都是初等函数. 本课程中研究的函数大多是初等函数.

指点迷津

分段函数可能是初等函数,也可能不是初等函数. 例如函数 $y = \begin{cases} x^2, & x < 0, \\ 1, & x \geqslant 0 \end{cases}$ 是分段函数,但不是初等函数. 又如分段函数 $f(x) = \begin{cases} x, & x \geqslant 0, \\ -x, & x < 0 \end{cases}$ 能化为 $f(x) = \sqrt{x^2}$,所以这个分段函数是初等函数.

1.1.4　建立函数关系举例

在解决某些问题时,通常要找出这个问题所涉及的一些变量之间的关系,也就是列出函数关系式,下面通过例子看如何建立函数关系式.

例 2　将直径 d 的圆木料锯成为矩形的木材(图 1-3),列出矩形截面两条边长之间的函数关系.

解　设矩形截面的一条边长为 x,另一条边长为 y,由勾股定理,得

$$x^2 + y^2 = d^2.$$

解出 y,得

$$y = \pm\sqrt{d^2 - x^2}.$$

由于 y 只能取正值,所以

$$y = \sqrt{d^2 - x^2}.$$

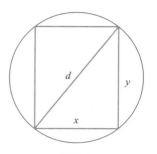

图 1-3

这就是矩形截面的两个边长之间的函数关系,它的定义域为 $(0, d)$.

例 3　某运输公司规定货物的吨千米运价为:在 a km 以内,每千米 k 元,超过 a km,超过部分每千米为 $\dfrac{4}{5}k$ 元,求运价 m 和里程 s 之间的函数关系.

解　由题意知,里程不同,运价不同,因此它们之间的关系要分段表示.

当 $0 < s \leqslant a$ 时,$m = ks$.

当 $s > a$ 时,$m = ka + \dfrac{4}{5}k(s - a)$.

综上讨论,得函数关系式为

$$m = \begin{cases} ks, & 0 < s \leqslant a, \\ ka + \dfrac{4}{5}k(s - a), & s > a, \end{cases}$$

定义域为 $(0, +\infty)$.

从上面的例子可以看出,建立函数关系时,首先要弄清题意,分析问题中哪些是变量,哪些是常量;其次,分清变量中哪个应作为自变量,哪个作为函数,并用习惯上采用的字母区分它们;然后,把变量暂时固定,利用几何关系、物理定律或其他知识,列出变量间的等量关系式,并进行化简,便能得到所需要的函数关系.建立函数关系式后,一般还要根据题意写出函数的定义域.

■ 习题 1.1

1. 指出下列函数中哪些是奇函数,哪些是偶函数,哪些是非奇非偶函数.

(1) $f(x) = x^5 - x^3 + 2x$;

(2) $f(x) = x + x^2$;

(3) $f(x) = \cos x + x^2$;

(4) $\varphi(x) = \sin x - 5x^3$;

(5) $g(x) = \dfrac{1}{2}(e^x + e^{-x})$;　　　　　(6) $F(x) = \dfrac{1}{2}(e^x - e^{-x})$.

2. 函数 $y = \dfrac{1}{x}$ 在 $(-\infty, 0)$、$(0, +\infty)$ 上是否为单调减少的？能否说在 $(-\infty, +\infty)$ 上是单调减少的？

3. 指出下列复合函数的复合过程.

(1) $y = (1 + x)^4$;　　　　　(2) $y = \sqrt{1 + x^3}$;

(3) $y = e^{x+1}$;　　　　　(4) $y = \cos^2(3x + 1)$;

(5) $s = (1 + \ln\sqrt{1 + t})^2$;　　　　　(6) $y = [\arccos(1 - x^2)]^3$.

4. 求 $f[\varphi(x)]$ 和 $\varphi[f(x)]$，并指出其定义域：

(1) $f(x) = x^{\frac{1}{2}}$, $\varphi(x) = \left(\dfrac{1}{2}\right)^x$;

(2) $f(x) = \begin{cases} -1, & x < 0, \\ 1, & x \geqslant 0, \end{cases}$　$\varphi(x) = \sin x$.

5. 设 $f(x) = \begin{cases} \sqrt{3 - x}, & -3 < x < -1, \\ 0, & -1 \leqslant x \leqslant 1, \\ x^2 - 1, & 1 < x < 3, \end{cases}$　求 $f(-2)$, $f(1)$, $f(2)$, $f(4)$.

6. 如图 1-4 所示，有边长为 a 的正方形铁片，从它的四个角截去相同的小正方形，然后折起各边做成一个无盖的盒子. 求它的容积与截去的小正方形边长之间的关系式，并指出其定义域.

7. 有等腰梯形如图 1-5 所示，当垂直于 x 轴的直线扫过该梯形时，若直线与 x 轴的交点坐标为 $(x, 0)$，求直线扫过的面积 S 与 x 之间的关系式，指明定义域，并求 $S(1)$, $S(3)$, $S(5)$, $S(6)$ 的值.

8. 一物体作直线运动，已知阻力 f 的大小与物体的运动速度 v 成正比，但方向相反，而物体以 $1\ \text{m/s}$ 的速度运动时，阻力为 $1.96 \times 10^{-2}\ \text{N}$. 试建立阻力 f 与速度 v 之间的函数关系.

9. 火车站收取行李费的规定如下：当行李不超过 $50\ \text{kg}$ 时，按基本运费计算，每千克收费 0.40 元；当超过 $50\ \text{kg}$ 时，超重的部分每千克收费 0.65 元. 试求运费 y(元) 与质量 x(kg) 之间的函数关系式，并作出函数的图形.

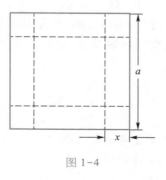

图 1-4

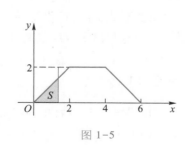

图 1-5

1.2 极限

1.2.1 函数的极限

关于函数 $y = f(x)$ 的极限,根据自变量的变化过程,将分两种情形讨论:第一,当自变量 x 的绝对值无限增大(记为 $x \to \infty$)时,函数 $f(x)$ 的极限;第二,当 x 无限接近于 x_0(记为 $x \to x_0$)时,函数 $f(x)$ 的极限.

1. 当 $x \to \infty$ 时,函数 $f(x)$ 的极限

为了易于理解函数极限的概念,先从下面几个函数图形来观察当 $x \to \infty$ 时,函数 $f(x)$ 的变化趋势.

由图 1-6 ~ 图 1-8 可直观地看出,当 $x \to \infty$(包括 $x \to +\infty$ 与 $x \to -\infty$ 两种情况)时,它们的变化趋势是各不相同的.在图 1-6 中,当 $x \to \infty$ 时,$y = \dfrac{1}{x}$ 无限接近于 0.在图 1-7 中,当 $x \to \infty$ 时,$y = \sin x$ 没有接近于某个确定值的变化趋势,它的值总是在 -1 与 1 之间摆动.在图 1-8 中,当 $x \to +\infty$ 时,$y = \arctan x$ 无限接近于 $\dfrac{\pi}{2}$;当 $x \to -\infty$ 时,$y = \arctan x$ 无限接近于 $-\dfrac{\pi}{2}$.

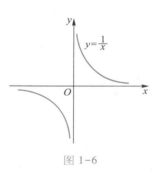

图 1-6

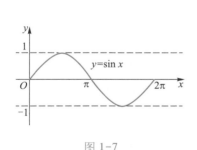

图 1-7

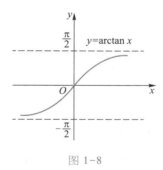

图 1-8

对于当 $x \to \infty$ 时,函数 $f(x)$ 有接近于某个确定值的变化趋势的情形,我们给出下面的定义.

> **定义 1** 如果当 x 的绝对值无限增大,即 $x \to \infty$ 时,函数 $f(x)$ 无限接近于一个确定的常数 A,则称常数 A 为 $f(x)$ 当 $x \to \infty$ 时的极限,记为
> $$\lim_{x \to \infty} f(x) = A \quad 或 \quad 当 x \to \infty 时, f(x) \to A.$$

在这里假定函数 $f(x)$ 在 $x \to \infty$ 的过程中的每一点都是有定义的. $x \to \infty$ 包括 $x \to +\infty$ 与 $x \to -\infty$, 以及 x 忽而取正, 忽而取负, 但与原点距离无限增大的情形. 特别地, 若 x 取正值无限增大时, 极限为 A, 可记为 $\lim\limits_{x \to +\infty} f(x) = A$. 若 x 取负值且绝对值无限增大时, 极限为 A, 可记为 $\lim\limits_{x \to -\infty} f(x) = A$.

根据极限的定义可知, 当 $x \to \infty$ 时, 函数 $\dfrac{1}{x}$ 的极限是 0, 可记为

$$\lim_{x \to \infty} \frac{1}{x} = 0 \quad \text{或} \quad \text{当} \ x \to \infty \ \text{时}, \frac{1}{x} \to 0.$$

而当 $x \to \infty$ 时, 函数 $\sin x$ 不能无限接近于一个确定常数, 故称 $\lim\limits_{x \to \infty} \sin x$ 不存在.

如图 1-8 所示, 有

$$\lim_{x \to +\infty} \arctan x = \frac{\pi}{2} \quad \text{及} \quad \lim_{x \to -\infty} \arctan x = -\frac{\pi}{2}.$$

定理 1 $\quad \lim\limits_{x \to \infty} f(x) = A \Leftrightarrow \lim\limits_{x \to +\infty} f(x) = \lim\limits_{x \to -\infty} f(x) = A.$

若 $\lim\limits_{x \to +\infty} f(x)$ 与 $\lim\limits_{x \to -\infty} f(x)$ 中至少有一个不存在或两个极限存在但不相等, 则 $\lim\limits_{x \to \infty} f(x)$ 不存在. 例如尽管 $\lim\limits_{x \to +\infty} \arctan x = \dfrac{\pi}{2}$, $\lim\limits_{x \to -\infty} \arctan x = -\dfrac{\pi}{2}$, 但 $\lim\limits_{x \to \infty} \arctan x$ 不存在.

例 1　求 $\lim\limits_{x \to -\infty} \mathrm{e}^x$ 和 $\lim\limits_{x \to +\infty} \mathrm{e}^{-x}$.

解　如图 1-9 所示, 可知 $\lim\limits_{x \to -\infty} \mathrm{e}^x = 0$, $\lim\limits_{x \to +\infty} \mathrm{e}^{-x} = 0$.

例 2　讨论当 $x \to \infty$ 时, $y = \operatorname{arccot} x$ 的极限.

解　因为 $\lim\limits_{x \to -\infty} \operatorname{arccot} x = \pi$, 而 $\lim\limits_{x \to +\infty} \operatorname{arccot} x = 0$, 虽然 $\lim\limits_{x \to -\infty} \operatorname{arccot} x$ 与 $\lim\limits_{x \to +\infty} \operatorname{arccot} x$ 都存在, 但不相等, 所以 $\lim\limits_{x \to \infty} \operatorname{arccot} x$ 不存在.

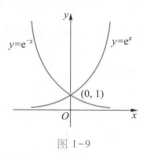

图 1-9

2. 当 $x \to x_0$ 时, 函数 $f(x)$ 的极限

为了讨论当 x 无限接近于 x_0 时, 函数 $f(x)$ 的变化情况, 先看一个例子. 考察当 $x \to 3$ 时, 函数 $f(x) = \dfrac{1}{3}x + 1$ 的变化趋势 (图 1-10).

若 x 从 3 的左侧 $(x < 3)$ 无限接近于 3, 不妨设 x 取 $2.9, 2.99, 2.999, \cdots \to 3$, 则对应的 $f(x)$ 的值 $1.97, 1.997, 1.9997, \cdots \to 2$.

若 x 从 3 的右侧 $(x > 3)$ 无限接近于 3, 不妨设 x 取 $3.1, 3.01, 3.001, \cdots \to 3$, 则对应的 $f(x)$ 的值 $2.03, 2.003, 2.0003, \cdots \to 2$.

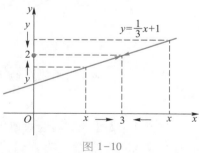

图 1-10

由此可见, 当 $x \to 3$ 时, 函数 $f(x) = \dfrac{1}{3}x + 1$ 的值无限接近于 2.

__定义 2__ 如果 x 无限接近于定值 x_0,即 $x \to x_0 (x \neq x_0)$ 时,函数 $f(x)$ 无限接近于一个确定的常数 A,则称常数 A 为函数 $f(x)$ 当 $x \to x_0$ 时的极限,记为

$$\lim_{x \to x_0} f(x) = A \quad 或 \quad 当 x \to x_0 时, f(x) \to A.$$

在上述定义中,假定函数 $f(x)$ 在点 x_0 的左右近旁是有定义的. 注意:$f(x)$ 在 x_0 处是否有定义与当 $x \to x_0$ 时,函数 $f(x)$ 的变化趋势没有关系,即 $f(x)$ 在 x_0 处的极限与 x_0 处是否有定义无关,故有"$x \neq x_0$".

由上述定义可知,当 $x \to 3$ 时,$f(x) = \frac{1}{3}x + 1$ 的极限为 2,可记作

$$\lim_{x \to 3} \left(\frac{1}{3}x + 1 \right) = 2 \quad 或 \quad 当 x \to 3 时, \frac{1}{3}x + 1 \to 2.$$

__例 3__ 在单位圆上观察 $\lim_{x \to 0} \sin x$ 和 $\lim_{x \to 0} \cos x$ 的值.

__解__ 作单位圆(图 1-11),并取 $\angle AOB = x$(弧度),则有 $\sin x = BA, \cos x = OB$,当 $x \to 0$ 时,BA 无限接近于 0,OB 无限接近于 1,所以

$$\lim_{x \to 0} \sin x = 0, \lim_{x \to 0} \cos x = 1.$$

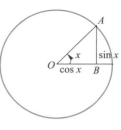

图 1-11

__例 4__ 考察极限 $\lim_{x \to x_0} C$(C 为常数)和 $\lim_{x \to x_0} x$.

__解__ 设 $f(x) = C, \varphi(x) = x$. 因为当 $x \to x_0$ 时,$f(x)$ 恒等于 C,所以

$$\lim_{x \to x_0} f(x) = \lim_{x \to x_0} C = C.$$

因为当 $x \to x_0$ 时,$\varphi(x)$ 无限接近于 x_0,所以 $\lim_{x \to x_0} \varphi(x) = \lim_{x \to x_0} x = x_0$.

3. 当 $x \to x_0$ 时,函数 $f(x)$ 的左、右极限

前面讨论 $\lim_{x \to x_0} f(x) = A$ 时,$x \to x_0$ 的方式是任意的,x 既可以从 x_0 的左侧趋向于 $x_0(x \to x_0^-)$,又可以从 x_0 的右侧趋向于 $x_0(x \to x_0^+)$,还可以忽而从左侧,忽而从右侧地趋向于 x_0. 但在有些问题中,往往只能或只需考虑这些变化中仅从左侧或仅从右侧趋向于 x_0 时函数 $f(x)$ 的极限. 为此,给出左、右极限的定义.

__定义 3__ 如果当 $x \to x_0^-(x \to x_0^+)$ 时,函数 $f(x)$ 无限接近于一个确定的常数 A,则称常数 A 为函数 $f(x)$ 当 $x \to x_0$ 时的左(右)极限,记为

$$\lim_{x \to x_0^-} f(x) = A \ 或 \ f(x_0 - 0) = A$$

$$\left(\lim_{x \to x_0^+} f(x) = A \ 或 \ f(x_0 + 0) = A \right).$$

例如,函数 $f(x) = \frac{1}{3}x + 1$ 当 $x \to 3$ 时的左极限为

$$f(3 - 0) = \lim_{x \to 3^-} \left(\frac{1}{3}x + 1 \right) = 2, \qquad (1)$$

右极限为

$$f(3+0) = \lim_{x \to 3^+}\left(\frac{1}{3}x + 1\right) = 2. \tag{2}$$

定理 2 $\lim\limits_{x \to x_0}f(x) = A \Leftrightarrow \lim\limits_{x \to x_0^-}f(x) = \lim\limits_{x \to x_0^+}f(x) = A.$

若 $\lim\limits_{x \to x_0^-}f(x)$ 与 $\lim\limits_{x \to x_0^+}f(x)$ 至少有一个不存在或两个极限虽然存在但不相等,则 $\lim\limits_{x \to x_0}f(x)$ 不存在.

由式(1)与式(2)可知,$f(3 - 0) = f(3 + 0) = 2$,故 $\lim\limits_{x \to 3}\left(\frac{1}{3}x + 1\right) = 2$. 又函数 $f(x) = \arctan\frac{1}{x}$(图 1-12),当 $x \to 0$ 时的左、右极限分别为

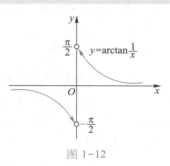

图 1-12

$$f(0 - 0) = \lim_{x \to 0^-}\arctan\frac{1}{x} = -\frac{\pi}{2},$$

$$f(0 + 0) = \lim_{x \to 0^+}\arctan\frac{1}{x} = \frac{\pi}{2}.$$

虽然 $\arctan\frac{1}{x}$ 的左、右极限存在,但不相等,故 $\lim\limits_{x \to 0}\arctan\frac{1}{x}$ 不存在.

例 5 讨论函数 $f(x) = \dfrac{x^2 - 1}{x + 1}$ 当 $x \to -1$ 时的极限.

解 函数的定义域为 $(-\infty, -1) \cup (-1, +\infty)$. 因为 $x \neq -1$,所以 $f(x) = \dfrac{x^2 - 1}{x + 1} = x - 1$,由图 1-13 可知函数的左、右极限分别为

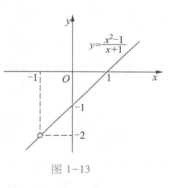

图 1-13

$$f(-1 - 0) = \lim_{x \to -1^-}\frac{x^2 - 1}{x + 1} = \lim_{x \to -1^-}(x - 1) = -2,$$

$$f(-1 + 0) = \lim_{x \to -1^+}\frac{x^2 - 1}{x + 1} = \lim_{x \to -1^+}(x - 1) = -2.$$

由于 $f(-1 - 0) = f(-1 + 0) = -2$,故 $\lim\limits_{x \to -1}\dfrac{x^2 - 1}{x + 1} = -2.$

例 6 讨论 $f(x) = \begin{cases} x - 1, & x \leqslant 0, \\ x + 1, & x > 0 \end{cases}$ 当 $x \to 0$ 时的极限.

解 求分段函数在定义区间分界点处的左、右极限时,函数要用相应的表达式. 由图 1-14 可知,函数的左、右极限分别为

$$f(0 - 0) = \lim_{x \to 0^-}f(x) = \lim_{x \to 0^-}(x - 1) = -1,$$

$$f(0 + 0) = \lim_{x \to 0^+}f(x) = \lim_{x \to 0^+}(x + 1) = 1.$$

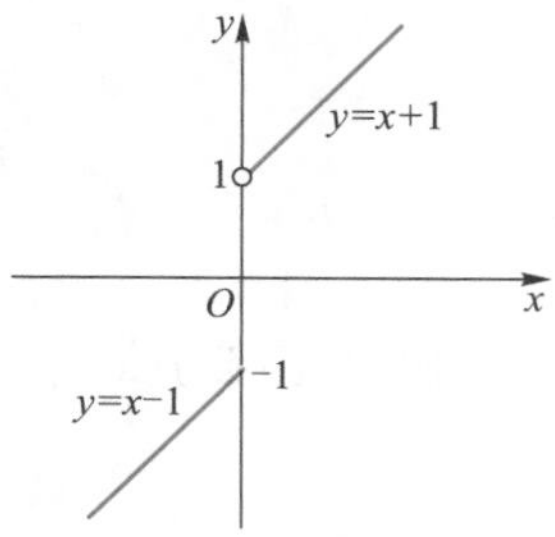

虽然函数的左、右极限存在,但不相等,故 $\lim\limits_{x \to 0}f(x)$ 不存在.

通过上例可以看到,一个函数当 $x \to x_0$ 时的极限是否存

图 1-14

在,与函数在 $x = x_0$ 处是否有定义无关.

指点迷津

函数极限若存在,则极限只有一个.

1.2.2　数列的极限

一个无穷数列 $\{x_n\}:x_1,x_2,x_3,\cdots,x_n,\cdots$ 可看作自变量为正整数 n 的函数,即 $x_n = f(n)(n = 1,2,3,\cdots)$,数列也是函数. 因此可将数列 $\{x_n\}$ 的极限看作整变量函数 $f(n)$ 当 $n \to \infty$ 时的极限加以讨论. 先观察下列两个数列 $\{x_n\}$:

① $\dfrac{1}{2},\dfrac{1}{4},\dfrac{1}{8},\dfrac{1}{16},\cdots,\dfrac{1}{2^n},\cdots$;

② $2,\dfrac{1}{2},\dfrac{4}{3},\dfrac{3}{4},\cdots,\dfrac{n + (-1)^{n-1}}{n},\cdots$.

以上两个数列可分别由函数 $f(n) = \dfrac{1}{2^n},f(n) = \dfrac{n + (-1)^{n-1}}{n}$ 依次取 $n = 1,2,3,\cdots$ 时的函数值来表示. 为清楚起见,现将数列 ①、② 的前几项分别用数轴上的点表示出来(图 1-15,图 1-16).

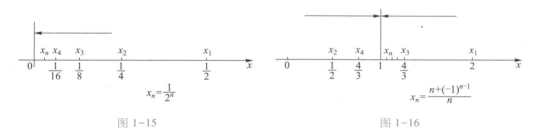

$$x_n = \frac{1}{2^n}$$

图 1-15

$$x_n = \frac{n+(-1)^{n-1}}{n}$$

图 1-16

观察两个数列的变化趋势,不难发现当 n 无限增大时,表示数列 $x_n = \dfrac{1}{2^n}$ 的点逐渐密集在 $x = 0$ 的右侧近旁,即数列 ① 无限接近于 0;而数列 $x_n = \dfrac{n + (-1)^{n-1}}{n}$ 的点逐渐密集在 $x = 1$ 的左右近旁,即数列 ② 无限接近于 1. 这两个数列的变化趋势有共同特点:当 n 无限增大时,两个数列都分别无限接近于一个确定的常数. 为此,给出下面的定义.

> **定义 4**　如果当 n 无限增大,即 $n \to \infty$ 时,数列 $\{x_n\}$ 无限接近于一个确定的常数 A,则称常数 A 为数列 $\{x_n\}$ 的极限,记为
> $$\lim_{n \to \infty} x_n = A \quad 或 \quad 当 n \to \infty 时,x_n \to A.$$

由此,数列 ① 的极限是 0,记为 $\lim\limits_{n \to \infty} \dfrac{1}{2^n} = 0$;数列 ② 的极限是 1,记为 $\lim\limits_{n \to \infty} \dfrac{n + (-1)^{n-1}}{n} = 1$.

例7 观察下列数列的变化趋势,写出它们的极限:

① $x_n = 2 - \dfrac{1}{n^2}$;   ② $x_n = (-1)^n \dfrac{1}{3^n}$;   ③ $x_n = -3$;

④ $x_n = 2^n$;   ⑤ $x_n = (-1)^{n+1}$.

解 ① $x_n = 2 - \dfrac{1}{n^2}$. 当 n 依次取正整数 $1,2,3,\cdots$ 时,数列 $\{x_n\}$ 的各项依次为 $2-1$,

$2 - \dfrac{1}{4}, 2 - \dfrac{1}{9}, 2 - \dfrac{1}{16}, \cdots$,即当 n 无限增大时,x_n 无限接近于常数 2,根据定义可知

$\lim\limits_{n\to\infty} \left(2 - \dfrac{1}{n^2}\right) = 2$.

② $x_n = (-1)^n \dfrac{1}{3^n}$. 当 n 依次取正整数 $1,2,3,\cdots$ 时,数列 $\{x_n\}$ 的各项依次为 $-\dfrac{1}{3}$,

$\dfrac{1}{9}, -\dfrac{1}{27}, \dfrac{1}{81}, -\dfrac{1}{243}, \cdots$,即当 n 无限增大时,x_n 无限接近于常数 0,根据定义可知

$\lim\limits_{n\to\infty} (-1)^n \dfrac{1}{3^n} = 0$.

③ $x_n = -3$. 当 n 依次取正整数 $1,2,3,\cdots$ 时,该数列的各项都是 -3,故 $\lim\limits_{n\to\infty}(-3) = -3$.
一般地,任何一个常数列的极限就是这个常数本身,即 $\lim\limits_{n\to\infty} C = C$($C$ 为常数).

④ $x_n = 2^n$. 当 n 无限增大时,x_n 随 n 的增大而无限增大,且不能无限接近于一个确定的常数. 因此,称数列 $x_n = 2^n$ 的极限不存在.

⑤ $x_n = (-1)^{n+1}$. 当 n 无限增大时,x_n 在 1 与 -1 两个数之间跳动,不能无限接近于一个确定的常数,因此,称数列 $x_n = (-1)^{n+1}$ 的极限不存在.

此 ④、⑤ 说明,并不是任何数列的极限都存在.

1.2.3 无穷小量与无穷大量

无穷大与无穷小讲解视频

在自变量的一定变化趋势下($x \to x_0$ 或 $x \to \infty$),函数 $f(x)$ 的极限可能存在,也可能不存在,其中有两种特殊的情况:一种是函数的绝对值"无限变小";一种是函数的绝对值"无限变大". 下面就这两种特殊情况加以研究.

1. 无穷小量
在实际问题中,经常会遇到极限为零的变量. 例如,单摆离开铅直位置而摆动,由于空气阻力和机械摩擦力的作用,它的振幅是个变量,随着时间的增加而逐渐减少并趋近于零. 又如函数 $f(x) = (x-1)^2$,当 $x \to 1$ 时,函数 $f(x) = (x-1)^2 \to 0$. 一般地,给出下面的定义.

定义5 如果当 $x \to x_0$(或 $x \to \infty$)时,函数 $f(x)$ 的极限为零,即 $\lim\limits_{\substack{x\to x_0 \\ (x\to\infty)}} f(x) = 0$,则

称函数 $f(x)$ 为当 $x \to x_0$(或 $x \to \infty$)时的无穷小量,简称为无穷小.

例如,因为 $\lim\limits_{x \to 2}(x-2)=0$,所以 $x-2$ 是当 $x \to 2$ 时的无穷小量. 又如, $\lim\limits_{x \to \infty}\dfrac{1}{x}=0$,所以 $\dfrac{1}{x}$ 是当 $x \to \infty$ 时的无穷小量.

注意 ① 说一个函数是无穷小,必须指明自变量 x 的变化趋势. 例如,函数 $x-2$ 只有当 $x \to 2$ 时是无穷小,而 $x \to 1$ 时, $x-2$ 就不是无穷小.

② 无穷小量是一种极限为零的变量,绝不能把任何一个绝对值很小的常数(如 10^{-10}, 10^{-100} 等)说成无穷小量,因为这些很小的常数在 $x \to x_0$ 或 $x \to \infty$ 时的极限并不是零,而是常数本身. 在常数中只有"0"可看成是无穷小量. 这是由于 $\lim\limits_{\substack{x \to x_0 \\ (x \to \infty)}} 0 = 0$.

2. 无穷小量的性质

对于无穷小量,有下列运算性质.

性质 1 有限个无穷小量的代数和是无穷小量.

性质 2 有界函数与无穷小量的乘积是无穷小量.

特别地,常数与无穷小量的乘积是无穷小量.

性质 3 有限个无穷小量的乘积是无穷小量.

例 8 求 $\lim\limits_{x \to 0} x\sin\dfrac{1}{x}$.

例 8 讲解
视频

解 因为 $\lim\limits_{x \to 0} x = 0$,则当 $x \to 0$ 时, x 是无穷小,而 $\left| \sin\dfrac{1}{x} \right| \leqslant 1$,故 $\sin\dfrac{1}{x}$ 为有界函数,由性质 2 得 $\lim\limits_{x \to 0} x\sin\dfrac{1}{x}=0$.

例 9 证明 $\lim\limits_{x \to \infty}\dfrac{1}{x^2}=0$.

证明 当 $x \to \infty$ 时, $\dfrac{1}{x}$ 是无穷小. 由性质 3 知,当 $x \to \infty$ 时, $\dfrac{1}{x^2}=\dfrac{1}{x} \cdot \dfrac{1}{x}$ 为无穷小,故有 $\lim\limits_{x \to \infty}\dfrac{1}{x^2}=0$.

3. 无穷大量

在极限不存在的情况下,我们着重讨论函数的绝对值无限增大的情形. 例如 $f(x)=\dfrac{1}{x-1}$,当 $x \to 1$ 时, $\left| \dfrac{1}{x-1} \right|$ 无限增大. 一般地,给出下面的定义.

定义 6 如果当 $x \to x_0$(或 $x \to \infty$)时,函数 $f(x)$ 的绝对值无限增大,则称函数 $f(x)$ 为当 $x \to x_0$(或 $x \to \infty$)时的无穷大量,简称为无穷大,记为

$$\lim\limits_{\substack{x \to x_0 \\ (x \to \infty)}} f(x)=\infty \quad \text{或} \quad \text{当} x \to x_0 \text{时}, f(x) \to \infty.$$
$$(x \to \infty)$$

例如,当 $x \to 1$ 时, $\left| \dfrac{1}{x-1} \right|$ 无限增大,故 $\dfrac{1}{x-1}$ 是当 $x \to 1$ 时的无穷大.

又如,当 $x \to \dfrac{\pi}{2}$ 时,$|\tan x|$ 无限增大,故 $\tan x$ 是当 $x \to \dfrac{\pi}{2}$ 时的无穷大.

如果当 $x \to x_0$(或 $x \to \infty$)时,函数 $f(x)$ 取正值而绝对值无限增大(取负值而绝对值无限增大),则称函数 $f(x)$ 为正(负)无穷大,记作

$$\lim_{\substack{x \to x_0 \\ (x \to \infty)}} f(x) = +\infty \quad (或 \lim_{\substack{x \to x_0 \\ (x \to \infty)}} f(x) = -\infty).$$

例如,$\lim\limits_{x \to \frac{\pi}{2}^-} \tan x = +\infty$,$\lim\limits_{x \to \frac{\pi}{2}^+} \tan x = -\infty$.

又如,$\lim\limits_{x \to +\infty} \ln x = +\infty$,$\lim\limits_{x \to \infty}(1 - x^2) = -\infty$.

注意 ① 说一个函数 $f(x)$ 是无穷大,必须指明自变量 x 在定义域内的变化趋势. 例如,函数 $\dfrac{1}{x}$,当 $x \to 0$ 时是无穷大;当 $x \to \infty$ 时是无穷小.

② 无穷大量是指绝对值可以无限增大的变量,绝不能与任何一个绝对值很大的常数(如 10^{10},10^{100} 等)混为一谈.

③ 当 $x \to x_0$(或 $x \to \infty$)时,函数 $f(x)$ 的绝对值无限增大,按通常的意义来说,极限是不存在的. 但为了便于叙述,也说"函数的极限为无穷大".

4. 无穷大量与无穷小量的关系

在自变量的同一变化过程中:

① 若 $f(x)$ 为无穷大,则 $\dfrac{1}{f(x)}$ 为无穷小;

② 若 $f(x)$ 为无穷小,且 $f(x) \neq 0$,则 $\dfrac{1}{f(x)}$ 为无穷大.

例如,当 $x \to 1$ 时,$f(x) = x - 1$ 是无穷小,则 $\dfrac{1}{f(x)} = \dfrac{1}{x - 1}$ 是无穷大.

又如,当 $x \to +\infty$ 时,$f(x) = e^x$ 是正无穷大,则 $\dfrac{1}{f(x)} = \dfrac{1}{e^x} = e^{-x}$ 是无穷小.

1.2.4 极限的运算

极限的运算法则讲解视频

1. 极限的运算法则

设 $x \to x_0$(或 $x \to \infty$),有 $\lim f(x) = A$,$\lim g(x) = B$,则

I . $\lim[f(x) \pm g(x)] = \lim f(x) \pm \lim g(x) = A \pm B$;

II . $\lim[f(x) \cdot g(x)] = \lim f(x) \cdot \lim g(x) = AB$;

特别地
$$\lim C \cdot f(x) = C \cdot \lim f(x) = CA\ (C \text{ 为常数}),$$
$$\lim[f(x)]^n = [\lim f(x)]^n = A^n\ (n \in \mathbf{N}_+).$$

III . $\lim \dfrac{f(x)}{g(x)} = \dfrac{\lim f(x)}{\lim g(x)} = \dfrac{A}{B}\ (B \neq 0).$

其中,法则 Ⅰ 、Ⅱ 可推广到有限个函数的情况. 由于数列可视为整变量函数,则此法则对数列极限也完全适用.

例 10 求 ① $\lim\limits_{x \to 3}\left(\dfrac{1}{3}x + 1\right)$;　　② $\lim\limits_{x \to 2}x^3$;　　③ $\lim\limits_{x \to 1}\dfrac{x^2 - 2x + 5}{x^3 + 7}$.

解 ① $\lim\limits_{x \to 3}\left(\dfrac{1}{3}x + 1\right) = \lim\limits_{x \to 3}\left(\dfrac{1}{3}x\right) + \lim\limits_{x \to 3}1 = \dfrac{1}{3}\lim\limits_{x \to 3}x + \lim\limits_{x \to 3}1 = \dfrac{1}{3} \times 3 + 1 = 2.$

② $\lim\limits_{x \to 2}x^3 = \left(\lim\limits_{x \to 2}x\right)^3 = 2^3 = 8.$

③ $\lim\limits_{x \to 1}\dfrac{x^2 - 2x + 5}{x^3 + 7} = \dfrac{\lim\limits_{x \to 1}(x^2 - 2x + 5)}{\lim\limits_{x \to 1}(x^3 + 7)} = \dfrac{\lim\limits_{x \to 1}x^2 - 2\lim\limits_{x \to 1}x + \lim\limits_{x \to 1}5}{\left(\lim\limits_{x \to 1}x\right)^3 + \lim\limits_{x \to 1}7} = \dfrac{1 - 2 + 5}{1 + 7} = \dfrac{1}{2}.$

从例 10 可以看出,求有理整函数(即多项式)和分母极限不为零的有理分式函数的极限时,只要把自变量用其极限值代入函数就可以得到. 对于分母极限为零的情况,不能直接用法则 Ⅲ 求极限. 下面举例说明.

例 11 求 ① $\lim\limits_{x \to 1}\dfrac{x + 4}{x - 1}$;　　② $\lim\limits_{x \to 3}\dfrac{x - 3}{x^2 - 9}$.

解 ① 因为 $\lim\limits_{x \to 1}\dfrac{x - 1}{x + 4} = 0$,即函数 $\dfrac{x - 1}{x + 4}$ 是当 $x \to 1$ 时的无穷小,根据无穷大与无穷小的关系得 $\lim\limits_{x \to 1}\dfrac{x + 4}{x - 1} = \infty$.

② 当 $x \to 3$ 时,$x \neq 3$,故分子分母可先约去不为零的因子 $x - 3$,再求极限. 所以有

$$\lim\limits_{x \to 3}\dfrac{x - 3}{x^2 - 9} = \lim\limits_{x \to 3}\dfrac{x - 3}{(x + 3)(x - 3)} = \lim\limits_{x \to 3}\dfrac{1}{x + 3} = \dfrac{1}{6}.$$

例 12 求 ① $\lim\limits_{x \to \infty}\dfrac{3x^3 - 4x^2 + 2}{x^3 + 2x + 1}$;　　② $\lim\limits_{x \to \infty}\dfrac{x^2 + 2}{2x^3 + x^2 + 1}$;　　③ $\lim\limits_{x \to \infty}\dfrac{2x^3 + x^2 + 1}{x^2 + 2}$.

解 ① 当 $x \to \infty$ 时,分子分母均为无穷大. 此时,不能直接用极限的运算法则. 若将分子分母分别除以 x^3,则可利用极限运算法则. 于是

$$\lim\limits_{x \to \infty}\dfrac{3x^3 - 4x^2 + 2}{x^3 + 2x + 1} = \lim\limits_{x \to \infty}\dfrac{3 - \dfrac{4}{x} + \dfrac{2}{x^3}}{1 + \dfrac{2}{x^2} + \dfrac{1}{x^3}} = \dfrac{\lim\limits_{x \to \infty}3 - \lim\limits_{x \to \infty}\dfrac{4}{x} + \lim\limits_{x \to \infty}\dfrac{2}{x^3}}{\lim\limits_{x \to \infty}1 + \lim\limits_{x \to \infty}\dfrac{2}{x^2} + \lim\limits_{x \to \infty}\dfrac{1}{x^3}} = 3.$$

② 先将分子、分母分别除以 x^3,再求极限,于是

$$\lim\limits_{x \to \infty}\dfrac{x^2 + 2}{2x^3 + x^2 + 1} = \lim\limits_{x \to \infty}\dfrac{\dfrac{1}{x} + \dfrac{2}{x^3}}{2 + \dfrac{1}{x} + \dfrac{1}{x^3}} = \dfrac{0}{2} = 0.$$

③ 由上例可知

$$\lim\limits_{x \to \infty}\dfrac{2x^3 + x^2 + 1}{x^2 + 2} = \lim\limits_{x \to \infty}\dfrac{1}{\dfrac{x^2 + 2}{2x^3 + x^2 + 1}} = \infty.$$

一般地,可得到以下结论:当 $a_0 \neq 0, b_0 \neq 0$ 时,有

$$\lim_{x \to \infty} \frac{a_0 x^m + a_1 x^{m-1} + \cdots + a_{m-1} x + a_m}{b_0 x^n + b_1 x^{n-1} + \cdots + b_{n-1} x + b_n} = \begin{cases} \dfrac{a_0}{b_0}, & m = n, \\ 0, & m < n, \\ \infty, & m > n. \end{cases}$$

例 13 求 $\lim\limits_{x \to -2} \left(\dfrac{1}{x+2} - \dfrac{12}{x^3+8} \right)$.

解 当 $x \to -2$ 时, $\dfrac{1}{x+2} \to \infty$, $\dfrac{12}{x^3+8} \to \infty$, 故不能直接用法则 I, 但在 $x \to -2$ 时, $x \neq -2$, 故 $x+2 \neq 0$, 于是

$$\frac{1}{x+2} - \frac{12}{x^3+8} = \frac{(x^2-2x+4)-12}{(x+2)(x^2-2x+4)} = \frac{(x+2)(x-4)}{(x+2)(x^2-2x+4)} = \frac{x-4}{x^2-2x+4}.$$

所以 $\lim\limits_{x \to -2} \left(\dfrac{1}{x+2} - \dfrac{12}{x^3+8} \right) = \lim\limits_{x \to -2} \dfrac{x-4}{x^2-2x+4} = \dfrac{-6}{4+4+4} = -\dfrac{1}{2}$.

例 14 求 $\lim\limits_{x \to 0^+} \dfrac{e^{\frac{1}{x}} - e^{-\frac{1}{x}}}{e^{\frac{1}{x}} + e^{-\frac{1}{x}}}$.

解 设 $t = e^{\frac{1}{x}}$, 则当 $x \to 0^+$ 时, $t \to +\infty$, 且 $e^{-\frac{1}{x}} = \dfrac{1}{t}$, 从而

$$\lim_{x \to 0^+} \frac{e^{\frac{1}{x}} - e^{-\frac{1}{x}}}{e^{\frac{1}{x}} + e^{-\frac{1}{x}}} = \lim_{t \to +\infty} \frac{t - \dfrac{1}{t}}{t + \dfrac{1}{t}} = \lim_{t \to +\infty} \frac{t^2-1}{t^2+1} = 1.$$

例 15 求 $\lim\limits_{n \to \infty} \dfrac{1+2+3+\cdots+n}{n^2}$.

解 已知 $1+2+3+\cdots+n = \dfrac{n(n+1)}{2}$, 所以

$$\lim_{n \to \infty} \frac{1+2+3+\cdots+n}{n^2} = \lim_{n \to \infty} \frac{n(n+1)}{2n^2} = \lim_{n \to \infty} \frac{n^2+n}{2n^2} = \frac{1}{2}.$$

2. 具有极限的函数与无穷小的关系

定理 3 若 $\lim\limits_{\substack{x \to x_0 \\ (x \to \infty)}} f(x) = A$, 则 $f(x) = A + \alpha(x)$; 若 $f(x) = A + \alpha(x)$, 则 $\lim\limits_{\substack{x \to x_0 \\ (x \to \infty)}} f(x) = A$, 其中 A 为常数, $\alpha(x)$ 为 $x \to x_0$ (或 $x \to \infty$) 时的无穷小量.

(证明从略.)

这个定理说明了具有极限的函数等于它的极限与一个无穷小之和. 反之, 如果函数在自变量的某个趋向过程中可表示为一个常数与无穷小之和, 则这个常数为该函数的极限.

1.2.5 无穷小量的比较

已经知道,两个无穷小量的代数和及乘积仍然是无穷小. 但是两个无穷小量的商却会出现不同的情况. 例如,当 $x \to 0$ 时,$x, 3x, x^2$ 都是无穷小,而 $\lim\limits_{x \to 0} \dfrac{x^2}{3x} = 0$,$\lim\limits_{x \to 0} \dfrac{3x}{x^2} = \infty$,$\lim\limits_{x \to 0} \dfrac{3x}{x} = 3$.

两个无穷小之比的极限,反映了无穷小趋向于零的速度的快慢. 例如,当 $x \to 0$ 时,x^2 比 $3x$ 更快地趋向零,反过来 $3x$ 比 x^2 较慢地趋向零,而 $3x$ 与 x 趋向零的快慢相仿(表 1-2).

表 1-2

x	1	0.5	0.1	0.01	⋯	→	0
$3x$	3	1.5	0.3	0.03	⋯	→	0
x^2	1	0.25	0.01	0.000 1	⋯	→	0

还可以发现,当 $x \to 0$ 时,趋向零较快的无穷小 x^2 与较慢的无穷小 $3x$ 之商的极限为 0;趋向零较慢的无穷小 $3x$ 与较快的无穷小 x^2 之商的极限为 ∞;趋向零快慢相仿的两个无穷小 $3x$ 与 x 之商的极限为常数(不为 0).

下面就以两个无穷小之商的极限所出现的各种情况来作两个无穷小的比较.

定义 7 设 α 和 β 都是在自变量的同一变化过程中的无穷小. 又 $\lim \dfrac{\beta}{\alpha}$ 也是在这个变化过程中的极限.

① 如果 $\lim \dfrac{\beta}{\alpha} = 0$,就说 β 是 α 的高阶无穷小,记作 $\beta = o(\alpha)$;

② 如果 $\lim \dfrac{\beta}{\alpha} = \infty$,就说 β 是 α 的低阶无穷小;

③ 如果 $\lim \dfrac{\beta}{\alpha} = C$($C$ 为不等于零的常数),就说 β 与 α 是同阶无穷小;

④ 如果 $\lim \dfrac{\beta}{\alpha} = 1$,就说 β 与 α 是等价无穷小,记为 $\alpha \sim \beta$.

显然,等价无穷小是同阶无穷小的特例,即 $C = 1$ 的情形.
以上定义对数列的极限也同样适用.

根据以上定义,可知当 $x \to 0$ 时,x^2 是 $3x$ 的高阶无穷小,$3x$ 是 x^2 的低阶无穷小,$3x$ 与 x 是同阶无穷小.

注意 并不是任意两个无穷小都可以比较. 例如,当 $x \to 0$ 时,x 与 $x\sin\dfrac{1}{x}$ 都是无穷小量,而 $\lim\limits_{x\to 0}\dfrac{x\sin\dfrac{1}{x}}{x}=\lim\limits_{x\to 0}\sin\dfrac{1}{x}$ 不存在,这说明了它们是不能比较的.

例 16 当 $x\to 0$ 时,比较 $\dfrac{1}{1-x}-1-x$ 与 x^2 的阶数的高低.

解 因为 $\lim\limits_{x\to 0}\dfrac{\dfrac{1}{1-x}-1-x}{x^2}=\lim\limits_{x\to 0}\dfrac{1-(1+x)(1-x)}{x^2(1-x)}=\lim\limits_{x\to 0}\dfrac{1}{1-x}=1,$

所以 $\dfrac{1}{1-x}-1-x$ 是与 x^2 等价的无穷小.

■ 习题 1.2

1. 观察并写出下列极限值:

(1) $\lim\limits_{x\to\infty}\dfrac{1}{x^2}$;　　　　　(2) $\lim\limits_{x\to-\infty}2^x$;　　　　　(3) $\lim\limits_{x\to\infty}\left(2+\dfrac{1}{x}\right)$;

(4) $\lim\limits_{x\to 1}\ln x$;　　　　　(5) $\lim\limits_{x\to\frac{\pi}{4}}\tan x$;　　　　　(6) $\lim\limits_{x\to-1}\dfrac{x^3+1}{x+1}$.

2. 设 $f(x)=\begin{cases}1-x, & x\leqslant 1,\\ 1+x, & x>1,\end{cases}$ 画出它的图像,并求当 $x\to 1$ 时 $f(x)$ 的左、右极限,并说明在 $x\to 1$ 时,$f(x)$ 的极限是否存在.

3. 证明函数 $f(x)=\begin{cases}x^2+1, & x<1,\\ 1, & x=1,\\ -1, & x>1\end{cases}$ 在 $x\to 1$ 时,极限不存在.

4. 说明下列极限不存在的原因:

(1) $\lim\limits_{x\to\infty}\sin x$;　　　　　　　　　　(2) $\lim\limits_{x\to 1}\dfrac{|x-1|}{x-1}$.

5. 观察下列数列当 $n\to\infty$ 时的变化趋势,写出它们的极限:

(1) $x_n=(-1)^n\dfrac{1}{n}$;　　(2) $y_n=\dfrac{n}{n+1}$;　　　　(3) $x_n=1-\dfrac{1}{10^n}$;

(4) $y_n=n(-1)^n$;　　(5) $x_n=\sin\dfrac{n\pi}{2}$.

6. 已知 $\lim\limits_{n\to\infty}x_n=\dfrac{1}{2}$,$\lim\limits_{n\to\infty}y_n=-\dfrac{1}{2}$,求下列极限:

(1) $\lim\limits_{n\to\infty}(2x_n+3y_n)$;　　　　　　　　(2) $\lim\limits_{n\to\infty}\dfrac{x_n-y_n}{x_n}$.

7. 求下列极限:

(1) $\lim\limits_{n\to\infty}\left(3-\dfrac{1}{n}\right)$;　　　　　　　　(2) $\lim\limits_{n\to\infty}\dfrac{5n+3}{n}$;

(3) $\lim\limits_{n\to\infty}\dfrac{n^2-4}{n^2+1}$;　　　　　　　　(4) $\lim\limits_{n\to\infty}\dfrac{3n^3-2n+1}{8-n^3}$.

8. 下列函数在自变量如何变化时是无穷小? 如何变化时是无穷大?

（1）$y = \dfrac{1}{x^3}$;　　　　（2）$y = \dfrac{1}{x + 1}$;　　　　（3）$y = \dfrac{x}{2}$;

（4）$y = \sqrt[3]{x}$;　　　　（5）$y = -x$;　　　　（6）$y = \cot x$;

（7）$y = \ln x$.

9. 计算下列极限:

（1）$\lim\limits_{x \to 1} \dfrac{x}{x - 1}$;　　　　（2）$\lim\limits_{x \to 1}\left(\dfrac{1}{1 - x} - \dfrac{1}{1 - x^3}\right)$;

（3）$\lim\limits_{x \to \infty} \dfrac{4x^3 - 2x + 8}{3x^2 + 1}$;　　　　（4）$\lim\limits_{x \to \infty} \dfrac{\sin 2x}{x^2}$;

（5）$\lim\limits_{x \to \infty} \dfrac{\operatorname{arccot} x}{x}$;　　　　（6）$\lim\limits_{n \to \infty} \dfrac{e^n - 1}{e^{2n} + 1}$.

10. 计算下列极限:

（1）$\lim\limits_{x \to 1}(x^2 - 4x + 5)$;　　　　（2）$\lim\limits_{x \to -1} \dfrac{x^2 + 2x + 5}{x^2 + 1}$;

（3）$\lim\limits_{x \to -2} \dfrac{x^2 - 4}{x + 2}$;　　　　（4）$\lim\limits_{x \to 4} \dfrac{x^2 - 6x + 8}{x^2 - 5x + 4}$;

（5）$\lim\limits_{x \to 1} \dfrac{x^2 - 2x + 1}{x^3 - x}$;　　　　（6）$\lim\limits_{h \to 0} \dfrac{(x + h)^3 - x^3}{h}$.

11. 计算下列极限:

（1）$\lim\limits_{x \to \infty} \dfrac{x^2 - 1}{2x^2 - x - 1}$;　　　　（2）$\lim\limits_{x \to \infty} \dfrac{x^2 + x}{x^4 - 3x^2 + 1}$;

（3）$\lim\limits_{x \to \infty} \dfrac{2x^2 - 4x + 8}{x^3 + 2x^2 - 1}$;　　　　（4）$\lim\limits_{x \to \infty} \dfrac{8x^3 - 1}{6x^3 - 5x^2 + 1}$;

（5）$\lim\limits_{n \to \infty}\left(1 + \dfrac{1}{2} + \dfrac{1}{4} + \cdots + \dfrac{1}{2^n}\right)$;　　（6）$\lim\limits_{n \to \infty} \dfrac{n(n + 1)}{(n + 2)(n + 3)}$;

（7）$\lim\limits_{x \to \infty}\left(\dfrac{2x}{3 - x} - \dfrac{2}{3x^2}\right)$.

习题 1.2 答案

12. 当 $x \to 1$ 时, $1 - x$ 与 $1 - \sqrt[3]{x}$ 是否同阶? 是否等价?

1.3　两个重要极限

两个重要极限讲解视频

这一节将讨论以下两个重要的极限: $\lim\limits_{x \to 0} \dfrac{\sin x}{x} = 1$, $\lim\limits_{x \to \infty}\left(1 + \dfrac{1}{x}\right)^x = e$. 为此, 先介绍函数极限存在的定理如下.

　　　　定理（夹逼定理）　如果对于点 x_0 的左右近旁 $(x \neq x_0)$ 的一切 x（或 $|x|$ 相当大的一切 x）有 $g(x) \leqslant f(x) \leqslant h(x)$ 成立, 并且 $\lim\limits_{\substack{x \to x_0 \\ (x \to \infty)}} g(x) = \lim\limits_{\substack{x \to x_0 \\ (x \to \infty)}} h(x) = A$, 那么 $\lim\limits_{\substack{x \to x_0 \\ (x \to \infty)}} f(x)$ 存在且等于 A.

1.3.1 极限 $\lim\limits_{x \to 0} \dfrac{\sin x}{x} = 1$

现在来证明这个极限. 首先注意到,函数 $\dfrac{\sin x}{x}$ 的定义域为 $x \neq 0$ 的一切实数,它是偶函数. 图 1-17 为一个单位圆,设 $\angle AOB = x\left(0 < x < \dfrac{\pi}{2}\right)$,过点 A 作圆的切线 AD,与 OB 的延长线相交于 D 点,作 $BC \perp OA$,连接 AB,则

$$S_{\triangle AOB} < S_{扇形 AOB} < S_{\triangle AOD},$$

即

$$\dfrac{1}{2} OA \cdot BC < \dfrac{1}{2} OA \cdot \overset{\frown}{AB} < \dfrac{1}{2} OA \cdot AD.$$

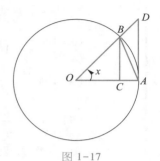

图 1-17

因为 $OA = 1$,所以 $BC = \sin x$,$\overset{\frown}{AB} = x$,$AD = \tan x$,因此,上面的不等式可以写成

$$\dfrac{1}{2} \sin x < \pi \dfrac{x}{2\pi} < \dfrac{1}{2} \tan x.$$

因为 $0 < x < \dfrac{\pi}{2}$,所以 $\sin x > 0$. 在不等式中除以正数 $\dfrac{1}{2}\sin x$,不等号的方向不变,得

$$1 < \dfrac{x}{\sin x} < \dfrac{1}{\cos x},$$

取倒数得

$$\cos x < \dfrac{\sin x}{x} < 1.$$

因为 $\lim\limits_{x \to 0^{+}} \cos x = 1$,$\lim\limits_{x \to 0^{+}} 1 = 1$,所以根据函数极限存在的夹逼定理,可知 $\lim\limits_{x \to 0^{+}} \dfrac{\sin x}{x} = 1$.

当 $-\dfrac{\pi}{2} < x < 0$ 时,由于函数 $\dfrac{\sin x}{x}$ 是偶函数,函数关于 y 轴对称,于是 $\lim\limits_{x \to 0^{-}} \dfrac{\sin x}{x} = 1$.

由于 $\lim\limits_{x \to 0^{+}} \dfrac{\sin x}{x} = \lim\limits_{x \to 0^{-}} \dfrac{\sin x}{x} = 1$,于是 $\lim\limits_{x \to 0} \dfrac{\sin x}{x} = 1$.

例 1 求 $\lim\limits_{x \to 0} \dfrac{\sin 2x}{x}$.

解 设 $t = 2x$,则当 $x \to 0$ 时,$t \to 0$,所以

$$\lim\limits_{x \to 0} \dfrac{\sin 2x}{x} = 2\lim\limits_{t \to 0} \dfrac{\sin t}{t} = 2 \cdot 1 = 2,$$

或

$$\lim\limits_{x \to 0} \dfrac{\sin 2x}{x} = \lim\limits_{x \to 0} \left(\dfrac{\sin 2x}{2x} \cdot 2\right) = 2\lim\limits_{x \to 0} \dfrac{\sin 2x}{2x} = 2 \times 1 = 2.$$

例 2 求 $\lim\limits_{x \to 0} \dfrac{\tan x}{x}$.

解 $\lim\limits_{x \to 0} \dfrac{\tan x}{x} = \lim\limits_{x \to 0} \left(\dfrac{\sin x}{\cos x} \cdot \dfrac{1}{x}\right) = \lim\limits_{x \to 0} \left(\dfrac{\sin x}{x} \cdot \dfrac{1}{\cos x}\right) = \lim\limits_{x \to 0} \dfrac{\sin x}{x} \cdot \lim\limits_{x \to 0} \dfrac{1}{\cos x} = 1.$

例 2 讲解
视频

例 3 求 $\lim\limits_{x \to 0} \dfrac{1 - \cos x}{x^2}$.

解 $\lim\limits_{x \to 0} \dfrac{1 - \cos x}{x^2} = \lim\limits_{x \to 0} \dfrac{2\sin^2 \dfrac{x}{2}}{x^2} = \lim\limits_{\frac{x}{2} \to 0} \dfrac{1}{2}\left(\dfrac{\sin \dfrac{x}{2}}{\dfrac{x}{2}}\right)^2 = \dfrac{1}{2}$.

例 3 讲解视频

例 4 求 $\lim\limits_{x \to 0} \dfrac{\sin(\sin x)}{\sin x}$.

解 设 $t = \sin x$,则当 $x \to 0$ 时, $t \to 0$. 所以

$$\lim\limits_{x \to 0} \dfrac{\sin(\sin x)}{\sin x} = \lim\limits_{t \to 0} \dfrac{\sin t}{t} = 1.$$

例 5 求 $\lim\limits_{\theta \to \frac{\pi}{2}} \dfrac{\cos \theta}{\dfrac{\pi}{2} - \theta}$.

解 因为 $\cos \theta = \sin\left(\dfrac{\pi}{2} - \theta\right)$, 所以 $\lim\limits_{\theta \to \frac{\pi}{2}} \dfrac{\cos \theta}{\dfrac{\pi}{2} - \theta} = \lim\limits_{\theta \to \frac{\pi}{2}} \dfrac{\sin\left(\dfrac{\pi}{2} - \theta\right)}{\dfrac{\pi}{2} - \theta}$.

设 $t = \dfrac{\pi}{2} - \theta$,则当 $\theta \to \dfrac{\pi}{2}$ 时, $t \to 0$. 所以

$$\lim\limits_{\theta \to \frac{\pi}{2}} \dfrac{\cos \theta}{\dfrac{\pi}{2} - \theta} = \lim\limits_{t \to 0} \dfrac{\sin t}{t} = 1.$$

一般地, $\lim\limits_{\square \to 0} \dfrac{\sin \square}{\square} = 1$,其中 $\square$ 可以是满足 $\square \to 0$ 的任何函数.

1.3.2 极限 $\lim\limits_{x \to \infty}\left(1 + \dfrac{1}{x}\right)^x = \mathrm{e}$

先考察当 $x \to +\infty$, $x \to -\infty$ 时,函数 $\left(1 + \dfrac{1}{x}\right)^x$ 的变化趋势(表 1-3).

表 1-3

x	1	2	5	10	100	1 000	10 000	100 000	...	$\to +\infty$
$\left(1 + \dfrac{1}{x}\right)^x$	2	2.25	2.49	2.59	2.705	2.717	2.718	2.718 27	...	
x	−10	−100	−1 000	−10 000	−100 000		...			$\to -\infty$
$\left(1 + \dfrac{1}{x}\right)^x$	2.88	2.732	2.720	2.718 3	2.718 28		...			

由表 1-3 可看出,当 $x \to +\infty$ 或 $x \to -\infty$ 时,函数 $\left(1 + \dfrac{1}{x}\right)^x$ 的对应值无限接近

于 2.718.

可以证明,当 $x \to +\infty$ 及 $x \to -\infty$ 时,函数 $\left(1 + \dfrac{1}{x}\right)^x$ 的极限存在且相等,用 e 来表示该极限值,即

$$\lim_{x \to \infty}\left(1 + \frac{1}{x}\right)^x = e. \tag{1}$$

这个数 e 是个无理数,它的值是

$$e = 2.718\ 281\ 828\ 459\ 045\cdots.$$

在式(1)中,设 $z = \dfrac{1}{x}$,则当 $x \to \infty$ 时,$z \to 0$,于是极限表达式又可写成

$$\lim_{z \to 0}(1 + z)^{\frac{1}{z}} = e. \tag{2}$$

例 6 求 $\lim\limits_{x \to \infty}\left(1 + \dfrac{2}{x}\right)^x$.

解 先将 $1 + \dfrac{2}{x}$ 写成下列形式:$1 + \dfrac{2}{x} = 1 + \dfrac{1}{\dfrac{x}{2}}$,然后令 $\dfrac{x}{2} = t$,由于当 $x \to \infty$ 时,

$t \to \infty$,从而

$$\lim_{x \to \infty}\left(1 + \frac{2}{x}\right)^x = \lim_{t \to \infty}\left(1 + \frac{1}{t}\right)^{2t} = \lim_{t \to \infty}\left[\left(1 + \frac{1}{t}\right)^t\right]^2 = e^2.$$

例 7 求 $\lim\limits_{x \to \infty}\left(1 - \dfrac{1}{x}\right)^x$.

例 7 讲解
视频

解 $\lim\limits_{x \to \infty}\left(1 - \dfrac{1}{x}\right)^x = \lim\limits_{x \to \infty}\left[1 + \left(-\dfrac{1}{x}\right)\right]^{-x\cdot(-1)} = e^{-1}.$

例 8 求 $\lim\limits_{x \to 0}(1 + \tan x)^{\cot x}$.

解 $\lim\limits_{x \to 0}(1 + \tan x)^{\cot x} = \lim\limits_{x \to 0}(1 + \tan x)^{\frac{1}{\tan x}} = e.$

例 9 求 $\lim\limits_{x \to \infty}\left(\dfrac{2x - 1}{2x + 1}\right)^{x + \frac{3}{2}}$.

解 先将函数变形

$$\frac{2x - 1}{2x + 1} = \frac{2x + 1 - 2}{2x + 1} = 1 - \frac{2}{2x + 1}.$$

设 $t = -\dfrac{2}{2x + 1}$,则 $x = -\dfrac{1}{2} - \dfrac{1}{t}$. 由于当 $x \to \infty$ 时,$t \to 0$,所以

$$\lim_{x \to \infty}\left(\frac{2x - 1}{2x + 1}\right)^{x + \frac{3}{2}} = \lim_{x \to \infty}\left(1 - \frac{2}{2x + 1}\right)^{x + \frac{3}{2}} = \lim_{t \to 0}(1 + t)^{1 - \frac{1}{t}}$$

$$= \lim_{t \to 0}\left[(1 + t)(1 + t)^{-\frac{1}{t}}\right] = \lim_{t \to 0}(1 + t) \cdot \lim_{t \to 0}(1 + t)^{-\frac{1}{t}} = e^{-1}.$$

一般地,$\lim\limits_{\square \to \infty}\left(1 + \dfrac{1}{\square}\right)^{\square} = e, \lim\limits_{\square \to 0}(1 + \square)^{\frac{1}{\square}} = e.$

■ **习题 1.3**

1. 计算下列极限：

$(1)\ \lim\limits_{x \to 0} \dfrac{\sin \omega x}{x}$;

$(2)\ \lim\limits_{x \to 0} \dfrac{\sin 3x}{\sin 2x}$;

$(3)\ \lim\limits_{x \to 0} \dfrac{\tan 3x}{x}$;

$(4)\ \lim\limits_{x \to 0} x \cot x$;

$(5)\ \lim\limits_{x \to 0} \dfrac{1 - \cos 2x}{x \sin x}$;

$(6)\ \lim\limits_{x \to 0} \dfrac{2\arcsin x}{3x}$;

$(7)\ \lim\limits_{x \to 0} \dfrac{x(x + 3)}{\sin x}$;

$(8)\ \lim\limits_{x \to \infty} x^2 \sin^2 \dfrac{1}{x}$.

2. 计算下列极限：

$(1)\ \lim\limits_{x \to 0} (1 - x)^{\frac{1}{x}}$;

$(2)\ \lim\limits_{x \to 0} (1 + 2x)^{\frac{1}{x}}$;

$(3)\ \lim\limits_{x \to \infty} \left(1 + \dfrac{1}{x}\right)^{\frac{x}{2}}$;

$(4)\ \lim\limits_{x \to \infty} \left(\dfrac{1 + x}{x}\right)^{2x}$;

$(5)\ \lim\limits_{x \to \infty} \left(1 - \dfrac{1}{x}\right)^{kx}$;

$(6)\ \lim\limits_{x \to \frac{\pi}{2}} (1 + \cos x)^{3\sec x}$;

$(7)\ \lim\limits_{x \to \infty} \left(\dfrac{2x + 3}{2x + 1}\right)^{x+1}$;

$(8)\ \lim\limits_{x \to \infty} \left(\dfrac{x^2}{x^2 - 1}\right)^{x}$.（提示：$1 - \dfrac{1}{x^2} = \left(1 + \dfrac{1}{x}\right)\left(1 - \dfrac{1}{x}\right)$）

习题 1.3 答案

1.4 函数的连续性

函数的连续性讲解视频

1.4.1 函数连续性的概念

有许多自然现象，如气温的变化、河水的流动，植物的生长等，都是随着时间在连续不断地变化的，这些现象反映在数学上就是函数的连续性. 前面学过的许多函数，例如 $y = x^2$、$y = \sin x$，它们的图像是一条连续变化的曲线. 连续变化的概念从变量关系上看是当自变量的变化很微小时，函数相应的变化也很微小. 反映这种变量间的关系是连续函数的特征. 本节将以极限的概念来研究函数的连续性. 为此，先引入增量的概念.

1. 函数的增量

定义 1 如果变量 u 从初值 u_0 变到终值 u_1，那么终值与初值的差 $u_1 - u_0$，叫做变量 u 的增量（或改变量），记为 Δu，即

$$\Delta u = u_1 - u_0. \tag{1}$$

注意 记号 Δu 并不表示 Δ 与 u 的乘积，而是一个整体记号. 增量并不都是正值，当

$u_1 > u_0$ 时，$\Delta u > 0$；当 $u_1 < u_0$ 时，$\Delta u < 0$；当 $u_1 = u_0$ 时，$\Delta u = 0$. 此外，式（1）又可改写为

$$u_1 = u_0 + \Delta u, \tag{2}$$

即终值 u_1 也可用 $u_0 + \Delta u$ 来表示.

现假定函数 $y = f(x)$ 在点 x_0 及其近旁有定义，当自变量 x 从 x_0 变到 $x_0 + \Delta x$ 时有增量 Δx，函数 $f(x)$ 相应地从 $f(x_0)$ 变到 $f(x_0 + \Delta x)$ 也有增量 Δy，即

$$\Delta y = f(x_0 + \Delta x) - f(x_0).$$

例 1 设 $f(x) = 3x^2 - 1$，求满足下列条件的自变量的增量 Δx 和函数的增量 Δy：
① 当 x 由 1 变到 1.5；　　② 当 x 由 1 变到 0.5；　　③ 当 x 由 1 变到 $1 + \Delta x$.

解 ① $\Delta x = 1.5 - 1 = 0.5$；$\Delta y = f(1.5) - f(1) = 5.75 - 2 = 3.75$.
② $\Delta x = 0.5 - 1 = -0.5$；$\Delta y = f(0.5) - f(1) = -0.25 - 2 = -2.25$.
③ $\Delta x = (1 + \Delta x) - 1 = \Delta x$；
$\Delta y = f(1 + \Delta x) - f(1) = 3(1 + \Delta x)^2 - 3 = 6\Delta x + 3(\Delta x)^2$.

2. 函数 $y = f(x)$ 在点 x_0 的连续性

首先从函数的图像上来观察在给定点 x_0 处函数 $f(x)$ 的变化情况.

由图 1-18 可以看出，函数 $y = f(x)$ 是连续变化的. 它的图像是一条不间断的曲线. 当 x_0 保持不变而让 Δx 趋近于零时，曲线上的点 N 就沿着曲线趋近于 M，即 Δy 趋近于零.

由图 1-19 可以看出，函数 $y = \varphi(x)$ 不是连续变化的. 它的图像是一条在点 x_0 处间断的曲线. 当 x_0 保持不变而让 Δx 趋近于零时，曲线上的点 N 就沿着曲线趋近于 N'，Δy 不能趋近于零.

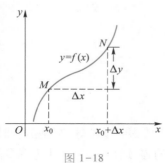

图 1-18

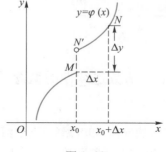

图 1-19

下面给出了函数 $y = f(x)$ 在点 x_0 处连续的定义.

定义 2 设函数 $y = f(x)$ 在点 x_0 及其近旁有定义，如果当自变量 x 在 x_0 处的增量 Δx 趋近于零时，函数 $y = f(x)$ 相应的增量 $\Delta y = f(x_0 + \Delta x) - f(x_0)$ 也趋近于零，即 $\lim\limits_{\Delta x \to 0} \Delta y = 0$，那么就称 $y = f(x)$ 在点 x_0 处连续.

例 2 根据定义 2，证明 $y = 3x^2 - 1$ 在点 $x_0 = 1$ 处连续.

证明 函数 $y = 3x^2 - 1$ 在点 $x_0 = 1$ 及其近旁有定义.

设自变量 x 在 $x_0 = 1$ 处有增量 Δx，则函数相应的增量

$$\Delta y = f(1 + \Delta x) - f(1) = 6\Delta x + 3(\Delta x)^2.$$

且有 $\lim\limits_{\Delta x \to 0} \Delta y = \lim\limits_{\Delta x \to 0} \left[6\Delta x + 3(\Delta x^2) \right] = 0$.

根据定义 2 得,函数 $y = 3x^2 - 1$ 在点 $x_0 = 1$ 处连续.

在定义 2 中,若设 $x = x_0 + \Delta x$,则 $\Delta y = f(x_0 + \Delta x) - f(x_0) = f(x) - f(x_0)$. 由 $\Delta x \to 0$ 就有 $x \to x_0$,$\Delta y \to 0$ 就有 $f(x) \to f(x_0)$,因此,函数 $y = f(x)$ 在点 x_0 处连续的定义也可作如下叙述.

> **定义 3** 设函数 $y = f(x)$ 在点 x_0 及其近旁有定义,若当 $x \to x_0$ 时,函数 $f(x)$ 的极限存在,且等于它在 x_0 处的函数值,即
> $$\lim\limits_{x \to x_0} f(x) = f(x_0),$$
> 则称 $y = f(x)$ 在点 x_0 处连续.

例 3 根据定义 3,证明 $y = 3x^2 - 1$ 在点 $x_0 = 1$ 处连续.

证明 ① 函数 $y = 3x^2 - 1$ 在点 $x = 1$ 及其近旁有定义;

② $\lim\limits_{x \to 1} f(x) = \lim\limits_{x \to 1} (3x^2 - 1) = 2$;

③ $\lim\limits_{x \to 1} f(x) = 2 = f(1)$.

根据定义 3 得,函数 $y = 3x^2 - 1$ 在点 $x_0 = 1$ 处连续.

若 $f(x)$ 在开区间 (a, b) 内每一点都连续,则称 $f(x)$ 在 (a, b) 内连续,(a, b) 就是函数 $f(x)$ 的连续区间.

若 $f(x_0 + 0) = f(x_0)$,即 $\lim\limits_{x \to x_0^+} f(x) = f(x_0)$,则称 $f(x)$ 在 x_0 处右连续.

若 $f(x_0 - 0) = f(x_0)$,即 $\lim\limits_{x \to x_0^-} f(x) = f(x_0)$,则称 $f(x)$ 在 x_0 处左连续.

> **定理 1** 函数 $f(x)$ 在 x_0 处连续 $\Leftrightarrow$ 函数 $f(x)$ 在 x_0 处左、右连续.

若函数 $f(x)$ 在 (a, b) 内连续,且在 a 点右连续,b 点左连续,则称函数 $f(x)$ 在闭区间 $[a, b]$ 上连续.

若函数 $f(x)$ 在定义域内连续,则称 $f(x)$ 是连续函数. 例如,$y = \sin x$ 在 $(-\infty, +\infty)$ 内连续,则称 $\sin x$ 是连续函数. 连续函数的图像是一条连续不间断的曲线.

可以证明,基本初等函数在其定义域内都是连续的.

1.4.2　函数的间断点

函数的间断点讲解视频

根据函数在一点处连续的定义,可得到函数 $f(x)$ 在点 x_0 处连续必须满足以下三个条件:

① 函数 $f(x)$ 在点 x_0 及其近旁有定义;

② 函数 $f(x)$ 在点 x_0 的极限存在;

③ $\lim\limits_{x \to x_0} f(x) = f(x_0)$.

如果上述条件中有一个不满足,则称函数 $f(x)$ 在点 x_0 处不连续或间断,点 x_0 叫做函数 $f(x)$ 的不连续点或间断点.

例 4 考虑下列三个函数在 $x = 1$ 处的连续性.

① $f(x) = \dfrac{x^2 - 1}{x - 1}$;

② $f(x) = \begin{cases} x + 1, & x > 1, \\ x - 1, & x \leqslant 1; \end{cases}$

③ $f(x) = \begin{cases} x, & x \neq 1, \\ \dfrac{1}{2}, & x = 1. \end{cases}$

解 ① 因为函数 $f(x)$ 在 $x = 1$ 处无定义,则 $f(x)$ 在 $x = 1$ 处不连续(图 1-20).

② 函数 $f(x)$ 在 $x = 1$ 处及其近旁有定义,但因为

$$f(1 - 0) = \lim_{x \to 1^-} f(x) = \lim_{x \to 1^-} (x - 1) = 0,$$
$$f(1 + 0) = \lim_{x \to 1^+} f(x) = \lim_{x \to 1^+} (x + 1) = 2,$$

即有 $f(1 - 0) \neq f(1 + 0)$,于是 $\lim\limits_{x \to 1} f(x)$ 不存在,即 $f(x)$ 在 $x = 1$ 处不连续(图 1-21).

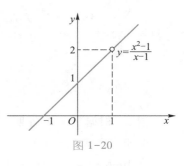

图 1-20

③ 函数 $f(x)$ 在 $x = 1$ 处及其近旁有定义,且有 $\lim\limits_{x \to 1} f(x) = \lim\limits_{x \to 1} x = 1$,但 $f(1) = \dfrac{1}{2}$,于是 $\lim\limits_{x \to 1} f(x) \neq f(1)$,故函数 $f(x)$ 在 $x = 1$ 处不连续(图 1-22).

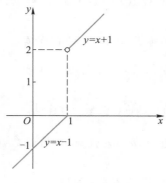

图 1-21

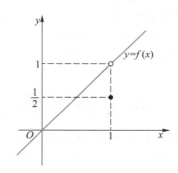

图 1-22

间断点通常分为两类:第一类间断点和第二类间断点.

若函数 $f(x)$ 在 $x \to x_0$ 时左极限 $f(x_0 - 0)$ 与右极限 $f(x_0 + 0)$ 都存在,但 $f(x)$ 在点 x_0 不连续,则点 x_0 称为函数 $f(x)$ 的第一类间断点.在例 4 的各函数中,$x = 1$ 均为第一类间断点.

不是第一类间断点的其他间断点都称为第二类间断点.

例 5 函数 $y = \tan x$ 在 $x = \dfrac{\pi}{2}$ 处无定义,则点 $x = \dfrac{\pi}{2}$ 是 $\tan x$ 的间断点,又因为

$$\lim_{x \to \frac{\pi}{2}^-} \tan x = + \infty, \quad \lim_{x \to \frac{\pi}{2}^+} \tan x = - \infty.$$

可知 $y = \tan x$ 在 $x \to \dfrac{\pi}{2}$ 时的左、右极限不存在,故 $x = \dfrac{\pi}{2}$ 是 $y = \tan x$ 的第二类间断点,也称为无穷间断点.

在第一类间断点中,左、右极限相等的称为可去间断点,不相等的称为跳跃间断点.

1.4.3 初等函数的连续性

1. 连续函数的四则运算

> **定理 2**　如果函数 $f(x)$ 和 $g(x)$ 在点 x_0 处连续,则
> ① $f(x) \pm g(x)$;
> ② $f(x) \cdot g(x)$;
> ③ $\dfrac{f(x)}{g(x)} (g(x_0) \neq 0)$,也都在 x_0 处连续.

下面只证 ① 的情形,其他情形可类似证明.

证明　由函数 $f(x)$ 和 $g(x)$ 在点 x_0 处连续,得

$$\lim_{x \to x_0} f(x) = f(x_0), \lim_{x \to x_0} g(x) = g(x_0),$$

根据极限的运算法则,有

$$\lim_{x \to x_0} [f(x) \pm g(x)] = \lim_{x \to x_0} f(x) \pm \lim_{x \to x_0} g(x) = f(x_0) \pm g(x_0).$$

由函数连续性定义知,函数 $f(x) \pm g(x)$ 在点 x_0 处连续.

2. 复合函数的连续性

> **定理 3**　设 $u = g(x)$ 在 x_0 处连续,$y = f(u)$ 在 u_0 处连续,且 $u_0 = g(x_0)$,则复合函数 $y = f[g(x)]$ 在 x_0 处也连续.

证明　因为 $g(x)$ 在 x_0 处连续,所以

$$\lim_{x \to x_0} g(x) = g(x_0),$$

即 $\lim\limits_{x \to x_0} u = u_0$ 或当 $x \to x_0$ 时,$u \to u_0$. 又因为 $f(u)$ 在 u_0 处连续,所以

$$\lim_{x \to x_0} f[g(x)] = \lim_{u \to u_0} f(u) = f(u_0) = f[g(x_0)],$$

即复合函数 $y = f[g(x)]$ 在点 x_0 处连续.

由上述证明可得

$$\lim_{x \to x_0} f[g(x)] = f[g(x_0)] = f[\lim_{x \to x_0} g(x)]. \tag{1}$$

$$\lim_{x \to x_0} f[g(x)] = \lim_{u \to u_0} f(u). \tag{2}$$

式(1)说明了在定理条件满足的情况下,函数记号 f 与极限记号 $\lim$ 可交换次序. 式(2)说明求极限时可以作变量代换. 这为极限运算提供了很多的方便.

3. 反函数的连续性

> **定理 4**　设函数 $y = f(x)$ 是区间 $[a, b]$ 上的单调连续函数,且 $f(a) = \alpha, f(b) = \beta$,则反函数 $x = \varphi(y)$ 在区间 $[\alpha, \beta]$ 上也单调连续.

4. 初等函数的连续性

初等函数是由基本初等函数与常数经过有限次四则运算和有限次复合得到的. 而基本初等函数在其定义域内都是连续的. 因此,根据定理 2 及定理 3 可得如下重要结论:

一切初等函数在其定义区间内都是连续的.

根据这个结论,求初等函数在其定义区间内某点处的极限时,只要求出该点处的函数值即可.

例 6　① $\lim\limits_{x \to 0} \sqrt{1 - x^2}$；　② $\lim\limits_{x \to \frac{\pi}{4}} \ln\tan x$.

解　① $f(x) = \sqrt{1 - x^2}$ 是初等函数,它的定义域为 $[-1, 1]$,而 $x = 0$ 在其定义域内,于是

$$\lim\limits_{x \to 0} \sqrt{1 - x^2} = \sqrt{1 - 0} = 1.$$

② $f(x) = \ln\tan x$ 是初等函数, $x = \dfrac{\pi}{4}$ 在其定义域内,于是 $\lim\limits_{x \to \frac{\pi}{4}} \ln\tan x = \ln\tan \dfrac{\pi}{4} = 0$.

再看下面几个初等函数求极限的例子.

例 7　求下列极限:

① $\lim\limits_{x \to 4} \dfrac{\sqrt{x + 5} - 3}{x - 4}$；　② $\lim\limits_{x \to 0} \dfrac{\ln(1 + x)}{x}$；　③ $\lim\limits_{x \to 0} \dfrac{a^x - 1}{x}$.

解　① 由于函数 $\dfrac{1}{\sqrt{x + 5} + 3}$ 在 $x = 4$ 处连续,所以

$$\lim\limits_{x \to 4} \dfrac{\sqrt{x + 5} - 3}{x - 4} = \lim\limits_{x \to 4} \dfrac{1}{\sqrt{x + 5} + 3} = \dfrac{1}{\sqrt{4 + 5} + 3} = \dfrac{1}{6}.$$

② 因为 $\dfrac{\ln(1 + x)}{x} = \ln(1 + x)^{\frac{1}{x}}$,所以

$$\lim\limits_{x \to 0} \dfrac{\ln(1 + x)}{x} = \lim\limits_{x \to 0} \ln(1 + x)^{\frac{1}{x}} = \ln\left[\lim\limits_{x \to 0}(1 + x)^{\frac{1}{x}}\right] = \ln e = 1.$$

例 7②
讲解视频

这里把 $(1 + x)^{\frac{1}{x}}$ 先取对数再求极限换成先求极限再取对数,是因为 $\lim\limits_{x \to 0}(1 + x)^{\frac{1}{x}} = e$,且对数函数在点 e 处连续的缘故.

③ 设 $a^x - 1 = t$,则 $x = \dfrac{\ln(1 + t)}{\ln a}$,显然,当 $x \to 0$ 时, $t \to 0$,再利用上题的结果,有

$$\lim\limits_{x \to 0} \dfrac{a^x - 1}{x} = \lim\limits_{t \to 0} \dfrac{t\ln a}{\ln(1 + t)} = \lim\limits_{t \to 0} \dfrac{\ln a}{\ln(1 + t)^{\frac{1}{t}}} = \ln a.$$

1.4.4　闭区间上连续函数的性质

性质 1(最大值和最小值定理)　在闭区间上连续的函数,在该区间上有界且一定能取得它的最大值和最小值.

如图 1-23 所示,函数 $y = f(x)$ 在闭区间 $[a,b]$ 上连续,则在 $[a,b]$ 上至少有点 ξ_1 和 ξ_2,使当 $x \in [a,b]$ 时,$f(\xi_1) \leqslant f(x)$,$f(\xi_2) \geqslant f(x)$ 恒成立,则 $f(\xi_1)$ 和 $f(\xi_2)$ 分别称为函数 $y = f(x)$ 在 $[a,b]$ 上的最小值和最大值,ξ_1 和 ξ_2 分别称为最小值点和最大值点.

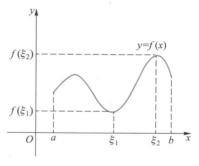

图 1-23

例如,函数 $y = \sin x$ 在闭区间 $[0,3\pi]$ 上连续,由性质 1 可知,$y = \sin x$ 在 $[0,3\pi]$ 上必存在最大值和最小值.事实上,在 $\xi_1 = \dfrac{\pi}{2}$,$\xi_2 = \dfrac{5\pi}{2}$ 时,$\sin x$ 有最大值 1,

即 $f\left(\dfrac{\pi}{2}\right) = f\left(\dfrac{5\pi}{2}\right) = 1$. 在 $\xi_3 = \dfrac{3\pi}{2}$ 时,$\sin x$ 有最小值 -1,即 $f\left(\dfrac{3\pi}{2}\right) = -1$.

注意 此性质对开区间不成立.如果函数在开区间 (a,b) 内连续或函数在闭区间上有间断点,则函数在该区间上不一定有最大值和最小值.例如,函数 $y = x$ 在 $[-1,1]$ 上最大值为 1,最小值为 -1.但是在 $(-1,1)$ 内无最大值或最小值(因为最大值无限接近于 1,但不为 1,则无最大值)(图 1-24).

又如,函数

$$f(x) = \begin{cases} -x + 1, & 0 \leqslant x < 1, \\ 1, & x = 1, \\ -x + 3, & 1 < x \leqslant 2, \end{cases}$$

$f(x)$ 在闭区间 $[0,2]$ 上有间断点 $x = 1$,这时函数 $f(x)$ 在 $[0,2]$ 上既无最大值又无最小值(图 1-25).

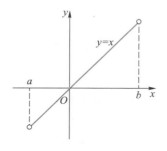

图 1-24

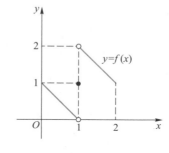

图 1-25

性质 2(介值定理) 设函数 $f(x)$ 在闭区间 $[a,b]$ 上连续,且 $f(a) \neq f(b)$,那么对于介于 $f(a)$ 和 $f(b)$ 之间的任意一个数 C,在开区间 (a,b) 内至少有一点 ξ,使得 $f(\xi) = C$ $(a < \xi < b)$.

由图 1-26 可以看出,在闭区间 $[a,b]$ 上连续的曲线 $y = f(x)$ 与直线 $y = C$ $(A < C < B)$ 至少有一交点,设其中一交点的坐标为 $(\xi, f(\xi))$,则 $f(\xi) = C$.

性质 3(零点定理) 设函数 $f(x)$ 在闭区间 $[a,b]$ 上连续,且 $f(a)$ 和 $f(b)$ 异号,则在开区间 (a,b) 内至少有一点 ξ,使得 $f(\xi) = 0$ $(a < \xi < b)$.

由图 1-27 可以看出,如果 $f(a)$ 和 $f(b)$ 异号,那么曲线 $y = f(x)$ 与 x 轴至少有一个交点,设其中一交点坐标为 $(\xi, f(\xi))$,即有 $f(\xi) = 0$.

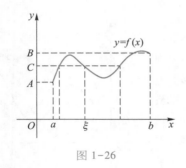

图 1-26　　　　　　　　　　　　　图 1-27

此性质是求方程 $f(x)=0$ 的近似解的一种理论依据.

例 8　证明方程 $x^3-4x^2+1=0$ 在区间 $(0,1)$ 内至少有一个根.

证明　因为函数 $f(x)=x^3-4x^2+1$ 在闭区间 $[0,1]$ 上连续,而且两端点的函数值异号,

$$f(0)=1>0,\ f(1)=-2<0.$$

根据介值定理,在 $(0,1)$ 内至少有一点 ξ,使 $f(\xi)=0$,即

$$\xi^3-4\xi^2+1=0\quad(0<\xi<1).$$

这说明了 $x^3-4x^2+1=0$ 在 $(0,1)$ 内至少有一个实根.

显然,若函数仅在开区间 (a,b) 内连续,或在闭区间上有间断点,那么介值定理的结论就不一定成立了.

■ 习题 1.4

1. 设函数 $f(x)=x^3-2x+5$,求符合下列条件的自变量的增量和对应的函数的增量:

（1）当 x 由 2 变到 3;

（2）当 x 由 2 变到 1;

（3）当 x 由 2 变到 $2+\Delta x$;

（4）当 x 由 x_0 变到 x_1.

2. 设函数 $y=f(x)$ 在点 x_0 及其近旁有定义,当自变量有增量 Δx 时,相应地函数也有增量 Δy,在图 1-28(a)、(b)、(c) 中分别指出 Δx 与 Δy 的正负.

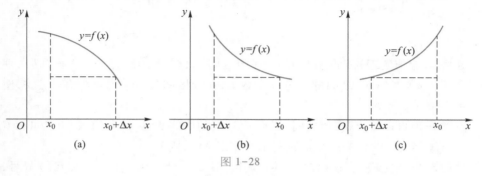

图 1-28

3. 求函数 $y=\ln x$ 在任意正值 x 处的增量 Δx.

4. 讨论函数 $f(x)=\begin{cases}x^2-1, & -1\leqslant x\leqslant 1,\\ x+2, & x>1\end{cases}$ 在 $x=0,x=1,x=2$ 各点的连

续性,并画出它的图像.

5. 讨论下列函数在指定点处是否连续以及是否左连续(或右连续). 若间断,说明间断类型.

(1) $f(x) = \sqrt[3]{x}$, $x = 0$;　　　　　　(2) $f(x) = \dfrac{x-1}{x^2-1}$, $x = 1$;

(3) $f(x) = \begin{cases} x + 1, & x < 0, \\ 2 - x, & x \geqslant 0, \end{cases}$ $x = 0$;　　(4) $f(x) = \begin{cases} \dfrac{\sin x}{x}, & x \neq 0, \\ 0, & x = 0, \end{cases}$ $x = 0$;

(5) $f(x) = \begin{cases} \dfrac{\sin x}{x}, & x \neq 0, \\ 1 & x = 0, \end{cases}$ $x = 0$.

6. 求函数 $f(x) = \dfrac{x^3 + 3x^2 - x - 3}{x^2 + x - 6}$ 的连续区间,并求极限 $\lim\limits_{x \to 0} f(x)$, $\lim\limits_{x \to 2} f(x)$ 及 $\lim\limits_{x \to -3} f(x)$.

7. 求下列函数的间断点,并说明其类型:

(1) $y = \dfrac{1}{1+x}$;　　　　　　(2) $y = \dfrac{1-\cos x}{x^2}$;

(3) $y = \dfrac{x^2 - 1}{x^2 - 3x + 2}$;　　　　(4) $y = \dfrac{2x^2 - 5x}{2x}$;

(5) $y = \mathrm{e}^{\frac{1}{x}}$;　　　　　　(6) $y = \begin{cases} 3 + x, & x \leqslant 0, \\ \dfrac{\sin 3x}{x}, & x > 0. \end{cases}$

8. 设函数 $f(x) = \begin{cases} \mathrm{e}^x, & x < 0, \\ a + x, & x \geqslant 0, \end{cases}$ a 取何值时,$f(x)$ 在 $(-\infty, +\infty)$ 内为连续函数?

习题 1.4 答案

9. 求下列极限:

(1) $\lim\limits_{x \to 0} \sqrt{\mathrm{e}^{2x} + 2 + \sin 2x}$;　　(2) $\lim\limits_{x \to 2} \dfrac{2x^2 + 1}{x + 1}$;

(3) $\lim\limits_{t \to -2} \dfrac{\mathrm{e}^t + 1}{t}$;　　　　(4) $\lim\limits_{x \to 0} \dfrac{\sqrt{1+x} - 1}{x}$;

(5) $\lim\limits_{\Delta x \to 0} \dfrac{\sqrt{x + \Delta x} - \sqrt{x}}{\Delta x}$;　　(6) $\lim\limits_{x \to 3} \dfrac{\sqrt{1 + 5x} - 4}{\sqrt{x} - \sqrt{3}}$;

(7) $\lim\limits_{x \to 0} \dfrac{\sqrt{x + 4} - 2}{\sin 5x}$;　　(8) $\lim\limits_{x \to \frac{\pi}{4}} \dfrac{\sin 2x}{2\cos(\pi - x)}$;

(9) $\lim\limits_{x \to \frac{\pi}{4}} \dfrac{\sin x - \cos x}{\cos 2x}$;　　(10) $\lim\limits_{x \to a} \dfrac{\ln x - \ln a}{x - a}$.

10. 证明方程 $x^5 - 3x - 1 = 0$ 在区间 $(1,2)$ 内至少有一个实根.

11. 证明三角方程 $x = a\sin x + b (a > 0, b > 0)$ 至少有一个正根,并且不超过 $a + b$.

1.5 MATLAB 软件简介及求函数极限

MATLAB 是"Matrix Laboratory"的缩写,意为"矩阵实验室",是当今很流行的科学计算软件.MATLAB 在诸如控制论、时间序列分析、系统仿真、图像信号处理等众多领域得到了广泛的应用.

MATLAB 系统提供了大量的矩阵及其他运算函数,可以方便地进行一些很复杂的计算,而且运算效率极高.MATLAB 命令和数学中的符号、公式非常接近,可读性强,容易掌握,还可利用它所提供的编程语言进行编程,完成特定的工作.除基本部分外,MATLAB 还根据各专门领域中的特殊需要提供了许多可选的工具箱,如符号数学工具箱(Symbolic Math Toolbox) 等.

1.5.1 MATLAB 的安装和基本命令

1. 安装

MATLAB 的安装非常简单,这里以 Windows10 版本为例.运行 setup 后,输入正确的序列号,选择好安装路径和安装的模块,几乎是一直回车就可以了.

2. 启动与退出

启动:(1) 从 Windows 中双击 MATLAB 图标;(2) 由开始菜单 — 程序 —MATLAB 进入.

退出:(1) 直接点击视窗右上角的关闭按钮;(2) 在命令窗口键入 exit 或 quit.

3. 帮助文件

学习 MATLAB 软件最好的教材是它的帮助文件.有两种方法可取得帮助信息:一是直接在命令窗口输入 >> help 函数名,如 help imread,会得到相应函数的有关帮助信息;二是在帮助窗口中查找相应信息.

4. 基本命令

MATLAB 基本命令和用法见表 1-4.

表 1-4

命令	功能	格式	解释和举例
help	帮助命令	help 命令名	`help plot` `help matlab\general`
what	显示目录内容命令	what[目录名]	what matlab,显示 matlab 目录下的所有 M - 文件.
type	显示文件内容命令	type 文件名	显示 M - 文件的内容.

命令	功能	格式	解释和举例
lookfor	寻找命令	lookfor 命令或字符串	寻找命令或字符串是否存在. lookfor cos
which	寻找函数命令	which 函数名	显示函数所在的文件位置,给出路径. which pinv
path	路径控制命令	path〔路径〕	显示或改变搜索路径. path (path,'d:\test\aaa')
who,whos	显示变量命令	who 或 whos	显示当前变量. whos 命令更详细.
load,save	取出与保存结果命令	load 文件名或变量名 save 文件名或变量名	从磁盘上读出或保存计算结果. ① save test 将变量存入 test. mat 文件中. ② save test x y 仅保存 x,y 变量.
clear	清除变量命令	clear〔变量名〕	清除 x,y 变量 clear x y
disp	显示文本或 变量内容命令	disp(变量名)	x = [1 2 3] disp(x) y = 'aaaaaaa' disp(y)
dir	显示目录内容命令	dir〔目录名〕	显示目录里的文件. dir \matlab\notebook
delete	删除文件或对象命令	delete 文件名	删除文件,不能删除文件夹 delete test H = plot(x,x) delete(H)
		delete(对象)	delete (H) 删除图形对象 H

1.5.2 MATLAB 中的变量名及常用函数

1. MATLAB 中变量的命名规则
① 变量名必须是不含空格的单个词;
② 变量名区分大小写;
③ 变量名最多不超过 19 个字符;
④ 变量名必须以字母打头,之后可以是任意字母、数字或下划线,变量名中不允许使用标点符号.
变量和函数名由字母加数字组成,但最多不能超过 63 个字符,否则系统只承认前 63 个字符.
MATLAB 变量字母区分大小写,如 A 和 a 不是同一个变量,函数名一般使用小写字母,如 inv(A) 不能写成 INV(A),否则系统认为未定义函数.

2.特殊变量表(表1-5)

表 1-5

特殊变量	意　义	特殊变量	意　义
ans	用于结果的缺省变量名	pi	圆周率
inf	无穷大 如 1/0	flops	浮点运算数
NaN	不定量,如 0/0	i 或 j	$i = j = \sqrt{-1}$
nargout nargin	所用函数的输出变量数目 所用函数的输入变量数目	eps	计算机的最小数,当和1相加就产生一个比 1 大的数
realmin	最小可用正实数	realmax	最大可用正实数

3.常用函数表(表1-6)

表 1-6

函数	名　称	函数	名　称
sin(x)	正弦函数	asin(x)	反正弦函数
cos(x)	余弦函数	acos(x)	反余弦函数
tan(x)	正切函数	atan(x)	反正切函数
abs(x)	绝对值	max(x)	最大值
min(x)	最小值	sum(x)	元素的总和
sqrt(x)	开平方	exp(x)	以 e 为底的指数
log(x)	自然对数	log10(x)	以 10 为底的对数
sign(x)	符号函数	fix(x)	取整

1.5.3　基本运算符与运算

1.基本运算符(表1-7)

表 1-7

运算	符号	范例
加	+	2 + 3
减	−	3 − 4
乘	*	3 * 5
除	/ 或 \	1/2 2\3
幂	^	3^2

　　MATLAB 的计算次序与一般数学计算相同,括号只能用小括号,且可多层使用,三角函数中的角度单位是"弧度"而不能是"度".

　　MATLAB 是一个交互系统,如果对一条命令的用法有疑问的话,可以用 Help 菜单中的相应选项查询有关信息,也可以用 help 命令在命令行上查询.

2.基本运算

MATLAB 采用表达式语言,用户输入的语句由 MATLAB 系统解释.

例 1 求 $\{2 + 2 \times [5 - 3]\} \div 2^2$.

解 在 MATLAB 命令窗口 >> 提示符后输入以下内容:

```
(2 + 2 * (5 - 3))/2^2
```

后按 Enter 键,该命令就被执行,其结果在 MATLAB 窗口显示如下:

```
>> (2 + 2 * (5 - 3))/2^2
ans =
    1.5000
```

">>"是指令输入提示符.

例 2 求半径为 2 的球的体积.

解 在 MATLAB 命令窗口 >> 提示符后输入以下内容:

```
V = 4/3 * pi * 2^3   % 求半径为 2 的球的体积
```

后按 Enter 键,该命令就被执行,其结果在 MATLAB 窗口显示如下:

```
>> V = 4/3 * pi * 2^3   % 求半径为 2 的球的体积
V =
    33.5103
```

命令行中符号"%"后的文字表示对命令的注释,不被执行,可不输入.

1.5.4 用 MATLAB 求函数的极限

用 MATLAB 求函数的极限由命令函数 limit( ) 来实现,具体情形见表 1-8.

表 1-8 求函数极限的命令

极限运算	MATLAB 命令
$\lim\limits_{x \to 0} f(x)$	limit(f)
$\lim\limits_{x \to a} f(x)$	limit(f,x,a) 或 limit(f,a)
$\lim\limits_{x \to a^-} f(x)$	limit(f,x,a,'left')
$\lim\limits_{x \to a^+} f(x)$	limit(f,x,a,'right')
$\lim\limits_{x \to \infty} f(x)$	limit(f,x,inf)
$\lim\limits_{x \to +\infty} f(x)$	limit(f,x,+inf)
$\lim\limits_{x \to -\infty} f(x)$	limit(f,x,-inf)

例 3 求下列函数的极限.

① $\lim\limits_{x \to 4} \dfrac{\sqrt{x + 5} - 3}{x - 4}$;　　② $\lim\limits_{x \to 2} \dfrac{x^2 - 6x + 8}{x^2 - 3x + 2}$.

解　>> clear

　　>> syms x

　　>> f1 = (sqrt(x + 5) - 3)/(x - 4);

　　>> f2 = (x^2 - 6 * x + 8)/(x^2 - 3 * x + 2);

　　>> limit(f1,x,4)

　　ans =

　　1/6

　　>> limit(f2,2)

　　ans =

　　- 2

即极限结果分别为 $\dfrac{1}{6}$, - 2.

本章小结

一、函数的概念和性质

1. 函数的概念

函数、分段函数、反函数、复合函数、基本初等函数、初等函数.

2. 函数的表示

公式法、表格法和图像法. 其中公式法表示包括:

① 一个解析式表示;

② 在不同的区间内用不同的解析式表示即分段函数.

3. 函数的几种特性

① 奇偶性

② 单调性

③ 有界性

④ 周期性

4. 基本初等函数

图像和性质参考表 1-1).

二、极限的概念

(1) 函数极限、数列极限、函数在 x_0 处的左、右极限.

(2) 无穷小量:若 $\lim\limits_{x \to \square} f(x) = 0$,则称 $f(x)$ 为 $x \to \square$ 时的无穷小量(无穷小).

(3) 无穷大量:若 $\lim\limits_{x \to \square} f(x) = \infty$,则称 $f(x)$ 为 $x \to \square$ 时的无穷大量(无穷大).

(4) 无穷小的阶:设 $\lim \alpha = 0$, $\lim \beta = 0$, 且 $\lim \dfrac{\beta}{\alpha} = C$($C$ 为常数).

① 若 $C = 0$,则称 β 是 α 的高阶无穷小,记作 $\beta = o(\alpha)$;

② 若 $C \neq 0$,则称 β 与 α 是同阶无穷小,特别当 $C = 1$ 时称 β 与 α 是等价无穷小,记作 $\alpha \sim \beta$.

三、极限的性质与结论

1. 夹逼定理

若 $g(x) \leqslant f(x) \leqslant h(x)$,且 $\lim g(x) = \lim h(x) = A$,则 $\lim f(x) = A$.

2. 函数极限存在的定理

$$\lim_{x \to x_0} f(x) = A \Leftrightarrow \lim_{x \to x_0^+} f(x) = \lim_{x \to x_0^-} f(x) = A.$$

3. 极限的四则运算法则(略)

4. 无穷小量的性质

有限个无穷小的和(或积)仍为无穷小.

有界函数与无穷小的乘积仍为无穷小.

若 $\lim f(x) = \infty$,则 $\lim \dfrac{1}{f(x)} = 0$;

若 $\lim f(x) = 0$,且 $f(x) \neq 0$,则 $\lim \dfrac{1}{f(x)} = \infty$.

5. 几个常用的等价无穷小

当 $x \to 0$ 时,有

$\sin x \sim x, \tan x \sim x, \ln(1 + x) \sim x, \arcsin x \sim x, \arctan x \sim x, e^x - 1 \sim x, 1 - \cos x \sim \dfrac{1}{2}x^2, (1 + x)^{\alpha} - 1 \sim \alpha x (\alpha \in \mathbf{R}).$

6. 几个常用的重要极限

$$\lim_{x \to 0} \frac{\sin x}{x} = 1, \quad \lim_{x \to 0} (1 + x)^{\frac{1}{x}} = e, \quad \lim_{x \to \infty} \left(1 + \frac{1}{x}\right)^x = e, \quad \lim_{n \to \infty} \left(1 + \frac{1}{n}\right)^n = e.$$

四、函数连续的概念与结论

1. 函数连续的概念

① $f(x)$ 在点 x_0 处连续的概念.

定义 1 $\lim\limits_{\Delta x \to 0} \Delta y = \lim\limits_{\Delta x \to 0} [f(x_0 + \Delta x) - f(x_0)] = 0;$

定义 2 $\lim\limits_{x \to x_0} f(x) = f(x_0).$

$f(x)$ 在点 x_0 处连续 $\Leftrightarrow f(x)$ 在点 x_0 处左、右连续.

② $f(x)$ 在 $[a, b]$ 上连续:$f(x)$ 在 (a, b) 内每一点都连续,且在 $x = a$ 处右连续,在 $x = b$ 处左连续.

2. $f(x)$ 的间断点及分类

① 若 $f(x)$ 不满足:a. 在 x_0 及其近旁有定义;b. $\lim\limits_{x \to x_0} f(x)$ 存在;c. $\lim\limits_{x \to x_0} f(x) = f(x_0)$ 中任意一条,则 $f(x)$ 在点 x_0 处间断,称点 x_0 为间断点.

② 若 $f(x)$ 在 x_0 处间断,但 $\lim\limits_{x \to x_0^+} f(x)$,$\lim\limits_{x \to x_0^-} f(x)$ 存在,则称点 x_0 是 $f(x)$ 的第一类间断点(若 x 在 x_0 处无定义,或 $\lim\limits_{x \to x_0^+} f(x) = \lim\limits_{x \to x_0^-} f(x) \neq f(x_0)$,则称 x_0 为 $f(x)$ 的可去间断点;若 $\lim\limits_{x \to x_0^+} f(x) \neq \lim\limits_{x \to x_0^-} f(x)$,则称 x_0 为跳跃间断点).非第一类间断点的间断点称为第二类间断点(无穷间断点,振荡间断点等).

3. 连续函数的相关结论

① 复合函数连续性:若 $\lim\limits_{u \to u_0} f(u) = f(u_0)$,$\lim\limits_{x \to x_0} \varphi(x) = u_0$,则 $\lim\limits_{x \to x_0} f[\varphi(x)] = f[\varphi(x_0)]$.

② 基本初等函数在定义域内连续,初等函数在定义区间内连续.

③ 闭区间上的连续函数在该区间上一定有最大值和最小值;一定有界,一定能取得介于最大值和最小值之间的任何值.

④ (零点定理)设 $f(x)$ 在 $[a,b]$ 上连续,且 $f(a)f(b) < 0$,则至少存在 $\xi \in (a,b)$,使 $f(\xi) = 0$.

■ 复习题一

1. 判别下列函数是否具有奇偶性、周期性,并作出函数的图像:

(1) $y = 1 + \cos x$;

(2) $y = \sin x + \cos x$;

(3) $y = \dfrac{x^2 - x}{x - 1}$;

(4) $y = \begin{cases} \cos x, & -\pi \leq x < 0, \\ 0, & x = 0, \\ -\cos x, & 0 < x \leq \pi. \end{cases}$

2. 设 $f(x)$ 为奇函数,$g(x)$ 为偶函数,观察下列复合函数的奇偶性:

(1) $f[g(x)]$;

(2) $g[f(x)]$;

(3) $f[f(x)]$.

3. 设 $f(x) = \begin{cases} -1, & x \leq 0, \\ 1, & x > 0, \end{cases}$ $\varphi(x) = 2x + 1$,求 $f[\varphi(x)]$,$\varphi[f(x)]$.

4. 求下列极限:

复习题一答案

(1) $\lim\limits_{x \to 1} \dfrac{x^4 - 1}{x^3 - 1}$;

(2) $\lim\limits_{x \to 5} \dfrac{x^2 - 7x + 10}{x^2 - 25}$;

(3) $\lim\limits_{x \to \infty} \dfrac{3x^2 + 2}{1 - 4x^3}$;

(4) $\lim\limits_{x \to \infty} \dfrac{3x^3 + 2}{1 - 4x^2}$;

(5) $\lim\limits_{x \to \infty} \dfrac{(x-1)(x-2)(x-3)}{(1-4x)^3}$;

(6) $\lim\limits_{n \to \infty} \dfrac{1 + \dfrac{1}{2} + \dfrac{1}{4} + \cdots + \dfrac{1}{2^n}}{1 + \dfrac{1}{3} + \dfrac{1}{9} + \cdots + \dfrac{1}{3^n}}$;

(7) $\lim\limits_{x \to 0} \dfrac{\sqrt{1+x} - \sqrt{1-x}}{x}$;

(8) $\lim\limits_{x \to 3} \dfrac{\sqrt{1+x} - 2}{\sqrt{x} - \sqrt{3}}$;

(9) $\lim\limits_{x \to +\infty} \sqrt{x}(\sqrt{x+a} - \sqrt{x})$;

(10) $\lim\limits_{x \to -1} \dfrac{\sin(x+1)}{2(x+1)}$;

(11) $\lim\limits_{x \to 0} \dfrac{\sin 3x}{e^{2x} - e^x}$;

(12) $\lim\limits_{x \to \infty} \left(\dfrac{2x-1}{2x+1}\right)^x$;

(13) $\lim\limits_{x \to 1} \dfrac{\sqrt{x} - 1}{\sqrt[4]{x} - 1}$;

(14) $\lim\limits_{x \to 0} \dfrac{(1 - \cos x)\arcsin 2x}{x^3}$;

(15) $\lim\limits_{x \to 0} \dfrac{e^{-x} - 1}{x}$;

(16) $\lim\limits_{x \to 0} x^2 \cos \dfrac{1}{x}$.

5. 设 $f(x) = \dfrac{x^2 - 1}{|x - 1|}$，求 $\lim\limits_{x \to 1^+} f(x)$ 及 $\lim\limits_{x \to 1^-} f(x)$，并说明 $f(x)$ 在点 $x = 1$ 处的极限是否存在.

6. 设函数 $f(x) = \begin{cases} x, & 0 < x < 1, \\ 2, & x = 1, \\ 2 - x, & 1 < x \le 2. \end{cases}$

(1) 写出函数的定义域并作出函数的图像;

(2) 求函数的间断点.

7. 如图 1-29 所示，$OABC$ 是边长为 1 的正方形，另有一直线 $x + y = t$. 设正方形与平面区域 $x + y < t$ 的公共部分（阴影部分）的面积为 $S(t)$:

(1) 写出 $S(t)$ 的表达式;

(2) 证明 $S(t)$ 是 t 的连续函数.

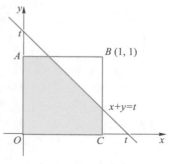

图 1-29

拓展阅读　自然对数的底数 e

e 为数学中一个常数，是一个无限不循环小数，其值约为 2.718 281 828 459 045. 它是自然对数函数的底数. 有时称它为欧拉数（Euler number），以瑞士数学家欧拉命名；也有个较鲜见的名字——纳皮尔常数，以纪念苏格兰数学家约翰·纳皮尔（John Napier）引进对数. 它就像圆周率 π 和虚数单位 i，是数学中最重要的常数之一.

它的其中一个定义是 $e = \lim\limits_{x \to \infty} (1 + x)^{\frac{1}{x}}$. 1690 年，莱布尼茨在信中第一次提到常数 e. 而在论文中第一次正式提到常数 e，是约翰·纳皮尔于 1618 年出版的对数著作附录中的一张表. 但它没有记录这个常数，只有由它为底计算出一张自然对数列表. 第一次把 e 看为常数的是雅各布·伯努利（Jacob Bernoulli）. 欧拉也听说了这一常数，所以在 27 岁时，用发表论文的方式将 e "保送" 到微积分. 而 e 第一次在出版物用到，是 1736 年欧拉的《力学》（Mechanica）. e 虽然以后也有研究者用字母 c 表示，但 e 较常用，终于成为标准.

e 是无理数和超越数. 这是第一个获证的超越数，而非故意构造的. 其实，超越数很多，常用的是 e 和 π. 融合 e、π 的欧拉公式 $e^{i\pi} + 1 = 0$，也是超越数 e 的数学价值的最高体现.

自然常数 e 有着广泛的应用，例如物理学中的弹簧振子的运动、RC 电路、原子轨道问题等，最终的结果都与 e 有关；生物学中的马尔萨斯人口增长模型中，人口增长的速度是以 e 为底的指数倍增长；进位制中 e 进制最有效率等. 感兴趣的同学可以去搜集这方面的资料深入了解 e 的无穷魅力.

第2章　导数与微分

名人名言

一个国家只有数学蓬勃的发展,才能展现它国力的强大.

—— 拿破仑

知识导读

17世纪出现了许多需要解决的科学问题,这些问题促使了微积分的产生.归结起来,大约有四种主要类型的问题:第一类是研究运动的时候直接出现的,也就是求瞬时速度的问题;第二类是求曲线的切线的问题;第三类是求函数的最大值和最小值问题;第四类是求曲线长、曲线围成的面积、曲面围成的体积等问题.

微积分就可以解决上述问题.微分学是微积分的一个重要组成部分,它的基本内容包括导数与微分.本章将从求变速直线运动的速度和非恒定电流的电流大小这两个问题引出导数的概念,建立求导法则,解决上述前三类问题.最后介绍函数微分的概念及其应用.

导数的概念
讲解视频

2.1　导数的概念

在许多实际问题中,不仅要研究变量之间的函数关系,而且要研究由于自变量的变化而引起的函数变化的快慢问题,即函数的变化率问题.

2.1.1　变化率问题举例

1. 变速直线运动的速度

由物理学知道,物体作匀速直线运动时,它在任何时刻的速度可用公式 $v = \dfrac{s}{t}$ 来计算,这里 s 为物体在时间 t 内的位移.若物体作变速直线运动,它在不同时刻的速度一般是不同的.例如自由落体运动,物体在下落过程中速度是越来越快的.如何精确地计算物体作变速直线运动在任意时刻的速度(又称瞬时速度)呢?

设一物体作变速直线运动,物体的位移 s 与经过的时间 t 之间的函数关系为 $s = s(t)$,求 t_0 时刻的瞬时速度 $v(t_0)$.

物体在 t_0 时刻的位移为 $s(t_0)$，在 $t_0 + \Delta t$ 时刻的位移是 $s(t_0 + \Delta t)$，则在 Δt 这段时间内，物体的位移为 $\Delta s = s(t_0 + \Delta t) - s(t_0)$.

于是 $\dfrac{\Delta s}{\Delta t} = \dfrac{s(t_0 + \Delta t) - s(t_0)}{\Delta t}$ 就是物体在 Δt 这段时间内的平均速度 $\bar{v}$.

显然，这个平均速度是随着 Δt 的变化而变化的. 一般地，当 $|\Delta t|$ 很小时，$\bar{v}$ 可近似看作 $v(t_0)$，且 $|\Delta t|$ 越小，$\bar{v}$ 与 $v(t_0)$ 就越接近，当 $\Delta t \to 0$ 时，平均速度 $\bar{v}$ 的极限就是物体在 t_0 时刻的瞬时速度，即

$$v(t_0) = \lim_{\Delta t \to 0} \bar{v} = \lim_{\Delta t \to 0} \frac{\Delta s}{\Delta t} = \lim_{\Delta t \to 0} \frac{s(t_0 + \Delta t) - s(t_0)}{\Delta t}.$$

例 1 物体自由落体的运动规律为 $s = \dfrac{1}{2} g t^2$，其中 g 为重力加速度，求物体在 t_0 时刻的瞬时速度 $v(t_0)$.

解 当时间 t 在 t_0 时刻获得增量 Δt 时，位移函数 s 的增量为

$$\Delta s = s(t_0 + \Delta t) - s(t_0) = \frac{1}{2} g(t_0 + \Delta t)^2 - \frac{1}{2} g t_0^2 = g t_0 \Delta t + \frac{1}{2} g \Delta t^2.$$

因此，物体 t_0 到 $t_0 + \Delta t$ 这段时间内的平均速度为

$$\bar{v} = \frac{\Delta s}{\Delta t} = g t_0 + \frac{1}{2} g \Delta t.$$

于是，物体在 t_0 时刻的瞬时速度为

$$v(t_0) = \lim_{\Delta t \to 0} \bar{v} = \lim_{\Delta t \to 0} \frac{\Delta s}{\Delta t} = \lim_{\Delta t \to 0} \left(g t_0 + \frac{1}{2} g \Delta t \right) = g t_0.$$

2. 非恒定电流的电流大小

对于恒定电流，单位时间内通过导线横截面的电荷量叫做电流. 它可用公式

$$i = \frac{Q}{t}$$

来计算，式中 Q 为时间 t 内通过的电荷量. 对于非恒定电流，例如正弦交流电，在不同时刻的电流一般是不同的. 如何求在任意时刻的电流（又称瞬时电流）呢？

设通过导线截面的电荷量 Q 与时间 t 的函数关系为 $Q = Q(t)$，求 t_0 时刻的电流 $i(t_0)$. 当时间从 t_0 变到 $t_0 + \Delta t$ 时，电荷量的增量为 $\Delta Q = Q(t_0 + \Delta t) - Q(t_0)$，

于是通过导线的平均电流为 $\bar{i} = \dfrac{\Delta Q}{\Delta t} = \dfrac{Q(t_0 + \Delta t) - Q(t_0)}{\Delta t}$.

令 $\Delta t \to 0$，则平均电流 $\bar{i}$ 的极限就是 t_0 时刻的电流 $i(t_0)$，即

$$i(t_0) = \lim_{\Delta t \to 0} \bar{i} = \lim_{\Delta t \to 0} \frac{\Delta Q}{\Delta t} = \lim_{\Delta t \to 0} \frac{Q(t_0 + \Delta t) - Q(t_0)}{\Delta t}.$$

以上两例的实际意义虽然不同，但它们最终得到的数学形式是完全一样的，都是当自变量的增量趋向于零时，函数的增量与自变量的增量的比的极限. 在自然科学和工程技术中，具有这种形式的极限问题是很多的. 为了便于研究，引入导数的概念.

2.1.2　导数的定义

定义 1　设函数 $y = f(x)$ 在 x_0 及其左右近旁有定义,当自变量在 x_0 处有增量 Δx 时,函数有相应的增量 $\Delta y = f(x_0 + \Delta x) - f(x_0)$. 如果当 $\Delta x \to 0$ 时,$\dfrac{\Delta y}{\Delta x}$ 的极限存在,则称该极限值为 $y = f(x)$ 在 x_0 处的导数,记为 $y'|_{x=x_0}$,即

$$y'|_{x=x_0} = \lim_{\Delta x \to 0} \frac{\Delta y}{\Delta x} = \lim_{\Delta x \to 0} \frac{f(x_0 + \Delta x) - f(x_0)}{\Delta x}, \tag{1}$$

也可记为 $f'(x_0)$,$\dfrac{\mathrm{d}y}{\mathrm{d}x}\bigg|_{x=x_0}$,$\dfrac{\mathrm{d}}{\mathrm{d}x}f(x)\bigg|_{x=x_0}$.

函数 $f(x)$ 在 x_0 处导数存在,又称为函数 $f(x)$ 在点 x_0 处可导,若极限不存在,则函数 $f(x)$ 在点 x_0 处不可导. 如果函数 $y = f(x)$ 在区间 (a,b) 内每一点都可导,则称函数 $f(x)$ 在区间 (a,b) 内可导. 这时对于每一个点 $x \in (a,b)$,都有一个导数值与之对应,于是构成一个 x 的新函数,称为函数 $y = f(x)$ 的导函数,记作 y' 或 $f'(x)$,$\dfrac{\mathrm{d}y}{\mathrm{d}x}$,$\dfrac{\mathrm{d}}{\mathrm{d}x}f(x)$.

在式(1)中,把 x_0 换成 x,即得 $y = f(x)$ 的导函数公式

$$y' = \lim_{\Delta x \to 0} \frac{f(x + \Delta x) - f(x)}{\Delta x}. \tag{2}$$

显然,函数 $y = f(x)$ 在 x_0 处的导数 $f'(x_0)$ 就是导函数 $f'(x)$ 在 x_0 处的函数值,即

$$f'(x_0) = f'(x)|_{x=x_0}.$$

在不致发生混淆的情况下,导函数也简称为导数.

由导数的定义可知,导数反映函数 $y = f(x)$ 在 x 处的变化快慢程度,因此函数 $y = f(x)$ 的导数也叫做函数 $y = f(x)$ 关于 x 的变化率.

根据导数的定义可知,变速直线运动的速度 $v(t)$ 是位移函数 $s(t)$ 对时间 t 的导数,即

$$v(t) = s'(t) = \frac{\mathrm{d}s}{\mathrm{d}t}.$$

电流 $i(t)$ 是电荷量函数 $Q(t)$ 对时间 t 的导数,即

$$i(t) = Q'(t) = \frac{\mathrm{d}Q}{\mathrm{d}t}.$$

2.1.3　求导举例

根据定义,求函数 $y = f(x)$ 的导数,一般可按下列步骤进行.

① 求函数的增量:$\Delta y = f(x + \Delta x) - f(x)$;

② 算比值:$\dfrac{\Delta y}{\Delta x} = \dfrac{f(x + \Delta x) - f(x)}{\Delta x}$;

③ 取极限:$y' = \lim\limits_{\Delta x \to 0} \dfrac{\Delta y}{\Delta x} = \lim\limits_{\Delta x \to 0} \dfrac{f(x + \Delta x) - f(x)}{\Delta x}$.

例 2 求函数 $y = C(C$ 为常数$)$ 的导数.

解 ① 求函数的增量:因为 $y = C$,即不论 x 取何值,y 的值总等于 C,所以 $\Delta y = C - C = 0$;

② 算比值:即 $\dfrac{\Delta y}{\Delta x} = 0$;

③ 取极限:$y' = \lim\limits_{\Delta x \to 0} \dfrac{\Delta y}{\Delta x} = \lim\limits_{\Delta x \to 0} 0 = 0$,即 $(C)' = 0$.

这就是说,常数的导数等于零.

例 3 求函数 $y = x^2$ 的导数.

解 ① 设 $f(x) = x^2$,则 $f(x + \Delta x) = (x + \Delta x)^2$. 于是
$$\Delta y = f(x + \Delta x) - f(x) = 2x\Delta x + \Delta x^2.$$

②
$$\frac{\Delta y}{\Delta x} = \frac{2x\Delta x + \Delta x^2}{\Delta x} = 2x + \Delta x.$$

③
$$y' = \lim\limits_{\Delta x \to 0} \frac{\Delta y}{\Delta x} = \lim\limits_{\Delta x \to 0} (2x + \Delta x) = 2x,$$

即
$$(x^2)' = 2x.$$

类似地,$(x^3)' = 3x^2$.

一般地,幂函数 $y = x^\alpha (\alpha \in \mathbf{R})$,有公式
$$(x^\alpha)' = \alpha x^{\alpha-1}.$$

例 4 利用幂函数的导数公式求下列函数在指定点的导数:

① $y = \sqrt{x}$,求 $y'|_{x=1}$;   ② $y = \dfrac{1}{x}$,求 $f'(2)$.

解 ① $y = \sqrt{x} = x^{\frac{1}{2}}$,由幂函数的导数公式得
$$y' = (x^{\frac{1}{2}})' = \frac{1}{2}x^{-\frac{1}{2}} = \frac{1}{2\sqrt{x}}.$$

于是
$$y'\big|_{x=1} = \frac{1}{2\sqrt{x}}\bigg|_{x=1} = \frac{1}{2}.$$

② $f(x) = \dfrac{1}{x} = x^{-1}$,由幂函数的导数公式得
$$f'(x) = (x^{-1})' = -x^{-2} = -\frac{1}{x^2}.$$

于是
$$f'(2) = -\frac{1}{x^2}\bigg|_{x=2} = -\frac{1}{4}.$$

例 5 求函数 $y = \sin x$ 的导数.

解 ① 设 $f(x) = \sin x$, 则 $f(x + \Delta x) = \sin(x + \Delta x)$. 于是

$$\Delta y = \sin(x + \Delta x) - \sin x = 2\cos\left(x + \frac{\Delta x}{2}\right)\sin\frac{\Delta x}{2}.$$

② $\dfrac{\Delta y}{\Delta x} = \dfrac{2\cos\left(x + \dfrac{\Delta x}{2}\right)\sin\dfrac{\Delta x}{2}}{\Delta x} = \cos\left(x + \dfrac{\Delta x}{2}\right)\dfrac{\sin\dfrac{\Delta x}{2}}{\dfrac{\Delta x}{2}}.$

③ $y' = \lim\limits_{\Delta x \to 0}\dfrac{\Delta y}{\Delta x} = \lim\limits_{\Delta x \to 0}\left[\cos\left(x + \dfrac{\Delta x}{2}\right)\dfrac{\sin\dfrac{\Delta x}{2}}{\dfrac{\Delta x}{2}}\right] = \lim\limits_{\Delta x \to 0}\cos\left(x + \dfrac{\Delta x}{2}\right)\lim\limits_{\Delta x \to 0}\dfrac{\sin\dfrac{\Delta x}{2}}{\dfrac{\Delta x}{2}}.$

由于

$$\lim\limits_{\Delta x \to 0}\cos\left(x + \frac{\Delta x}{2}\right) = \cos x, \lim\limits_{\Delta x \to 0}\frac{\sin\dfrac{\Delta x}{2}}{\dfrac{\Delta x}{2}} = 1,$$

从而

$$y' = \lim\limits_{\Delta x \to 0}\frac{\Delta y}{\Delta x} = \cos x,$$

即

$$(\sin x)' = \cos x.$$

用类似的方法可得余弦函数的导数

$$(\cos x)' = -\sin x.$$

利用导数的定义, 可求得对数函数的导数

$$(\log_a x)' = \frac{1}{x\ln a}.$$

特别地

$$(\ln x)' = \frac{1}{x}.$$

还可求得指数函数的导数

$$(a^x)' = a^x\ln a.$$

特别地

$$(e^x)' = e^x.$$

2.1.4 导数的几何意义

如图 2-1(a) 所示, 曲线为 $y = f(x)$ 的图像, 在曲线上任取两点 $M(x, y)$, $N(x + \Delta x, y + \Delta y)$, 作割线 MN, 其斜率为

$$\tan\varphi = \frac{\Delta y}{\Delta x}(\varphi\ \text{是割线}\ MN\ \text{的倾斜角}).$$

当点 N 沿曲线 $y = f(x)$ 移动而趋于点 M 时, 即 $\Delta x \to 0$, 则割线 MN 就绕着点 M 旋转而无限趋于它的极限位置 MT(图 2-1(b)), 直线 MT 称为曲线 $y = f(x)$ 在 M 点的切线, 由于切线的倾斜角 α 是割线的倾斜角 φ 的极限, 所以切线斜率 $\tan\alpha$ 就是割线斜率

$\tan \varphi = \dfrac{\Delta y}{\Delta x}$ 的极限,即

$$\tan \alpha = \lim_{\varphi \to \alpha} \tan \varphi = \lim_{\Delta x \to 0} \frac{\Delta y}{\Delta x} \quad \left(\alpha \neq \frac{\pi}{2} \right).$$

因此,函数 $y = f(x)$ 在点 x 处的导数 $f'(x)$ 在几何上所表示的就是曲线 $y = f(x)$ 在点 $M(x,y)$ 处的切线斜率,即 $f'(x) = \tan \alpha$.

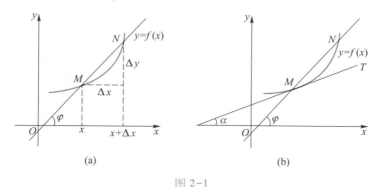

(a)   (b)

图 2-1

根据导数的几何意义及直线的点斜式方程,得曲线 $y = f(x)$ 在点 $M_0(x_0,y_0)$ 处的切线方程和法线方程为

> 切线方程:$y - y_0 = f'(x_0)(x - x_0)$,
>
> 法线方程:$y - y_0 = -\dfrac{1}{f'(x_0)}(x - x_0)\,(f'(x_0) \neq 0)$.

$(2-1)$

如果 $y = f(x)$ 在点 x_0 处的导数为无穷大,即 $\tan \alpha$ 不存在,则曲线在点 $M_0(x_0,y_0)$ 处的切线垂直于 x 轴,故切线方程为 $x = x_0$.

例 6　求抛物线 $y = x^2$ 在点 $(2,4)$ 处的切线方程和法线方程.

解　根据导数的几何意义,所求切线的斜率为

$$k = y'\big|_{x=2} = 2x\big|_{x=2} = 4.$$

所以抛物线在点 $(2,4)$ 处的切线方程为

$$y - 4 = 4(x - 2),$$

即

$$4x - y - 4 = 0.$$

法线方程为

$$y - 4 = -\frac{1}{4}(x - 2),$$

即

$$4y + x - 18 = 0.$$

例 7　曲线 $y = \ln x$ 上哪一点的切线与直线 $y = 3x - 1$ 平行?

解　设曲线 $y = \ln x$ 在点 $M(x,y)$ 处的切线与直线 $y = 3x - 1$ 平行.由导数的几何意义得所求切线的斜率为

$$y' = (\ln x)' = \frac{1}{x},$$

而直线 $y = 3x - 1$ 的斜率为 3,根据两直线平行的条件,有

$$\frac{1}{x} = 3,\ \text{即}\ x = \frac{1}{3}.$$

将其代入曲线方程 $y = \ln x$，得 $y = \ln \dfrac{1}{3} = -\ln 3$，所以曲线 $y = \ln x$ 在 $M\left(\dfrac{1}{3}, -\ln 3\right)$ 处的切线与直线 $y = 3x - 1$ 平行.

2.1.5　可导与连续的关系

定理 1　如果函数 $y = f(x)$ 在点 x_0 处可导,则函数在点 x_0 处连续.

证明　因为函数 $y = f(x)$ 在点 x_0 处可导,即

$$\lim_{\Delta x \to 0} \frac{\Delta y}{\Delta x} = f'(x_0),$$

根据具有极限的函数与无穷小的关系,有

$$\frac{\Delta y}{\Delta x} = f'(x_0) + \alpha\ (\alpha\ \text{为}\ \Delta x \to 0\ \text{时的无穷小量}),$$

故有 $\Delta y = f'(x_0)\Delta x + \alpha\Delta x$,由此可见

$$\lim_{\Delta x \to 0} \Delta y = 0.$$

所以函数 $y = f(x)$ 在点 x_0 处连续.

定理 1 表明:函数在某点可导,则函数在该点必连续. 如果函数在某点连续,却不一定在该点可导. 若函数在某点不连续,则它在该点必不可导.

定义 2　如果 $\lim\limits_{\Delta x \to 0^+} \dfrac{f(x_0 + \Delta x) - f(x_0)}{\Delta x}\ \left(\lim\limits_{\Delta x \to 0^-} \dfrac{f(x_0 + \Delta x) - f(x_0)}{\Delta x}\right)$ 存在,则称此极限值为 $f(x)$ 在 x_0 的右(左)导数,记为 $f'_+(x_0)\ (f'_-(x_0))$.

定理 2　$f(x)$ 在 x_0 处可导 $\Leftrightarrow f'_+(x_0), f'_-(x_0)$ 存在且相等.

例如,函数 $y = \sqrt[3]{x^2}$ 在 $x = 0$ 处连续,但在 $x = 0$ 处不可导. 这是因为在 $x = 0$ 处,

$$\frac{\Delta y}{\Delta x} = \frac{\sqrt[3]{(\Delta x)^2}}{\Delta x} = \frac{1}{\sqrt[3]{\Delta x}},$$

而 $\lim\limits_{\Delta x \to 0} \dfrac{\Delta y}{\Delta x} = \infty$,

即函数 $y = \sqrt[3]{x^2}$ 在 $x = 0$ 处导数不存在(图 2-2).

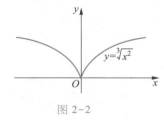

图 2-2

■ 习题 2.1

1. 物体作直线运动的方程为 $s = 3t^2 - 5t$(t 的单位为 s),求:

(1) 物体在 2 s 到 $(2 + \Delta t)$ s 的平均速度;

(2) 物体在 2 s 时的速度;

（3）物体在 t_0 s 到 $(t_0 + \Delta t)$ s 的平均速度；

（4）物体在 t_0 s 时的速度.

2. 根据导数的定义，求下列函数的导数和导数值：

（1）$f(x) = 3x^2$，求 $f'(x)$ 和 $f'\left(\dfrac{1}{2}\right)$，$f'(2)$；

（2）$y = \dfrac{x^3}{3}$，求 $y'\big|_{x=0}$，$y'\big|_{x=\sqrt{2}}$.

3. 根据导数的定义，证明：$(\ln x)' = \dfrac{1}{x}$.

4. 求下列函数的导数：

（1）$y = \sqrt[3]{x^2}$；　　　　　（2）$y = x^{-3}$；　　　　　（3）$y = x^3\sqrt[5]{x}$；

（4）$y = \dfrac{x^2\sqrt{x}}{\sqrt[4]{x}}$；　　　　　（5）$y = (\sqrt{2})^x$；　　　　　（6）$y = \log_3 x$.

5.（1）求曲线 $y = \sin x$ 在点 $\left(\dfrac{\pi}{4}, \dfrac{\sqrt{2}}{2}\right)$ 处的切线斜率；

（2）求曲线 $y = x^3$ 在 $x = 2$ 处的切线方程和法线方程.

6. 设过抛物线 $y = x^2$ 上 $M_1(1,1)$，$M_2(3,9)$ 两点作割线，问抛物线上哪一点的切线与该割线平行？

习题 2.1 答案

7. 求双曲线 $y = \dfrac{1}{x}$ 和抛物线 $y = \sqrt{x}$ 的夹角（指交点处两切线的夹角）.

8. 函数 $y = \sqrt{x^2} = \begin{cases} x, & x \geqslant 0, \\ -x, & x < 0 \end{cases}$ 在点 $x = 0$ 处是否连续，是否可导，为什么？

2.2 函数的和、差、积、商的求导法则

导数的
四则运算
讲解视频

为了解决初等函数的求导问题，从本节开始，将研究求导的基本法则，并继续给出一些函数的导数公式. 本节介绍导数的四则运算法则.

设函数 $u = u(x)$、$v = v(x)$ 都在点 x 处可导，则函数 $u \pm v$、uv、$\dfrac{u}{v}(v \neq 0)$ 在点 x 处也可导，且

①　$(u \pm v)' = u' \pm v'$；

②　$(uv)' = u'v + uv'$；

③　$\left(\dfrac{u}{v}\right)' = \dfrac{u'v - uv'}{v^2}(v \neq 0)$.

法则中的式 ① 对有限个函数也是成立的. 例如，$(u + v - w)' = u' + v' - w'$.

下面证明 ② 成立. ①、③ 的证明，读者可以自己完成.

证明　设 $y = uv$，给自变量 x 以增量 Δx，则函数 u、v 和函数 y 分别有相应的增量 Δu、Δv 和 Δy，于是

① $\Delta y = (u + \Delta u)(v + \Delta v) - uv = \Delta uv + u\Delta v + \Delta u\Delta v$;

② $\dfrac{\Delta y}{\Delta x} = \dfrac{\Delta u}{\Delta x}v + u\dfrac{\Delta v}{\Delta x} + \Delta u\dfrac{\Delta v}{\Delta x}$;

③ 由于函数 $u = u(x), v = v(x)$ 都在点 x 处可导,即有

$$\lim_{\Delta x \to 0}\frac{\Delta u}{\Delta x} = u', \lim_{\Delta x \to 0}\frac{\Delta v}{\Delta x} = v'.$$

因为可导函数必连续,于是 $\lim\limits_{\Delta x \to 0}\Delta u = 0$,所以

$$
\begin{aligned}
y' &= \lim_{\Delta x \to 0}\frac{\Delta y}{\Delta x} = \lim_{\Delta x \to 0}\left(\frac{\Delta u}{\Delta x}v + u\frac{\Delta v}{\Delta x} + \Delta u\frac{\Delta v}{\Delta x}\right)\\
&= v\lim_{\Delta x \to 0}\frac{\Delta u}{\Delta x} + u\lim_{\Delta x \to 0}\frac{\Delta v}{\Delta x} + \lim_{\Delta x \to 0}\Delta u\lim_{\Delta x \to 0}\frac{\Delta v}{\Delta x}\\
&= u'v + uv' + 0v' = u'v + uv'.
\end{aligned}
$$

于是有
$$(u \cdot v)' = u'v + uv'.$$

推论　① $[Cu(x)]' = Cu'(x)$(C 为常数);

② $\left(\dfrac{1}{u(x)}\right)' = -\dfrac{u'(x)}{u^2(x)}$;

③ $(uvw)' = u'vw + uv'w + uvw'$.

例 1　求函数 $y = x^2\ln x$ 的导数.

解　$y' = (x^2\ln x)' = (x^2)'\ln x + x^2(\ln x)' = 2x\ln x + x^2\dfrac{1}{x} = 2x\ln x + x$.

例 2　求函数 $y = 2\sin x - \dfrac{1}{x\sqrt{x}} + 3$ 的导数.

解　$y' = \left(2\sin x - \dfrac{1}{x\sqrt{x}} + 3\right)' = (2\sin x)' - \left(\dfrac{1}{x\sqrt{x}}\right)' + (3)'$

$= (2\sin x)' - (x^{-\frac{3}{2}})' + (3)'$

$= 2\cos x + \dfrac{3}{2}x^{-\frac{5}{2}}$.

例 3　求函数 $y = a^x(\log_a x - 1)$ 的导数.

解　$y' = [a^x(\log_a x - 1)]'$

$= a^x\ln a(\log_a x - 1) + a^x\dfrac{1}{x\ln a}$

$= a^x\left(\ln a\log_a x - \ln a + \dfrac{1}{x\ln a}\right)$.

例 4　求正切函数 $y = \tan x$ 的导数.

例 4 讲解
视频

解　因为 $\tan x = \dfrac{\sin x}{\cos x}$,所以

$$y' = (\tan x)' = \left(\frac{\sin x}{\cos x}\right)' = \frac{(\sin x)'\cos x - \sin x(\cos x)'}{\cos^2 x}$$

$$= \frac{\cos^2 x + \sin^2 x}{\cos^2 x} = \frac{1}{\cos^2 x} = \sec^2 x,$$

即
$$(\tan x)' = \sec^2 x.$$

类似地,可求得余切函数的导数
$$(\cot x)' = -\csc^2 x.$$

例 5 求正割函数 $y = \sec x$ 的导数.

解 因为 $\sec x = \dfrac{1}{\cos x}$,所以
$$y' = (\sec x)' = \left(\frac{1}{\cos x}\right)' = \frac{(1)'\cos x - 1(\cos x)'}{\cos^2 x} = \frac{\sin x}{\cos^2 x} = \sec x \tan x.$$

即
$$(\sec x)' = \sec x \tan x.$$

类似地,可求得余割函数的导数
$$(\csc x)' = -\csc x \cot x.$$

例 6 求下列函数的导数:

① 已知 $y = \dfrac{2 - 3x}{2 + x}$,求 y';

② 已知 $f(x) = \dfrac{\sin x}{1 + \cos x}$,求 $f'\left(\dfrac{\pi}{3}\right)$,$f'\left(\dfrac{\pi}{2}\right)$.

解 ① $y' = \dfrac{(2 - 3x)'(2 + x) - (2 - 3x)(2 + x)'}{(2 + x)^2}$

$\qquad = \dfrac{-3(2 + x) - (2 - 3x)}{(2 + x)^2} = -\dfrac{8}{(2 + x)^2}.$

② 因为 $f'(x) = \dfrac{(\sin x)'(1 + \cos x) - \sin x(1 + \cos x)'}{(1 + \cos x)^2}$

$\qquad = \dfrac{\cos x + \cos^2 x + \sin^2 x}{(1 + \cos x)^2} = \dfrac{\cos x + 1}{(1 + \cos x)^2} = \dfrac{1}{1 + \cos x},$

所以
$$f'\left(\frac{\pi}{3}\right) = \frac{1}{1 + \cos\dfrac{\pi}{3}} = \frac{1}{1 + \dfrac{1}{2}} = \frac{2}{3},$$

$$f'\left(\frac{\pi}{2}\right) = \frac{1}{1 + \cos\dfrac{\pi}{2}} = \frac{1}{1 + 0} = 1.$$

■ **习题 2.2**

1. 求下列函数的导数:

（1）$y = 3x^2 - \dfrac{2}{x^2} + \cos x$;

（2）$y = (1 + x^2)\sin x$;

（3）$y = \dfrac{x^5 + \sqrt{x} + 1}{x^3}$;

（4）$u = \dfrac{\sin t}{\sin t + \cos t}$;

（5）$\rho = \sqrt{\varphi}\sin\varphi$;

（6）$y = 3\ln x - \dfrac{2}{x} + \tan x$;

(7) $y = x\tan x - 2\sec x$;

(8) $y = \left(\sin x - \dfrac{\cos x}{x}\right)\tan x$;

(9) $y = \dfrac{1 - \log_a x}{1 + \log_a x}$;

(10) $y = \mathrm{e}^x(\sin x + \cos x)$.

习题 2.2 答案

2. 求下列函数在给定点处的导数：

(1) $y = \dfrac{x^2 - 5x + 1}{x^3}$，求 $y'\big|_{x=1}$；

(2) $f(x) = x\sin x + \dfrac{1}{2}\cos x$，求 $f'\left(\dfrac{\pi}{4}\right)$；

(3) $y = 3x^2 + x\cos x + \cos\dfrac{\pi}{6}$，求 $y'\big|_{x=\pi}$；

(4) $\varphi(t) = \dfrac{t-2}{t^2 - t + 1}$，求 $\varphi'(1)$.

3. 设 u、v、w 均是 x 的函数，求证：$(uvw)' = u'vw + uv'w + uvw'$，并求 $y = x^5\ln x\tan x$ 的导数.

4. 过点 $A(1,2)$ 作抛物线 $y = 2x - x^2$ 的切线，求该切线的方程.

5. 求曲线 $y = x - \dfrac{1}{x}$ 与横坐标轴交点处的切线方程.

6. 已知物体作直线运动的方程为 $s = 2t^3 - 15t^2 + 36t + 2$，问何时速度等于零？

复合函数的
求导法则
讲解视频

2.3 复合函数的求导法则

对由函数 $y = f(u)$，$u = \varphi(x)$ 复合而成的函数 $y = f[\varphi(x)]$ 的求导，有以下法则.

设函数 $u = \varphi(x)$ 在点 x 处有导数 $\dfrac{\mathrm{d}u}{\mathrm{d}x}$，函数 $y = f(u)$ 在对应点 $u = \varphi(x)$ 处也有导数 $\dfrac{\mathrm{d}y}{\mathrm{d}u}$，则复合函数 $y = f[\varphi(x)]$ 在点 x 处的导数必存在，且

$$\frac{\mathrm{d}y}{\mathrm{d}x} = \frac{\mathrm{d}y}{\mathrm{d}u} \cdot \frac{\mathrm{d}u}{\mathrm{d}x}.$$

上式也可写成

$$y'_x = y'_u \cdot u'_x \quad \text{或} \quad y'(x) = f'(u) \cdot \varphi'(x),$$

其中 y'_x 表示 y 对 x 的导数，y'_u 表示 y 对 u 的导数（u 为中间变量），而 u'_x 表示中间变量 u 对自变量 x 的导数.

证明略.

以上表明，复合函数的导数等于函数对中间变量的导数乘以中间变量对自变量的导数. 而且以上结论可以推广到具有有限个中间变量的情况. 如 $y = f(u)$，$u = \varphi(v)$，$v = \psi(x)$ 构成的复合函数为 $y = f[\varphi(\psi(x))]$，其导数为

$$\boxed{\frac{\mathrm{d}y}{\mathrm{d}x} = \frac{\mathrm{d}y}{\mathrm{d}u} \cdot \frac{\mathrm{d}u}{\mathrm{d}v} \cdot \frac{\mathrm{d}v}{\mathrm{d}x} \quad \text{或} \quad y'(x) = f'(u) \cdot \varphi'(v) \cdot \psi'(x).} \tag{2-2}$$

例 1 求函数 $y = (1 - 2x)^3$ 的导数.

解 设 $y = u^3, u = 1 - 2x$. 因为 $y'_u = 3u^2, u'_x = -2$,所以

$$y'_x = y'_u u'_x = 3u^2(-2) = -6u^2 = -6(1 - 2x)^2.$$

例 2 求函数 $y = \sqrt{\cos x}$ 的导数.

解 设 $y = \sqrt{u}, u = \cos x$. 因为 $y'_u = \dfrac{1}{2\sqrt{u}}, u'_x = -\sin x$,所以

$$y'_x = y'_u u'_x = \frac{1}{2\sqrt{u}}(-\sin x) = -\frac{\sin x}{2\sqrt{\cos x}}.$$

指点迷津

　　复合函数求导的关键是正确地分析复合函数的复合过程,或者说,所给函数能分解成哪些函数的复合.如果所给函数能分解成比较简单的函数的复合,而这些简单函数的导数我们已经会求,那么就可根据复合函数求导法则进行求导了.但要注意:求导后必须把引进的中间变量代换成原来的自变量的式子.复合函数的求导熟练后,中间变量可以不写出,只要默记中间变量所替代的式子,按照函数复合的次序,逐层求导即可.

例 3 求函数 $y = \sin^2 2x$ 的导数.

解 $y' = 2\sin 2x(\sin 2x)' = 2\sin 2x\cos 2x \cdot (2x)' = 2\sin 4x.$

例 4 求函数 $y = \ln\left[\tan\left(\dfrac{\pi}{4} + \dfrac{x}{2}\right)\right]$ 的导数.

解 $y' = \dfrac{1}{\tan\left(\dfrac{\pi}{4} + \dfrac{x}{2}\right)}\left[\tan\left(\dfrac{\pi}{4} + \dfrac{x}{2}\right)\right]' = \dfrac{1}{\tan\left(\dfrac{\pi}{4} + \dfrac{x}{2}\right)}\sec^2\left(\dfrac{\pi}{4} + \dfrac{x}{2}\right)\left(\dfrac{\pi}{4} + \dfrac{x}{2}\right)'$

$$= \frac{1}{2\sin\left(\dfrac{\pi}{4} + \dfrac{x}{2}\right)\cos\left(\dfrac{\pi}{4} + \dfrac{x}{2}\right)} = \frac{1}{\sin\left(\dfrac{\pi}{2} + x\right)} = \frac{1}{\cos x} = \sec x.$$

　　求函数的导数,有时需要综合运用各种求导法则,有的函数在求导前需要进行化简或适当变形.

例 5 求下列函数的导数:

① $y = x\sin^2 x - \cos x^2$; ② $y = \dfrac{1}{x - \sqrt{x^2 - 1}}$.

解 ① $y' = (x)'\sin^2 x + x(\sin^2 x)' - (\cos x^2)'$

$$= \sin^2 x + x \cdot 2\sin x\cos x + \sin x^2 \cdot 2x$$

$$= \sin^2 x + x\sin 2x + 2x\sin x^2.$$

② 先将分母有理化,得

$$y = \frac{1}{x - \sqrt{x^2 - 1}} = \frac{x + \sqrt{x^2 - 1}}{(x - \sqrt{x^2 - 1})(x + \sqrt{x^2 - 1})} = x + \sqrt{x^2 - 1},$$

于是

$$y' = 1 + \frac{2x}{2\sqrt{x^2 - 1}} = 1 + \frac{x}{\sqrt{x^2 - 1}}.$$

例 6 求下列函数的导数:

① $y = \ln \sqrt{\dfrac{1 + x}{1 - x}}$;　　　　② $f(x) = \dfrac{\sec^2 x - 2}{1 - \tan x}$.

解 ① 因为 $y = \ln \sqrt{\dfrac{1 + x}{1 - x}} = \dfrac{1}{2}\left[\ln(1 + x) - \ln(1 - x)\right]$,所以

$$y' = \frac{1}{2}\left(\frac{1}{1 + x} - \frac{-1}{1 - x}\right) = \frac{1}{1 - x^2}.$$

② 因为 $f(x) = \dfrac{\sec^2 x - 2}{1 - \tan x} = \dfrac{1 + \tan^2 x - 2}{1 - \tan x} = \dfrac{\tan^2 x - 1}{1 - \tan x} = -1 - \tan x$,所以

$$f'(x) = (-1 - \tan x)' = -\sec^2 x.$$

复合函数求导法则在实际问题中也有很多应用,现举例说明.

例 7 假设某钢棒的长度 L(单位:cm)取决于气温 H(单位:℃),而气温 H 又取决于时间 t(单位:h),如果气温每升高 1 ℃,钢棒长度增加 3 cm,而每隔 1 h,气温上升 2 ℃,问钢棒长度关于时间的变化率为多少?

解 已知长度对气温的变化率为 $L'(H) = 3(\text{cm}/{}^\circ\text{C})$,气温对时间的变化率为 $H'(t) = 2(℃/\text{h})$,要求长度对时间的变化率,即 $L'(t)$. 将 L 看作 H 的函数,H 看作 t 的函数,由复合函数求导法则可得

$$L'_t = L'_H \cdot H'_t = 3 \times 2 = 6(\text{cm/h}),$$

即钢棒长度关于时间的变化率为 6 cm/h.

习题 2.3

1. 求下列函数的导数:

(1) $y = \sqrt[3]{1 - x^2}$;　　　　　　　(2) $y = \sin(\omega x + \varphi)$;

(3) $y = \tan^2 \dfrac{x}{2}$;　　　　　　　(4) $y = \ln \sin 2x$;

(5) $y = \sqrt{\dfrac{x - 1}{x + 1}}$;　　　　　　(6) $y = \cos^3(x^2 + 1)$;

(7) $y = (x - 1)\sqrt{x^2 + 1}$;　　　　(8) $y = \ln x^2 + (\ln x)^2$;

(9) $y = \dfrac{1 + \cos^2 x}{\cos x^2}$;　　　　　(10) $y = \dfrac{\sin 2x}{1 - \cos 2x}$;

(11) $y = \sin\left(\dfrac{\cos x}{x}\right)$;　　　　(12) $y = \sec^3(\ln x)$;

(13) $y = \ln[\ln(\ln x)]$;　　　　　(14) $y = \ln \sqrt{\dfrac{x^2 + 1}{x^2 - 1}}$.

2. 求下列函数在给定点处的导数:

(1) $y = \sqrt[3]{4 - 3x}$,求 $y'\big|_{x=1}$;

（2）$y = \ln\cos(\pi - x)$，求 $y'\big|_{x=\frac{\pi}{4}}$；

（3）$f(x) = -\dfrac{3}{5}\cot^5\dfrac{x}{3} + \cot^3\dfrac{x}{3} - 3\cot\dfrac{x}{3} - x$，求 $f'\left(\dfrac{\pi}{2}\right)$；

（4）$f(x) = \sqrt{1 + \ln^2 x}$，求 $f'(\mathrm{e})$.

3. 已知质点作简谐运动的规律为 $s = A\sin\dfrac{2\pi}{T}t$，式中 A 为振幅，T 为周期，求

$t = \dfrac{T}{4}$ 时质点运动的速度.

习题 2.3 答案

4. 求证函数 $y = \ln\dfrac{1}{1+x}$ 满足关系式：$x\dfrac{\mathrm{d}y}{\mathrm{d}x} + 1 = \mathrm{e}^y$.

2.4 反函数和隐函数的导数

利用复合函数的求导法则，可以求出一些函数的反函数的导数，还可以求出隐函数的导数.

2.4.1 反三角函数的导数

先求反正弦函数的导数.

设 $y = \arcsin x\left(-1 < x < 1,\ -\dfrac{\pi}{2} < y < \dfrac{\pi}{2}\right)$，则
$$x = \sin y,$$
其中 y 是 x 的函数，$\sin y$ 是 x 的复合函数. 等式两边同时对 x 求导
$$(x)' = (\sin y)',$$
得
$$1 = \cos y \cdot y' \quad \text{或} \quad y' = \dfrac{1}{\cos y}.$$
因为 $-\dfrac{\pi}{2} < y < \dfrac{\pi}{2}$，这时 $\cos y > 0$，所以
$$y' = \dfrac{1}{\cos y} = \dfrac{1}{\sqrt{1 - \sin^2 y}} = \dfrac{1}{\sqrt{1 - x^2}}.$$
即
$$(\arcsin x)' = \dfrac{1}{\sqrt{1 - x^2}}.$$

类似地，可得到反余弦函数、反正切函数、反余切函数的导数
$$(\arccos x)' = -\dfrac{1}{\sqrt{1 - x^2}},$$
$$(\arctan x)' = \dfrac{1}{1 + x^2},$$

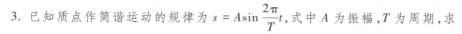

$$(\text{arccot } x)' = -\frac{1}{1+x^2}.$$

一般地,若单调连续函数 $x = \varphi(y)$ 的导数存在,且 $\frac{dx}{dy} \neq 0$,则它的反函数 $y = f(x)$ 的导数存在,且有 $\frac{dy}{dx} = \frac{1}{\frac{dx}{dy}}$ 或 $f'(x) = \frac{1}{\varphi'(y)}$,即反函数的导数等于原来函数导数的倒数.

例 1 求函数 $y = \arctan \frac{1}{x}$ 的导数.

解 由反正切函数的导数公式及复合函数的求导法则,有

$$y' = \frac{1}{1+\frac{1}{x^2}}\left(\frac{1}{x}\right)' = \frac{1}{1+\frac{1}{x^2}}\left(-\frac{1}{x^2}\right) = -\frac{1}{1+x^2}.$$

例 2 求函数 $y = e^{\arcsin\sqrt{x}}$ 的导数.

解 $y' = e^{\arcsin\sqrt{x}}(\arcsin\sqrt{x})' = e^{\arcsin\sqrt{x}}\frac{1}{\sqrt{1-x}}(\sqrt{x})' = \frac{e^{\arcsin\sqrt{x}}}{2\sqrt{x-x^2}}.$

2.4.2 隐函数的导数

用解析法表示函数通常有两种不同的方式:一种是由 $y = f(x)$ 的形式给出的自变量为 x 的函数 y,称为显函数. 如 $y = x^2 + 3$、$y = \ln\cos x$、$s = e^t \sin t$ 等均为显函数. 另一种是由方程 $F(x,y) = 0$ 的形式所确定的自变量为 x 的函数 y,称为隐函数. 如 $x^2 - y + 3 = 0$、$\sin x + xy = 3$、$e^{s+t} = st$ 等均为隐函数.

显函数与隐函数都反映了变量之间存在的某种依赖关系,只是表达形式不同. 有些隐函数可以化为显函数,如 $x^2 - y + 3 = 0$ 可化为 $y = x^2 + 3$;有些隐函数则不能化为显函数,如 $e^{s+t} = st$. 因此,在求隐函数的导数时,希望能找到一个不需要把隐函数化为显函数,而直接由方程 $F(x,y) = 0$ 求出导数 $\frac{dy}{dx}$ 的方法. 利用复合函数的求导法则,就能解决一般隐函数的求导问题. 下面通过实例介绍隐函数的求导方法.

例 3 求由方程 $x^2 + y^2 = R^2$ 所确定的隐函数的导数 y'.

解 将方程的两边同时对 x 求导,并注意到 y 是 x 的函数,则 y^2 是 x 的复合函数,求导时应利用复合函数的求导法则,得

$$(x^2)' + (y^2)' = (R^2)',$$

即

$$2x + 2yy' = 0.$$

解出 y',得

$$y' = -\frac{x}{y}.$$

上式右端中的 y 就是方程 $x^2 + y^2 = R^2$ 所确定的关于自变量 x 的隐函数.

例 4 求由方程 $xy = e^x - e^y$ 所确定的函数 y 在 $x = 0$ 处的导数.

解 将方程两边同时对 x 求导,得 $(xy)' = (e^x)' - (e^y)'$,

例 4 讲解
视频

即
$$y + xy' = e^x - e^y y',$$

合并 y',得
$$y'(x + e^y) = e^x - y,$$

解出 y',得
$$y' = \frac{e^x - y}{x + e^y}.$$

由原方程知,当 $x = 0$ 时,$y = 0$. 所以 y 在 $x = 0$ 处的导数

$$y'\big|_{(0,0)} = \frac{e^0 - 0}{0 + e^0} = 1.$$

由以上两例可见,求隐函数的导数 y' 时,总是将方程的两边同时对自变量 x 求导,注意 y 是 x 的函数,y 的函数则是 x 的复合函数. 合并 y',解出 y',就得到所求隐函数的导数. 隐函数所确定的函数 y 的导数 y' 中含有 y,这与显函数的导数是不同的.

2.4.3　对数求导法

形如 $y = [u(x)]^{v(x)}$ $(u(x) > 0)$ 的函数叫做幂指函数,其中 $u(x)$、$v(x)$ 是可导函数. 幂指函数的导数可用对数求导法,即先将等式两边同时取对数,变成隐函数的形式,再利用隐函数求导法来求其导数.

对数的性质：
$$\log_a(b^c) = c\log_a b,$$
$$\log_a(bc) = \log_a b + \log_a c,$$
$$\log_a\left(\frac{b}{c}\right) = \log_a b - \log_a c.$$

例 5　求函数 $y = x^x$ $(x > 0)$ 的导数.

解　对等式两边同时取自然对数,得
$$\ln y = x\ln x,$$

两边同时对 x 求导,得

$$\frac{y'}{y} = \ln x + 1,$$

所以
$$y' = y(\ln x + 1) = x^x(\ln x + 1).$$

若一个函数是由多个函数的积、商、幂、方根组成时,用对数求导法来求导数也是一种简便易行的方法.

例 6　求函数 $y = \sqrt{\dfrac{(x - 1)(x - 2)}{(x - 3)(x - 4)}}$ 的导数.

解　对等式两边同时取自然对数,得

$$\ln y = \frac{1}{2}\big[\ln(x - 1) + \ln(x - 2) - \ln(x - 3) - \ln(x - 4)\big],$$

两边同时对 x 求导,得　$\dfrac{y'}{y} = \dfrac{1}{2}\left(\dfrac{1}{x - 1} + \dfrac{1}{x - 2} - \dfrac{1}{x - 3} - \dfrac{1}{x - 4}\right),$

所以
$$y' = \frac{y}{2}\left(\frac{1}{x - 1} + \frac{1}{x - 2} - \frac{1}{x - 3} - \frac{1}{x - 4}\right),$$

即
$$y' = \frac{1}{2}\sqrt{\frac{(x - 1)(x - 2)}{(x - 3)(x - 4)}}\left(\frac{1}{x - 1} + \frac{1}{x - 2} - \frac{1}{x - 3} - \frac{1}{x - 4}\right).$$

例6讲解
视频

习题 2.4

1. 求下列函数的导数:

(1) $y = \left(\dfrac{2}{3}\right)^x + x^{\frac{2}{3}}$;　　(2) $y = e^{\cos x}$;　　(3) $y = \sqrt{e^{2x} + 1}$;

(4) $y = \sin(2^x)$;　　(5) $y = 2^{\frac{x}{\ln x}}$;　　(6) $y = e^x \ln x$;

(7) $y = \arcsin 5x$;　　(8) $y = \arctan e^{\sqrt{x}}$;　　(9) $y = \arccos(\ln x)$;

(10) $y = \sqrt{1 - x^2} \arccos x$;

(11) $y = \dfrac{x}{2}\sqrt{a^2 - x^2} + \dfrac{a^2}{2}\arcsin\dfrac{x}{a}$ $(a > 0)$.

2. 曲线 $y = xe^{-x}$ 上哪一点的切线平行于 x 轴? 求此切线方程.

3. 一物体的运动方程为 $s = \dfrac{b}{a^2}(at + e^{-at})$ (a, b 为常数),求物体在 $t = \dfrac{1}{2a}$ 时刻的速度.

4. 求下列隐函数的导数:

(1) $y^5 + 2y - x - 3x^7 = 0$;　　　　(2) $\sqrt{x} + \sqrt{y} = \sqrt{a}$;

(3) $xy = e^{x+y}$;　　　　(4) $\cos(xy) = x$;

(5) $y = 1 - xe^y$;　　　　(6) $\ln\sqrt{x^2 + y^2} = \arctan\dfrac{y}{x}$.

5. 求下列隐函数在指定点处的导数:

(1) $\dfrac{y^2}{x + y} = 1 - x^2$,在点 $x = 0$;　　(2) $e^y - xy = e$,在点 $x = 0$.

6. 用对数求导法求下列函数的导数:

(1) $y = (\sin x)^x$;　　　　(2) $y = x^{\frac{1}{x}}$;

(3) $y = \sqrt{\dfrac{x(x - 1)}{(x - 2)(x + 3)}}$;　　(4) $y = \dfrac{\sqrt{x + 2}(3 - x)^4}{(x + 1)^5}$.

习题 2.4 答案

2.5　高阶导数　由参数方程所确定的函数的导数

高阶导数
讲解视频

2.5.1　高阶导数的概念

一般说来,函数 $y = f(x)$ 的导数 $f'(x)$ 仍然是 x 的函数,因此可以再对 x 求导数. 把函数 $y = f(x)$ 的导数的导数叫做函数 $y = f(x)$ 的二阶导数,记作 y'', $f''(x)$ 或 $\dfrac{d^2 y}{dx^2}$. 即

$$y'' = (y')',\ f''(x) = [f'(x)]',\ \dfrac{d^2 y}{dx^2} = \dfrac{d}{dx}\left(\dfrac{dy}{dx}\right).$$

相应地,把 $y = f(x)$ 的导数 $f'(x)$ 叫做函数 $y = f(x)$ 的一阶导数.

类似地,可定义 $y = f(x)$ 的三阶导数、四阶导数、$\cdots$、n 阶导数,它们分别记作

$$y''', y^{(4)}, \cdots, y^{(n)}$$

或

$$f'''(x), f^{(4)}(x), \cdots, f^{(n)}(x)$$

或

$$\frac{\mathrm{d}^3 y}{\mathrm{d}x^3}, \frac{\mathrm{d}^4 y}{\mathrm{d}x^4}, \cdots, \frac{\mathrm{d}^n y}{\mathrm{d}x^n}.$$

二阶及二阶以上的导数统称为高阶导数.

例 1 求下列函数的二阶导数:

① $y = x^3 + x^2 + x + 1$;　　　　② $y = x\ln x$.

解 ① $y' = 3x^2 + 2x + 1, y'' = 6x + 2$.

② $y' = (x)'\ln x + x(\ln x)' = \ln x + 1, y'' = (\ln x + 1)' = \dfrac{1}{x}$.

例 2 求方程 $x^2 + y^2 = R^2$ 所确定的隐函数的二阶导数 y''.

解 由上节例 3,　　　　　　$y' = -\dfrac{x}{y}$.

将 y' 对 x 求导,得

$$y'' = -\frac{x'y - xy'}{y^2} = -\frac{y - xy'}{y^2},$$

把 y' 的结果代入上式,注意到 $x^2 + y^2 = R^2$,于是

$$y'' = -\frac{y - x\left(-\dfrac{x}{y}\right)}{y^2} = -\frac{y^2 + x^2}{y^3} = -\frac{R^2}{y^3}.$$

例 3 求指数函数 $y = \mathrm{e}^x$ 的 n 阶导数.

解 因为 $y' = \mathrm{e}^x, y'' = \mathrm{e}^x, y''' = \mathrm{e}^x, \cdots$,所以

$$y^{(n)} = \mathrm{e}^x,$$

即

$$(\mathrm{e}^x)^{(n)} = \mathrm{e}^x.$$

例 4 求正弦函数 $y = \sin x$ 的 n 阶导数.

解 $y = \sin x$,

$$y' = \cos x = \sin\left(\frac{\pi}{2} + x\right),$$

$$y'' = -\sin x = \sin\left(2 \cdot \frac{\pi}{2} + x\right),$$

$$y''' = -\cos x = \sin\left(3 \cdot \frac{\pi}{2} + x\right),$$

$$y^{(4)} = \sin x = \sin\left(4 \cdot \frac{\pi}{2} + x\right),$$

$$\cdots\cdots\cdots\cdots$$

例 4 讲解
视频

以此类推,可得

$$y^{(n)} = \sin\left(n \cdot \frac{\pi}{2} + x\right).$$

例 5 求对数函数 $y = \ln x$ 的 n 阶导数.

解
$$y = \ln x,$$
$$y' = \frac{1}{x} = x^{-1},$$
$$y'' = (-1)x^{-2},$$
$$y''' = (-1)(-2)x^{-3},$$
$$y^{(4)} = (-1)(-2)(-3)x^{-4},$$
$$\cdots\cdots\cdots$$

以此类推, 可得

$$y^{(n)} = (-1)(-2)\cdots[-(n-1)]x^{-n}$$
$$= (-1)^{n-1} \cdot 1 \cdot 2 \cdot 3 \cdot 4 \cdots (n-1) \cdot \frac{1}{x^n}$$
$$= (-1)^{n-1}(n-1)! \frac{1}{x^n}.$$

2.5.2　二阶导数的力学意义

设物体作变速直线运动, 其运动方程为 $s = s(t)$, 则物体运动的速度是位移 s 对时间 t 的导数, 即 $v = s'(t) = \frac{\mathrm{d}s}{\mathrm{d}t}$. 一般地, 速度 v 仍是时间 t 的函数, 可以求速度 v 对时间 t 的导数, 且用 a 表示, 则 $a = v' = \frac{\mathrm{d}^2 s}{\mathrm{d}t^2}$. 在力学中, a 表示物体运动的加速度, 也就是说物体运动的加速度 a 是位移函数 s 对时间 t 的二阶导数.

例 6　作直线运动的某物体的运动方程为 $s = \mathrm{e}^{-t}\cos t$, 求物体运动的加速度.

解　因为 $s = \mathrm{e}^{-t}\cos t$, 所以物体运动的速度
$$v = s' = (\mathrm{e}^{-t})'\cos t + \mathrm{e}^{-t}(\cos t)' = -\mathrm{e}^{-t}(\sin t + \cos t),$$
物体运动的加速度
$$a = s'' = \mathrm{e}^{-t}(\sin t + \cos t) - \mathrm{e}^{-t}(\cos t - \sin t) = 2\mathrm{e}^{-t}\sin t.$$

2.5.3　由参数方程所确定的函数的导数

设参数方程为
$$\begin{cases} x = \varphi(t), \\ y = f(t), \end{cases} \tag{1}$$

现假定 y 是 x 的函数. 如何计算这个函数的导数 $\frac{\mathrm{d}y}{\mathrm{d}x}$ 呢?

例 7　求由参数方程 $\begin{cases} x = 1 - t, \\ y = \ln t \end{cases}$ 所确定的函数的导数 $\frac{\mathrm{d}y}{\mathrm{d}x}$.

解　由 $x = 1 - t$, 得 $t = 1 - x$, 代入 $y = \ln t$, 得 $y = \ln(1 - x)$, 于是

$$\frac{\mathrm{d}y}{\mathrm{d}x} = \frac{1}{1-x} \cdot (1-x)' = \frac{1}{x-1}.$$

由例 7 可以看到,求由参数方程(1)确定的函数 y 对 x 的导数,可以通过消去参数方程(1)中的参数 t 得到 y 与 x 的函数关系式,进而求得导数 $\frac{\mathrm{d}y}{\mathrm{d}x}$. 但是有的参数方程消去 t 很困难,因此,如何不消去参数 t 而能求出参数方程(1)所确定的函数 y 对 x 的导数,正是所要研究的问题.

在方程(1)中,设 $x = \varphi(t), y = f(t)$ 都可导,且 $x = \varphi(t)$ 具有单调连续的反函数 $t = \psi(x)$,则由方程(1)确定的函数 y 可看作是由 $y = f(t)$ 及 $t = \psi(x)$ 复合而成的函数 $y = f[\psi(x)]$. 当 $\varphi'(t) \neq 0$ 时,根据复合函数与反函数的求导法则,有

$$\frac{\mathrm{d}y}{\mathrm{d}x} = \frac{\mathrm{d}y}{\mathrm{d}t} \cdot \frac{\mathrm{d}t}{\mathrm{d}x} = \frac{\dfrac{\mathrm{d}y}{\mathrm{d}t}}{\dfrac{\mathrm{d}x}{\mathrm{d}t}},$$

即

$$\boxed{\frac{\mathrm{d}y}{\mathrm{d}x} = \frac{\dfrac{\mathrm{d}y}{\mathrm{d}t}}{\dfrac{\mathrm{d}x}{\mathrm{d}t}} \quad \text{或} \quad y'_x = \frac{y'_t}{x'_t}.}$$ (2-3)

例 8 求旋轮线 $\begin{cases} x = a(t - \sin t), \\ y = a(1 - \cos t) \end{cases}$ 在 $t = \dfrac{\pi}{4}$ 相应点处的切线斜率.

解 因为 $\dfrac{\mathrm{d}y}{\mathrm{d}t} = a\sin t, \dfrac{\mathrm{d}x}{\mathrm{d}t} = a(1 - \cos t)$,所以

$$\frac{\mathrm{d}y}{\mathrm{d}x} = \frac{\dfrac{\mathrm{d}y}{\mathrm{d}t}}{\dfrac{\mathrm{d}x}{\mathrm{d}t}} = \frac{a\sin t}{a(1 - \cos t)} = \frac{\sin t}{1 - \cos t}.$$

于是在 $t = \dfrac{\pi}{4}$ 相应点处的切线斜率为

$$\left.\frac{\mathrm{d}y}{\mathrm{d}x}\right|_{t=\frac{\pi}{4}} = \frac{\sin \dfrac{\pi}{4}}{1 - \cos \dfrac{\pi}{4}} = 1 + \sqrt{2}.$$

例 9 求由参数方程 $\begin{cases} x = 3\mathrm{e}^{-t}, \\ y = 2\mathrm{e}^t \end{cases}$,所确定的函数的二阶导数 $\dfrac{\mathrm{d}^2 y}{\mathrm{d}x^2}$.

解

$$\frac{\mathrm{d}y}{\mathrm{d}x} = \frac{\dfrac{\mathrm{d}y}{\mathrm{d}t}}{\dfrac{\mathrm{d}x}{\mathrm{d}t}} = \frac{2\mathrm{e}^t}{-3\mathrm{e}^{-t}} = -\frac{2}{3}\mathrm{e}^{2t}.$$

$$\frac{\mathrm{d}^2 y}{\mathrm{d}x^2} = \frac{\mathrm{d}}{\mathrm{d}x}\left(\frac{\mathrm{d}y}{\mathrm{d}x}\right) = \frac{\mathrm{d}}{\mathrm{d}x}\left(-\frac{2}{3}\mathrm{e}^{2t}\right) = \frac{\mathrm{d}}{\mathrm{d}t}\left(-\frac{2}{3}\mathrm{e}^{2t}\right)\frac{\mathrm{d}t}{\mathrm{d}x} = \frac{-\dfrac{2}{3}\mathrm{e}^{2t} \cdot 2}{-3\mathrm{e}^{-t}} = \frac{4}{9}\mathrm{e}^{3t}.$$

前面推得了所有基本初等函数的导数公式,以及求导数的各种运算法则和方法.基本初等函数的导数公式和各种求导法则及方法是初等函数求导运算的基础,读者必须熟练掌握.

■ 习题 2.5

1. 求下列函数的二阶导数:

(1) $y = (x + 3)^4$; (2) $y = e^x + \ln x$;

(3) $y = \left(\dfrac{3}{5}\right)^x$; (4) $y = \cos^2 \dfrac{x}{2}$;

(5) $y = (1 + x^2)\arctan x$; (6) $y = \dfrac{x^2}{\sqrt{1 + x^2}}$.

2. 已知作直线运动的某物体运动方程为 $s = A\cos(\omega t + \varphi)$($A$、$\omega$、$\varphi$ 均为常数),求物体运动的加速度.

3. 求由方程 $y = \tan(x + y)$ 所确定的隐函数 y 对 x 的二阶导数.

4. 求下列函数的 n 阶导数:

(1) $y = \cos x$; (2) $y = a^x$;

(3) $y = \ln(1 + x)$;

(4) $y = x^n + a_1 x^{n-1} + a_2 x^{n-2} + \cdots + a_{n-1} x + a_n$($a_1, a_2, \cdots, a_n$ 都是常数).

5. 求下列参数方程所确定的函数的导数:

(1) $\begin{cases} x = 1 - t^2, \\ y = t - t^3, \end{cases}$ 求 $\dfrac{dy}{dx}$; (2) $\begin{cases} x = \ln(1 + t^2), \\ y = t - \arctan t, \end{cases}$ 求 $\dfrac{dy}{dx}$;

(3) $\begin{cases} x = a\cos t, \\ y = b\sin t, \end{cases}$ 求 $\dfrac{dy}{dx}\bigg|_{t = \frac{\pi}{4}}$; (4) $\begin{cases} x = e^t \sin t, \\ y = e^t \cos t, \end{cases}$ 求 $\dfrac{dy}{dx}\bigg|_{t = \frac{\pi}{3}}$.

6. 求下列参数方程所确定的函数的二阶导数 $\dfrac{d^2 y}{dx^2}$:

(1) $\begin{cases} x = \sqrt{1 + t}, \\ y = \sqrt{1 - t}; \end{cases}$ (2) $\begin{cases} x = a\cos^3 t, \\ y = a\sin^3 t. \end{cases}$

7. 求曲线 $\begin{cases} x = 2\sin t, \\ y = \cos 2t \end{cases}$ 在 $t = \dfrac{\pi}{4}$ 相应点处的切线方程.

习题 2.5 答案

微分及其运算
讲解视频

2.6 微分及其应用

前面研究了函数的导数.在许多实际问题中,经常遇到与导数有关的一类问题:当自变量有微小增量时,要计算相应函数的增量.这就是本节 —— 函数的微分所要讨论的问题,并由此引出微分的计算方法.

2.6.1 微分的概念

先看一个例子:一块正方形的金属薄片,受热膨胀后,边长由 x_0 变到 $x_0 + \Delta x$. 问此薄片的面积 A 增加了多少?

由于正方形的面积 A 是边长 x_0 的函数,即 $A = x_0^2$,由题意得

$$\Delta A = (x_0 + \Delta x)^2 - x_0^2 = 2x_0 \Delta x + \Delta x^2.$$

由上式可以看到,所求面积 A 的增量 ΔA 由两项的和构成. 第一项 $2x_0 \Delta x$ 是关于 Δx 的一次式(或称线性式), Δx 的系数 $2x_0$ 恰好是面积 A 在 x_0 点的导数;第二项是 Δx 的二次式. 显然,当 Δx 很小时, ΔA 的主要部分是第一项 $2x_0 \Delta x$(图 2-3). 因此面积 A 的增量 ΔA 可近似表示为

$$\Delta A \approx 2x_0 \Delta x \quad \text{或} \quad \Delta A \approx A'(x_0) \Delta x.$$

一般地,对于函数 $y = f(x)$,当自变量 x_0 变到 $x_0 + \Delta x$ 时,函数 y 增量 $\Delta y = f(x_0 + \Delta x) - f(x_0)$ 的具体表达式往往比较复杂,是否仍可用 Δx 的线性式去近似表达呢? 下面就可导函数 $y = f(x)$ 来进行研究.

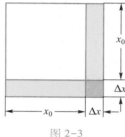

图 2-3

由具有极限的函数与无穷小量的关系可知

$$\frac{\Delta y}{\Delta x} = f'(x_0) + \alpha \text{(当 } \Delta x \to 0 \text{ 时}, \alpha \to 0),$$

于是

$$\Delta y = f'(x_0) \Delta x + \alpha \Delta x.$$

可见, Δy 可由两项之和构成:第一项为 $f'(x_0) \Delta x$,其中 $f'(x_0)$ 为定值;第二项为 $\alpha \Delta x$,其中 α 为当 $\Delta x \to 0$ 时的无穷小量. 由于

$$\frac{\alpha \Delta x}{f'(x_0) \Delta x} \to 0 \text{(当 } \Delta x \to 0 \text{ 且 } f'(x_0) \neq 0 \text{ 时)},$$

故当 Δx 很小时,第二项与第一项相比是微不足道的. 因此,当 $|\Delta x|$ 很小且 $f'(x_0) \neq 0$ 时,可用 $f'(x_0) \Delta x$ 作为 Δy 的近似值,即

$$\Delta y \approx f'(x_0) \Delta x.$$

称 Δx 的线性式 $f'(x_0) \Delta x$ 为 Δy 的线性主部. 由此给出微分的定义.

定义 如果函数 $y = f(x)$ 在点 x_0 具有导数 $f'(x_0)$,则 $f'(x_0) \Delta x$ 称为 $y = f(x)$ 在点 x_0 的微分,记作 $\mathrm{d}y$,即

$$\mathrm{d}y = f'(x_0) \Delta x.$$

通常把自变量的增量 Δx 称为自变量的微分,记作 $\mathrm{d}x$. 则函数 $y = f(x)$ 在点 x_0 处的微分可写成

$$\mathrm{d}y = f'(x_0) \mathrm{d}x. \tag{1}$$

当函数 $y = f(x)$ 在点 x_0 处有微分时,称函数 $y = f(x)$ 在点 x_0 处可微.

一般地,函数 $y = f(x)$ 在区间 (a, b) 内任意点 x 的微分称为函数的微分,记作 $\mathrm{d}y$,

即
$$dy = f'(x)dx. \tag{2}$$

由式(2)可知,求出函数的导数 $f'(x)$ 后,再乘 dx,就得到函数的微分 dy. 由式(2)还可以看出,以 dx 除式(2)的两端就得到

$$\frac{dy}{dx} = f'(x).$$

这就是说,函数的微分与自变量的微分之商等于该函数的导数. 因此导数也称微商.

下面来看微分的几何意义:

如图 2-4 所示, $P(x_0, y_0)$ 和 $Q(x_0 + \Delta x, y_0 + \Delta y)$ 是曲线 $y = f(x)$ 上邻近的两点. PT 为曲线在点 P 处的切线,其倾斜角为 α. 容易得到 $RT = PR\tan\alpha = f'(x_0)\Delta x = dy$,这就是说函数 $y = f(x)$ 在点 x_0 处的微分,在几何上表示曲线 $y = f(x)$ 在点 $P(x_0, y_0)$ 处切线 PT 的纵坐标的增量 RT.

在图 2-4 中, $TQ = RQ - TR$ 表示 Δy 与 dy 之差,当 $|\Delta x|$ 很小时, TQ 与 RT 相比是微不足道的,因此,可用 RT 近似代替 RQ. 这就是说,当 $|\Delta x|$ 很小时,有 $\Delta y \approx dy$.

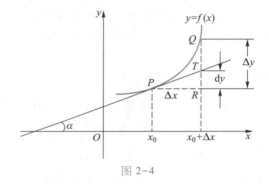

图 2-4

2.6.2 微分的运算

根据函数微分的定义 $dy = f'(x)dx$ 及导数的基本公式和运算法则,可直接推出微分的基本公式和运算法则.

1. 微分的基本公式

① $d(C) = 0$;

② $d(x^\alpha) = \alpha x^{\alpha-1}dx$;

③ $d(\sin x) = \cos x dx$;

④ $d(\cos x) = -\sin x dx$;

⑤ $d(\tan x) = \sec^2 x dx$;

⑥ $d(\cot x) = -\csc^2 x dx$;

⑦ $d(\sec x) = \sec x \tan x dx$;

⑧ $d(\csc x) = -\csc x \cot x dx$;

⑨ $d(a^x) = a^x \ln a dx$;

⑩ $d(e^x) = e^x dx$;

⑪ $d(\log_a x) = \frac{1}{x\ln a}dx$;

⑫ $d(\ln x) = \frac{1}{x}dx$;

⑬ $d(\arcsin x) = \frac{1}{\sqrt{1-x^2}}dx$;

⑭ $d(\arccos x) = -\frac{1}{\sqrt{1-x^2}}dx$;

$(15)\ \mathrm{d}(\arctan x) = \dfrac{1}{1+x^2}\mathrm{d}x;$　　　　$(16)\ \mathrm{d}(\operatorname{arccot} x) = -\dfrac{1}{1+x^2}\mathrm{d}x.$

2. 函数的和、差、积、商的微分法则

设 u、v 都是 x 的可微函数，C 为常数，则

① $\mathrm{d}(u \pm v) = \mathrm{d}u \pm \mathrm{d}v$；

② $\mathrm{d}(uv) = u\mathrm{d}v + v\mathrm{d}u$；

③ $\mathrm{d}\left(\dfrac{u}{v}\right) = \dfrac{v\mathrm{d}u - u\mathrm{d}v}{v^2}(v \neq 0)$.

3. 微分形式的不变性

由微分的定义知，当 u 是自变量时，函数 $y = f(u)$ 的微分是

$$\mathrm{d}y = f'(u)\mathrm{d}u.$$

如果 u 不是自变量而是 x 的可微函数 $u = \varphi(x)$，那么对于复合函数 $y = f[\varphi(x)]$，如何求其微分呢？

根据微分的定义和复合函数的求导法则，有

$$\mathrm{d}y = y'_x\mathrm{d}x = f'(u)\varphi'(x)\mathrm{d}x,$$

其中 $\varphi'(x)\mathrm{d}x = \mathrm{d}u$，所以上式仍可写成

$$\mathrm{d}y = f'(u)\mathrm{d}u.$$

 指点迷津

不论 u 是自变量还是中间变量，函数 $y = f(u)$ 的微分总是同一个形式：$\mathrm{d}y = f'(u)\mathrm{d}u$，此性质称为一阶微分形式的不变性.

根据以上性质，前面微分基本公式中的 x 都可以换成可微函数 u. 例如，$y = \ln u$，u 是 x 的可微函数，则 $\mathrm{d}y = \mathrm{d}(\ln u) = \dfrac{1}{u}\mathrm{d}u$. 因此，求复合函数的微分时，也可利用一阶微分形式的不变性来计算.

例 1　求函数 $y = \mathrm{e}^{1-2x^2}$ 的微分.

解　$\mathrm{d}y = \mathrm{e}^{1-2x^2}\mathrm{d}(1-2x^2) = -4x\mathrm{e}^{1-2x^2}\mathrm{d}x.$

例 2　求函数 $y = \dfrac{x-1}{x+1}$ 的微分.

解　$\mathrm{d}y = \mathrm{d}\left(\dfrac{x-1}{x+1}\right) = \dfrac{(x+1)\mathrm{d}(x-1) - (x-1)\mathrm{d}(x+1)}{(x+1)^2} = \dfrac{2\mathrm{d}x}{(x+1)^2}.$

因为导数 $\dfrac{\mathrm{d}y}{\mathrm{d}x}$ 是函数微分 $\mathrm{d}y$ 与自变量微分 $\mathrm{d}x$ 之商，所以求导数时也可以先求微分.

例 3　求由方程 $\mathrm{e}^{xy} = a^x b^y$ 所确定的隐函数 y 的导数 $\dfrac{\mathrm{d}y}{\mathrm{d}x}$.

解　对所给方程的两边求微分，得

$$e^{xy}d(xy) = b^y d(a^x) + a^x d(b^y),$$
$$e^{xy}(xdy + ydx) = a^x b^y(\ln adx + \ln bdy),$$

因为 $e^{xy} = a^x b^y \neq 0$，所以上式可以化为

$$xdy + ydx = \ln adx + \ln bdy,$$

整理得
$$(x - \ln b)dy = (\ln a - y)dx,$$

即
$$\frac{dy}{dx} = \frac{\ln a - y}{x - \ln b}.$$

此结果可用隐函数求导法来验证.

由以上例题可见,求导数与求微分在方法上没有什么本质的区别,故统称为微分法. 有时,用微分运算比用导数运算还要方便.

例 4 用微分来求由参数方程 $\begin{cases} x = 3e^{-t}, \\ y = 2e^t \end{cases}$ 所确定函数的二阶导数 $\dfrac{d^2 y}{dx^2}$.

解 因为 $dx = -3e^{-t}dt, dy = 2e^t dt$,所以

$$\frac{dy}{dx} = \frac{2e^t dt}{-3e^{-t}dt} = -\frac{2}{3}e^{2t},$$

则二阶导数为

$$\frac{d^2 y}{dx^2} = \frac{dy'}{dx} = \frac{d\left(-\dfrac{2}{3}e^{2t}\right)}{d(3e^{-t})} = \frac{-\dfrac{4}{3}e^{2t}dt}{-3e^{-t}dt} = \frac{4}{9}e^{3t}.$$

例 5 在下列等式左端的括号中填入适当的函数,使等式成立.

① $d(\quad) = xdx$; ② $d(\quad) = \cos \omega tdt$.

解 ① 因为 $d(x^2) = 2xdx$,所以 $xdx = \dfrac{1}{2}d(x^2) = d\left(\dfrac{x^2}{2}\right)$,即

$$d\left(\frac{x^2}{2}\right) = xdx.$$

一般地,有 $d\left(\dfrac{x^2}{2} + C\right) = xdx$ (C 为任意常数).

② 因为 $d(\sin \omega t) = \omega \cos \omega tdt$,所以 $\cos \omega tdt = \dfrac{1}{\omega}d(\sin \omega t) = d\left(\dfrac{1}{\omega}\sin \omega t\right)$,即

$$d\left(\frac{1}{\omega}\sin \omega t\right) = \cos \omega tdt.$$

一般地,有 $d\left(\dfrac{1}{\omega}\sin \omega t + C\right) = \cos \omega tdt$ (C 为任意常数).

定理 一元函数的可微与可导是等价的.

因为导数 $\dfrac{dy}{dx}$ 是函数的微分 dy 与自变量的微分 dx 之商,所以求导数也可求微分.

2.6.3 微分在近似计算中的应用

函数微分是函数增量的线性主部,这就是说,当 $|\Delta x|$ 很小时,函数的增量可用其

微分来近似代替,即

$$\Delta y = f(x_0 + \Delta x) - f(x_0) \approx \mathrm{d}y = f'(x_0)\Delta x. \tag{3}$$

由于 $\mathrm{d}y$ 比 Δy 容易计算,且误差很小,所以上式很有实用价值.下面来研究微分在近似计算中的应用.

1. 计算函数增量的近似值

由式(3)可得

$$\boxed{\Delta y \approx f'(x_0)\Delta x \quad (\,|\Delta x|\text{较小}\,).} \tag{2-4}$$

例6 半径为 10 cm 的金属圆片加热后,半径伸长了 0.05 cm,问面积增大了多少?

解 设圆片的半径为 r,圆片的面积为 $A = \pi r^2$,于是

$$\mathrm{d}A = 2\pi r\Delta r.$$

当 $r = 10$ cm,$\Delta r = 0.05$ cm 时,由公式(2-4)得

$$\Delta A \approx \mathrm{d}A = 2\pi r\Delta r = 2\pi \times 10 \times 0.05 = \pi\,(\mathrm{cm}^2).$$

则面积增大了约 π cm^2.

2. 计算函数值的近似值

由式(3)可得

$$\boxed{f(x_0 + \Delta x) \approx f(x_0) + f'(x_0)\Delta x \quad (\,|\Delta x|\text{较小}\,).} \tag{2-5}$$

利用上式可计算 $f(x)$ 在点 x_0 附近的近似值.

例7 计算 $\sin 45°30'$ 的近似值.

解 设 $f(x) = \sin x$,则 $f'(x) = \cos x$. $45°30' = \dfrac{\pi}{4} + \dfrac{\pi}{360}$,即 $x_0 = \dfrac{\pi}{4}$,$\Delta x = \dfrac{\pi}{360}$. 由公式(2-5),得

$$\sin 45°30' \approx \sin\frac{\pi}{4} + \cos\frac{\pi}{4}\cdot\frac{\pi}{360} = \frac{\sqrt{2}}{2}\left(1 + \frac{\pi}{360}\right) \approx 0.713\,3.$$

在公式(2-5)中,令 $x_0 = 0$,$x_0 + \Delta x = x$,于是 $\Delta x = x$,可得

$$\boxed{f(x) \approx f(0) + f'(0)x \quad (\,|x|\text{较小}\,).} \tag{2-6}$$

利用此式可计算函数 $f(x)$ 在点 $x = 0$ 附近的近似值,同时由它可以推出工程上常用的近似公式,即当 $|x|$ 较小时,有

① $\sqrt[n]{1 + x} \approx 1 + \dfrac{1}{n}x$;   ② $\sin x \approx x$;   ③ $\tan x \approx x$;

④ $\ln(1 + x) \approx x$;   ⑤ $\mathrm{e}^x \approx 1 + x$;   ⑥ $\arcsin x \approx x$.

下面只证明近似公式 ①,其余公式可用类似方法证明.

证明 设 $f(x) = \sqrt[n]{1 + x}$,则 $f'(x) = \dfrac{1}{n\sqrt[n]{(1 + x)^{n-1}}}$,于是 $f(0) = \sqrt[n]{1 + 0} = 1$,$f'(0) =$

$\dfrac{1}{n}$,由公式(2-6),得

$$f(x) \approx 1 + \frac{1}{n}x,$$

即

$$\sqrt[n]{1+x} \approx 1 + \frac{1}{n}x.$$

例 8 求下列各数的近似值:

(1) $\sqrt{1.02}$;   (2) $\sqrt[4]{255}$;   (3) $\ln 0.98$.

解 (1) 由近似公式①,当 $n = 2$ 时,有

$$\sqrt{1.02} = \sqrt{1 + 0.02} \approx 1 + \frac{1}{2} \times 0.02 = 1.01.$$

(2) 由近似公式①,当 $n = 4$ 时,有

$$\sqrt[4]{255} = \sqrt[4]{256 - 1} = \sqrt[4]{256 \times \left(1 - \frac{1}{256}\right)} = 4\sqrt[4]{1 - \frac{1}{256}}$$

$$\approx 4\left[1 + \frac{1}{4} \times \left(-\frac{1}{256}\right)\right] \approx 3.996.$$

(3) 由近似公式④,得

$$\ln 0.98 = \ln[1 + (-0.02)] \approx -0.02.$$

在解决实际问题时,为了简化计算,经常要用到一些近似公式. 由微分得到的上述近似公式,为解决近似计算中的某些问题提供了较好的方法.

■ 习题 2.6

1. 试计算函数 $y = x^2 + 1$ 在点 $x = 1$ 处的 $\mathrm{d}y$、Δy 及 $\Delta y - \mathrm{d}y$:

(1) $\Delta x = 0.1$;   (2) $\Delta x = -0.01$.

2. 求下列函数的微分:

(1) $y = \dfrac{1}{x} + 2\sqrt{x}$;   (2) $y = \arctan\dfrac{1 - x^2}{1 + x^2}$;

(3) $y = \cos 3x$;   (4) $y = 2^{\ln\tan x}$;

(5) $y = \mathrm{e}^{-x}\cos(3 - x)$;   (6) $y = [\ln(1 - x)]^2$;

(7) $y = \tan^2(1 + 2x^2)$;   (8) $y = \arctan\sqrt{1 - \ln x}$.

3. 利用函数的微分法则,求下列方程所确定的函数 y 的导数 $\dfrac{\mathrm{d}y}{\mathrm{d}x}$:

(1) $y\mathrm{e}^x = 1 - \ln y$,求 $\dfrac{\mathrm{d}y}{\mathrm{d}x}\Big|_{\substack{x=0 \\ y=1}}$;   (2) $y = 1 + x\mathrm{e}^y$,求 $\dfrac{\mathrm{d}y}{\mathrm{d}x}$.

4. 将适当的函数填入下列括号,使等式成立:

(1) $\mathrm{d}(\quad\quad) = \dfrac{x}{3}\mathrm{d}x$;   (2) $\mathrm{d}(\quad\quad) = \dfrac{1}{x}\mathrm{d}x$;

(3) $\mathrm{d}(\quad\quad) = \dfrac{1}{x^2}\mathrm{d}x$;   (4) $\mathrm{d}(\quad\quad) = 5\mathrm{d}x$;

习题 2.6 答案

（5）$d(\quad) = \sin \omega t dt$；

（6）$d(\sin^2 x) = (\quad) d\sin x$；

（7）$d(\quad) = \dfrac{dx}{2\sqrt{x}}$；

（8）$d(\quad) = e^{-2x} dx$；

（9）$d(\sin x + \cos x) = d(\quad) + d(\quad) = (\quad) dx$；

（10）$d[\ln(2x + 1)] = (\quad) d(2x + 1) = (\quad) dx$.

5. 边长为 a 的金属立方体受热膨胀，当边长增加 h 时，求立方体所增加的体积的近似值.

6. 水管壁的正截面是一个圆环，设它的内径为 r_0，壁厚为 h，求这个圆环面积的近似值（h 相当小）.

7. 计算下列函数值的近似值：

（1）$\cos 151°$；

（2）$\tan 136°$；

（3）$\arccos 0.500\,1$；

（4）$e^{1.01}$；

（5）$\lg 1.03$；

（6）$\sqrt[3]{998.5}$；

（7）$e^{-0.02}$；

（8）$\ln 1.02$.

8. 当 $|x|$ 很小时，证明：

（1）$(1 + x)^\alpha \approx 1 + \alpha x$；

（2）$\ln(1 + \sin x) \approx x$；

（3）$\arctan 2x \approx 2x$.

2.7 数学实验 —— 用 MATLAB 求函数的导数

用 MATLAB 求函数的导数是由命令函数 diff(y,x,n) 来实现的，即求函数 y 对 x 的 n 阶导数，当 n 省略时，默认 n = 1.

例 求下列函数的导数.

① $y = e^{2x-3}$；

② $y = \ln(x + \sqrt{x^2 + 2})$.

解　>> clear

>> syms x

>> y1 = exp(2 * x - 3);

>> y2 = log(x + sqrt(x^2 + 2));

>> dy1 = diff(y1)

dy1 =

2 * exp(2 * x - 3)

>> dy2 = diff(y2,x)

dy2 =

(1 + 1/(x^2 + 2)^(1/2) * x)/(x + (x^2 + 2)^(1/2))　% 不是最简形式

>> simplify(dy2)　% 化简

ans =

1/(x^2 + 2)^(1/2)

即求导结果分别为 $2e^{2x-3}$，$\dfrac{1}{\sqrt{x^2 + 2}}$.

本章小结

一、导数与微分的概念

1. 导数的概念

① 导数的定义: $f'(x_0) = \lim\limits_{\Delta x \to 0} \dfrac{\Delta y}{\Delta x} = \lim\limits_{\Delta x \to 0} \dfrac{f(x_0 + \Delta x) - f(x_0)}{\Delta x} = \lim\limits_{x \to x_0} \dfrac{f(x) - f(x_0)}{x - x_0}$.

左导数: $f'_-(x_0) = \lim\limits_{\Delta x \to 0^-} \dfrac{f(x_0 + \Delta x) - f(x_0)}{\Delta x}$,

右导数: $f'_+(x_0) = \lim\limits_{\Delta x \to 0^+} \dfrac{f(x_0 + \Delta x) - f(x_0)}{\Delta x}$.

② 导数存在的充要条件: $f'(x_0)$ 存在 $\Leftrightarrow f'_+(x_0)$ 与 $f'_-(x_0)$ 存在且相等.

③ 导数 $f'(x_0)$ 的几何意义: 曲线 $y = f(x)$ 在点 $(x_0, f(x_0))$ 处的切线斜率.

切线方程: $y - f(x_0) = f'(x_0)(x - x_0)$;

法线方程: $y - f(x_0) = -\dfrac{1}{f'(x_0)}(x - x_0) \ (f'(x_0) \neq 0)$.

④ 导数 $f'(t_0)$ 的物理意义: 作变速直线运动 $s = f(t)$ 的物体在 t_0 时刻的瞬时速度; 二阶导数的力学意义为加速度.

⑤ 函数在 x_0 点连续与可导的关系: 可导必连续, 但连续未必可导.

2. 高阶导数

$f''(x) = [f'(x)]'$, $f'''(x) = [f''(x)]'$, $\cdots$, $f^{(n)}(x) = [f^{(n-1)}(x)]'$.

3. 微分的概念

① 微分的定义: 若函数 $f(x)$ 在点 x_0 具有导数 $f'(x_0)$, 则 $f'(x_0)\Delta x$ 称为函数 $y = f(x)$ 在 x_0 的微分, 记作 $\mathrm{d}y$, 即 $\mathrm{d}y = f'(x_0)\mathrm{d}x = f'(x_0)\Delta x$.

$f(x)$ 在任意点 x 处的微分: $\mathrm{d}y = f'(x)\mathrm{d}x$.

② 微分与导数的关系: $f(x)$ 在 x_0 点可微 $\Leftrightarrow f(x)$ 在 x_0 点可导.

③ $\mathrm{d}y = f'(x_0)\mathrm{d}x$ 的几何意义: 曲线 $y = f(x)$ 在点 $(x_0, f(x_0))$ 处切线的纵坐标的增量.

二、求导公式、法则和方法

1. 基本初等函数的导数公式

① $(C)' = 0 \ (C$ 为任意常数); ② $(x)' = 1$;

③ $(x^\alpha)' = \alpha x^{\alpha-1} \ (\alpha \in \mathbf{R})$; ④ $(\sin x)' = \cos x$;

⑤ $(\cos x)' = -\sin x$; ⑥ $(\tan x)' = \sec^2 x$;

⑦ $(\cot x)' = -\csc^2 x$; ⑧ $(\sec x)' = \sec x \tan x$;

⑨ $(\csc x)' = -\csc x \cot x$; ⑩ $(\mathrm{e}^x)' = \mathrm{e}^x$;

⑪ $(a^x)' = a^x \ln a \ (a > 0, a \neq 1)$; ⑫ $(\ln x)' = \dfrac{1}{x}$;

⑬ $(\log_a x)' = \dfrac{1}{x \ln a} \ (a > 0, a \neq 1)$; ⑭ $(\arcsin x)' = \dfrac{1}{\sqrt{1 - x^2}}$;

⑮ $(\arccos x)' = -\dfrac{1}{\sqrt{1-x^2}}$; ⑯ $(\arctan x)' = \dfrac{1}{1+x^2}$;

⑰ $(\operatorname{arccot} x)' = -\dfrac{1}{1+x^2}$.

2. 函数的和、差、积、商的求导法则

① $(u \pm v)' = u' \pm v'$; ② $(uv)' = u'v + uv'$;

③ $(Cu)' = Cu'$; ④ $\left(\dfrac{u}{v}\right)' = \dfrac{u'v - uv'}{v^2}\ (v \neq 0)$.

3. 复合函数的求导法则

设 $y = f(u)$，$u = \varphi(x)$，则复合函数 $y = f[\varphi(x)]$ 的导数为

$$\frac{\mathrm{d}y}{\mathrm{d}x} = \frac{\mathrm{d}y}{\mathrm{d}u} \cdot \frac{\mathrm{d}u}{\mathrm{d}x} \quad \text{或} \quad y'_x = y'_u \cdot u'_x.$$

4. 隐函数的求导法

将方程 $F(x,y) = 0$ 两边根据复合函数的求导法则对 x 求导，再从中解出 y'_x.

5. 对数求导法

对数求导法是利用对数的性质来简化求导运算的一种方法. 此法适用于幂指函数和由多个函数的积、商、幂或方根组成的函数的求导.

6. 由参数方程所确定的函数的求导法

设参数方程为

$$\begin{cases} x = \varphi(t), \\ y = f(t), \end{cases}$$

则

$$\frac{\mathrm{d}y}{\mathrm{d}x} = \frac{\dfrac{\mathrm{d}y}{\mathrm{d}t}}{\dfrac{\mathrm{d}x}{\mathrm{d}t}} \quad \text{或} \quad y'_x = \frac{y'_t}{x'_t}.$$

三、微分公式、微分法则

1. 微分的基本公式

由 $\mathrm{d}y = f'(x)\mathrm{d}x$ 及导数的基本公式得出 16 个微分的基本公式（略）.

2. 微分法则

① 微分四则运算法则

$$\mathrm{d}(u \pm v) = \mathrm{d}u \pm \mathrm{d}v; \quad \mathrm{d}(uv) = u\mathrm{d}v + v\mathrm{d}u; \quad \mathrm{d}\left(\frac{u}{v}\right) = \frac{v\mathrm{d}u - u\mathrm{d}v}{v^2}(v \neq 0).$$

② 复合函数微分法则（即一阶微分形式的不变性）

设 $y = f(u)$，$u = \varphi(x)$ 复合成 $y = f[\varphi(x)]$，则

$$\mathrm{d}y = f'(u)\varphi'(x)\mathrm{d}x = f'(u)\mathrm{d}u.$$

四、微分的应用

1. 计算函数增量的近似值

$\Delta y \approx f'(x_0)\Delta x\ (|\Delta x| \text{较小})$.

2. 计算函数值的近似值

$f(x_0 + \Delta x) \approx f(x_0) + f'(x_0)\Delta x (|\Delta x|较小)$.

$f(x) \approx f(0) + f'(0)x (|x|较小)$.

■ 复习题二

1. 求下列函数的导数：

（1）$y = \dfrac{1}{x} + \dfrac{1}{\sqrt{x}} + \dfrac{1}{\sqrt[3]{x}}$；

（2）$y = 2^x(x\sin x + \cos x)$；

（3）$y = x\arctan\dfrac{x}{a} - \dfrac{a}{2}\ln(x^2 + a^2)$；

（4）$y = e^{\sqrt[3]{x+1}}$；

（5）$y = \ln\dfrac{1}{x + \sqrt{x^2 - 1}}$；

（6）$y = \ln[\ln^2(\ln^3 x)]\ (x > e)$；

（7）$y = \dfrac{1}{\sqrt{2}}\operatorname{arccot}\dfrac{\sqrt{2}}{x}$；

（8）$y = \dfrac{1}{2}\cot^2 x + \ln\sin x$；

（9）$y = \left(\dfrac{a}{b}\right)^x \cdot \left(\dfrac{b}{x}\right)^a \cdot \left(\dfrac{x}{a}\right)^b$；

（10）$y = (\ln x)^x$.

2. 求下列方程所确定的函数 y 的导数：

（1）$\dfrac{x}{y} - \ln x = 1$，求 $\left.\dfrac{\mathrm{d}y}{\mathrm{d}x}\right|_{\substack{x=e \\ y=\frac{e}{2}}}$；

（2）$x^y = y^x (x > 0, y > 0)$，求 y'.

3. 求下列参数方程所确定的函数的导数：

（1）$\begin{cases} x = t(1 - \sin t), \\ y = t\cos t; \end{cases}$

（2）$\begin{cases} x = \dfrac{a}{2}\left(t + \dfrac{1}{t}\right), \\ y = \dfrac{b}{2}\left(t - \dfrac{1}{t}\right). \end{cases}$

4. 求下列函数的微分：

（1）$y = 5^{\tan\ln x}$；

（2）$y = \sin^2 x^3$；

（3）$y = 2^{-\frac{1}{\cos x}}$；

（4）$y = \ln\sqrt{\dfrac{1 + \sin x}{1 - \sin x}}$；

（5）$y = (2x^4 - x^2 + 3)\left(\sqrt{x} - \dfrac{1}{x}\right)$；

（6）$\rho = \dfrac{\sin\theta}{2\cos^2\theta} + \dfrac{1}{2}\ln\left[\tan\left(\dfrac{\theta}{2} + \dfrac{\pi}{4}\right)\right]$.

5. 求下列函数值的近似值：

（1）$\sin 29°$；

（2）$\arctan 1.05$；

（3）$\sqrt[3]{1.02^2}$；

（4）$e^{2.01}$.

6. 在曲线 $y = 2 + x - x^2$ 上的哪一点，（1）切线平行于 x 轴？（2）切线平行于第 Ⅰ 象限的角平分线？

复习题二答案

7. a 为何值时,抛物线 $y = ax^2$ 与曲线 $y = \ln x$ 相切?

8. 一物体的运动方程为 $s = e^{-kt} \sin \omega t (k \text{、} \omega \text{ 为常数})$.

(1) 求物体运动的速度及加速度;

(2) 何时速度为零? 何时加速度为零?

拓展阅读　微积分的产生

1. 早期的引领者:阿基米德

公元前3世纪,古希腊哲学家阿基米德(图2-5)利用穷竭法推算出了抛物线弓形、圆的面积以及椭球体、等复杂几何体的表面积和体积的公式,其穷竭法就类似于现在微积分中的求极限.此外,他还计算出 π 的近似值.阿基米德对于微积分的发展起到了一定的引导作用.

图 2-5　阿基米德

2. 中国数学家助力微积分的发展

三国后期的刘徽(图2-6)发明了著名的"割圆术",即把圆周用内接或外切正多边形穷竭的一种求圆周长及面积的方法."割之弥细,所失弥少,割之又割,以至于不可割,则与圆周合体而无所失矣".不断地增加正多边形的边数,进而使多边形的面积更加接近圆的面积,这是我国数学史上的伟大创举.

刘徽使用割圆术将 π 的值计算到 3.141 6,这是当时得到的最精确的取值,是数学界的一大奇迹,为圆的面积的计算带来了极大的方便,为微积分的发明埋下了伏笔.

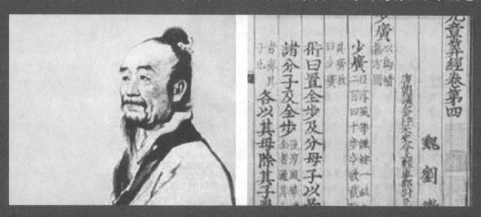

图 2-6　刘徽

南北朝时期的祖冲之(图2-7)在刘徽开创的探索圆周率的精确方法的基础上,首次将"圆周率"精算到小数第七位,即在 3.141 592 6 和 3.141 592 7 之间.此外他的儿子祖暅提出了祖氏原理:"幂势即同,则积不容异",即界于两个平行平面之间的两个几何体,被任一平行于这两个平面的平面所截,如果两个截面的面积相等,则这两个几何体的体积相等.祖氏原理包含了求积的无限小方法,这种方法是积分学的重要思想,也是"微元法"的思想.这一原理在西方国家被称为"卡瓦列利原理",是由意大利数学家卡瓦列利发现的,这一结果比祖冲之父子晚了一千多年.

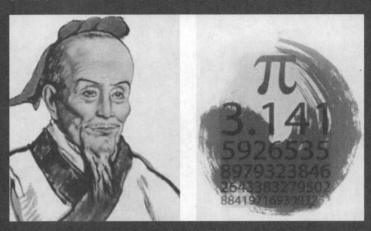

图2-7 祖冲之

3. 众多科学家的贡献

伴随着社会发展,16世纪以后的数学家们需要解决更多的实际问题,自然科学开始迎来新的突破.这一时期,几乎所有的科学大师都致力于解决速率、极值、切线、面积问题,特别是描述运动与变化的无限小算法,并且在相当短的时间内取得了极大的发展.

法国数学家笛卡儿的代数方法对于微积分的发展起了极大的推动作用.另一个法国大数学家费马在求曲线的切线及函数的极值方面也作出了巨大贡献.其中就有关于微积分的费马定理:设函数 $f(x)$ 在某一区间上有定义,并且在这个区间的内点 x_0 处取得极大(极小)值,若函数 $f(x)$ 在 x_0 处可导,则必有 $f'(x_0)=0$.

天文学家开普勒发现行星运动三大定律,并利用无穷小求和的思想,求得曲边梯形的面积及旋转体的体积.意大利数学家卡瓦列利建立了"不可分量",不可分量在后来牛顿的瞬时概念和莱布尼茨的微分概念中都有所反映,卡瓦列利的理论(即中国的祖氏原理)是通向无穷小和微积分学的阶梯.

4. 理论统一

1664年,英国科学家牛顿(图2-8)开始研究微积分问题,他受到沃利斯的《无穷算术》的启发,第一次把代数学扩展到分析学.1665年牛顿发明正流数术(微分),次年又发明反流数术.之后将流数术总结在一起,写出了《流数简述》,这标志着微积分的诞生.同一时期,德国数学家莱布尼茨(图2-9)也独立创立了微积分学,他于1684年发表第一篇微分论文,定义了微分概念,采用了微分符号 $\mathrm{d}x$, $\mathrm{d}y$. 1686年他又发表了积分论文,讨论了微分与积分,使用了积分符号 $\int$. 符号的发明使得微积分的表达更加简便.

图 2-8　牛顿

图 2-9　莱布尼茨

　　微积分的诞生对于近代数学和物理学的发展起到了决定性的作用. 可以说, 微积分是近现代科学的开端.

第3章 导数的应用

知识导读

导数是微积分的核心概念之一,它是研究函数以及曲线的某些性质的最一般、最有效的工具,比如中值定理、单调性、极值、最值、曲线的凹凸性、曲率等.

导数的引入也大大拓宽了数学在优化问题中的应用空间.例如,饮料瓶的大小对饮料公司利润的影响,海报版面尺寸的设计,磁盘的最大存储量等问题.在实际生活中,这样的例子比较常见,解决这些问题需要建立函数关系式,用初等数学知识一般没有简单有效的方法求解,而用导数的知识来求函数的最值就比较方便.

3.1 中值定理

3.1.1 罗尔定理

定理1 如果函数 $f(x)$ 满足下列条件:

① 在闭区间 $[a,b]$ 上连续;

② 在开区间 (a,b) 内可导;

③ $f(a) = f(b)$,

那么在 (a,b) 内至少存在一点 ξ,使 $f'(\xi) = 0$.

定理的正确性可以从图 3-1 中看出.在图 3-1 中,函数 $y = f(x)$ 满足罗尔定理的条件,即在 $[a,b]$ 上连续,在 (a,b) 内可导,且 $f(a) = f(b)$,则函数 $y = f(x)$ 具有罗尔定理的结论,即在 (a,b) 内至少存在一点 ξ(图中的 ξ_1 和 ξ_2),使曲线在该点处有水平的切线,即 $f'(\xi) = 0$.

例如,函数 $y = C$ 满足罗尔定理的条件,则有罗尔定理的结论.事实上,函数 $y = C$ 在区间 (a,b) 内有无数个点作为 ξ,能使 $f'(\xi) = 0$.

罗尔定理的几何意义:如果曲线 $y = f(x)$ 的弧段 $\overset{\frown}{AB}$ 上(端点除外)处处具有不垂直于 x 轴的切线,且两端点的纵坐标相等,那么这段弧上至少有一点 C,使曲线在该点的切线平行于 x 轴(图 3-1).

注意　如果定理的三个条件中有一个不满足,则定理的结论就不能成立.

例 1　验证函数 $f(x) = x^2 - 4x$ 在区间 $[1,3]$ 上是否满足罗尔定理的条件及结论.

解　函数 $f(x) = x^2 - 4x$ 在闭区间 $[1,3]$ 上连续,在开区间 $(1,3)$ 内可导,且 $f(1) = f(3) = -3$,故满足罗尔定理的三个条件.

又 $f'(x) = 2x - 4$,若令 $f'(x) = 0$,解得 $x = 2$,故函数 $f(x)$ 在 $(1,3)$ 内确实有一点 $\xi = 2$,能使 $f'(\xi) = 0$ 成立.

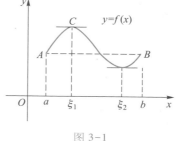

图 3-1

例 1 讲解视频

3.1.2　拉格朗日中值定理

从罗尔定理的几何意义可以看到,由于 $f(a) = f(b)$,弦 AB 平行于 x 轴,因此曲线弧 $\overset{\frown}{AB}$ 上点 C 处的切线实际上也平行于弦 AB. 但是,当 $f(a) \neq f(b)$ 时又将怎样呢?由图 3-2,可以看出曲线弧 $\overset{\frown}{AB}$ 上至少有一点 $C(\xi, f(\xi))$,使得点 C 处的切线平行于弦 AB. 由于点 C 处切线斜率为 $f'(\xi)$,弦 AB 的斜率为 $\dfrac{f(b) - f(a)}{b - a}$,因此 $f'(\xi) = \dfrac{f(b) - f(a)}{b - a}$,即有

$$f(b) - f(a) = f'(\xi)(b - a) \quad (a < \xi < b),$$

于是给出拉格朗日中值定理.

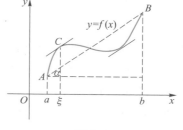

图 3-2

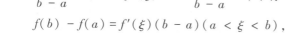

定理 2　如果函数 $f(x)$ 满足下列条件:

① 在闭区间 $[a,b]$ 上连续;

② 在开区间 (a,b) 内可导,

那么在区间 (a,b) 内至少存在一点 ξ,使

$$f(b) - f(a) = f'(\xi)(b - a) \quad \text{或} \quad f'(\xi) = \frac{f(b) - f(a)}{b - a}.$$

说明定理 2 中如果 $f(b) = f(a)$,那么上式中 $f'(\xi) = 0$. 因此罗尔定理是拉格朗日中值定理的特殊情况.

例 2　对于函数 $f(x) = x^3 - 4x^2 + 2x - 3$,在区间 $[0,2]$ 上验证拉格朗日中值定理的正确性.

证明　因为函数 $f(x) = x^3 - 4x^2 + 2x - 3$ 在 $[0,2]$ 上连续,$f'(x) = 3x^2 - 8x + 2$ 在 $(0,2)$ 内存在,故该函数满足拉格朗日中值定理的条件. 又因为 $f(2) = 8 - 16 + 4 - 3 = -7$,$f(0) = -3$,若设

例 2 讲解视频

$$f(2) - f(0) = f'(x)(2 - 0),$$

则有

$$3x^2 - 8x + 4 = 0,$$

解得 $x_1 = \dfrac{2}{3}$, $x_2 = 2$, 其中 $x_1 = \dfrac{2}{3}$ 在 $(0,2)$ 内, 则函数 $f(x) = x^3 - 4x^2 + 2x - 3$ 在区间 $(0,2)$ 内确有一点 $\xi = \dfrac{2}{3}$, 能使 $f(2) - f(0) = f'(\xi)(2 - 0)$ 成立.

利用拉格朗日中值定理可以得出下面的推论.

推论 如果函数 $f(x)$ 在区间 (a,b) 内导数恒为零, 那么函数 $f(x)$ 在区间 (a,b) 内是一个常数.

事实上, 在 (a,b) 内任意取两点 $x_1, x_2 (x_1 < x_2)$, 则由拉格朗日中值定理得

$$f(x_2) - f(x_1) = f'(\xi)(x_2 - x_1) \quad (x_1 < \xi < x_2).$$

由假定 $f'(\xi) = 0$, 所以 $f(x_1) - f(x_2) = 0$, 即 $f(x_1) = f(x_2)$. x_1, x_2 的任意性表明函数 $f(x)$ 在区间 (a,b) 内的函数值总是相等的, 即函数 $f(x)$ 在区间 (a,b) 内是一个常数.

这个推论是"常数的导数是零"的逆定理.

3.1.3 柯西中值定理

定理 3 如果函数 $f(x)$ 及 $\varphi(x)$ 满足下列条件:

① 在闭区间 $[a,b]$ 上连续;

② 在开区间 (a,b) 内可导, 且 $\varphi'(x) \neq 0$,

那么在 (a,b) 内至少存在一点 ξ, 使

$$\frac{f(b) - f(a)}{\varphi(b) - \varphi(a)} = \frac{f'(\xi)}{\varphi'(\xi)} \quad (a < \xi < b).$$

说明容易看出, 如果 $\varphi(x) = x$, 则 $\varphi(b) - \varphi(a) = b - a$, 且 $\varphi'(x) = 1$, 则有 $\varphi'(\xi) = 1$, 从而就有

$$f(b) - f(a) = f'(\xi)(b - a) \quad (a < \xi < b).$$

所以可把柯西中值定理看成拉格朗日中值定理的推广.

上述三个定理中的 ξ 都是区间 (a,b) 中的某一个值, 所以这三个定理统称为微分中值定理, 其中尤以拉格朗日中值定理的应用最广.

■ **习题 3.1**

1. 下列函数在指定区间上是否满足罗尔定理的条件? 有没有满足罗尔定理结论的 ξ 存在?

(1) $f(x) = |x - 1|$, $[0,2]$;

(2) $f(x) = \dfrac{1}{(x - 1)^2}$, $[0,2]$;

（3）$f(x) = \begin{cases} \sin x, & 0 < x \leqslant \pi, \\ 1, & x = 0, \end{cases}$ $[0,\pi]$.

2. 验证罗尔定理对函数 $y = \ln \sin x$ 在区间 $\left[\dfrac{\pi}{6}, \dfrac{5\pi}{6}\right]$ 上的正确性.

3. 验证拉格朗日中值定理对函数 $y = \arctan x$ 在区间 $[0,1]$ 上的正确性.

4. 曲线 $y = x^3 - x + 1$ 上哪一点的切线与连接曲线上的点 $(0,1)$ 和点 $(2,7)$ 的割线平行?

习题 3.1 答案

5. 证明函数 $y = px^2 + qx + r$ 在区间 $[a,b]$ 上应用拉格朗日中值定理所求得的点为 $\xi = \dfrac{1}{2}(a + b)$.

6. 叙述拉格朗日中值定理的几何意义.

7. 函数 $f(x) = x^2, \varphi(x) = x^3$ 在区间 $[1,2]$ 上是否满足柯西中值定理的条件?

3.2 洛必达法则

如果当 $x \to x_0$（或 $x \to \infty$）时,函数 $f(x)$ 和 $\varphi(x)$ 都趋向于零或都趋向于无穷大,那么极限 $\lim\limits_{\substack{x \to x_0 \\ (x \to \infty)}} \dfrac{f(x)}{\varphi(x)}$ 可能存在,也可能不存在,通常把这种极限称为 $\dfrac{0}{0}$ 型或 $\dfrac{\infty}{\infty}$ 型的未定式. 例如,$\lim\limits_{x \to 0} \dfrac{\sin x}{x}$ 是 $\dfrac{0}{0}$ 型未定式,$\lim\limits_{x \to +\infty} \dfrac{\ln x}{x}$ 是 $\dfrac{\infty}{\infty}$ 型未定式. 对于上述两类未定式（即使极限存在）不能用商的极限的运算法则来求极限. 下面介绍用导数来求这两类极限的一种简便而重要的方法 —— 洛必达法则.

洛必达法则
讲解视频

3.2.1 $\dfrac{0}{0}$ 型未定式

定理（洛必达法则） 如果
① 函数 $f(x)$ 和 $\varphi(x)$ 在点 x_0 的 δ 区间 $(x_0 - \delta, x_0 + \delta)$ 内（除去点 x_0）有定义,且 $\lim\limits_{x \to x_0} f(x) = 0$ 和 $\lim\limits_{x \to x_0} \varphi(x) = 0$;
② 在点 x_0 的 δ 区间 $(x_0 - \delta, x_0 + \delta)$ 内函数 $f(x)$ 和 $\varphi(x)$ 都可导,且 $\varphi'(x) \neq 0$;
③ $\lim\limits_{x \to x_0} \dfrac{f'(x)}{\varphi'(x)}$ 存在（或为无穷大）,
则
$$\lim_{x \to x_0} \frac{f(x)}{\varphi(x)} = \lim_{x \to x_0} \frac{f'(x)}{\varphi'(x)}.$$

该定理可用柯西中值定理证明,这里从略.

定理表明,在符合定理的条件下,当 $\lim\limits_{x \to x_0} \dfrac{f'(x)}{\varphi'(x)}$ 存在时,$\lim\limits_{x \to x_0} \dfrac{f(x)}{\varphi(x)}$ 也存在且等于 $\lim\limits_{x \to x_0} \dfrac{f'(x)}{\varphi'(x)}$ 的值.当 $\lim\limits_{x \to x_0} \dfrac{f'(x)}{\varphi'(x)}$ 为无穷大时,$\lim\limits_{x \to x_0} \dfrac{f(x)}{\varphi(x)}$ 也为无穷大.

若将定理中的 $x \to x_0$ 改为 $x \to \infty$,其他条件不变,则结论仍然成立.

例1 求 $\lim\limits_{x \to 0} \dfrac{1 - \cos x}{x^2}$.

解 这是 $\dfrac{0}{0}$ 型未定式,所以

$$\lim_{x \to 0} \frac{1 - \cos x}{x^2} = \lim_{x \to 0} \frac{\sin x}{2x} = \frac{1}{2} \lim_{x \to 0} \frac{\sin x}{x} = \frac{1}{2}.$$

例2 求 $\lim\limits_{x \to 0} \dfrac{\ln(1 - 2x)}{x^2}$.

解 $\lim\limits_{x \to 0} \dfrac{\ln(1 - 2x)}{x^2} \overset{\frac{0}{0}}{=\!=\!=} \lim\limits_{x \to 0} \dfrac{\dfrac{-2}{1 - 2x}}{2x} = \lim\limits_{x \to 0} \dfrac{-2}{2x(1 - 2x)} = \infty.$

故原式极限不存在.

注意 如果 $\lim\limits_{x \to x_0} \dfrac{f'(x)}{\varphi'(x)}$ 当 $x \to x_0$ 时仍属 $\dfrac{0}{0}$ 型,且 $f'(x),\varphi'(x)$ 仍能满足洛必达法则中的条件,则可继续用法则来进行计算,即

$$\lim_{x \to x_0} \frac{f(x)}{\varphi(x)} = \lim_{x \to x_0} \frac{f'(x)}{\varphi'(x)} = \lim_{x \to x_0} \frac{f''(x)}{\varphi''(x)}.$$

但是,如果所求极限已不满足洛必达法则的条件,则不能再用法则,否则会导致错误的结果.

例3讲解视频

例3 求 $\lim\limits_{x \to 0} \dfrac{x - \sin x}{x^3}$.

解 $\lim\limits_{x \to 0} \dfrac{x - \sin x}{x^3} \overset{\frac{0}{0}}{=\!=\!=} \lim\limits_{x \to 0} \dfrac{1 - \cos x}{3x^2} \overset{\frac{0}{0}}{=\!=\!=} \lim\limits_{x \to 0} \dfrac{\sin x}{6x} = \dfrac{1}{6} \lim\limits_{x \to 0} \dfrac{\sin x}{x} = \dfrac{1}{6}.$

3.2.2 $\dfrac{\infty}{\infty}$ 型未定式

对于 $\dfrac{\infty}{\infty}$ 型未定式,也有相应的洛必达法则,在相应的条件下,只要 $\lim\limits_{\substack{x \to x_0 \\ (x \to \infty)}} \dfrac{f'(x)}{\varphi'(x)}$ 存在(或为无穷大),也有下述结论

$$\lim_{\substack{x \to x_0 \\ (x \to \infty)}} \frac{f(x)}{\varphi(x)} = \lim_{\substack{x \to x_0 \\ (x \to \infty)}} \frac{f'(x)}{\varphi'(x)}.$$

例 4 求 $\lim\limits_{x \to 0^+} \dfrac{\ln\cot x}{\ln x}$.

解 $\lim\limits_{x \to 0^+} \dfrac{\ln\cot x}{\ln x} \overset{\frac{\infty}{\infty}}{=\!=\!=} \lim\limits_{x \to 0^+} \dfrac{-\dfrac{\csc^2 x}{\cot x}}{\dfrac{1}{x}} = \lim\limits_{x \to 0^+}\left(-\dfrac{1}{\cos x} \cdot \dfrac{x}{\sin x}\right) = -1.$

例 4 讲解视频

例 5 求 $\lim\limits_{x \to +\infty} \dfrac{\ln x}{x^n}\ (n \in \mathbf{N_+})$.

解 $\lim\limits_{x \to +\infty} \dfrac{\ln x}{x^n} \overset{\frac{\infty}{\infty}}{=\!=\!=} \lim\limits_{x \to +\infty} \dfrac{\dfrac{1}{x}}{nx^{n-1}} = \lim\limits_{x \to +\infty} \dfrac{1}{nx^n} = 0.$

例 5 讲解视频

例 6 求 $\lim\limits_{x \to +\infty} \dfrac{x^n}{\mathrm{e}^x}\ (n \in \mathbf{N_+})$.

解 $\lim\limits_{x \to +\infty} \dfrac{x^n}{\mathrm{e}^x} \overset{\frac{\infty}{\infty}}{=\!=\!=} \lim\limits_{x \to +\infty} \dfrac{nx^{n-1}}{\mathrm{e}^x} \overset{\frac{\infty}{\infty}}{=\!=\!=} \lim\limits_{x \to +\infty} \dfrac{n(n-1)x^{n-2}}{\mathrm{e}^x} = \cdots = \lim\limits_{x \to +\infty} \dfrac{n!}{\mathrm{e}^x} = 0.$

注意 有些极限虽是未定式,但不能用洛必达法则求解,此时可考虑用其他方法求其极限.

例 7 求 $\lim\limits_{x \to 0} \dfrac{x^2\sin\dfrac{1}{x}}{\sin x}$.

解 此极限属于 $\dfrac{0}{0}$ 型未定式,但因为

$$\left(x^2\sin\dfrac{1}{x}\right)' = 2x\sin\dfrac{1}{x} + x^2\cos\dfrac{1}{x}\left(-\dfrac{1}{x^2}\right) = 2x\sin\dfrac{1}{x} - \cos\dfrac{1}{x},$$

其中 $\lim\limits_{x \to 0} 2x\sin\dfrac{1}{x} = 0$,但 $\lim\limits_{x \to 0}\cos\dfrac{1}{x}$ 不存在,所以不能用洛必达法则计算. 事实上

$$\lim\limits_{x \to 0} \dfrac{x^2\sin\dfrac{1}{x}}{\sin x} = \lim\limits_{x \to 0}\left(\dfrac{x}{\sin x} \cdot x\sin\dfrac{1}{x}\right) = 1 \times 0 = 0.$$

例 8 求 $\lim\limits_{x \to +\infty} \dfrac{\sqrt{1+x^2}}{x}$.

例 8 讲解视频

解 $\lim\limits_{x \to +\infty} \dfrac{\sqrt{1+x^2}}{x} \overset{\frac{\infty}{\infty}}{=\!=\!=} \lim\limits_{x \to +\infty} \dfrac{\dfrac{2x}{2\sqrt{1+x^2}}}{1} = \lim\limits_{x \to +\infty} \dfrac{x}{\sqrt{1+x^2}} \overset{\frac{\infty}{\infty}}{=\!=\!=} \lim\limits_{x \to +\infty} \dfrac{1}{\dfrac{2x}{2\sqrt{1+x^2}}} = \lim\limits_{x \to +\infty} \dfrac{\sqrt{1+x^2}}{x}.$

利用两次洛必达法则后,又还原为原来的问题,形成了循环,则洛必达法则失效. 事实上

$$\lim\limits_{x \to +\infty} \dfrac{\sqrt{1+x^2}}{x} = \lim\limits_{x \to +\infty} \sqrt{\dfrac{1}{x^2} + 1} = 1.$$

3.2.3 其他类型的未定式

未定式除 $\dfrac{0}{0}$ 型和 $\dfrac{\infty}{\infty}$ 型外,还有 $0 \cdot \infty$,$\infty - \infty$,0^0,∞^0,1^∞ 等类型.可通过适当变形

先将问题化为 $\dfrac{0}{0}$ 型或 $\dfrac{\infty}{\infty}$ 型未定式,然后再用洛必达法则来计算.

例 9　求 $\lim\limits_{x\to 0^+} x^\alpha \ln x \ (\alpha > 0)$.

例 9 讲解视频

解　$\lim\limits_{x\to 0^+} x^\alpha \ln x \xlongequal{0 \cdot \infty} \lim\limits_{x\to 0^+} \dfrac{\ln x}{\dfrac{1}{x^\alpha}} \xlongequal{\frac{\infty}{\infty}} \lim\limits_{x\to 0^+} \dfrac{\dfrac{1}{x}}{-\alpha x^{-\alpha-1}} = \lim\limits_{x\to 0^+} \left(-\dfrac{x^\alpha}{\alpha} \right) = 0.$

$0 \cdot \infty$ 型未定式既可以化为 $\dfrac{0}{0}$ 型未定式也可以化为 $\dfrac{\infty}{\infty}$ 型未定式,究竟如何转化应

根据变形以后分子、分母的导数及其比的极限是否容易计算而定.

例 10　求 $\lim\limits_{x\to \frac{\pi}{2}} (\sec x - \tan x)$.

例 10 讲解视频

解　$\lim\limits_{x\to \frac{\pi}{2}} (\sec x - \tan x) \xlongequal{\infty - \infty} \lim\limits_{x\to \frac{\pi}{2}} \left(\dfrac{1}{\cos x} - \dfrac{\sin x}{\cos x} \right)$

$$= \lim\limits_{x\to \frac{\pi}{2}} \dfrac{1 - \sin x}{\cos x} \xlongequal{\frac{0}{0}} \lim\limits_{x\to \frac{\pi}{2}} \dfrac{-\cos x}{-\sin x} = 0.$$

例 11　求 $\lim\limits_{x\to 0^+} x^x$.

解　$\lim\limits_{x\to 0^+} x^x \xlongequal{0^0} \lim\limits_{x\to 0^+} e^{x\ln x} = e^{\lim\limits_{x\to 0^+} x\ln x} = e^0 = 1.$

在上式中,由例 9 知:$\lim\limits_{x\to 0^+} x\ln x = 0$.

例 12　求 $\lim\limits_{x\to 0^+} \left(\dfrac{1}{x} \right)^{\tan x}$.

解　$\lim\limits_{x\to 0^+} \left(\dfrac{1}{x} \right)^{\tan x} \xlongequal{\infty^0} \lim\limits_{x\to 0^+} e^{\ln\left(\frac{1}{x} \right)^{\tan x}} = \lim\limits_{x\to 0^+} e^{\tan x \ln \frac{1}{x}}.$

因为　$\lim\limits_{x\to 0^+} \tan x \ln \dfrac{1}{x} = -\lim\limits_{x\to 0^+} \tan x \ln x \xlongequal{0 \cdot \infty} -\lim\limits_{x\to 0^+} \dfrac{\ln x}{\cot x} \xlongequal{\frac{\infty}{\infty}} -\lim\limits_{x\to 0^+} \dfrac{\dfrac{1}{x}}{-\csc^2 x}$

$$= \lim\limits_{x\to 0^+} \dfrac{\sin^2 x}{x} \xlongequal{\frac{0}{0}} \lim\limits_{x\to 0^+} \dfrac{2\sin x \cos x}{1} = 0,$$

所以

$$\lim\limits_{x\to 0^+} \left(\dfrac{1}{x} \right)^{\tan x} = \lim\limits_{x\to 0^+} e^{\tan x \ln \frac{1}{x}} = e^0 = 1.$$

1. 叙述 $x \to x_0$ 时的 $\dfrac{\infty}{\infty}$ 型未定式的洛必达法则.

2. 用洛必达法则求下列极限:

$(1) \lim\limits_{x \to 0} \dfrac{\sin ax}{\sin bx}(b \neq 0)$；

$(2) \lim\limits_{x \to \pi} \dfrac{\sin 3x}{\tan 5x}$；

$(3) \lim\limits_{x \to 0} \dfrac{e^x - e^{-x}}{\sin x}$；

$(4) \lim\limits_{x \to a} \dfrac{\sin x - \sin a}{x - a}$；

$(5) \lim\limits_{x \to \frac{\pi}{2}} \dfrac{\ln \sin x}{(\pi - 2x)^2}$；

$(6) \lim\limits_{x \to 0^+} \dfrac{\ln \tan 7x}{\ln \tan 2x}$；

$(7) \lim\limits_{x \to 0} \left(\dfrac{1}{x} - \dfrac{1}{e^x - 1} \right)$；

$(8) \lim\limits_{x \to 0} x \cot 2x$；

$(9) \lim\limits_{x \to 0} x^2 e^{\frac{1}{x^2}}$；

$(10) \lim\limits_{x \to 1} \left(\dfrac{2}{x^2 - 1} - \dfrac{1}{x - 1} \right)$；

$(11) \lim\limits_{x \to 0^+} (\sin x)^x$；

$(12) \lim\limits_{x \to 1^-} (1 - x)^{\cot \frac{\pi}{2} x}$.

3. 求下列极限:

$(1) \lim\limits_{x \to \infty} \dfrac{x + \sin x}{x}$；

$(2) \lim\limits_{x \to \infty} \dfrac{x - \sin x}{x + \sin x}$；

$(3) \lim\limits_{x \to +\infty} \left(\dfrac{x + 1}{x - 1} \right)^x$；

$(4) \lim\limits_{x \to \infty} \left[1 - x \ln \left(1 + \dfrac{1}{x} \right) \right]$；

$(5) \lim\limits_{x \to +\infty} \dfrac{e^x - e^{-x}}{e^x + e^{-x}}$.

习题 3.2 答案

3.3 函数的单调性 曲线的凹凸性及拐点

3.3.1 函数的单调性

前面已经介绍过单调函数的概念,现在利用导数来研究函数的单调性.

由图 3-3 可以看出,如果函数 $y = f(x)$ 在区间 $[a, b]$ 上单调增加,那么它的图像是一条上升的曲线,这时曲线上各点的切线的斜率 $f'(x)$ 都是正的,即 $f'(x) > 0$;同样由图 3-4 可以看出,如果函数 $y = f(x)$ 在区间 $[a, b]$ 上单调减少,那么它的图像是一条下降的曲线,这时曲线上各点的切线的斜率 $f'(x)$ 都是负的,即 $f'(x) < 0$.

由此可见,函数的单调性与其导数的符号有密切联系.下面给出函数单调性的判定定理.

函数的单调性
讲解视频

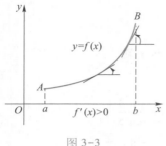

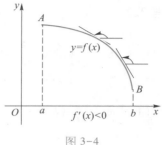

图 3-3   图 3-4

设函数 $y = f(x)$ 在区间 $[a,b]$ 上连续,在 (a,b) 内可导,且 $f'(x) > 0$(或 $f'(x) < 0$),则函数 $f(x)$ 在区间 $[a,b]$ 上是单调增加(或单调减少)的.

证明 在 (a,b) 内任意取两点 x_1 和 x_2,不妨设 $x_1 < x_2$,在区间 $[x_1,x_2]$ 上应用拉格朗日中值定理,有

$$f(x_2) - f(x_1) = f'(\xi)(x_2 - x_1) \quad (x_1 < \xi < x_2),$$

由于 $x_2 - x_1 > 0, f'(\xi) > 0$,则

$$f(x_2) - f(x_1) = f'(\xi)(x_2 - x_1) > 0,$$

即 $f(x_2) > f(x_1)$,也就是说函数 $y = f(x)$ 在区间 $[x_1,x_2]$ 上单调增加.

由 x_1、x_2 的任意性,可得函数 $f(x)$ 在区间 $[a,b]$ 上是单调增加的.

用类似的方法可以证明函数 $f(x)$ 在区间 $[a,b]$ 上是单调减少的情况.

上述定理中的闭区间若换成开区间或无限区间,相应的结论也成立.

例 1 判定函数 $f(x) = x - \dfrac{1}{x}$ 的单调性.

解 因为函数 $f(x)$ 在定义域 $(-\infty,0) \cup (0, +\infty)$ 内连续,它的导数 $f'(x) = 1 + \dfrac{1}{x^2}$ 在定义域内存在,且 $f'(x)$ 恒为正值. 根据函数的单调性的判定定理可知,函数 $f(x)$ 在 $(-\infty,0) \cup (0, +\infty)$ 内是单调增加的.

注意 由于函数 $f(x)$ 在 $x = 0$ 点间断,故不能说该函数在 $(-\infty, +\infty)$ 内单调增加.

例 2 判定函数 $f(x) = e^x - x - 1$ 的单调性.

解 函数 $f(x)$ 的定义域为 $(-\infty, +\infty)$,$f'(x) = e^x - 1$.

当 $x > 0$ 时,$f'(x) = e^x - 1 > 0$,则函数 $f(x)$ 在区间 $(0, +\infty)$ 内单调增加.

当 $x < 0$ 时,$f'(x) = e^x - 1 < 0$,则函数 $f(x)$ 在区间 $(-\infty,0)$ 内单调减少.

在此例中,$x = 0$ 是函数 $f(x) = e^x - x - 1$ 的单调减少区间 $(-\infty,0)$ 与单调增加区间 $(0, +\infty)$ 的分界点,而在该点处 $f'(x) = 0$. 由此可见,有些函数在定义区间上不是单调的,但是当用使导数为零的点将函数的定义域分成若干部分区间后,就可使函数在各个部分区间上单调.

方法总结 判定函数单调性的一般步骤如下:

① 确定函数 $f(x)$ 的定义域;

② 求出函数 $f'(x) = 0$ 和 $f'(x)$ 不存在的点,并以这些点为分界点,将定义域分成若干个子区间;

③ 确定 $f'(x) = 0$ 在各个子区间内的符号,从而利用定理 1 确定 $f(x)$ 的单调区间.

例 3 求函数 $f(x) = x^3 - 6x^2 + 9x - 3$ 的单调区间.

解 函数的定义域为 $(-\infty, +\infty)$,

$$f'(x) = 3x^2 - 12x + 9 = 3(x-1)(x-3).$$

令 $f'(x) = 0$,解得 $x_1 = 1, x_2 = 3$. 用 $x_1 = 1, x_2 = 3$ 将定义域 $(-\infty, +\infty)$ 顺次划分成三个部分区间:$(-\infty, 1)$、$(1,3)$、$(3, +\infty)$. 为了清楚起见,现列表讨论各区间内 $f'(x)$ 的符号及函数的单调性.(表中"↘"表示单调减少,"↗"表示单调增加.)

x	$(-\infty, 1)$	1	$(1,3)$	3	$(3, +\infty)$
$f'(x)$	+	0	−	0	+
$f(x)$	↗		↘		↗

由上表可知,函数 $f(x) = x^3 - 6x^2 + 9x - 3$ 在 $(-\infty, 1), (3, +\infty)$ 内单调增加,在 $(1,3)$ 内单调减少.

例 4 判定函数 $y = x^3$ 的单调性.

解 函数的定义域为 $(-\infty, +\infty)$. $y' = 3x^2$,显然,除了 $x = 0$ 能使 $y' = 0$ 外,在其余各点处均有 $y' > 0$.

因此函数 $y = x^3$ 在定义域 $(-\infty, +\infty)$ 内单调增加.

方法总结 一般地,如果函数 $f'(x)$ 在区间 (a,b) 内的有限个点处为零,而在其余点处均为正(或负),则 $f(x)$ 在该区间内仍是单调增加(或单调减少)的.

3.3.2 曲线的凹凸性与拐点

在图 3-5 中的两条曲线弧虽然从 A 到 B 都是上升的,但图形却有明显的不同,通常称曲线弧 $\overset{\frown}{ACB}$ 是凸的,曲线弧 $\overset{\frown}{ADB}$ 是凹的. 为了准确刻画函数图形的这个特点,需要研究曲线的凹凸性及其判别法.

由图 3-5 可以看出,弧 $\overset{\frown}{ACB}$ 上任意一点的切线总在曲线的上方,弧 $\overset{\frown}{ADB}$ 上任意一点的切线总在曲线的下方. 对于曲线的上述特性给出如下定义:

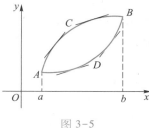

函数的凹凸性
讲解视频

图 3-5

定义 1 设 $f(x)$ 在 (a,b) 内连续,如果在区间 (a,b) 内曲线位于其任意一点处的切线的上方,那么曲线在 (a,b) 内是凹的;如果曲线位于其任意一点处的切线的下方,那么曲线在 (a,b) 内是凸的.

如何判定曲线的凹凸性呢?

由图 3-6 可以看出,对于凹的曲线,切线斜率随 x 的增大而增大;对于凸的曲线,切线斜率随 x 的增大而减小. 由于切线的斜率可用函数 $y = f(x)$ 的导数来表示,因此,对于凹的曲线,$f'(x)$ 是单调增加的;而对于凸的曲线,$f'(x)$ 是单调减少的. 反之,也可以看出:若$f'(x)$是单调增加的,则曲线是凹的;若$f'(x)$是单调减少的,则曲线是凸的. 因此曲线$y=f(x)$的凹凸性可以用$f'(x)$的单调性来讨论. 而$f'(x)$的单调性又可以用它的导数(即$f'(x)$的导数$f''(x)$)的符号来判定,故曲线$y=f(x)$的凹凸性与二阶导数$f''(x)$的符号有关. 由此给出曲线凹凸性的判定定理.

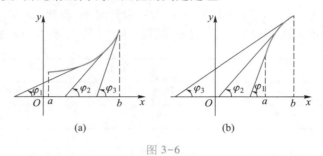

图 3-6

$\qquad$ **定理 2** 设函数$f(x)$在区间(a,b)内具有二阶导数. 若

① 在(a,b)内,$f''(x)>0$,则曲线$y=f(x)$在(a,b)内是凹的;

② 在(a,b)内,$f''(x)<0$,则曲线$y=f(x)$在(a,b)内是凸的.

(证明从略.)

例 5 判断曲线$y=x^3$的凹凸性.

解 函数的定义域为$(-\infty,+\infty)$.

因为$y'=3x^2$,$y''=6x$,所以当$x>0$时,$y''>0$;当$x<0$时,$y''<0$. 根据曲线凹凸性的判定定理可知:曲线$y=x^3$在$(-\infty,0)$内是凸的,在$(0,+\infty)$内是凹的. 点$(0,0)$为曲线由凸变为凹的分界点.

$\qquad$ **定义 2** 连续曲线上凹弧与凸弧的分界点称为曲线的拐点.

下面讨论曲线$y=f(x)$的拐点的求法.

前面已经知道,由$f''(x)$的符号可以判断曲线的凹凸. 如果$f''(x)$连续,那么$f''(x)$由正变负或由负变正时必定有一点x_0使$f''(x_0)=0$,这样$(x_0,f(x_0))$就是曲线的一个拐点.

一般地,如果函数$f(x)$在区间(a,b)内具有二阶导数,可按下面步骤来判定曲线$y=f(x)$的拐点:

① 求出$f(x)$的二阶导数,并解出$f''(x)=0$在区间(a,b)内的全部的实根;

② 对于①中解出的每一个实根x_0,检查$f''(x)$在x_0的左右近旁的符号. 如果$f''(x)$变号,则点$(x_0,f(x_0))$是曲线的拐点;如果$f''(x)$不变号,则点$(x_0,f(x_0))$不是曲线的拐点.

例 6 求曲线$f(x)=x^3-6x^2+9x-3$的凹凸区间和拐点.

解 函数的定义域为$(-\infty,+\infty)$.

① $f'(x)=3x^2-12x+9$,$f''(x)=6x-12$,令$f''(x)=0$,解得$x=2$. 用$x=2$把定义域分为$(-\infty,2)$和$(2,+\infty)$两部分.

② 为了研究方便,列表考察$f''(x)$的符号和曲线的凹凸性(表中"⌢"表示曲线是凸的,"⌣"表示曲线是凹的).

x	$(-\infty, 2)$	2	$(2, +\infty)$
$f''(x)$	$-$	0	$+$
$f(x)$	$\frown$	拐点$(2, -1)$	$\smile$

由上表可知,曲线在$(-\infty, 2)$内是凸的,在$(2, +\infty)$内是凹的. 曲线的拐点为$(2, -1)$.

例7 判定曲线$y = \dfrac{1}{x}$的凹凸性.

解 函数的定义域为$(-\infty, 0) \cup (0, +\infty)$.

$$y' = -\frac{1}{x^2}, y'' = \frac{2}{x^3}.$$

当$x > 0$时,$y'' > 0$;当$x < 0$时,$y'' < 0$. 所以曲线在$(-\infty, 0)$内是凸的,在$(0, +\infty)$内是凹的. 但由于函数$y = \dfrac{1}{x}$在点$x = 0$处无意义,故曲线无拐点.

例8 摩托车锦标赛不同路段的弯曲形状是不同的,其中比较经典的就是S型弯道,假设某段S型弯道的曲线函数为$f(x) = \dfrac{x^3}{3} - x^2 + \dfrac{4}{3}$,求其凹凸区间.

解 函数的定义域为$(0, +\infty)$.

①$f'(x) = x^2 - 2x$,$f''(x) = 2x - 2$,令$f''(x) = 0$,解得$x = 1$. 用$x = 1$把定义域分为$(0, 1)$和$(1, +\infty)$两部分.

②为了研究方便,列表考察$f''(x)$的符号和曲线的凹凸性(表中"$\frown$"表示曲线是凸的,"$\smile$"表示曲线是凹的).

x	$(0, 1)$	1	$(1, +\infty)$
$f''(x)$	$-$	0	$+$
$f(x)$	$\frown$	拐点$\left(1, \dfrac{2}{3}\right)$	$\smile$

由上表可知,此赛道曲线在$(0, 1)$内是凸的,在$(1, +\infty)$内是凹的. 曲线的拐点为$\left(1, \dfrac{2}{3}\right)$.

■ **习题3.3**

1. 判断下列函数在指定区间的单调性:

(1) $f(x) = \arctan x - x$,$(-\infty, +\infty)$;   (2) $f(x) = \tan x$,$\left(-\dfrac{\pi}{2}, \dfrac{\pi}{2}\right)$;

(3) $f(x) = x + \cos x$,$[0, 2\pi]$.

2. 确定下列函数的单调区间:

(1) $f(x) = 2x^3 - 6x^2 - 18x - 7$;   (2) $f(x) = 2x^2 - \ln x$;

(3) $f(x) = (x - 1)(x + 1)^3$； (4) $f(x) = e^{-x^2}$.

3. 设质点作直线运动，其位移为：

$$s = \frac{1}{4}t^4 - 4t^3 + 10t^2 (t > 0).$$

(1) 何时速度为零？

(2) 何时作前进（s 增加）运动？

(3) 何时作后退（s 减少）运动？

4. 判断下列曲线的凹凸性：

(1) $y = \ln x$； (2) $y = 4x - x^2$；

(3) $y = x + \dfrac{1}{x}(x > 0)$； (4) $y = x\arctan x$.

5. 求下列曲线的拐点和凹凸区间：

(1) $y = 2x^3 + 3x^2 + x + 2$； (2) $y = xe^{-x}$；

(3) $y = \ln(x^2 + 1)$； (4) $y = e^{\arctan x}$.

6. 已知曲线 $y = x^3 + ax^2 - 9x + 4$ 在 $x = 1$ 有拐点，试确定系数 a，并求曲线的拐点坐标和凹凸区间.

7. a、b 为何值时，点 $(1, 3)$ 为曲线 $y = ax^3 + bx^2$ 的拐点？

习题 3.3 答案

3.4 函数的极值及其求法

函数的极值
讲解视频

3.4.1 函数极值的定义

由图 3-7 可以看出，函数 $y = f(x)$ 在点 c_1、c_4 的函数值 $f(c_1)$、$f(c_4)$ 比它们近旁各点的函数值都大，而在点 c_2、c_5 的函数值 $f(c_2)$、$f(c_5)$ 比它们近旁各点的函数值都小. 对于这种性质的点和对应的函数值，给出如下的定义.

> **定义** 设函数 $f(x)$ 在区间 (a, b) 内有定义，x_0 是区间 (a, b) 内的一个点. 如果对于点 x_0 近旁的任意点 $x(x \neq x_0)$，$f(x) < f(x_0)$ 均成立，那么就说 $f(x_0)$ 是函数 $f(x)$ 的一个极大值，点 x_0 叫做 $f(x)$ 的一个极大点；如果对于点 x_0 近旁的任意点 $x(x \neq x_0)$，$f(x) > f(x_0)$ 均成立，那么就说 $f(x_0)$ 是函数 $f(x)$ 的一个极小值，点 x_0 叫做 $f(x)$ 的一个极小点.
>
> 函数的极大值与极小值统称为极值，使得函数取得极值的极大点与极小点统称为极值点.

例如图 3-7 中，$f(c_1)$ 和 $f(c_4)$ 是函数 $f(x)$ 的极大值，c_1、c_4 是 $f(x)$ 的极大点；$f(c_2)$ 和 $f(c_5)$ 是函数 $f(x)$ 的极小值，c_2、c_5 是 $f(x)$ 的极小点.

注意

① 函数极值的概念是局部性的. 如果说 $f(x_0)$ 是 $f(x)$ 的一个极大值,是针对极大点附近的一个局部范围而言,在函数整个定义域内,它不一定是函数的最大值. 关于极小值也有类似的情况. 如图 3-7 所示,函数 $f(x)$ 在区间 $[a, b]$ 上的最大值是 $f(b)$,并不是 $f(c_1)$ 或 $f(c_4)$.

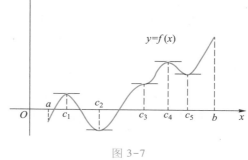

图 3-7

② 函数的极大值不一定比极小值大. 例如图 3-7 中,极大值 $f(c_1)$ 就比极小值 $f(c_5)$ 小.

③ 函数极值一定在区间的内部,在区间的端点处不能取得极值;而函数的最大值和最小值可能出现在区间的内部,也可能出现在区间的端点处.

3.4.2 函数极值的判定和求法

由图 3-7 可以看出,在函数所有取得极值处,曲线的切线是水平的,即函数在极值点处的导数为零. 这个结论对于可导函数来说具有一般性,于是得出下列定理.

定理 1 设函数 $f(x)$ 在点 x_0 可导,且在 x_0 取得极值,则函数 $f(x)$ 在点 x_0 的导数 $f'(x_0) = 0$.

使导数为零的点(即方程 $f'(x) = 0$ 的实根)称为函数 $f(x)$ 的**驻点**.

注意 定理 1 说明可导函数的极值点必定是它的驻点. 但是,函数的驻点却未必是它的极值点. 从图 3-7 可以看到,在点 c_3 处虽然有水平的切线,即 $f'(c_3) = 0$,但 $f(c_3)$ 并不是极值. 可见,$f'(x_0) = 0$ 是可导函数 $f(x)$ 在点 x_0 取得极值的一个必要条件.

可导函数的驻点在什么条件下才是它的极值点呢? 由图 3-8 不难看出,函数 $f(x)$ 在点 x_0 取得极大值,它除了在点 x_0 有水平切线外,还有以下特点:

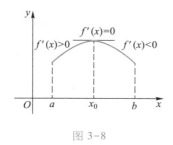

图 3-8

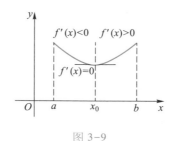

图 3-9

① 曲线在 x_0 的左侧是上升的,右侧是下降的;

② 在 x_0 近旁的曲线是凸的.

这两个特点只要符合其中任何一个,便可得出函数 $f(x)$ 在驻点 x_0 处取得极大值的结论. 对于 $f(x)$ 有极小值的情形(图 3-9)可以类似地讨论.

于是得到函数极值的两个判定定理.

定理 2(极值判定定理一)　设函数 $y = f(x)$ 在点 x_0 近旁可导,且 $f'(x_0) = 0$,如果

① 当 $x < x_0$ 时,$f'(x) > 0$,而 $x > x_0$ 时,$f'(x) < 0$,则 $f(x_0)$ 是函数的极大值;

② 当 $x < x_0$ 时,$f'(x) < 0$,而 $x > x_0$ 时,$f'(x) > 0$,则 $f(x_0)$ 是函数的极小值;

③ 在 x_0 的两侧,$f'(x)$ 不变号,则 $f(x_0)$ 不是函数的极值.

注意　若函数 $f(x)$ 在 x_0 近旁可导,而在 x_0 点处连续但不可导,$f(x_0)$ 也可能是函数的极值,判定方法同上,对此不加讨论.

方法总结　根据上述定理,如果函数 $f(x)$ 在区间 (a,b) 内可导,可按下列步骤求出函数 $f(x)$ 在区间 (a,b) 内的极值:

① 求出函数 $f(x)$ 在 (a,b) 内的全部驻点;

② 对①中求出的每一个驻点 x_0 用极值的判定定理一来进行判定,找出极值点及相应的极值.

例 1　求函数 $f(x) = x^3 - 6x^2 + 9x - 3$ 的极值.

解　函数的定义域为 $(-\infty, +\infty)$.

$$f'(x) = 3x^2 - 12x + 9 = 3(x - 1)(x - 3),$$

令 $f'(x) = 0$,得驻点 $x_1 = 1, x_2 = 3$.

利用极值判定定理一通过列表讨论如下:

x	$(-\infty, 1)$	1	$(1,3)$	3	$(3, +\infty)$
$f'(x)$	+	0	−	0	+
$f(x)$	↗	极大值 1	↘	极小值 −3	↗

由上表可知,函数的极大值为 1,极小值为 −3.

例 2　求函数 $f(x) = (x^2 - 1)^3 + 1$ 的极值.

解　函数的定义域为 $(-\infty, +\infty)$.

$$f'(x) = 3(x^2 - 1)^2 2x = 6x(x + 1)^2(x - 1)^2.$$

令 $f'(x) = 0$,得驻点 $x_1 = -1, x_2 = 0, x_3 = 1$.

利用极值判定定理一列表讨论如下:

x	$(-\infty, -1)$	−1	$(-1,0)$	0	$(0,1)$	1	$(1, +\infty)$
$f'(x)$	−	0	−	0	+	0	+
$f(x)$	↘	无极值	↘	极小值 0	↗	无极值	↗

由上表可知,函数的极小值为 0,驻点 $x_1 = -1$、$x_3 = 1$ 不是极值点.

定理 3(极值判定定理二)　设函数 $y = f(x)$ 在点 x_0 处存在二阶导数,且 $f'(x_0) = 0$,但 $f''(x_0) \neq 0$.

① 如果 $f''(x_0) > 0$,则 $f(x_0)$ 是函数的极小值;

② 如果 $f''(x_0) < 0$,则 $f(x_0)$ 是函数的极大值.

应当注意,若 $f''(x_0) = 0$,定理 3 不能判定 $f(x_0)$ 是否为极值,此时仍需用定理 2 来判定.

例 3 求函数 $f(x) = \sin x + \cos x$ 在区间 $(0, 2\pi)$ 内的极值.

解 $f'(x) = \cos x - \sin x$,$f''(x) = -\sin x - \cos x$.

令 $f'(x) = 0$,即 $\cos x - \sin x = 0$,得在 $(0, 2\pi)$ 内的驻点为 $x_1 = \dfrac{\pi}{4}$、$x_2 = \dfrac{5\pi}{4}$,而

$$f''\left(\frac{\pi}{4}\right) = -\sin\frac{\pi}{4} - \cos\frac{\pi}{4} < 0,$$

$$f''\left(\frac{5\pi}{4}\right) = -\sin\frac{5\pi}{4} - \cos\frac{5\pi}{4} > 0.$$

由极值判定定理二知,函数 $f(x) = \sin x + \cos x$ 在 $(0, 2\pi)$ 内的极大值为 $f\left(\dfrac{\pi}{4}\right) = \sqrt{2}$,

极小值为 $f\left(\dfrac{5\pi}{4}\right) = -\sqrt{2}$.

■ **习题 3.4**

1. 求下列函数的极值点和极值:

（1）$y = 2x^2 - 8x + 3$；　　　　　　（2）$y = 4x^3 - 3x^2 - 6x + 2$；

（3）$f(x) = x - \ln(1+x)$；　　　　　（4）$f(x) = x + \tan x$；

（5）$f(x) = 2e^x + e^{-x}$；　　　　　　（6）$f(x) = x + \sqrt{1-x}$.

2. 求下列函数在指定区间内的极值:

（1）$f(x) = \sin x + \cos x$,$\left(-\dfrac{\pi}{2}, \dfrac{\pi}{2}\right)$；　　　（2）$f(x) = e^x \cos x$,$(0, 2\pi)$.

3. 如果函数 $f(x) = a\sin x + \dfrac{1}{3}\sin 3x$ 在 $x = \dfrac{\pi}{3}$ 处取得极值,求 a 的值.

习题 3.4 答案

3.5 函数的最大值和最小值

在生产实践和科学研究中,往往要求在一定条件下,考虑用料最省、用时最少、成本最低、效率最高等问题. 这些问题,在数学上常常归结为求函数的最大值和最小值问题.

怎样求函数 $f(x)$ 在一个闭区间上的最大值和最小值呢?

设函数 $y = f(x)$ 在闭区间 $[a, b]$ 上连续,在开区间 (a, b) 内可导,根据连续函数在闭区间上的性质可知,函数 $y = f(x)$ 在闭区间 $[a, b]$ 上一定有最大值和最小值. 如果函数的最大(小)值是在区间内部某点取得,那么根据极值定义和有关定理可知,这个最大(小)值一定也是它的极大(小)值,并且这个最大(小)值只能在函数的驻点处取得. 此外,最大值和最小值也可能在区间端点处取得.

函数的最值
视频讲解

> **方法总结** 求函数 $f(x)$ 在 $[a,b]$ 上的最大值和最小值的方法为
> ① 求出 $f(x)$ 在 (a,b) 的全部驻点及不可导点;
> ② 求出所有驻点、不可导点及区间端点的函数值;
> ③ 比较上述各函数值的大小,其中最大的便是函数的最大值,最小的便是函数的最小值.

例 1　求函数 $f(x) = x^3 - 3x^2 - 9x + 30$ 在 $[-2,2]$ 上的最大值与最小值.

解　函数 $f(x)$ 在 $[-2,2]$ 上连续,在 $(-2,2)$ 内可导,且
$$f'(x) = 3x^2 - 6x - 9 = 3(x - 3)(x + 1).$$

令 $f'(x) = 0$,求得在 $(-2,2)$ 内的驻点 $x = -1$. 比较函数在驻点与端点处的函数值:
$f(-1) = 35, f(-2) = 28, f(2) = 8$. 可知函数在 $[-2,2]$ 上的最大值为 $f(-1) = 35$,最小值 $f(2) = 8$.

说明:如果函数 $f(x)$ 在某区间内可导且有唯一的极值点 x_0,那么当 $f(x_0)$ 是极大值时,$f(x_0)$ 就是该区间上的最大值(图 3-10). 当 $f(x_0)$ 为极小值时,$f(x_0)$ 为该区间上的最小值(图 3-11).

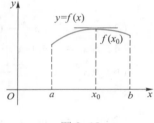

图 3-10

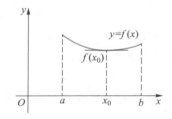

图 3-11

例 2　求函数 $y = -x^2 + 6x - 4$ 的最大值.

解　函数的定义域为 $(-\infty, +\infty)$. $y' = -2x + 6, y'' = -2$. 令 $y' = 0$,解得驻点 $x = 3$. 由于 $y'' = -2 < 0$,由极值判定定理二知,$x = 3$ 是函数的极大点,相应的极大值为 $y = 5$.

因为函数 $y = -x^2 + 6x - 4$ 在定义域 $(-\infty, +\infty)$ 内有唯一的极大点,则函数的极大值就是函数的最大值,即函数的最大值为 $y = 5$.

说明:在求实际问题中的最大(小)值时,如果根据实际问题本身可以判定函数 $f(x)$ 在定义区间内确有最大(小)值,而且在这个区间内只有一个驻点 x_0,那么可以断定 $f(x_0)$ 一定是所要求的最大(小)值.

例 3　用边长为 48 cm 的正方形铁皮做成一个无盖的铁盒时,在铁皮的四角各截去一个面积相等的小正方形(图 3-12(a)). 然后把四边折起,就能焊成铁盒(图 3-12(b)). 问在四角截去多大的正方形,才能使所做的铁盒容积最大?

解　设截去的小正方形的边长为 x cm,铁盒的容积为 V cm^3,据题意,则有
$$V = x(48 - 2x)^2 \quad (0 < x < 24).$$

问题归结为:求 x 为何值时,函数 V 在区间 $(0,24)$ 内取得最大值. 对函数 V 求导数:
$$V' = (48 - 2x)^2 - 4x(48 - 2x) = 12(24 - x)(8 - x).$$

令 $V' = 0$ 求得在 $(0,24)$ 内函数的驻点为 $x = 8$.

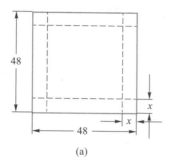
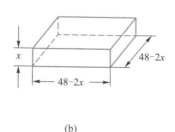

(a)   (b)

图 3-12

由题意知,铁盒必然存在最大容积,且函数在 $(0,24)$ 内只有一个驻点,因此,当 $x = 8$ 时,函数 V 取得最大值,即当截去正方形边长为 8 cm 时,铁盒的容积最大.

例 4 铁路线上 AB 段的距离为 100 km,工厂 C 距离 A 处 20 km,AC 垂直于 AB (图3-13).为了运输需要,要在 AB 线上选定一点 D 向工厂修一条公路,已知铁路上每千米的货运的运费与公路上每千米货运的运费之比为 3∶5,为了使货物从供应站 B 运到工厂 C 的总运费最省,问 D 应选在何处?

例 4 讲解视频

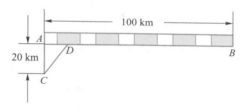

图 3-13

解 设 D 点选在距 A 点 x km 处,则

$$BD = 100 - x, CD = \sqrt{20^2 + x^2} = \sqrt{400 + x^2}.$$

设铁路每千米的货运的运费为 $3k$,公路每千米的货运的运费为 $5k$(k 为正常数).设货物从 B 点运到 C 点需要的总运费为 y,则

$$y = (100 - x) \times 3k + 5k \times \sqrt{x^2 + 400} \quad (0 \leqslant x \leqslant 100).$$

现在求在区间 $[0, 100]$ 上取何值时,函数 y 的值最小.对函数 y 求导数

$$y' = -3k + 5k \frac{x}{\sqrt{x^2 + 400}} = \frac{k(5x - 3\sqrt{x^2 + 400})}{\sqrt{x^2 + 400}},$$

令 $y' = 0$,得

$$5x = 3\sqrt{x^2 + 400},$$
$$25x^2 = 9(x^2 + 400).$$

整理得 $x^2 = 225$.因为 $0 \leqslant x \leqslant 100$,所以 $x = 15$.故 $y|_{x=15} = 380k$,而闭区间 $[0, 100]$ 端点处的函数值分别为 $y|_{x=0} = 400k, y|_{x=100} = 5\sqrt{10\,400}\,k > 500k$.因此,当 $x = 15$ 时,y 取得最小值.即 D 应选在距离 A 点 15 km 处,这时总运费最省.

例 5 用三块等宽的木板做成一个断面为梯形的水槽(图3-14),问倾斜角 φ 为多大时水槽的截面积最大?并求此时最大的横截面.

解 设木板的宽为 a，水槽的高为 h，横截面为 S，则

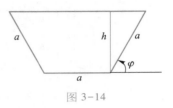

图 3–14

$$S = \frac{1}{2}(2a + 2a\cos\varphi)h = (a + a\cos\varphi)a\sin\varphi$$
$$= a^2(1 + \cos\varphi)\sin\varphi,$$

即 $\quad S = a^2(1 + \cos\varphi)\sin\varphi\left(0 < \varphi < \frac{\pi}{2}\right).$

而 $S' = a^2[-\sin^2\varphi + (1 + \cos\varphi)\cos\varphi] = a^2(\cos 2\varphi + \cos\varphi) = 2a^2\cos\frac{3}{2}\varphi\cos\frac{\varphi}{2}.$

令 $S' = 0$，得 $\cos\frac{3}{2}\varphi = 0$ 及 $\cos\frac{\varphi}{2} = 0$，由此解得在 $\left(0, \frac{\pi}{2}\right)$ 内的驻点为

$$\varphi = \frac{\pi}{3}.$$

由于函数 S 在区间 $\left(0, \frac{\pi}{2}\right)$ 内只有一个驻点 $\varphi = \frac{\pi}{3}$，且由题意知 S 在 $\left(0, \frac{\pi}{2}\right)$ 内必有

最大值，故当 $\varphi = \frac{\pi}{3}$ 时，水槽的截面积最大，其值为

$$S\Big|_{\varphi = \frac{\pi}{3}} = a^2\left(1 + \cos\frac{\pi}{3}\right)\sin\frac{\pi}{3} = \frac{3\sqrt{3}}{4}a^2.$$

例 6 某工厂有一个多通道同时加工多个相同零件的自动生产线，可事先选定使用通道的数目，设每使用一个通道来加工零件需要的设备费为 1 000 元，而且不论使用多少个通道，每操作一次（这时被使用的每一个通道加工出一个零件）的操作费为 0.025 元，现在有 1 000 000 个零件需要加工，问需要选定几个通道加工零件可使总费用最少？最少的费用是多少？

解 设选用 x 个通道，总费用为 y 元。由题设，得函数

$$y = 1\,000x + \frac{1\,000\,000}{x} \times 0.025 = 1\,000x + \frac{25\,000}{x}\quad (x > 0),$$

$$y' = 1\,000 - \frac{25\,000}{x^2},$$

令 $y' = 0$ 得唯一驻点 $x = 5$。由 $y'' = \frac{50\,000}{x^3}$，得 $y''\Big|_{x=5} = \frac{50\,000}{5^3} > 0.$

故 $x = 5$ 为 y 的极小值点，则函数的极小值就是其最小值。因此，函数在 $x = 5$ 取得最小值，最小值为 $y\big|_{x=5} = 10\,000.$

所以选 5 个通道可使总费用最少，总费用最少为 10 000 元。

习题 3.5

1. 求下列函数在给定区间上的最大值和最小值：

(1) $y = x^4 - 2x^2 + 5, [-2, 2]$；　(2) $y = \sin 2x - x, \left[-\frac{\pi}{2}, \frac{\pi}{2}\right]$；

(3) $y = x + \sqrt{1-x}, [-5, 1]$；　(4) $f(x) = 2x^3 - 6x^2 - 18x - 7, [1, 4]$.

2. 设两正数之和为定数，求其积的最大值。

3. 从长为 12 cm,宽为 8 cm 的矩形纸板的四个角剪去相同的小正方形,折成一个无盖的盒子,要使盒子的容积最大,剪去的小正方形的边长应为多少?

4. 把长为 24 cm 的铁丝剪成两段,一段做成圆,另一段做成正方形,应如何剪才能使圆与正方形的面积之和最小?

5. 求证面积一定的所有矩形中,正方形的周长最短.

6. 如图 3-15 所示,某构件的横截面上部为一半圆,下部是矩形,周长为 15 m,要求横截面的面积最大,宽应为多少米?

7. 甲乙两村合用一变压器,其位置如图 3-16 所示,问变压器在输电干线何处时,所需电线最短?

8. 求内接于椭圆 $\dfrac{x^2}{a^2} + \dfrac{y^2}{b^2} = 1$ 面积最大的矩形的边长.

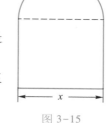

图 3-15

9. 如图 3-17 所示,甲轮船位于乙轮船东 75 n mile(海里,1 n mile = 1.852 km),以每小时 12 n mile 的速度向西行驶,而乙轮船则以每小时 6 n mile 的速度向北行驶.问经过多长时间两船相距最近?

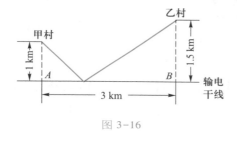

图 3-16

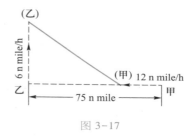

图 3-17

3.6 函数图形的描绘

前面利用导数研究了函数的单调性与极值,曲线的凹凸性与拐点,从而对函数的变化性态有了一个整体的了解.这一节将综合运用这些知识画出函数的图像.在作函数的图像之前,先介绍曲线的水平渐近线和垂直渐近线的概念.

函数图形的描绘讲解视频

3.6.1 曲线的水平渐近线和垂直渐近线

先看下面的例子:

① 当 $x \to +\infty$ 时,曲线 $y = \arctan x$ 无限接近于直线 $y = \dfrac{\pi}{2}$;当 $x \to -\infty$ 时,曲线 $y = \arctan x$ 无限接近于直线 $y = -\dfrac{\pi}{2}$(图 3-18).

② 当 $x \to 1^+$ 时,曲线 $y = \ln(x-1)$ 无限接近于直线 $x = 1$(图 3-19).

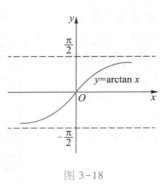

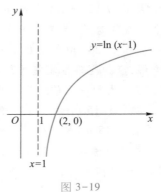

图 3-18   图 3-19

一般地,对于具有上述特性的直线,给出下面的定义.

定义 1　如果当自变量 $x \to \infty$（有时仅当 $x \to +\infty$ 或 $x \to -\infty$）时,函数 $f(x)$ 以常量 b 为极限,即

$$\lim_{\substack{x \to \infty \\ \left(\substack{x \to +\infty \\ \text{或} x \to -\infty}\right)}} f(x) = b,$$

那么直线 $y = b$ 叫做曲线 $y = f(x)$ 的水平渐近线.

定义 2　如果当自变量 $x \to x_0$（有时仅当 $x \to x_0^+$ 或 $x \to x_0^-$）时,函数 $f(x)$ 为无穷大量,即

$$\lim_{\substack{x \to x_0 \\ \left(\substack{x \to x_0^+ \\ \text{或} x \to x_0^-}\right)}} f(x) = \infty,$$

那么直线 $x = x_0$ 叫做曲线 $y = f(x)$ 的垂直渐近线.

例如,因为

$$\lim_{x \to +\infty} \arctan x = \frac{\pi}{2}, \quad \lim_{x \to -\infty} \arctan x = -\frac{\pi}{2},$$

所以直线 $y = \frac{\pi}{2}$ 和 $y = -\frac{\pi}{2}$ 是曲线 $y = \arctan x$ 的两条水平渐近线.

又如,因为

$$\lim_{x \to 1^+} \ln(x - 1) = -\infty,$$

所以直线 $x = 1$ 是曲线 $y = \ln(x - 1)$ 的垂直渐近线.

3.6.2　函数图像的描绘

以前曾运用描点法画函数的图像,但是图像上一些关键性的点（如极值点和拐点）却往往得不到反映. 现在可以利用导数先讨论函数变化的主要性态,然后再作函数的图像.

方法总结　利用导数描绘函数图像的一般步骤如下：

① 确定函数 $y = f(x)$ 的定义域，考察函数的奇偶性；

② 求出函数的一阶导数 $f'(x)$ 和二阶导数 $f''(x)$，解出方程 $f'(x) = 0$ 和 $f''(x) = 0$ 在函数的定义域内的全部实根，把函数的定义域划分成几个部分区间；

③ 考察在各个部分区间内 $f'(x)$ 和 $f''(x)$ 的符号，列表确定函数的单调性和极值，曲线的凹凸性和拐点；

④ 确定曲线的水平渐近线和垂直渐近线；

⑤ 计算方程 $f'(x) = 0$ 和 $f''(x) = 0$ 的根所对应的函数值，定出图像上相应的点．

为了把图像描绘得准确些，有时还要补充一些点，然后结合 ③、④ 中得到的结果，把它们连成光滑的曲线，从而得到函数 $y = f(x)$ 的图像．

例 1　作函数 $y = \dfrac{1}{3}x^3 - x$ 的图像．

解　① 函数的定义域为 $(-\infty, +\infty)$．由于

$$f(-x) = \frac{1}{3}(-x)^3 - (-x) = -\left(\frac{1}{3}x^3 - x\right) = -f(x),$$

所以此函数是奇函数，它的图像关于原点对称．

② $y' = x^2 - 1$，令 $y' = 0$，得 $x = \pm 1$；

$y'' = 2x$，由 $y'' = 0$，得 $x = 0$．

③ 列表讨论如下：（表中"⌒↗"表示曲线上升而且是凸的，"⌒↘"表示曲线下降而且是凸的，"⌣↘"表示曲线下降而且是凹的，"⌣↗"表示曲线上升而且是凹的）；

x	$(-\infty, -1)$	-1	$(-1, 0)$	0	$(0, 1)$	1	$(1, +\infty)$
y'	+	0	-	-	-	0	+
y''	-	-	-	0	+	+	+
y	⌒↗	极大值 $\dfrac{2}{3}$	⌒↘	拐点 $(0,0)$	⌣↘	极小值 $-\dfrac{2}{3}$	⌣↗

④ 无渐近线；

⑤ 取辅助点 $\left(-1, \dfrac{2}{3}\right),\left(1, -\dfrac{2}{3}\right),(0, 0)$．

令 $y = 0$，即 $\dfrac{1}{3}x^3 - x = x\left(\dfrac{1}{3}x^2 - 1\right) = 0$，得 $x = 0$ 或

$x = \pm\sqrt{3}$．

则该函数与坐标轴的交点为 $(\sqrt{3}, 0)$，$(-\sqrt{3}, 0)$，$(0, 0)$．

结合上述讨论作出函数的图像（图 3-20）．

例 2　作函数 $y = \dfrac{1}{\sqrt{2\pi}}\mathrm{e}^{-\frac{x^2}{2}}$ 的图像．

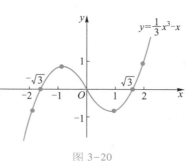

图 3-20

解 ① 函数的定义域为$(-\infty, +\infty)$. 由于

$$f(-x) = \frac{1}{\sqrt{2\pi}}e^{-\frac{(-x)^2}{2}} = \frac{1}{\sqrt{2\pi}}e^{-\frac{x^2}{2}} = f(x),$$

所以$f(x)$是偶函数, 它的图像关于y轴对称.

② $y' = \frac{1}{\sqrt{2\pi}}(-x)e^{-\frac{x^2}{2}} = -\frac{1}{\sqrt{2\pi}}xe^{-\frac{x^2}{2}}$, 由$y' = 0$, 得$x = 0$;

$y'' = -\frac{1}{\sqrt{2\pi}}e^{-\frac{x^2}{2}} + \frac{1}{\sqrt{2\pi}}x^2e^{-\frac{x^2}{2}} = \frac{1}{\sqrt{2\pi}}(x^2-1)e^{-\frac{x^2}{2}}$, 由$y'' = 0$, 得$x = \pm 1$.

③ 列表讨论如下:

x	$(-\infty, -1)$	-1	$(-1, 0)$	0	$(0, 1)$	1	$(1, +\infty)$
y'	$+$	$+$	$+$	0	$-$	$-$	$-$
y''	$+$	0	$-$	$-$	$-$	0	$+$
y	↗	拐点 $\left(-1, \frac{1}{\sqrt{2\pi}}e^{-\frac{1}{2}}\right)$	↗	极大值 $\frac{1}{\sqrt{2\pi}}$	↘	拐点 $\left(1, \frac{1}{\sqrt{2\pi}}e^{-\frac{1}{2}}\right)$	↘

④ 因为$\lim\limits_{x\to\infty}\frac{1}{\sqrt{2\pi}}e^{-\frac{x^2}{2}} = \frac{1}{\sqrt{2\pi}}\lim\limits_{x\to\infty}\frac{1}{e^{\frac{x^2}{2}}} = 0$, 所以直线$y = 0$是曲线的水平渐近线.

⑤ 取辅助点$\left(-1, \frac{1}{\sqrt{2\pi}}e^{-\frac{1}{2}}\right)$, $\left(1, \frac{1}{\sqrt{2\pi}}e^{-\frac{1}{2}}\right)$, $\left(0, \frac{1}{\sqrt{2\pi}}\right)$, $\left(\pm 2, \frac{1}{\sqrt{2\pi}e^2}\right)$.

综合以上讨论, 作出函数的图像(图3-21). 此曲线称为标准正态分布曲线.

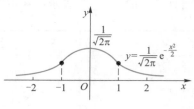

图 3-21

■ **习题 3.6**

1. 求下列曲线的渐近线:

(1) $y = \dfrac{1}{1-x^2}$;

(2) $y = 1 + \dfrac{36x}{(x+3)^2}$;

(3) $y = e^{-(x-1)^2}$;

(4) $y = x^2 + \dfrac{1}{x}$.

2. 作出下列函数的图像:

(1) $y = 2 - x - x^3$;

(2) $y = \dfrac{1}{4}x^4 - \dfrac{3}{2}x^2$;

(3) $y = \dfrac{1}{5}(x^4 - 6x^2 + 8x + 7)$;

(4) $y = \ln(x^2 + 1)$.

习题 3.6 答案

3.7 曲率

在工程技术中,有时需要研究曲线的弯曲程度.例如,船体结构中的钢梁、机床的转轴等,它们在荷载作用下要产生弯曲变形,在设计时对它们的弯曲必须有一定的限制,这就要定量地研究它们的弯曲程度.本节将给出曲率的概念,对曲线的弯曲程度做定量分析.

3.7.1 曲率及其计算公式

我们直觉地认识到:直线不弯曲,半径较小的圆弯曲得比半径较大的圆厉害些,而其他曲线的不同部分有不同的弯曲程度,例如抛物线 $y = x^2$ 在顶点附近弯曲得比远离顶点的部分厉害些.如何来刻画曲线弯曲的程度呢?

如图 3-22 所示,设曲线是光滑的,在曲线上选定一点 A,作为度量弧 s 的基点.设曲线上点 A 对应于弧 s,在点 B 处切线的倾角为 α(这里假定曲线所在的平面上已设立了 xOy 坐标系),曲线上另外一点 C 对应于弧 $s + \Delta s$,在点 C 处切线的倾角为 $\alpha + \Delta \alpha$,则弧段 $\overset{\frown}{BC}$ 的长度为 $|\Delta s|$,当动点从 B 移动到 C 时切线转过的角度为 $|\Delta \alpha|$.

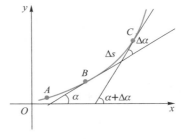

图 3-22

我们用比值 $\left| \dfrac{\Delta \alpha}{\Delta s} \right|$,即单位弧段上切线转过的角度的大小来表达弧段 $\overset{\frown}{BC}$ 的平均弯曲程度.

称 $\left| \dfrac{\Delta \alpha}{\Delta s} \right|$ 为弧段 $\overset{\frown}{BC}$ 的平均曲率,并记作 $\overline{K}$,即 $\overline{K} = \left| \dfrac{\Delta \alpha}{\Delta s} \right|$.

类似于从平均速度引进瞬时速度的方法.当 $\Delta s \to 0$ 时(即 $C \to B$ 时),上述平均曲率 $\left| \dfrac{\Delta \alpha}{\Delta s} \right|$ 的极限叫做曲线在点 B 处的曲率,记作 K,即 $K = \lim\limits_{\Delta s \to 0} \left| \dfrac{\Delta \alpha}{\Delta s} \right|$.于是,在 $\lim\limits_{\Delta s \to 0} \left| \dfrac{\Delta \alpha}{\Delta s} \right|$ 存在的条件下,结合导数的定义有

$$K = \left| \frac{\mathrm{d}\alpha}{\mathrm{d}s} \right|.$$

说明:由 $K = \dfrac{\mathrm{d}\alpha}{\mathrm{d}s}$ 可得,曲线在点 B 处的曲率可表示为角微分 $\mathrm{d}\alpha$ 与弧微分 $\mathrm{d}s$ 之商,其中弧微分 $\mathrm{d}s = \sqrt{(\mathrm{d}x)^2 + (\mathrm{d}y)^2} = \sqrt{1 + (y')^2}\,\mathrm{d}x$(此计算公式,我们将在 5.5 节中给出,在计算曲率时我们可以直接使用).

为了方便计算,我们进一步推导曲率的计算公式:

设曲线的直角坐标方程是 $y = f(x)$,且 $f(x)$ 具有二阶导数(这时 $f'(x)$ 连续,从而曲线是光滑的).因为 $\tan \alpha = y'$,所以

$$\frac{\mathrm{d}\tan\alpha}{\mathrm{d}\alpha}\cdot\frac{\mathrm{d}\alpha}{\mathrm{d}x}=\sec^2\alpha\frac{\mathrm{d}\alpha}{\mathrm{d}x}=y'',$$

$$\frac{\mathrm{d}\alpha}{\mathrm{d}x}=\frac{y''}{1+\tan^2\alpha}=\frac{y''}{1+y'^2},$$

于是
$$\mathrm{d}\alpha=\frac{y''}{1+y'^2}\mathrm{d}x.$$

又 $\mathrm{d}s=\sqrt{1+y'^2}\mathrm{d}x$，故曲率计算公式为

$$K=\frac{|y''|}{(1+y'^2)^{\frac{3}{2}}}.$$

例1 计算直线上任一点处的曲率.

解 设直线的方程为 $y=kx+b$，则

$$y'=k, y''=0.$$

由公式 $K=\dfrac{|y''|}{(1+y'^2)^{\frac{3}{2}}}$ 可得 $K=0$.

说明:直线上任一点处的曲率为 0.

例2 求半径为 R 的圆上任意点处的曲率.

解 如图 3-23 所示，$\Delta s=R\Delta\alpha$，所以

$$K=\lim_{\Delta s\to 0}\left|\frac{\Delta\alpha}{\Delta s}\right|=\frac{1}{R}.$$

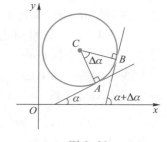

图 3-23

说明:R 越小，则 K 越大，圆弧弯曲得越厉害.
R 越大，则 K 越小，圆弧弯曲得越小.

例3 抛物线 $y=ax^2+bx+c$ 上哪一点的曲率最大?

解 由 $y=ax^2+bx+c$，得 $y'=2ax+b$，$y''=2a$，代入曲率公式，得

$$K=\frac{|2a|}{[1+(2ax+b)^2]^{\frac{3}{2}}}.$$

显然，当 $2ax+b=0$ 时曲率最大. 即 $x=-\dfrac{b}{2a}$ 时曲率最大，因此，抛物线在顶点处的曲率最大，此时曲率为 $K=|2a|$.

3.7.2 曲率圆与曲率半径

设曲线 $y=f(x)$ 在点 $M(x,y)$ 处的曲率为 $K(K\neq 0)$. 在点 M 处的曲线的法线上，在凹的一侧取一点 D，使 $|DM|=\dfrac{1}{K}=\rho$，以 D 为圆心，ρ 为半径作圆（图 3-24），这个圆叫做曲线在点 M 处的曲率圆，曲率圆的圆心 D 叫做曲线在点 M 处的曲率中心，曲率圆的半径 ρ 叫做曲线在点 M 处的曲率半径.

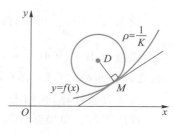

图 3-24

按上述规定可知,曲率圆与曲线在点 M 有相同的切线和曲率,且在点 M 邻近有相同的凹向. 因此,在实际问题中,常常用曲率圆在点 M 邻近的一段圆弧来近似代替曲线弧,以使问题简化.

说明:曲线在点 M 处的曲率 $K(K \neq 0)$ 与曲线在点 M 处的曲率半径 ρ 有如下关系:
$$\rho = \frac{1}{K}, K = \frac{1}{\rho}.$$
这就是说:曲线上一点处的曲率半径与曲线在该点处的曲率互为倒数.

例 4 设工件内表面的截线为抛物线 $y = 0.4x^2$(图 3–25),现在要用砂轮磨削其内表面. 问用直径多大的砂轮才比较合适?

解 为了在磨削时不使砂轮与工件接触处附近的那部分工件磨去太多,砂轮的半径应不大于抛物线上各点处曲率半径中的最小值. 由本节例 3 可知,抛物线在其顶点处的曲率最大,也就是说,抛物线在其顶点处的曲率半径最小. 因此,只要求出抛物线 $y = 0.4x^2$ 在顶点 $O(0,0)$ 处的曲率半径即可. 由
$$y' = 0.8x, y'' = 0.8,$$
得

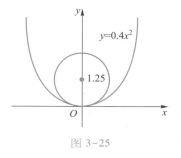

图 3–25

$$y' = 0.8x \big|_{x=0} = 0, y'' \big|_{x=0} = 0.8,$$
把它们代入曲率计算公式,得抛物线顶点处的曲率半径为
$$\rho = \frac{1}{K} = 1.25.$$
所以,选用砂轮的半径不得超过 1.25 单位长,即直径不得超过 2.50 单位长.

对于用砂轮磨削一般工件的内表面时,也有类似的结论. 即选用的砂轮的半径不应超过该工件内表面的截线上各点处曲率半径中的最小值.

■ **习题 3.7**

1. 计算双曲线 $xy = 1$ 在点 $(1,1)$ 处的曲率.
2. 计算曲线 $y = \sqrt{x}$ 在点 $(1,1)$ 处的曲率.
3. 计算抛物线 $y = x^2 - 4x + 3$ 在其顶点处的曲率及曲率半径.

3.8 数学实验 —— 用 MATLAB 求函数的极值及作图

1. 用 MATLAB 求函数的极值

语法:$[x, y] = \text{fminbnd}(y, a, b)$ % 求函数 y 在区间 (a, b) 内的极小值

首先利用格式 $y = 'f(x)'$ 定义函数;命令 fminbnd 只用来计算极小值,$[x, y]$ 输出极小值点与极小值;可利用定义 $-y$ 求函数 y 的极大值.

例 1 求函数 $y = 4x^3 - 3x^2 - 6x$ 在区间 $(-2, 2)$ 内的极值.

解　　>> y = '4 * x^3 - 3 * x^2 - 6 * x';

>>[x,y] = fminbnd(y, -2,2)　　%求 y 在区间(-2,2)内的极小值

x =

1.0000

y =

- 5.0000

>> y = '- 4 * x^3 + 3 * x^2 + 6 * x';

>> [x,y] = fminbnd(y, -2,2)　　%求 y 的极大值

x =

-0.5000

y =

-1.7500　　　　　　　　　　　　　　%极大值为 1.7500

即极大值为 $y(-0.5) = -1.75$,极小值为 $y(1) = -5$.

2. 用 MATLAB 作函数图形

语法:plot(x,y)　% 绘制以 x 为横坐标,y 为纵坐标的二维曲线

使用 plot 命令前需要定义 x 为数组;plot 命令中 x 可缺省,绘制 x 为横坐标,y 为纵坐标的二维曲线;若函数表达式中有乘、除和次方等,要用点乘(. *)、点除(./)和点次方(.^)符号.

例 2　绘制正弦函数的图形.

解　　>> x = 0:pi/20:2 *pi;　　　　　　%定义 x

>> plot(sin(x))　　　　　　　　　%作出正弦函数图形

结果见图 3-26.

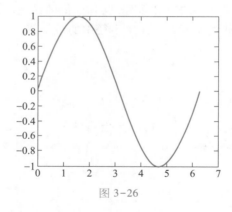

图 3-26

本章小结

一、微分中值定理

1. 罗尔定理

设函数 $f(x)$ 满足:① 在 $[a,b]$ 上连续;② 在 (a,b) 内可导;③ $f(a)=f(b)$,那么在 (a,b) 内至少存在一点 ξ,使 $f'(\xi) = 0$.

2. 拉格朗日中值定理

设函数 $f(x)$ 满足: ① 在 $[a,b]$ 上连续; ② 在 (a,b) 内可导, 那么在 (a,b) 内至少存在一点 ξ, 使 $f(b) - f(a) = f'(\xi)(b - a)$.

3. 柯西中值定理

设函数 $f(x)$ 及 $\varphi(x)$ 满足: ① 在 $[a,b]$ 上连续; ② 在 (a,b) 内可导且 $\varphi'(x) \neq 0$, 那么在 (a,b) 内至少存在一点 ξ, 使 $\dfrac{f(b) - f(a)}{\varphi(b) - \varphi(a)} = \dfrac{f'(\xi)}{\varphi'(\xi)}$.

二、洛必达法则 $\left(\dfrac{0}{0} \text{ 型未定式} \right)$

如果 $f(x)$ 和 $\varphi(x)$ 满足条件:

① $\lim\limits_{\substack{x \to x_0 \\ (x \to \infty)}} f(x) = 0$, $\lim\limits_{\substack{x \to x_0 \\ (x \to \infty)}} \varphi(x) = 0$;

② 在点 x_0 的左右近旁(除去点 x_0)(或 $|x|$ 相当大) $f(x)$ 和 $\varphi(x)$ 都可导, 且 $\varphi'(x) \neq 0$;

③ $\lim\limits_{\substack{x \to x_0 \\ (x \to \infty)}} \dfrac{f'(x)}{\varphi'(x)}$ 存在(或为无穷大), 则 $\lim\limits_{\substack{x \to x_0 \\ (x \to \infty)}} \dfrac{f(x)}{\varphi(x)} = \lim\limits_{\substack{x \to x_0 \\ (x \to \infty)}} \dfrac{f'(x)}{\varphi'(x)}$.

对于 $\dfrac{\infty}{\infty}$ 型未定式亦有类似的洛必达法则, 此略.

三、概念

1. 函数的极值、极值点

2. 函数的驻点

使导数为零的点(即方程 $f'(x) = 0$ 的实根)称为函数 $f(x)$ 的驻点.

3. 曲线的凹凸性与拐点

设 $f(x)$ 在 (a,b) 内连续, 若在区间 (a,b) 内曲线位于其任一点处的切线的上方(下方), 则称 $f(x)$ 的图形(即曲线 $y = f(x)$)在 (a,b) 内是凹(凸)的, 也称凹(凸)弧. 连续曲线上凹弧与凸弧的分界点称为曲线的拐点.

四、导数的应用

1. 函数单调性的判别法

设 $f(x)$ 在 $[a,b]$ 上连续, 在 (a,b) 内可导, 且 $f'(x) > 0 (f'(x) < 0)$, 则 $f(x)$ 在 $[a,b]$ 上是单调增加(减少)的.

2. 曲线凹凸性的判别法

设 $f(x)$ 在 $[a,b]$ 上连续, 在区间 (a,b) 内二阶可导, 若

① 在 (a,b) 内, $f''(x) > 0$, 则曲线 $y = f(x)$ 在 (a,b) 内是凹的;

② 在 (a,b) 内, $f''(x) < 0$, 则曲线 $y = f(x)$ 在 (a,b) 内是凸的.

3. 拐点

① 必要条件: 设 $f(x)$ 二阶可导, 若点 $(x_0, f(x_0))$ 为拐点, 则必有 $f''(x_0) = 0$.

② 充分条件: 设 $f(x)$ 在 x_0 连续, 在 x_0 的 δ 区间内二阶可导, 且 $f''(x) = 0$(或 $f''(x)$ 不存在), 若在 x_0 两侧 $f''(x)$ 变号, 则点 $(x_0, f(x_0))$ 是曲线 $y = f(x)$ 的拐点.

4. 极值判别法

① 极值存在的必要条件:设 $f(x)$ 在 x_0 可导,且在 x_0 取得极值,则 $f'(x_0) = 0$.

② 极值判定定理一

设 $f(x)$ 在 x_0 的 δ 区间内可导,且 $f'(x_0) = 0$(或 $f'(x_0)$ 不存在),如果

a. 当 $x < x_0$ 时,$f'(x) > 0$,而 $x > x_0$ 时,$f'(x) < 0$,则 $f(x_0)$ 是函数的极大值;

b. 当 $x < x_0$ 时,$f'(x) < 0$,而 $x > x_0$ 时,$f'(x) > 0$,则 $f(x_0)$ 是函数的极小值.

③ 极值判定定理二

设 $y = f(x)$ 在 x_0 处存在二阶导数,且 $f'(x_0) = 0$,$f''(x_0)$ 存在,若

a. $f''(x_0) < 0$,则 $f(x_0)$ 是函数的极大值;

b. $f''(x_0) > 0$,则 $f(x_0)$ 是函数的极小值;

c. $f''(x_0) = 0$,则不能判定,需用判定定理一判定.

五、曲线的渐近线

(1) 若 $\lim\limits_{x \to \infty} f(x) = b$,则直线 $y = b$ 叫做曲线 $y = f(x)$ 的水平渐近线;

(2) 若 $\lim\limits_{x \to x_0} f(x) = \infty$,则直线 $x = x_0$ 叫做曲线 $y = f(x)$ 的垂直渐近线.

六、曲率

(1) 弧微分公式 $\mathrm{d}s = \sqrt{(\mathrm{d}x)^2 + (\mathrm{d}y)^2} = \sqrt{1 + (y')^2}\,\mathrm{d}x$(见第五章 5.5 节);

(2) 曲率 $K = \lim\limits_{\Delta s \to 0} \left| \dfrac{\Delta \alpha}{\Delta s} \right| = \left| \dfrac{\mathrm{d}\alpha}{\mathrm{d}s} \right|$;

(3) 曲率计算公式 $K = \dfrac{|y''|}{(1 + y'^2)^{\frac{3}{2}}}$;

(4) 曲率圆;

(5) 曲率半径 $\rho = \dfrac{1}{K}$,$K = \dfrac{1}{\rho}$.

■ 复习题三

1. 求下列极限:

(1) $\lim\limits_{x \to a} \dfrac{x^m - a^m}{x^n - a^n}$;

(2) $\lim\limits_{x \to 0} \dfrac{x - \arctan x}{x^3}$;

(3) $\lim\limits_{x \to \frac{\pi}{4}} \dfrac{\tan x - 1}{\sin 4x}$;

(4) $\lim\limits_{x \to +\infty} \dfrac{x^3}{\mathrm{e}^x}$;

(5) $\lim\limits_{x \to +\infty} \dfrac{x^2 + \ln x}{x \ln x}$;

(6) $\lim\limits_{x \to 0^+} \sin x \ln x$;

(7) $\lim\limits_{x \to +\infty} x(\mathrm{e}^{\frac{1}{x}} - 1)$;

(8) $\lim\limits_{x \to 0} \left(\dfrac{1}{x} - \dfrac{1}{\sin x} \right)$.

2. 求下列函数的单调区间:

（1）$y = x^3 - 3x^2 - 9x + 14$；　　（2）$y = x - 2\sin x, x \in [0, 2\pi]$.

3. 求下列函数的极值：

（1）$y = \dfrac{\ln^2 x}{x}$；　　（2）$y = \dfrac{2x}{1 + x^2}$；

（3）$y = \arctan x - \dfrac{1}{2}\ln(1 + x^2)$.

4. 已知函数 $f(x) = ax^3 + bx^2 + cx + d$，当 $x = -3$ 时取得极小值 $f(-3) = 2$，当 $x = 3$ 时取得极大值 $f(3) = 6$，确定 a、b、c、d 的值.

5. 如图 3-27 所示，矿务局拟自地面上一点 A 掘一管道至地平面下一点 C，设 AB 长 600 m，BC 长 240 m，地平面 AB 是黏土，掘进费用为 5 元 /m；地平面下是岩石，掘进费用为 13 元 /m. 怎样掘费用最省？

6. 采矿、采石或取土常用炸药包进行爆破，实践证明爆破部分呈圆锥漏斗形状（图 3-28），圆锥母线长是炸药包的爆破半径 R，它是固定的. 问炸药包埋多深能使爆破体积最大？

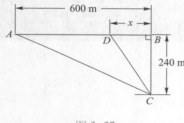

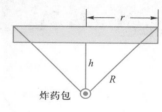

图 3-27　　　　　　　　　　　图 3-28

7. 在抛物线 $y^2 = 2px$ 上求一点使之与点 $M(p, p)$ 的距离最短.

8. 求曲线 $y = e^{2x - x^2}$ 的凹凸区间及拐点.

9. 作下列函数的图像：

（1）$y = \dfrac{e^x}{x}$；　　　　　（2）$y = \dfrac{x}{x^2 + 1}$；

（3）$y = \dfrac{1}{2}(e^x + e^{-x})$；　　（4）$y = \dfrac{x^2}{x^2 - 1}$.

复习题三答案

拓展阅读　微分中值定理的历史演变

微分中值定理是微分学的核心，是微分学中最基本、最重要的定理，是研究函数的重要工具，历来受到人们的重视.

微分中值定理有着明显的几何意义，以拉格朗日中值定理为例，它表明"一个可微函数的曲线段，必有一点的切线平行于连接两曲线端点的弦". 从这个意义上来说，人们对微分中值定理的认识可以上溯到公元前的古希腊时期，古希腊数学家在几何研究中，得到如下结论："过抛物线弓形的顶点的切线必平行于抛物线弓形的底"，这正是拉格朗日中值定理的特殊情况. 古希腊著名哲学家、数学家阿基米德(前 287— 前 212) 正是巧妙地利用这一结论, 求出抛物弓形的面积. 意大利数学家卡瓦列利 (1598—1647) 在《不可分量几何学》(1635 年) 的卷一中给出处理平面和立体图形切线的有趣引理, 其中引理 3 用基于几何的观点也叙述了同样一个事实: 曲线段上必有一点的切线平行于曲线的弦. 这是几何形式的微分中值定理, 被人们称为卡瓦列利定理.

人们对微分中值定理的研究, 从微积分建立之始就开始了, 按历史顺序: 1637 年, 著名法国数学家费马(1601—1665) 在《求最大值和最小值的方法》中给出费马定理, 在教科书中, 人们通常将它作为微分中值定理的第一个定理. 1691 年, 法国数学家罗尔(1652—1719) 在《方程的解法》一文中给出多项式形式的罗尔定理. 1797 年, 法国数学家拉格朗日(1736—1813) 在《解析函数论》一书中给出拉格朗日中值定理, 并给出最初的证明. 对微分中值定理进行系统研究是法国数学家柯西(1789—1857), 他是数学分析严格化运动的推动者, 他以严格化为其主要目标, 对微积分理论进行了重构. 他首先赋予中值定理以重要作用, 使其成为微分学的核心定理. 在《无穷小分析教程概论》中, 柯西首先严格地证明了拉格朗日中值定理, 又在《微分计算教程》中将其推广为广义中值定理 — 柯西中值定理, 即最后一个微分中值定理.

第4章　不定积分

名人名言

新的数学方法和概念,常常比解决数学问题本身更重要.

—— 华罗庚

知识导读

为了处理 17 世纪出现的一些主要的科学问题,在前人工作的基础上,牛顿从物理方向,莱布尼茨从哲学和几何学角度共同创立了微积分.

前面已经研究了一元函数的微分学,但在实际问题中,常常需要研究与其相反的问题,即已知某函数的导数 $F'(x)$,需要求这个函数 $F(x)$,因而引进了一元函数的积分学.微分和积分无论在概念的确定上还是运算的方法上都是互逆的.本章将从已知某函数的导函数求这个函数的问题来引进不定积分的概念,然后介绍四种基本的积分方法(直接积分法、第一类换元积分法、第二类换元积分法、分部积分法).

不定积分是微积分学中的一个重要部分.它在一元微积分中起着关键的作用,它一方面可以作为微分运算的逆运算理解运用,另一方面又为定积分的计算打下基础.

4.1　不定积分的概念

不定积分的
概念讲解
视频

4.1.1　原函数

先看下面的两个例子.

例 1　已知真空中作自由落体运动的物体在任意时刻的运动速度为
$$v = v(t) = gt,$$
其中常量 g 为重力加速度.又知当时间 $t = 0$ 时,位移 $s = 0$,求作自由落体运动的物体的运动规律.

解　所求运动规律就是指物体经过的位移 s 与时间 t 之间的函数关系.

设所求的运动规律为
$$s = s(t),$$
于是有
$$s' = s'(t) = v = gt,$$

而且当 $t = 0$ 时,$s = 0$. 根据导数公式,不难知道

$$s = \frac{1}{2}gt^2.$$

这就是要求的运动规律. 事实上

$$v = s' = \left(\frac{1}{2}gt^2\right)' = gt,$$

并且当 $t = 0$ 时,$s = 0$. 因此 $s = \frac{1}{2}gt^2$ 即为所求自由落体的运动规律.

  例 2 设曲线上任意一点 $M(x,y)$ 处,其切线的斜率为

$$k = f(x) = 2x,$$

又该曲线经过坐标原点,求曲线的方程.

  解 设所求的曲线方程为

$$y = F(x),$$

则曲线上任意一点 $M(x,y)$ 处的切线的斜率为

$$y' = F'(x) = 2x.$$

  由于曲线经过坐标原点,所以当 $x = 0$ 时,$y = 0$,因此不难知道所求曲线的方程应为

$$y = x^2.$$

事实上,$y' = (x^2)' = 2x$;又当 $x = 0$ 时,$y = 0$. 因此,$y = x^2$ 即为所求的曲线方程.

  以上两个问题,如果抽掉物理意义或几何意义,归结为同一个问题,就是已知某函数的导函数,求这个函数,即已知 $F'(x) = f(x)$,求 $F(x)$.

   定义 1 设函数 $F(x)$ 与 $f(x)$ 在某一区间内有定义并且在该区间内的任一点 x 都有

$$F'(x) = f(x) \quad \text{或} \quad \mathrm{d}F(x) = f(x)\mathrm{d}x,$$

那么函数 $F(x)$ 就叫做函数 $f(x)$ 的一个原函数.

  例如,函数 x^2 是函数 $2x$ 的一个原函数,事实上 $x^2 + 1, x^2 - \sqrt{3}, x^2 + \frac{1}{4}, x^2 + C$ 等都是 $2x$ 的原函数.

  从上面的例子中看出:一个已知函数,如果有一个原函数,那么它就有无限多个原函数,并且其中任意两个原函数之间只差一个常数. 那么,任何函数的原函数是否都是这样?下面的定理解决了这个问题.

   定理 1(**原函数族定理**) 如果函数 $f(x)$ 有原函数,那么它就有无限多个原函数,并且其中任意两个原函数的差是常数.

  证明 定理要求证明下列两点.

  ① $f(x)$ 的原函数有无限多个

  设函数 $f(x)$ 的一个原函数为 $F(x)$,即 $F'(x) = f(x)$,并设 C 为任意常数. 由于

$$[F(x) + C]' = F'(x) + C' = f(x),$$

所以 $F(x) + C$ 也是 $f(x)$ 的原函数,又因为 C 为任意常数,即 C 可以取无限多个值,所

以函数 $f(x)$ 有无限多个原函数.

② $f(x)$ 的任意两个原函数的差是常数

设 $F(x)$ 和 $G(x)$ 都是 $f(x)$ 的原函数,根据原函数的定义,则有
$$F'(x) = f(x), G'(x) = f(x).$$
令
$$h(x) = F(x) - G(x),$$
于是有
$$h'(x) = [F(x) - G(x)]' = F'(x) - G'(x) = f(x) - f(x) = 0.$$

根据导数恒为零的函数必为常数的定理可知
$$h(x) = C \quad (C \text{ 为常数}),$$
即
$$F(x) - G(x) = C.$$

从这个定理可以推得下面的结论:

如果 $F(x)$ 是 $f(x)$ 的一个原函数,则 $F(x) + C$ 就是 $f(x)$ 的全部原函数(称为原函数族),这里 C 为任意常数.

上面的结论已经指出,假定已知函数有一个原函数,则它必有无限多个原函数. 那么,任何一个函数是不是一定有一个原函数? 下面的定理解决了这个问题.

_____ 定理 2(原函数存在定理)   如果函数 $f(x)$ 在某区间上连续,则函数 $f(x)$ 在该区间上的原函数必定存在.

(证明从略.)

4.1.2   不定积分

_____ 定义 2   函数 $f(x)$ 的全部原函数叫做 $f(x)$ 的不定积分,记为
$$\int f(x) \mathrm{d}x,$$

其中"$\int$"叫做积分号,x 叫做积分变量,$f(x)$ 叫做被积函数,$f(x)\mathrm{d}x$ 叫做被积表达式,C 叫做积分常数.

说明根据上面的讨论可知,如果 $F(x)$ 是 $f(x)$ 的一个原函数,那么 $f(x)$ 的不定积分 $\int f(x)\mathrm{d}x$ 就是原函数族 $F(x) + C$,即
$$\int f(x)\mathrm{d}x = F(x) + C \quad (C \text{ 为任意常数}).$$

为了简便起见,今后在不致发生混淆的情况下,也将不定积分简称为积分,求不定积分的运算和方法分别称为积分运算和积分法.

例 3   用微分法验证下列各式.

① $\int x^3 \mathrm{d}x = \dfrac{x^4}{4} + C$;   ② $\int \mathrm{e}^x \mathrm{d}x = \mathrm{e}^x + C$.

解   ① 由于 $\left(\dfrac{x^4}{4} + C\right)' = x^3$,所以

$$\int x^3 \, \mathrm{d}x = \frac{x^4}{4} + C.$$

② 由于$(\mathrm{e}^x + C)' = \mathrm{e}^x$,所以

$$\int \mathrm{e}^x \mathrm{d}x = \mathrm{e}^x + C.$$

指点迷津

从不定积分的概念可以知道,"求不定积分"和"求导数"或"求微分"互为逆运算,即有

$$\left[\int f(x) \, \mathrm{d}x \right]' = f(x) \quad 或 \quad \mathrm{d}\left[\int f(x) \, \mathrm{d}x \right] = f(x) \, \mathrm{d}x.$$

反之,则有

$$\int F'(x) \, \mathrm{d}x = F(x) + C \quad 或 \quad \int \mathrm{d}F(x) = F(x) + C.$$

这就是说,若先积分后微分,则两者的作用互相抵消;反过来若先微分后积分,则应该在抵消后加上任意常数 C.

4.1.3 不定积分的几何意义

根据不定积分的定义,可知上面例 2 中提到的切线斜率为 $2x$ 的全部曲线是

$$y = \int 2x \mathrm{d}x = x^2 + C,$$

即

$$y = x^2 + C.$$

对于任意常数 C 的每一个确定的值 C_0(例如, $-1, 0, 1$ 等),就得到函数 $2x$ 的一个确定的原函数,也就是一条确定的抛物线 $y = x^2 + C$. 在例 2 中,所求的曲线经过坐标原点,即当 $x = 0$ 时,$y = 0$,把它们代入上式,得 $C = 0$. 于是所求的曲线为

$$y = x^2.$$

因为 C 可取任意实数,所以 $y = x^2 + C$ 就表示无穷多条抛物线,所以这些抛物线构成一个曲线的集合,也叫曲线族. 图 4-1 中任意两条曲线,对于相同的横坐标 x,它们对应的纵坐标 y 的差总是一个常数,即族中任一条抛物线可由另一条抛物线沿 y 轴方向平移而得到.

一般地,若 $F(x)$ 是 $f(x)$ 的一个原函数,则 $f(x)$ 的不定积分

$$\int f(x) \mathrm{d}x = F(x) + C$$

是 $f(x)$ 的原函数族,对于数 C 每取一个值 C_0,就确定了 $f(x)$ 的一个原函数,在直角坐标系中就确定了一条曲线 $y = F(x) + C_0$,这条曲线叫做函数 $f(x)$ 的一条积分曲线. 所以这些积分曲线构成了一个曲线族,称为 $f(x)$ 的积分曲线族(图 4-2),这就是不定积分的几何意义. 积分曲线族中的任意两条曲线对于相同的横坐标 x,它们对应的纵坐标 y 的差总是一个常数,积分曲线族中每一条曲线上相同横坐标对应点处的切线互相平行.

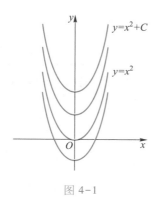

图 4-1

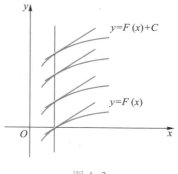

图 4-2

1. 用微分法验证下列等式：

（1）$\int (3x^2 + 2x + 2)\,\mathrm{d}x = x^3 + x^2 + 2x + C$;

（2）$\int \dfrac{1}{x^2}\,\mathrm{d}x = -\dfrac{1}{x} + C$;

（3）$\int \cos(2x + 3)\,\mathrm{d}x = \dfrac{1}{2}\sin(2x + 3) + C$;

（4）$\int \cos^2 x\,\mathrm{d}x = \dfrac{x}{2} + \dfrac{1}{4}\sin 2x + C$;

（5）$\int \dfrac{1}{\sin x}\,\mathrm{d}x = \ln\left(\tan \dfrac{x}{2}\right) + C$;

（6）$\int \dfrac{x\,\mathrm{d}x}{\sqrt{a^2 + x^2}} = \sqrt{a^2 + x^2} + C$;

（7）$\int \sqrt{a^2 - x^2}\,\mathrm{d}x = \dfrac{a^2}{2}\arcsin \dfrac{x}{a} + \dfrac{x}{2}\sqrt{a^2 - x^2} + C\ (a > 0)$.

2. 已知某曲线上任意一点切线的斜率为 x，且曲线通过点 $M(0,1)$，求曲线的方程.

3. 设物体的运动速度为 $v = \cos t\,(\mathrm{m/s})$. 当 $t = \dfrac{\pi}{2}$ s 时，物体所经过的路程为 $s = 10$ m，求物体的运动规律.

习题 4.1 答案

4.2 积分的基本公式和法则　直接积分法

积分基本公式
和基本运算法
则讲解视频

4.2.1　积分基本公式

由于不定积分是微分的逆运算，因此可以从导数的基本公式，得到相应的积分基

本公式,现把它们列表 4-1 对照如下:

表 4-1

	$F'(x) = f(x)$	$\int f(x)\,\mathrm{d}x = F(x) + C$
1	$(x)' = 1$	$\int \mathrm{d}x = x + C$
2	$\left(\dfrac{x^{\alpha+1}}{\alpha+1}\right)' = x^{\alpha}$	$\int x^{\alpha}\,\mathrm{d}x = \dfrac{x^{\alpha+1}}{\alpha+1} + C\,(\alpha \neq -1)$
3	$(\ln x)' = \dfrac{1}{x}\,(x > 0)$ $[\ln(-x)]' = \dfrac{1}{x}\,(x < 0)$	$\int \dfrac{1}{x}\,\mathrm{d}x = \ln|x| + C$
4	$(\arctan x)' = \dfrac{1}{1+x^2}$	$\int \dfrac{\mathrm{d}x}{1+x^2} = \arctan x + C$
5	$(\arcsin x)' = \dfrac{1}{\sqrt{1-x^2}}$	$\int \dfrac{\mathrm{d}x}{\sqrt{1-x^2}} = \arcsin x + C$
6	$\left(\dfrac{a^x}{\ln a}\right)' = a^x$	$\int a^x\,\mathrm{d}x = \dfrac{a^x}{\ln a} + C$
7	$(\mathrm{e}^x)' = \mathrm{e}^x$	$\int \mathrm{e}^x\,\mathrm{d}x = \mathrm{e}^x + C$
8	$(\sin x)' = \cos x$	$\int \cos x\,\mathrm{d}x = \sin x + C$
9	$(-\cos x)' = \sin x$	$\int \sin x\,\mathrm{d}x = -\cos x + C$
10	$(\tan x)' = \sec^2 x$	$\int \sec^2 x\,\mathrm{d}x = \tan x + C$
11	$(-\cot x)' = \csc^2 x$	$\int \csc^2 x\,\mathrm{d}x = -\cot x + C$
12	$(\sec x)' = \sec x \tan x$	$\int \sec x \tan x\,\mathrm{d}x = \sec x + C$
13	$(-\csc x)' = \csc x \cot x$	$\int \csc x \cot x\,\mathrm{d}x = -\csc x + C$

以上 13 个公式是求不定积分的基础,必须熟记.

例 1 求 ① $\int \dfrac{1}{x^2}\,\mathrm{d}x$; ② $\int x\sqrt[3]{x}\,\mathrm{d}x$.

解 ① $\int \dfrac{1}{x^2}\,\mathrm{d}x = \int x^{-2}\,\mathrm{d}x = \dfrac{x^{-2+1}}{-2+1} + C = -\dfrac{1}{x} + C$;

② $\int x\sqrt[3]{x}\,\mathrm{d}x = \int x^{\frac{4}{3}}\,\mathrm{d}x = \dfrac{x^{\frac{4}{3}+1}}{\frac{4}{3}+1} + C = \dfrac{3}{7}x^{\frac{7}{3}} + C.$

例 1 表明,对某些分式或根式函数求积分,可先把它们化为 x^{α} 的形式,然后应用幂函数的积分公式来积分.

4.2.2　积分的基本运算法则

法则 1　两个函数代数和的不定积分等于两个函数的积分的代数和,即

$$\int [f_1(x) \pm f_2(x)] \, dx = \int f_1(x) \, dx \pm \int f_2(x) \, dx. \tag{1}$$

法则 2　被积表达式中的常数因子可以提到积分号的前面,即当 k 为不等于零的常数时,则有

$$\int kf(x) \, dx = k\int f(x) \, dx.$$

说明　法则 1 可以推广到有限个函数的情形.

例 2　求 $\int (2x^3 + 1 - e^x) \, dx$.

解　根据积分法则,得

$$\int (2x^3 + 1 - e^x) \, dx = 2\int x^3 \, dx + \int dx - \int e^x \, dx,$$

然后再应用基本公式,得

$$\int (2x^3 + 1 - e^x) \, dx = 2 \cdot \frac{x^4}{4} + x - e^x + C = \frac{x^4}{2} + x - e^x + C.$$

说明　其中每一项的积分虽然都应当有一个积分常数,但是这里并不需要在每一项后面各加一个积分常数.因为任意常数的和还是任意常数,所以只把它们的和 C 写在末尾,以后仿此.

应当注意,检验积分结果是否正确,只要把结果求导,看它的导数是否等于被积函数就行了.如上例,由于

$$\left(\frac{x^4}{2} + x - e^x + C \right)' = 2x^3 + 1 - e^x,$$

所以结果是正确的.

4.2.3　直接积分法

在求积分的问题中,可以直接按积分基本公式和两条基本运算法则求出结果(见例 2).但有时,被积函数常需要经过适当的恒等变形(包括代数和三角的恒等变形),再利用积分的两条基本法则和按基本公式求出结果.这样的积分方法叫做直接积分法.

直接积分法
讲解视频

例 3　求 $\int (x^2 + 2)x \, dx$.

解　$\int (x^2 + 2)x \, dx = \int (x^3 + 2x) \, dx = \int x^3 \, dx + \int 2x \, dx = \frac{x^4}{4} + x^2 + C.$

例 4　求 $\int \dfrac{x^3 - 3x^2 + 2x + 4}{x^2} \, dx$.

解 $\int \dfrac{x^3 - 3x^2 + 2x + 4}{x^2}\mathrm{d}x = \int \left(x - 3 + \dfrac{2}{x} + \dfrac{4}{x^2} \right) \mathrm{d}x$

$$= \int x\mathrm{d}x - 3\int \mathrm{d}x + 2\int \dfrac{1}{x}\mathrm{d}x + 4\int \dfrac{1}{x^2}\mathrm{d}x$$

$$= \dfrac{x^2}{2} - 3x + 2\ln|x| - \dfrac{4}{x} + C.$$

例 5 求 $\int \left(\dfrac{2a}{\sqrt{x}} - \dfrac{b}{x^2} + 3p\sqrt[3]{x^2} \right) \mathrm{d}x$，其中 a, b, p 都是常数.

解 $\int \left(\dfrac{2a}{\sqrt{x}} - \dfrac{b}{x^2} + 3p\sqrt[3]{x^2} \right) \mathrm{d}x = \int \left(2ax^{-\frac{1}{2}} - bx^{-2} + 3px^{\frac{2}{3}} \right) \mathrm{d}x$

$$= 2a\int x^{-\frac{1}{2}}\mathrm{d}x - b\int x^{-2}\mathrm{d}x + 3p\int x^{\frac{2}{3}}\mathrm{d}x$$

$$= 2a\dfrac{x^{\frac{1}{2}}}{\dfrac{1}{2}} - b\dfrac{x^{-1}}{-1} + 3p\dfrac{x^{\frac{5}{3}}}{\dfrac{5}{3}} + C$$

$$= 4a\sqrt{x} + \dfrac{b}{x} + \dfrac{9}{5}px^{\frac{5}{3}} + C.$$

例 6 求 $\int \left(\cos x - a^x + \dfrac{1}{\cos^2 x} \right) \mathrm{d}x$.

解 $\int \left(\cos x - a^x + \dfrac{1}{\cos^2 x} \right) \mathrm{d}x = \int \cos x\mathrm{d}x - \int a^x\mathrm{d}x + \int \sec^2 x\mathrm{d}x$

$$= \sin x - \dfrac{a^x}{\ln a} + \tan x + C.$$

例 7 求 $\int \dfrac{2x^2 + 1}{x^2(x^2 + 1)}\mathrm{d}x$.

在积分基本公式中没有这种类型的积分公式，可以先把被积函数作恒等变形，再逐项求积分.

解 $\int \dfrac{2x^2 + 1}{x^2(x^2 + 1)}\mathrm{d}x = \int \dfrac{x^2 + 1 + x^2}{x^2(x^2 + 1)}\mathrm{d}x = \int \left(\dfrac{1}{x^2} + \dfrac{1}{1 + x^2} \right) \mathrm{d}x = -\dfrac{1}{x} + \arctan x + C.$

例 8 求 $\int \dfrac{x^4}{1 + x^2}\mathrm{d}x$.

解 $\int \dfrac{x^4}{1 + x^2}\mathrm{d}x = \int \dfrac{x^4 - 1 + 1}{1 + x^2}\mathrm{d}x = \int \dfrac{(x^2 + 1)(x^2 - 1) + 1}{1 + x^2}\mathrm{d}x$

$$= \int \left(x^2 - 1 + \dfrac{1}{1 + x^2} \right) \mathrm{d}x$$

$$= \dfrac{x^3}{3} - x + \arctan x + C.$$

例 9 求 $\int \tan^2 x \, \mathrm{d}x$.

解 先利用三角恒等式进行变形，然后再求积分.

$$\int \tan^2 x \mathrm{d}x = \int (\sec^2 x - 1) \mathrm{d}x = \tan x - x + C.$$

例 10 求 $\int \dfrac{\cos 2x}{\cos x - \sin x} \mathrm{d}x$.

解
$$\int \frac{\cos 2x}{\cos x - \sin x} \mathrm{d}x = \int \frac{\cos^2 x - \sin^2 x}{\cos x - \sin x} \mathrm{d}x$$
$$= \int \frac{(\cos x + \sin x)(\cos x - \sin x)}{\cos x - \sin x} \mathrm{d}x$$
$$= \int (\cos x + \sin x) \mathrm{d}x \qquad (\cos x \neq \sin x, \text{即} \tan x \neq 1)$$
$$= \sin x - \cos x + C.$$

例 11 已知物体以速度 $v = 2t^2 + 1$ (单位:m/s) 沿 Os 轴作直线运动,当 $t = 1$ s 时,物体经过的路程为 3 m,求物体的运动规律.

解 设所求的运动规律为
$$s = s(t),$$
于是有
$$s'(t) = v = 2t^2 + 1,$$
则
$$s(t) = \int (2t^2 + 1) \mathrm{d}t = \frac{2}{3}t^3 + t + C.$$
将题设的条件:当 $t = 1$ 时,$s = 3$ 代入上式,得
$$3 = \frac{2}{3} + 1 + C,$$
即
$$C = \frac{4}{3}.$$
于是所求物体的运动规律为
$$s(t) = \frac{2}{3}t^3 + t + \frac{4}{3}.$$

■ **习题 4.2**

1. 求下列不定积分:

(1) $\int x^6 \mathrm{d}x$;

(2) $\int 6^x \mathrm{d}x$;

(3) $\int (\mathrm{e}^x + 1) \mathrm{d}x$;

(4) $\int a^x \mathrm{e}^x \mathrm{d}x$;

(5) $\int (ax^2 + bx + c) \mathrm{d}x$;

(6) $\int \dfrac{1}{x^3} \mathrm{d}x$;

(7) $\int \dfrac{\mathrm{d}x}{x^2 \sqrt{x}}$;

(8) $\int \dfrac{\mathrm{d}h}{\sqrt{2gh}}$;

(9) $\int \dfrac{3x^3 - 2x^2 + x + 1}{x^3} \mathrm{d}x$;

(10) $\int \left(\dfrac{1}{x} + 3^x + \dfrac{1}{\cos^2 x} - \mathrm{e}^x \right) \mathrm{d}x$;

(11) $\int \dfrac{u^2 + u\sqrt{u} + 3}{\sqrt{u}} \mathrm{d}u$;

(12) $\int \left(\dfrac{x + 2}{x} \right)^2 \mathrm{d}x$;

习题 4.2 答案

$(13)\displaystyle\int\frac{x-4}{\sqrt{x}+2}\mathrm{d}x;$ 　　　　$(14)\displaystyle\int\frac{(x+1)^{2}}{x(x^{2}+1)}\mathrm{d}x;$

$(15)\displaystyle\int\frac{x^{2}}{1+x^{2}}\mathrm{d}x;$ 　　　　$(16)\displaystyle\int\frac{3x^{4}+3x^{2}+1}{x^{2}+1}\mathrm{d}x;$

$(17)\displaystyle\int\frac{\sin2x}{\sin x}\mathrm{d}x;$ 　　　　$(18)\displaystyle\int\frac{\cos 2x}{\sin^{2}x}\mathrm{d}x;$

$(19)\displaystyle\int\frac{\cos 2x}{\cos^{2}x\sin^{2}x}\mathrm{d}x;$ 　　　　$(20)\displaystyle\int\left(1-\frac{1}{x^{2}}\right)\sqrt{x\sqrt{x}}\,\mathrm{d}x;$

$(21)\displaystyle\int\sec x(\sec x-\tan x)\mathrm{d}x;$ 　　　　$(22)\displaystyle\int\frac{\mathrm{d}x}{1+\cos 2x}.$

2. 已知某函数的导数是 $x-3$，又知当 $x=2$ 时，函数的值等于 9，求此函数.

3. 已知某函数的导数是 $\sin x+\cos x$，又知当 $x=\dfrac{\pi}{2}$ 时，函数的值等于 2，求此函数.

4. 已知某曲线经过点 $(1,-5)$，并知曲线上每一点切线的斜率为 $k=1-x$，求此曲线的方程.

5. 一物体以速度 $v=3t^{2}+4t$（单位：m/s）作直线运动，当 $t=2$ s 时，物体经过的路程 $s=16$ m，试求物体的运动规律.

4.3 第一类换元积分法

第一类换元
积分法讲解
视频

　　用直接积分法能计算的不定积分是非常有限的. 因此，有必要进一步研究不定积分的求法. 本节将介绍第一类换元积分法，它是与微分学中的复合函数的求导法则（或微分形式的不变性）相对应的积分方法.

　　一般地，若不定积分的被积表达式能写成

$$f\left[\varphi(x)\right]\varphi'(x)\mathrm{d}x=f\left[\varphi(x)\right]\mathrm{d}\varphi(x)$$

的形式，则令 $\varphi(x)=u$，当积分 $\displaystyle\int f(u)\mathrm{d}u=F(u)+C$ 容易用直接积分法求得时，则按下述方法计算不定积分：

$$\int f\left[\varphi(x)\right]\varphi'(x)\mathrm{d}x=\int f\left[\varphi(x)\right]\mathrm{d}\varphi(x)\xupuu{\text{令}\,\varphi(x)=u}\int f(u)\mathrm{d}u=F(u)+C$$
$$\xupuu{\text{回代}\,u=\varphi(x)}F\left[\varphi(x)\right]+C. \qquad(4-1)$$

通常把这样的积分方法叫做第一类换元积分法.

例 1 求 $\displaystyle\int\cos 3x\mathrm{d}x.$

解 $\displaystyle\int\cos 3x\mathrm{d}x=\frac{1}{3}\int\cos 3x\mathrm{d}(3x)\xupuu{\text{令}\,3x=u}\frac{1}{3}\int\cos u\mathrm{d}u$

$$=\frac{1}{3}\sin u+C\xupuu{\text{回代}\,u=3x}\frac{1}{3}\sin 3x+C.$$

例 2 求 $\int (3x-1)^{10} \mathrm{d}x$.

解 基本积分公式中有

$$\int x^\alpha \mathrm{d}x = \frac{x^{\alpha+1}}{\alpha+1} + C \quad (\alpha \neq -1).$$

因为 $3\mathrm{d}x = \mathrm{d}(3x-1)$, 所以

$$\int (3x-1)^{10} \mathrm{d}x = \frac{1}{3} \int (3x-1)^{10} \mathrm{d}(3x-1) \xlongequal{\text{令}\, 3x-1=u} \frac{1}{3} \int u^{10} \mathrm{d}u$$

$$= \frac{1}{33} u^{11} + C \xlongequal{\text{回代}\, u=3x-1} \frac{1}{33}(3x-1)^{11} + C.$$

说明 从上例可以看出, 求积分时经常需要用下面两个微分的性质:

① $\mathrm{d}[a\varphi(x)] = a\mathrm{d}\varphi(x)$, 即常系数可以从微分号内移出移进. 例如, $2\mathrm{d}x = \mathrm{d}(2x)$, $-\mathrm{d}x = \mathrm{d}(-x)$, $\mathrm{d}\left(\frac{1}{2}x^2\right) = \frac{1}{2}\mathrm{d}(x^2)$;

② $\mathrm{d}[\varphi(x) \pm b] = \mathrm{d}\varphi(x)$, 即微分号内的函数可加 (或减) 一个常数. 例如, $\mathrm{d}x = \mathrm{d}(x+1)$, $\mathrm{d}(x^2) = \mathrm{d}(x^2 \pm 1)$.

上例是把这两个微分的性质结合起来运用, 得到

$$\mathrm{d}x = \frac{1}{3}\mathrm{d}(3x-1).$$

例 3 求 $\int \sqrt{ax+b}\,\mathrm{d}x\,(a \neq 0)$.

解 因为 $\mathrm{d}x = \frac{1}{a}\mathrm{d}(ax+b)$, 所以

$$\int \sqrt{ax+b}\,\mathrm{d}x = \frac{1}{a} \int \sqrt{ax+b}\,\mathrm{d}(ax+b)$$

$$\xlongequal{\text{令}\, ax+b=u} \frac{1}{a} \int u^{\frac{1}{2}} \mathrm{d}u = \frac{2}{3a} u^{\frac{3}{2}} + C$$

$$\xlongequal{\text{回代}\, u=ax+b} \frac{2}{3a}(ax+b)^{\frac{3}{2}} + C.$$

例 4 讲解视频

例 4 求 $\int x\mathrm{e}^{x^2}\mathrm{d}x$.

解 因为 $x\mathrm{d}x = \frac{1}{2}\mathrm{d}(x^2)$, 所以

$$\int x\mathrm{e}^{x^2}\mathrm{d}x = \frac{1}{2} \int \mathrm{e}^{x^2} \mathrm{d}(x^2) \xlongequal{\text{令}\, x^2=u} \frac{1}{2} \int \mathrm{e}^u \mathrm{d}u = \frac{1}{2}\mathrm{e}^u + C \xlongequal{\text{回代}\, u=x^2} \frac{1}{2}\mathrm{e}^{x^2} + C.$$

例 5 求 $\int \frac{\ln x}{x}\mathrm{d}x$.

解 因为 $\ln x$ 中 $x > 0$, 所以 $\frac{1}{x}\mathrm{d}x = \mathrm{d}\ln x$, 于是

$$\int \frac{\ln x}{x}\mathrm{d}x = \int \ln x\,\mathrm{d}\ln x \xlongequal{\text{令}\, \ln x=u} \int u\,\mathrm{d}u = \frac{1}{2}u^2 + C \xlongequal{\text{回代}\, u=\ln x} \frac{1}{2}\ln^2 x + C.$$

说明 由上面例题可以看出, 用第一类换元积分法计算积分时, 关键是把被积表

达式凑成两部分,使其中一部分为 $\mathrm{d}\varphi(x)$,另一部分为 $\varphi(x)$ 的函数 $f[\varphi(x)]$. 因此,通常又把第一类换元积分法称为凑微分法.

在凑微分时,常用到下列的微分式子,熟悉它们是有助于求不定积分的.

$$\mathrm{d}x = \frac{1}{a}\mathrm{d}(ax+b);\qquad\qquad x\mathrm{d}x = \frac{1}{2}\mathrm{d}(x^2);$$

$$\frac{1}{x}\mathrm{d}x = \mathrm{d}\ln|x|;\qquad\qquad \frac{1}{\sqrt{x}}\mathrm{d}x = 2\mathrm{d}\sqrt{x};$$

$$\frac{1}{x^2}\mathrm{d}x = -\mathrm{d}\left(\frac{1}{x}\right);\qquad\qquad \frac{1}{1+x^2}\mathrm{d}x = \mathrm{d}(\arctan x);$$

$$\frac{1}{\sqrt{1-x^2}}\mathrm{d}x = \mathrm{d}(\arcsin x);\qquad\qquad \mathrm{e}^x\mathrm{d}x = \mathrm{d}(\mathrm{e}^x);$$

$$\sin x\mathrm{d}x = -\mathrm{d}(\cos x);\qquad\qquad \cos x\mathrm{d}x = \mathrm{d}(\sin x)$$

$$\sec^2 x\mathrm{d}x = \mathrm{d}(\tan x);\qquad\qquad \csc^2 x\mathrm{d}x = -\mathrm{d}(\cot x);$$

$$\sec x\tan x\mathrm{d}x = \mathrm{d}(\sec x);\qquad\qquad \csc x\cot x\,\mathrm{d}x = -\mathrm{d}(\csc x).$$

显然,微分式子绝非只有这些,其他的要根据具体的问题具体分析,读者应在熟记基本积分公式和一些常用微分式子的基础上,通过大量的练习来积累经验,逐步地掌握积分方法.

例 6 求 $\displaystyle\int\frac{\sin(\sqrt{x}+1)}{\sqrt{x}}\mathrm{d}x$.

解 $\displaystyle\int\frac{\sin(\sqrt{x}+1)}{\sqrt{x}}\mathrm{d}x = 2\int\sin(\sqrt{x}+1)\mathrm{d}(\sqrt{x}+1)$

$$\xrightarrow{\ \diamondsuit\sqrt{x}+1=u\ } 2\int\sin u\mathrm{d}u = -2\cos u + C$$

$$\xrightarrow{\ \text{回代}\,u=\sqrt{x}+1\ } -2\cos(\sqrt{x}+1) + C.$$

说明 当运算比较熟悉后,设变量 $\varphi(x)=u$ 和回代这两个步骤,可以省略不写.

例 7 讲解视频

例 7 求 $\displaystyle\int\frac{\mathrm{d}x}{a^2+x^2}$ $(a>0)$.

解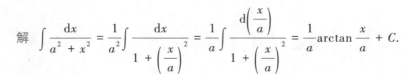

$$\int\frac{\mathrm{d}x}{a^2+x^2} = \frac{1}{a^2}\int\frac{\mathrm{d}x}{1+\left(\frac{x}{a}\right)^2} = \frac{1}{a}\int\frac{\mathrm{d}\left(\frac{x}{a}\right)}{1+\left(\frac{x}{a}\right)^2} = \frac{1}{a}\arctan\frac{x}{a} + C.$$

类似地,可得

$$\int\frac{\mathrm{d}x}{\sqrt{a^2-x^2}} = \arcsin\frac{x}{a} + C\,(a>0).$$

有时需要通过代数或三角恒等变换把被积函数适当变形再用凑微分法求积分.

例 8 求 $\displaystyle\int\frac{\mathrm{d}x}{x^2-a^2}$.

解 把被积函数变形: $\dfrac{1}{x^2-a^2} = \dfrac{1}{(x-a)(x+a)}$

$$= \frac{1}{2a} \cdot \frac{(x+a)-(x-a)}{(x-a)(x+a)}$$

$$= \frac{1}{2a}\left(\frac{1}{x-a}-\frac{1}{x+a}\right),$$

则

$$\int \frac{\mathrm{d}x}{x^2-a^2} = \frac{1}{2a}\int\left(\frac{1}{x-a}-\frac{1}{x+a}\right)\mathrm{d}x$$

$$= \frac{1}{2a}\left[\int\frac{1}{x-a}\mathrm{d}(x-a)-\int\frac{1}{x+a}\mathrm{d}(x+a)\right]$$

$$= \frac{1}{2a}\left[\ln|x-a|-\ln|x+a|\right]+C$$

$$= \frac{1}{2a}\ln\left|\frac{x-a}{x+a}\right|+C.$$

例 9 求 $\int\tan x\mathrm{d}x$.

解 $\int\tan x\mathrm{d}x = \int\frac{\sin x}{\cos x}\mathrm{d}x = -\int\frac{\mathrm{d}\cos x}{\cos x} = -\ln|\cos x|+C.$

类似地, 可得

$$\int\cot x\mathrm{d}x = \ln|\sin x|+C.$$

例 9 讲解视频

例 10 求 $\int\sec x\mathrm{d}x$.

解 $\int\sec x\mathrm{d}x = \int\frac{1}{\cos x}\mathrm{d}x = \int\frac{\cos x}{\cos^2 x}\mathrm{d}x = \int\frac{1}{1-\sin^2 x}\mathrm{d}\sin x$ (利用例 8 的结果)

$$= \frac{1}{2}\ln\left|\frac{1+\sin x}{1-\sin x}\right|+C = \frac{1}{2}\ln\left|\frac{(1+\sin x)^2}{1-\sin^2 x}\right|+C$$

$$= \frac{1}{2}\ln\left|\frac{(1+\sin x)^2}{\cos^2 x}\right|+C$$

$$= \ln\left|\frac{1+\sin x}{\cos x}\right|+C = \ln|\sec x+\tan x|+C.$$

例 10 讲解
视频

例 11 求 $\int\csc x\mathrm{d}x$.

$$\int\csc x\mathrm{d}x = \int\frac{\csc x(\csc x-\cot x)}{\csc x-\cot x}\mathrm{d}x = \int\frac{\mathrm{d}(\csc x-\cot x)}{\csc x-\cot x} = \ln|\csc x-\cot x|+C.$$

例 12 求 $\int\cos^3 x\mathrm{d}x$.

解 $\int\cos^3 x\mathrm{d}x = \int\cos^2 x\cdot\cos x\mathrm{d}x = \int(1-\sin^2 x)\mathrm{d}\sin x = \sin x-\frac{1}{3}\sin^3 x+C.$

例 11 讲解
视频

例 13 求 $\int\cos^2 x\mathrm{d}x$.

解 如果仿照例 12 的方法将原式化为 $\int\cos x\mathrm{d}\sin x$ 是求不出结果的. 需要先用半
角公式作恒等变换, 然后再求积分, 即

$$\int \cos^2 x \, \mathrm{d}x = \int \frac{1 + \cos 2x}{2} \mathrm{d}x = \frac{1}{2} \int \mathrm{d}x + \frac{1}{2} \int \cos 2x \, \mathrm{d}x = \frac{x}{2} + \frac{1}{4} \sin 2x + C.$$

类似地,可得

$$\int \sin^2 x \, \mathrm{d}x = \frac{x}{2} - \frac{1}{4} \sin 2x + C.$$

例 14 求 $\int \tan x \sec^3 x \, \mathrm{d}x$.

解 $\int \tan x \sec^3 x \, \mathrm{d}x = \int \sec^2 x \, \mathrm{d}\sec x = \dfrac{\sec^3 x}{3} + C.$

例 15 求 $\int \sec^4 x \, \mathrm{d}x$.

解 $\int \sec^4 x \, \mathrm{d}x = \int \sec^2 x \, \mathrm{d}\tan x = \int (\tan^2 x + 1) \, \mathrm{d}\tan x = \dfrac{1}{3} \tan^3 x + \tan x + C.$

例 16 求 $\int \cos 3x \sin x \, \mathrm{d}x$.

解 先利用积化和差公式作恒等变换,然后再求积分,即

$$\int \cos 3x \sin x \, \mathrm{d}x = \frac{1}{2} \int \left[(\sin(3x + x) - \sin(3x - x)) \right] \mathrm{d}x = \frac{1}{2} \int (\sin 4x - \sin 2x) \, \mathrm{d}x$$

$$= \frac{1}{8} \int \sin 4x \, \mathrm{d}(4x) - \frac{1}{4} \int \sin 2x \, \mathrm{d}(2x) = -\frac{1}{8} \cos 4x + \frac{1}{4} \cos 2x + C.$$

注意 同一积分可以有几种不同的解法,其结果在形式上可能不同,但实际上它们最多只是积分常数有区别.

例如,求 $\int \sin x \cos x \, \mathrm{d}x$.

解 1 $\int \sin x \cos x \, \mathrm{d}x = \int \sin x \, \mathrm{d}\sin x = \dfrac{1}{2} \sin^2 x + C_1$;

解 2 $\int \sin x \cos x \, \mathrm{d}x = -\int \cos x \, \mathrm{d}\cos x = -\dfrac{1}{2} \cos^2 x + C_2$;

解 3 $\int \sin x \cos x \, \mathrm{d}x = \dfrac{1}{2} \int \sin 2x \, \mathrm{d}x = \dfrac{1}{4} \int \sin 2x \, \mathrm{d}(2x) = -\dfrac{1}{4} \cos 2x + C_3$.

虽然利用三角公式不难验证上例三种解法的结果彼此只相差一个常数,但很多的积分要把结果化为相同的形式有时会有一定的困难. 事实上,要检查积分是否正确,正如前面指出的那样,只要对所得的结果求导,如果这个导数与被积函数相同,那么结果就是正确的.

■ 习题 4.3

1. 在下列各等式右端的括号内填入适当的常数,使等式成立(例如,$\mathrm{d}x = \left(\dfrac{1}{9}\right) \mathrm{d}(9x - 5)$):

(1) $\mathrm{d}x = (\quad) \mathrm{d}(5x - 7)$;　　　　(2) $\mathrm{d}x = (\quad) \mathrm{d}(6x)$;

(3) $x \mathrm{d}x = (\quad) \mathrm{d}(x^2)$;　　　　(4) $x \mathrm{d}x = (\quad) \mathrm{d}(4x^2)$;

习题 4.3 答案

(5) $x\mathrm{d}x = ($ $)\mathrm{d}(1 - 2x^2)$;　　　(6) $x^2\mathrm{d}x = ($ $)\mathrm{d}(2x^3 - 3)$;

(7) $\mathrm{e}^{3x}\mathrm{d}x = ($ $)\mathrm{d}(\mathrm{e}^{3x})$;　　　(8) $\mathrm{e}^{-\frac{x}{2}}\mathrm{d}x = ($ $)\mathrm{d}(1 + \mathrm{e}^{-\frac{x}{2}})$;

(9) $\cos\dfrac{2}{3}x\mathrm{d}x = ($ $)\mathrm{d}\left(\sin\dfrac{2}{3}x\right)$;　(10) $\dfrac{\mathrm{d}x}{x} = ($ $)\mathrm{d}(5\ln|x|)$;

(11) $\dfrac{\mathrm{d}x}{x} = ($ $)\mathrm{d}(3 - 5\ln|x|)$;　(12) $\dfrac{\mathrm{d}x}{1 + 9x^2} = ($ $)\mathrm{d}(\arctan 3x)$;

(13) $\dfrac{\mathrm{d}x}{\sqrt{1 - 4x^2}} = ($ $)\mathrm{d}(\arcsin 2x)$;　(14) $x\sin x^2\mathrm{d}x = ($ $)\mathrm{d}(\cos x^2)$.

2. 求下列不定积分：

(1) $\displaystyle\int\cos 4x\mathrm{d}x$;　　　　　(2) $\displaystyle\int\sin\dfrac{t}{3}\,\mathrm{d}t$;

(3) $\displaystyle\int(x^2 - 3x + 2)^3(2x - 3)\mathrm{d}x$;　(4) $\displaystyle\int(2x - 1)^5\mathrm{d}x$;

(5) $\displaystyle\int(3 - 2x)^3\mathrm{d}x$;　　　　(6) $\displaystyle\int\dfrac{x}{\sqrt{x^2 - 2}}\mathrm{d}x$;

(7) $\displaystyle\int\dfrac{\sin x}{\cos^2 x}\mathrm{d}x$;　　　　(8) $\displaystyle\int\dfrac{\cos x}{\sqrt{\sin x}}\mathrm{d}x$;

(9) $\displaystyle\int\dfrac{x^2}{(a^2 + x^3)^{\frac{1}{2}}}\mathrm{d}x$;　　　(10) $\displaystyle\int\sqrt{2 + \mathrm{e}^x}\,\mathrm{e}^x\mathrm{d}x$;

(11) $\displaystyle\int\dfrac{\mathrm{d}x}{x\ln^3 x}$;　　　　(12) $\displaystyle\int\dfrac{x}{x^2 + 3}\mathrm{d}x$;

(13) $\displaystyle\int\cot x\mathrm{d}x$;　　　　　(14) $\displaystyle\int\dfrac{\mathrm{d}x}{x\ln^2 x}$;

(15) $\displaystyle\int\dfrac{\mathrm{d}x}{1 - 2x}$;　　　　(16) $\displaystyle\int\dfrac{\sin x}{a + b\cos x}\mathrm{d}x$;

(17) $\displaystyle\int x\cos(a + bx^2)\mathrm{d}x$;　　(18) $\displaystyle\int x^2\sin 3x^3\mathrm{d}x$;

(19) $\displaystyle\int x\mathrm{e}^{x^2}\mathrm{d}x$;　　　　　(20) $\displaystyle\int\mathrm{e}^{-x}\mathrm{d}x$;

(21) $\displaystyle\int\mathrm{e}^{\sin x}\cos x\mathrm{d}x$;　　　(22) $\displaystyle\int\dfrac{a}{2}(\mathrm{e}^{\frac{x}{a}} + \mathrm{e}^{-\frac{x}{a}})\mathrm{d}x$;

(23) $\displaystyle\int x^2 a^{x^3}\mathrm{d}x$;　　　　(24) $\displaystyle\int(\sin ax - \mathrm{e}^{\frac{x}{b}})\mathrm{d}x$;

(25) $\displaystyle\int\mathrm{e}^{-\frac{1}{x}}\dfrac{\mathrm{d}x}{x^2}$;　　　　(26) $\displaystyle\int\dfrac{\mathrm{d}x}{\cos^2(a - bx)}$;

(27) $\displaystyle\int\dfrac{x\mathrm{d}x}{\sin^2(x^2 + 1)}$;　　(28) $\displaystyle\int\dfrac{\mathrm{d}x}{\sqrt{25 - 9x^2}}$;

(29) $\displaystyle\int\dfrac{\mathrm{e}^x\mathrm{d}x}{\sqrt{1 - \mathrm{e}^{2x}}}$;　　　　(30) $\displaystyle\int\dfrac{2x - 1}{\sqrt{1 - x^2}}\mathrm{d}x$;

(31) $\displaystyle\int\dfrac{1 - x}{\sqrt{9 - 4x^2}}\,\mathrm{d}x$;　　(32) $\displaystyle\int\dfrac{\mathrm{d}x}{x\sqrt{1 - \ln^2 x}}$;

$$（33）\int \frac{\mathrm{d}x}{4 + x^2};$$

$$（34）\int \cos^2(\omega t + \varphi)\sin(\omega t + \varphi)\mathrm{d}t;$$

$$（35）\int \sin^2 \frac{x}{2}\mathrm{d}x;$$

$$（36）\int \sin^3 2x\mathrm{d}x;$$

$$（37）\int \frac{\sin^4 x}{\cos^2 x}\mathrm{d}x;$$

$$（38）\int \sin 2x\cos 3x\mathrm{d}x;$$

$$（39）\int \sin 5x\sin 7x\mathrm{d}x;$$

$$（40）\int \frac{\mathrm{d}x}{1 - x^2}.$$

第二类换元
积分法讲解
视频

4.4　第二类换元积分法

上一节讨论的第一类换元积分法是选择新积分变量 u，令 $u = \varphi(x)$ 进行换元. 但对于某些被积函数来说，例如，$\int \sqrt{a^2 - x^2}\mathrm{d}x$ 用第一类换元积分法就很困难，而用相反的方法令 $x = a\sin t$ 进行换元，将无理式的积分变为有理式积分就能顺利地求出结果.

一般地，在计算 $\int f(x)\mathrm{d}x$ 时，适当选择 $x = \varphi(t)$ 进行换元，如果积分 $\int f[\varphi(t)]\varphi'(t)\mathrm{d}t$ 容易用直接积分法求得，则按下述方法计算不定积分：

$$\int f(x)\mathrm{d}x \xlongequal{\text{令 } x = \varphi(t)} \int f[\varphi(t)]\varphi'(t)\mathrm{d}t = F(t) + C \qquad (4-2)$$
$$\xlongequal{\text{回代 } t = \varphi^{-1}(x)} F[\varphi^{-1}(x)] + C.$$

通常把这样的积分法叫做第二类换元积分法.

例 1　求 $\int \frac{\mathrm{d}x}{1 + \sqrt{x}}$.

解　求这个积分的困难在于被积函数中含有根式 $\sqrt{x}$. 为了去掉根式，容易想到令 $\sqrt{x} = t$，即 $x = t^2 (t > 0)$，于是 $\mathrm{d}x = 2t\mathrm{d}t$，把它们代入积分式，得

$$\int \frac{\mathrm{d}x}{1 + \sqrt{x}} = \int \frac{2t\mathrm{d}t}{1 + t} = 2\int \frac{t + 1 - 1}{1 + t}\mathrm{d}t = 2\int \left(1 - \frac{1}{1 + t}\right)\mathrm{d}t = 2(t - \ln|1 + t|) + C.$$

为了使所得结果仍用旧变量 x 来表示，把 $t = \sqrt{x}$ 回代上式，最后得

$$\int \frac{\mathrm{d}x}{1 + \sqrt{x}} = 2[\sqrt{x} - \ln(1 + \sqrt{x})] + C.$$

说明　从例 1 可以看出，在令 $x = t^2$ 的同时给出了 $t > 0$ 的条件，这一方面使被积函数中的 $\sqrt{x}$ 在代换后等于 t，而不必写 $|t|$，另一方面在最后需要回代时，保证它的反函数是单值的 $t = \sqrt{x}$. 所以一般在用第二类换元积分法时，为了保证 $x = \varphi(t)$ 的反函数 $t = \varphi^{-1}(x)$ 存在，以及原来的积分有意义，通常要求 $x = \varphi(t)$ 有连续的导数且 $\varphi'(t) \neq 0$. 为了解题简便，约定在本章各题中所设的 $x = \varphi(t)$ 都在某一区间内满足如下条件：有连续的导数且 $\varphi'(t) \neq 0$. 例如，令 $x = a\sin t$ 和 $x = a\tan t$ 时，约定它是在区间

$\left(-\dfrac{\pi}{2}, \dfrac{\pi}{2}\right)$ 内进行计算的;令 $x = a \sec t$ 时,它是在区间 $\left(0, \dfrac{\pi}{2}\right)$ 内进行计算的.

例 2 讲解视频

例 2 求 $\displaystyle\int \dfrac{\mathrm{d}x}{\sqrt{x} + \sqrt[3]{x}}$.

解 为了去掉被积函数中的根号,令 $x = t^6$,则 $\mathrm{d}x = 6t^5 \mathrm{d}t$,因此

$$\int \frac{\mathrm{d}x}{\sqrt{x} + \sqrt[3]{x}} = \int \frac{6t^5}{t^3 + t^2} \mathrm{d}t = 6 \int \frac{t^3}{t+1} \mathrm{d}t = 6 \int \frac{(t^3 + 1) - 1}{t+1} \mathrm{d}t$$

$$= 6 \int \left(t^2 - t + 1 - \frac{1}{t+1}\right) \mathrm{d}t$$

$$= 2t^3 - 3t^2 + 6t - 6\ln|t+1| + C.$$

由于 $x = t^6$,所以 $t = \sqrt[6]{x}$,于是所求的积分为

$$\int \frac{\mathrm{d}x}{\sqrt{x} + \sqrt[3]{x}} = 2\sqrt{x} - 3\sqrt[3]{x} + 6\sqrt[6]{x} - 6\ln(\sqrt[6]{x} + 1) + C.$$

例 3 求 $\displaystyle\int \sqrt{a^2 - x^2}\, \mathrm{d}x \ (a > 0)$.

分析 与例 1、例 2 类似,求这个积分的困难也在于被积函数中有根式 $\sqrt{a^2 - x^2}$. 又不能像上面那样令 $\sqrt{a^2 - x^2} = t$ 使之有理化,但可以利用三角公式 $\sin^2 x + \cos^2 x = 1$ 来消去根式.

解 令 $x = a\sin t$,$-\dfrac{\pi}{2} < t < \dfrac{\pi}{2}$,则

$$\sqrt{a^2 - x^2} = a\sqrt{1 - \sin^2 t} = a\cos t, \quad \mathrm{d}x = a\cos t\, \mathrm{d}t,$$

代入被积表达式,得

$$\int \sqrt{a^2 - x^2}\, \mathrm{d}x = \int a\cos t \cdot a\cos t\, \mathrm{d}t = a^2 \int \cos^2 t\, \mathrm{d}t,$$

这样就把一个无理函数的不定积分化为较简单的三角函数的不定积分,于是

$$\int \sqrt{a^2 - x^2}\, \mathrm{d}x = a^2 \int \cos^2 t\, \mathrm{d}t = a^2 \int \frac{1 + \cos 2t}{2} \mathrm{d}t = \frac{a^2}{2}\left(t + \frac{1}{2}\sin 2t\right) + C$$

$$= \frac{a^2}{2}t + \frac{a^2}{2}\sin t\cos t + C.$$

由于 $x = a\sin t$,$-\dfrac{\pi}{2} < t < \dfrac{\pi}{2}$,所以

$$t = \arcsin \frac{x}{a}, \quad \cos t = \sqrt{1 - \sin^2 t} = \sqrt{1 - \left(\frac{x}{a}\right)^2} = \frac{1}{a}\sqrt{a^2 - x^2},$$

于是所求的积分为

$$\int \sqrt{a^2 - x^2}\, \mathrm{d}x = \frac{a^2}{2}\arcsin \frac{x}{a} + \frac{1}{2}x\sqrt{a^2 - x^2} + C.$$

例 4 求 $\displaystyle\int \dfrac{\mathrm{d}x}{\sqrt{a^2 + x^2}} \ (a > 0)$.

例 4 讲解视频

分析 和上例类似,可以利用三角函数公式 $1 + \tan^2 x = \sec^2 x$ 来消去根式.

解 令 $x = a\tan t$,$-\dfrac{\pi}{2} < t < \dfrac{\pi}{2}$,则

$$\sqrt{a^2 + x^2} = \sqrt{a^2 + a^2\tan^2 t} = a\sqrt{1 + \tan^2 t} = a\sec t, \mathrm{d}x = a\sec^2 t\mathrm{d}t,$$

于是,所求的积分为

$$\int \frac{\mathrm{d}x}{\sqrt{a^2 + x^2}} = \int \frac{a\sec^2 t}{a\sec t}\mathrm{d}t = \int \sec t\mathrm{d}t = \ln|\sec t + \tan t| + C_1.$$

为了使所得结果用原变量 x 来表示,可以根据 $\tan t = \dfrac{x}{a}$ 作辅

助直角三角形(图 4-3),于是有

$$\sec t = \frac{\sqrt{a^2 + x^2}}{a},$$

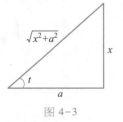

图 4-3

且 $\sec t + \tan t > 0$,因此

$$\int \frac{\mathrm{d}x}{\sqrt{a^2 + x^2}} = \ln\left|\frac{\sqrt{a^2 + x^2}}{a} + \frac{x}{a}\right| + C_1$$

$$= \ln(\sqrt{a^2 + x^2} + x) + C_1 - \ln a$$

$$= \ln(\sqrt{a^2 + x^2} + x) + C,$$

其中 $C = C_1 - \ln a$.

例 5 求 $\displaystyle\int \frac{\mathrm{d}x}{\sqrt{x^2 - a^2}}$ $(a > 0)$.

分析 和以上两例类似,可以利用三角公式 $\sec^2 t - 1 = \tan^2 t$ 消去根式.

解 令 $x = a\sec t\left(0 < t < \dfrac{\pi}{2}\right)$,则

$$\sqrt{x^2 - a^2} = \sqrt{a^2\sec^2 t - a^2} = a\sqrt{\sec^2 t - 1} = a\tan t, \mathrm{d}x = a\sec t\tan t\mathrm{d}t,$$

于是所求的积分为

$$\int \frac{\mathrm{d}x}{\sqrt{x^2 - a^2}} = \int \frac{a\sec t\tan t}{a\tan t}\mathrm{d}t = \int \sec t\mathrm{d}t = \ln|\sec t + \tan t| + C_1.$$

为了使所得结果用原变量 x 来表示,根据 $\sec t = \dfrac{x}{a}$ 作辅

助直角三角形(图 4-4),于是有

$$\tan t = \frac{\sqrt{x^2 - a^2}}{a},$$

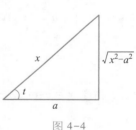

图 4-4

因此

$$\int \frac{\mathrm{d}x}{\sqrt{x^2 - a^2}} = \ln\left|\frac{x}{a} + \frac{1}{a}\sqrt{x^2 - a^2}\right| + C_1$$

$$= \ln\left|x + \sqrt{x^2 - a^2}\right| + C_1 - \ln a$$

$$= \ln\left|x + \sqrt{x^2 - a^2}\right| + C,$$

其中 $C = C_1 - \ln a$.

方法总结 当被积函数含二次根式 $\sqrt{a^2 - x^2}$ 或 $\sqrt{x^2 \pm a^2}$ 时,可将被积表达式做如下的变换:

① 含有 $\sqrt{a^2 - x^2}$ 时,令 $x = a\sin t$;

② 含有 $\sqrt{x^2 + a^2}$ 时,令 $x = a\tan t$;

③ 含有 $\sqrt{x^2 - a^2}$ 时,令 $x = a\sec t$.

这三种变换叫做**三角代换**.

应用第二类换元积分法时选择适当的变量代换是关键,如果选择不当,就可能引起在计算上的麻烦或根本求不出积分.但是究竟如何选择代换式,应根据被积函数的具体情况进行分析,不要拘泥于上述的规定.例如,$\displaystyle\int \frac{\mathrm{d}x}{\sqrt{a^2 - x^2}}$ 用第一类换元积分法比较简便,但 $\displaystyle\int \sqrt{a^2 - x^2}\,\mathrm{d}x$ 却要用三角代换.

有些积分用两类换元法都能求得结果.

例 6 求 $\displaystyle\int \frac{\mathrm{d}x}{\mathrm{e}^x + 1}$.

例 6 讲解视频

解 1 用第二类换元积分法.

令 $\mathrm{e}^x = t$,即 $x = \ln t$,则 $\mathrm{d}x = \dfrac{1}{t}\mathrm{d}t$. 于是

$$\int \frac{\mathrm{d}x}{\mathrm{e}^x + 1} = \int \frac{1}{t(t+1)}\mathrm{d}x = \int \frac{(t+1) - t}{t(t+1)}\mathrm{d}x = \int \left(\frac{1}{t} - \frac{1}{t+1}\right)\mathrm{d}t$$

$$= \ln|t| - \ln|t+1| + C = \ln \mathrm{e}^x - \ln(\mathrm{e}^x + 1) + C$$

$$= x - \ln(\mathrm{e}^x + 1) + C.$$

解 2 用第一类换元积分法.

$$\int \frac{\mathrm{d}x}{\mathrm{e}^x + 1} = \int \frac{(\mathrm{e}^x + 1) - \mathrm{e}^x}{\mathrm{e}^x + 1}\mathrm{d}x = \int \left(1 - \frac{\mathrm{e}^x}{\mathrm{e}^x + 1}\right)\mathrm{d}x$$

$$= x - \int \frac{\mathrm{d}(\mathrm{e}^x + 1)}{\mathrm{e}^x + 1} = x - \ln(\mathrm{e}^x + 1) + C.$$

例 7 求 $\displaystyle\int x\sqrt{x+1}\,\mathrm{d}x$.

解 1 用第二类换元积分法.

令 $\sqrt{x+1} = t$,则 $x = t^2 - 1$,$\mathrm{d}x = 2t\mathrm{d}t$. 于是

$$\int x\sqrt{x+1}\,\mathrm{d}x = \int (t^2 - 1)t \cdot 2t\mathrm{d}t = 2\int (t^4 - t^2)\,\mathrm{d}t = \frac{2}{5}t^5 - \frac{2}{3}t^3 + C.$$

由于 $\sqrt{x+1} = t$,从而

$$\int x\sqrt{x+1}\,\mathrm{d}x = \frac{2}{5}(x+1)^{\frac{5}{2}} - \frac{2}{3}(x+1)^{\frac{3}{2}} + C.$$

解 2 用第一类换元积分法.

$$\int x\sqrt{x+1}\,\mathrm{d}x = \int (x+1-1)\sqrt{x+1}\,\mathrm{d}x = \int \left[(x+1)^{\frac{3}{2}} - (x+1)^{\frac{1}{2}}\right]\mathrm{d}(x+1)$$

$$= \frac{2}{5}(x+1)^{\frac{5}{2}} - \frac{2}{3}(x+1)^{\frac{3}{2}} + C.$$

在上一节和本节例题中有一些积分是以后经常会遇到的,所以也作为基本公式列在下面,要求读者也能熟记.

14	$\int \tan x \, \mathrm{d}x = -\ln\|\cos x\| + C$	18	$\int \dfrac{\mathrm{d}x}{a^2 + x^2} = \dfrac{1}{a}\arctan\dfrac{x}{a} + C$
15	$\int \cot x \, \mathrm{d}x = \ln\|\sin x\| + C$	19	$\int \dfrac{\mathrm{d}x}{x^2 - a^2} = \dfrac{1}{2a}\ln\left\|\dfrac{x-a}{x+a}\right\| + C$
16	$\int \sec x \, \mathrm{d}x = \ln\|\sec x + \tan x\| + C$	20	$\int \dfrac{\mathrm{d}x}{\sqrt{a^2 - x^2}} = \arcsin\dfrac{x}{a} + C$
17	$\int \csc x \, \mathrm{d}x = \ln\|\csc x - \cot x\| + C$	21	$\int \dfrac{\mathrm{d}x}{\sqrt{x^2 \pm a^2}} = \ln\left\|x + \sqrt{x^2 \pm a^2}\right\| + C$

利用这些公式可以减少许多重复计算.

例 8　求 $\displaystyle\int \dfrac{\mathrm{d}x}{x^2 + x + 1}$.

解　$\displaystyle\int \dfrac{\mathrm{d}x}{x^2 + x + 1} = \int \dfrac{1}{\left(x + \dfrac{1}{2}\right)^2 + \left(\dfrac{\sqrt{3}}{2}\right)^2}\mathrm{d}\left(x + \dfrac{1}{2}\right)$.

利用积分公式 18,得

$$\int \frac{\mathrm{d}x}{x^2 + x + 1} = \frac{2}{\sqrt{3}}\arctan\frac{x + \dfrac{1}{2}}{\dfrac{\sqrt{3}}{2}} + C = \frac{2}{\sqrt{3}}\arctan\frac{2x + 1}{\sqrt{3}} + C.$$

例 9　求 $\displaystyle\int \dfrac{\mathrm{d}x}{\sqrt{4x^2 - 4x - 1}}$.

解　$\displaystyle\int \dfrac{\mathrm{d}x}{\sqrt{4x^2 - 4x - 1}} = \frac{1}{2}\int \dfrac{1}{\sqrt{(2x-1)^2 - (\sqrt{2})^2}}\mathrm{d}(2x - 1)$.

利用积分公式 21,得

$$\int \frac{\mathrm{d}x}{\sqrt{4x^2 - 4x - 1}} = \frac{1}{2}\ln\left|(2x - 1) + \sqrt{4x^2 - 4x - 1}\right| + C.$$

例 10　求 $\displaystyle\int \dfrac{\mathrm{d}x}{\sqrt{1 + x - x^2}}$.

解　$\displaystyle\int \dfrac{\mathrm{d}x}{\sqrt{1 + x - x^2}} = \int \dfrac{\mathrm{d}\left(x - \dfrac{1}{2}\right)}{\sqrt{\left(\dfrac{\sqrt{5}}{2}\right)^2 - \left(x - \dfrac{1}{2}\right)^2}}$.

利用积分公式 20,得

$$\int \frac{\mathrm{d}x}{\sqrt{1 + x - x^2}} = \arcsin\frac{2x - 1}{\sqrt{5}} + C.$$

1. 求下列不定积分:

$(1) \displaystyle\int \dfrac{\mathrm{d}x}{1 + \sqrt[3]{x + 1}}$;

$(2) \displaystyle\int \dfrac{\mathrm{d}x}{x\sqrt{x + 1}}$;

$(3) \displaystyle\int \dfrac{\mathrm{d}x}{\sqrt{ax + b} + m}$;

习题 4.4 答案

$(4) \displaystyle\int \dfrac{\sqrt{x + 1} - 1}{\sqrt{x + 1} + 1}\mathrm{d}x$;

$(5) \displaystyle\int \dfrac{(\sqrt{x})^3 - \sqrt{x}}{6\sqrt[4]{x}}\mathrm{d}x$;

$(6) \displaystyle\int \dfrac{\sqrt[3]{x}}{x(\sqrt{x} + \sqrt[3]{x})}\mathrm{d}x$;

$(7) \displaystyle\int \dfrac{\mathrm{d}x}{\sqrt{1 + \mathrm{e}^x}}$;

$(8) \displaystyle\int \dfrac{x^2}{\sqrt{9 - x^2}}\mathrm{d}x$;

$(9) \displaystyle\int \dfrac{\mathrm{d}x}{\sqrt{(x^2 + 1)^3}}$;

$(10) \displaystyle\int \dfrac{\sqrt{x^2 - 9}}{x}\mathrm{d}x$;

$(11) \displaystyle\int \sqrt{1 - 4x^2}\,\mathrm{d}x$;

$(12) \displaystyle\int \dfrac{\mathrm{d}x}{\sqrt{1 - 2x - x^2}}$;

$(13) \displaystyle\int \dfrac{1 - 2x}{\sqrt{1 - 2x - x^2}}\mathrm{d}x$;

$(14) \displaystyle\int \dfrac{\mathrm{d}x}{\sqrt{9 + 4x^2}}$;

$(15) \displaystyle\int \dfrac{\mathrm{e}^x + 1}{\mathrm{e}^x - 1}\mathrm{d}x$.

2. 分别用第一类及第二类换元积分法计算下列各题:

$(1) \displaystyle\int \dfrac{\mathrm{d}x}{\sqrt{1 + 2x}}$;

$(2) \displaystyle\int \dfrac{\mathrm{d}x}{\sqrt{x}(1 + x)}$;

$(3) \displaystyle\int \dfrac{x\mathrm{d}x}{\sqrt{a^2 + x^2}}\ (a > 0)$;

$(4) \displaystyle\int \dfrac{x\mathrm{d}x}{(1 + x^2)^2}$.

3. 求下列有理式的积分:

$(1) \displaystyle\int \dfrac{\mathrm{d}x}{x^2 + 4x - 5}$;

$(2) \displaystyle\int \dfrac{\mathrm{d}x}{x^2 + 4x + 4}$;

$(3) \displaystyle\int \dfrac{\mathrm{d}x}{x^2 + 4x + 7}$;

$(4) \displaystyle\int \dfrac{2x + 5}{x^2 + 4x + 7}\mathrm{d}x$.

4.5 分部积分法

前两节在复合函数求导法则基础上得到了换元积分法,这是一个重要的积分法,但有时对某些类型的积分,换元积分法往往不能奏效,如 $\displaystyle\int x\cos x\mathrm{d}x$,$\displaystyle\int \mathrm{e}^x \cos x\mathrm{d}x$,$\displaystyle\int \ln x\mathrm{d}x$,$\displaystyle\int \arcsin x\mathrm{d}x$ 等. 为此,本节将在乘积的微分法则的基础上引进另一种基本积分法 —— 分部积分法.

设函数 $u = u(x)$ 及 $v = v(x)$ 具有连续导数,根据乘积的微分法则,有

$$\mathrm{d}(uv) = u\mathrm{d}v + v\mathrm{d}u,$$

移项得

$$u\mathrm{d}v = \mathrm{d}(uv) - v\mathrm{d}u,$$

两边积分,得

$$\boxed{\int u\mathrm{d}v = uv - \int v\mathrm{d}u.}$$

$(4-3)$

分部积分法
讲解视频

上式称为分部积分公式. 这个公式的作用在于把求左边的不定积分 $\int u\mathrm{d}v$ 转化为求右边的不定积分 $\int v\mathrm{d}u$. 如果 $\int u\mathrm{d}v$ 不易求得, 而 $\int v\mathrm{d}u$ 比较容易求得时, 利用这个公式, 就起到了化难为易的作用.

例如, 求 $\int x\cos x\mathrm{d}x$ 时, 如果选取 $u=x, \mathrm{d}v=\cos x\mathrm{d}x=\mathrm{d}(\sin x)$, 代入公式 (4-3), 得

$$\int x\cos x\mathrm{d}x = \int x\mathrm{d}(\sin x) = x\sin x - \int \sin x\mathrm{d}x,$$

其中 $\int \sin x\mathrm{d}x$ 容易求出, 于是

$$\int x\cos x\mathrm{d}x = x\sin x + \cos x + C.$$

如果选取 $u=\cos x, \mathrm{d}v=x\mathrm{d}x=\mathrm{d}\left(\dfrac{x^2}{2}\right)$, 代入公式 (4-3), 得

$$\int x\cos x\mathrm{d}x = \int \cos x\mathrm{d}\left(\frac{x^2}{2}\right) = \frac{x^2}{2}\cos x + \int \frac{x^2}{2}\sin x\mathrm{d}x,$$

上式右端的不定积分比左端的原积分更不容易求得.

说明 由此可见, 如果 u 和 $\mathrm{d}v$ 选取不当, 就求不出结果. 所以在应用分部积分法时, 恰当地选取 u 和 $\mathrm{d}v$ 是一个关键. 选取 u 和 $\mathrm{d}v$ 一般要考虑下面两点:

① v 要容易求得;

② $\int v\mathrm{d}u$ 要比 $\int u\mathrm{d}v$ 容易积出.

例 1 求 $\int x\mathrm{e}^x\mathrm{d}x$.

解 选取 $u=x, \mathrm{d}v=\mathrm{e}^x\mathrm{d}x=\mathrm{d}(\mathrm{e}^x)$, 则

$$\int x\mathrm{e}^x\mathrm{d}x = \int x\mathrm{d}(\mathrm{e}^x) = x\mathrm{e}^x - \int \mathrm{e}^x\mathrm{d}x = x\mathrm{e}^x - \mathrm{e}^x + C.$$

例 2 求 $\int x^2\ln x\mathrm{d}x$.

解 选取 $u=\ln x, \mathrm{d}v=x^2\mathrm{d}x=\mathrm{d}\left(\dfrac{x^3}{3}\right)$, 则

$$\int x^2\ln x\mathrm{d}x = \int \ln x\mathrm{d}\left(\frac{x^3}{3}\right) = \frac{x^3}{3}\ln x - \int \frac{x^3}{3}\mathrm{d}(\ln x) = \frac{x^3}{3}\ln x - \int \frac{x^3}{3}\cdot\frac{1}{x}\mathrm{d}x$$

$$= \frac{x^3}{3}\ln x - \frac{1}{3}\int x^2\mathrm{d}x = \frac{x^3}{3}\ln x - \frac{x^3}{9} + C.$$

说明 对分部积分法熟悉后, 计算时, u 和 $\mathrm{d}v$ 可默记在心里, 不必写出.

例 3 求 $\int x\arctan x\mathrm{d}x$.

解 $\displaystyle\int x\arctan x\mathrm{d}x = \int \arctan x\mathrm{d}\left(\frac{x^2}{2}\right) = \frac{x^2}{2}\arctan x - \int \frac{x^2}{2}\mathrm{d}(\arctan x)$

$$= \frac{x^2}{2}\arctan x - \frac{1}{2}\int \frac{x^2}{1+x^2}\mathrm{d}x$$

$$= \frac{x^2}{2}\arctan x - \frac{1}{2}\int \frac{x^2 + 1 - 1}{1 + x^2}dx$$

$$= \frac{x^2}{2}\arctan x - \frac{1}{2}\int \left(1 - \frac{1}{1 + x^2}\right)dx$$

$$= \frac{x^2}{2}\arctan x - \frac{x}{2} + \frac{1}{2}\arctan x + C.$$

说明 由上面的例子可以看出,如果被积函数是幂函数与指数函数(或正弦、余弦函数)的乘积,就可以考虑用分部积分法,并把幂函数选作 u;如果被积函数是幂函数与对数函数(或反三角函数)的乘积,则应把对数函数(或反三角函数)选作 u.

例 4 求 $\int \arcsin x dx$.

解 因为被积函数是单一函数,就可以看作被积表达式已经"自然"分成 udv 的形式了. 直接应用公式(4-3),得

$$\int \arcsin x dx = x\arcsin x - \int x d(\arcsin x) = x\arcsin x - \int \frac{x}{\sqrt{1 - x^2}}dx$$

$$= x\arcsin x + \frac{1}{2}\int \frac{1}{\sqrt{1 - x^2}}d(1 - x^2)$$

$$= x\arcsin x + \sqrt{1 - x^2} + C.$$

例 5 求 $\int \ln x dx$.

解 $\int \ln x dx = x\ln x - \int x d(\ln x) = x\ln x - \int x \cdot \frac{1}{x}dx = x\ln x - x + C.$

例 6 求 $\int x^2\sin x dx$.

解 $\int x^2\sin x dx = -\int x^2 d(\cos x) = -x^2\cos x + 2\int x\cos x dx.$

对于 $\int x\cos x dx$ 需要再应用一次分部积分法. 在前面已经求得

$$\int x\cos x dx = x\sin x + \cos x + C_1.$$

所以

$$\int x^2\sin x dx = -x^2\cos x + 2x\sin x + 2\cos x + C \quad (C = 2C_1).$$

例 6 表明,有时要多次运用分部积分法才能求出结果.

下面的两个例子在多次运用分部积分法后又回到原来的积分,这时只要采用解方程的方法就可以得出结果.

例 7 求 $\int e^x\cos x dx$.

解 $\int e^x\cos x dx = \int \cos x d(e^x) = e^x\cos x + \int e^x\sin x dx$

$$= e^x\cos x + \int \sin x d(e^x)$$

$$= e^x\cos x + e^x\sin x - \int e^x\cos x dx.$$

移项,合并得

$$2\int e^x \cos x dx = e^x(\sin x + \cos x) + C_1,$$

(因为等式右端已没有积分号,故需加上任意常数 C_1),故

$$\int e^x \cos x dx = \frac{1}{2}e^x(\sin x + \cos x) + C \quad \left(C = \frac{1}{2}C_1\right).$$

例 8 求 $I = \int \sec^3 x dx$.

解 $I = \int \sec^3 x dx = \int \sec^2 x \sec x dx = \int \sec x d(\tan x) = \sec x \tan x - \int \tan x d(\sec x)$

$$= \sec x \tan x - \int \sec x \tan^2 x dx = \sec x \tan x - \int \sec x(\sec^2 x - 1) dx$$

$$= \sec x \tan x - \int \sec^3 x dx + \int \sec x dx$$

$$= \sec x \tan x - I + \int \sec x dx.$$

移项,等式两端同时除以 2,得

$$I = \frac{1}{2}\sec x \tan x + \frac{1}{2}\int \sec x dx = \frac{1}{2}\sec x \tan x + \frac{1}{2}\ln|\sec x + \tan x| + C.$$

例 9 求 $\int \sqrt{x^2 + a^2} dx \ (a > 0)$.

解 1 用第二类换元积分法.

令 $x = a\tan t$,则 $\sqrt{x^2 + a^2} = a\sec t$,$dx = a\sec^2 t dt$. 于是

$$\int \sqrt{x^2 + a^2} dx = \int a\sec t \cdot a\sec^2 t dt = a^2 \int \sec^3 t \, dt.$$

用例 8 的结果代入,得

$$\int \sqrt{x^2 + a^2} dx = a^2 \left[\frac{1}{2}\sec t \tan t + \frac{1}{2}\ln|\sec t + \tan t|\right] + C_1$$

$$= \frac{x}{2}\sqrt{x^2 + a^2} + \frac{a^2}{2}\ln(x + \sqrt{x^2 + a^2}) + C.$$

解 2 用分部积分法

$$\int \sqrt{x^2 + a^2} dx = x\sqrt{x^2 + a^2} - \int x d(\sqrt{x^2 + a^2}) = x\sqrt{x^2 + a^2} - \int \frac{x^2}{\sqrt{x^2 + a^2}} dx$$

$$= x\sqrt{x^2 + a^2} - \int \frac{x^2 + a^2 - a^2}{\sqrt{x^2 + a^2}} dx$$

$$= x\sqrt{x^2 + a^2} - \int \sqrt{x^2 + a^2} dx + a^2 \int \frac{dx}{\sqrt{x^2 + a^2}}.$$

从而有

$$\int \sqrt{x^2 + a^2} dx = \frac{x}{2}\sqrt{x^2 + a^2} + \frac{a^2}{2}\int \frac{dx}{\sqrt{x^2 + a^2}}$$

$$= \frac{x}{2}\sqrt{x^2 + a^2} + \frac{a^2}{2}\ln(x + \sqrt{x^2 + a^2}) + C.$$

从例9看出一题可以多解,而且分部积分法和换元积分法有时要交替使用.

例 10 求 $\int e^{\sqrt{x}} dx$.

解 令 $\sqrt{x} = t$, 则 $x = t^2$, $dx = 2tdt$, 于是

$$\int e^{\sqrt{x}} dx = 2\int te^t dt = 2\int td(e^t) = 2(t-1)e^t + C = 2e^{\sqrt{x}}(\sqrt{x}-1) + C.$$

■ **习题 4.5**

求下列不定积分:

1. $\int x\sin x dx$;

2. $\int x\ln x dx$;

3. $\int \arccos x dx$;

4. $\int xe^{-x} dx$;

5. $\int x^2 e^x dx$;

6. $\int x\cos \dfrac{x}{2} dx$;

7. $\int \ln(1+x^2) dx$;

8. $\int x\tan^2 x dx$;

9. $\int \dfrac{\ln x}{\sqrt{x}} dx$;

10. $\int x^5 \sin x^2 dx$;

11. $\int e^{2x}\cos 3x dx$;

12. $\int \sin(\ln x) dx$;

13. $\int (\ln x)^2 dx$;

14. $\int x\sin x\cos x dx$;

15. $\int \sqrt{x^2-a^2} dx$.

习题 4.5 答案

4.6 数学实验 —— 用 MATLAB 求解不定积分

语法:int(f,t)   % 求 f 对 t 的不定积分;
f 是 t 为自变量的函数,参数 t 缺省,返回 f 对其变量的不定积分;计算不定积分的结果未加 C,可自行添加.

例 1 计算不定积分 $\int \dfrac{2x}{1+x^2} dx$.

解　>> syms x;
　　>> int(2 * x/(1 + x^2))   %求函数 2 * x/(1 + x^2) 的不定积分
　　ans =
　　log(1 + x^2)

即积分结果为 $\int \dfrac{2x}{1+x^2} dx = \ln(1+x^2) + C$.

例 2 计算不定积分 $\int xe^{-x^2} dx$.

解　>> syms x
　　>> int(x * exp(-x^2))   %求函数 x * exp(-x^2) 的不定积分
　　　ans =
　　-1/2 * exp(-x^2)

即积分结果为 $\int x\mathrm{e}^{-x^2}\mathrm{d}x = -\dfrac{1}{2}\mathrm{e}^{-x^2} + C.$

本章小结

一、概念与性质

1. 原函数

若任意 $x \in I$，有 $F'(x) = f(x)$，则称 $F(x)$ 为 $f(x)$ 在区间 I 上的原函数.

2. 不定积分

若 $F(x)$ 是 $f(x)$ 的原函数，则称 $F(x) + C$（C 为任意常数）为 $f(x)$ 的不定积分，即

$$\int f(x)\mathrm{d}x = F(x) + C.$$

3. 不定积分的几何意义

在几何上 $\int f(x)\mathrm{d}x = F(x) + C$ 表示一个积分曲线族.

4. 不定积分的性质

① $\int kf(x)\mathrm{d}x = k\int f(x)\mathrm{d}x$（$k$ 为常数，$k \neq 0$）；

② $\int [f(x) \pm g(x)]\mathrm{d}x = \int f(x)\mathrm{d}x \pm \int g(x)\mathrm{d}x$；

③ $\left[\int f(x)\mathrm{d}x\right]' = f(x)$，$\mathrm{d}\int f(x)\mathrm{d}x = f(x)\mathrm{d}x$；

④ $\int F'(x)\mathrm{d}x = F(x) + C$，$\int \mathrm{d}f(x) = f(x) + C$.

二、基本积分公式（略）

三、积分法

1. 直接积分法是求不定积分的最基本的方法，利用积分基本法则将被积函数恒等变形，而后按公式直接写出结果，此法关键是恒等变形.

2. 第一类换元积分法（凑微分法）

公式：设 $\int f(u)\mathrm{d}u = F(u) + C$，则

$$\int f[\varphi(x)]\varphi'(x)\mathrm{d}x = \int f[\varphi(x)]\mathrm{d}\varphi(x)$$

$$\xrightarrow{\ \ \text{令}\ \varphi(x) = u\ \ } \int f(u)\mathrm{d}u = F(u) + C$$

$$\xrightarrow{\ \ \text{回代}\ u = \varphi(x)\ \ } F[\varphi(x)] + C.$$

第一类换元法与复合函数的微分法则互逆，由微分形式不变性得到积分形式不变性，其基本思想是被积表达式通过适当的变量代换化成积分表中的某一形式，而后利用公式求出结果，此法的关键是凑微分.

部分三角函数的积分小结.

① $\int \sin^m x\cos^n x\mathrm{d}x$ 型（m、n 为零或正整数）. 若 m 为奇数，则将 $\sin x\mathrm{d}x$ 凑成 $\mathrm{d}\cos x$；若

n 为奇数,则将 $\cos x\mathrm{d}x$ 凑成 $\mathrm{d}\sin x$,而后化成统一函数求之;若 m、n 均为奇数,任取一个与 $\mathrm{d}x$ 凑微分即可;若 m、n 均为偶数,则先用倍角公式降幂,再凑微分求之.

② $\int \sin px\cos qx\mathrm{d}x$,$\int \sin px\sin qx\mathrm{d}x$,$\int \cos px\cos qx\mathrm{d}x$ 型,先积化和差,再凑微分求之.

③ $\int \tan^m x\sec^n x\mathrm{d}x$ 型(m、n 为零或正整数). 若 n 为偶数,则将 $\sec^2 x$ 与 $\mathrm{d}x$ 凑成 $\mathrm{d}\tan x$,而后统一化为 $\tan x$ 的函数求之;若 m、n 均为奇数,则将 $\sec x\tan x$ 与 $\mathrm{d}x$ 凑成 $\mathrm{d}\sec x$,而后统一化为 $\sec x$ 的函数求之;若 m 为偶数,n 为零,则先化为 $\sec x$ 的函数再凑微分求之;若 n 为奇数,m 为偶数或为零,则用分部积分法.

3. 第二类换元积分法

公式:设函数 $f(x)$ 连续,$x = \varphi(t)$ 单调且有连续导数. $\varphi'(t) \neq 0$,则

$$\int f(x)\mathrm{d}x \xrightarrow{\text{令 } x = \varphi(t)} \int f[\varphi(t)]\varphi'(t)\mathrm{d}t = F(t) + C \xrightarrow{\text{回代 } t = \varphi^{-1}(x)} F[\varphi^{-1}(x)] + C.$$

第二类换元积分法主要解决无理式的积分问题,其基本思想是将无理式经过换元化为有理式而后积分,其关键是换元.

部分积分的换元规律:

① 被积函数若含 $\sqrt[n]{x}$($n \geq 2$ 自然数),令 $x = t^n(t > 0)$;若含 $\sqrt[n]{ax \pm b}$,则令 $ax \pm b = t^n(t > 0)$;若含 $\sqrt[n_1]{ax \pm b}$,$\sqrt[n_2]{ax \pm b}$,$\cdots$,$\sqrt[n_k]{ax \pm b}$,而 p 为 $n_1, n_2, \cdots, n_k$ 的最小公倍数,则令 $ax \pm b = t^p(t > 0)$.

② 被积函数中含 $\sqrt{a^2 - x^2}$ 时,令 $x = a\sin t\left(-\dfrac{\pi}{2} < t < \dfrac{\pi}{2}\right)$;含 $\sqrt{a^2 + x^2}$ 时,令 $x = a\tan t\left(-\dfrac{\pi}{2} < t < \dfrac{\pi}{2}\right)$;含 $\sqrt{x^2 - a^2}$ 时,令 $x = a\sec t\left(0 < t < \dfrac{\pi}{2}\right)$.

③ 被积函数分母中含 $ax^2 + bx + c$ 或 $\sqrt{ax^2 + bx + c}$,分子为常数,则先将分母配方,后用补充公式;若分子有一次项,则将分子分成两部分,第一部分凑成 $ax^2 + bx + c$,第二部分分母配方用补充公式.

④ 被积函数分母中含有 $x^n\sqrt{ax^2 + bx + c}$ 时,可令 $x = \dfrac{1}{t}(t > 0)$,再用③的方法解决.

4. 分部积分法

公式:$\int u\mathrm{d}v = uv - \int v\mathrm{d}u$.

分部积分法主要解决两种不同类型函数乘积及对数函数、反三角函数的积分问题,其关键是适当选择 u 和 $\mathrm{d}v$. 可按"指三幂对反,谁在后头谁为 u"来选取 u.

① $\int Q(x)\ln x\mathrm{d}x$、$\int Q(x)\arcsin x\mathrm{d}x$、$\int Q(x)\arccos x\mathrm{d}x$、$\int Q(x)\arctan x\mathrm{d}x$ 型($Q(x)$ 为简单有理、无理函数),令 $u = \ln x(\arcsin x, \arccos x, \arctan x)$,其余为 $\mathrm{d}v$,可将超越函数化为代数函数求之.

② $\int P(x)\sin bx\mathrm{d}x$、$\int P(x)\cos bx\mathrm{d}x$、$\int P(x)\mathrm{e}^{ax}\mathrm{d}x(a, b$ 为常数,$P(x)$ 为简单有理函数),令 $u = P(x)$,其余为 $\mathrm{d}v$. 用一次分部积分法降幂一次,反复使用可得结果.

③ $\int e^{ax} \sin bx dx$、$\int e^{ax} \cos bx dx$ 型(a,b 为常数),令 $u = e^{ax}$ 或 $u = \sin bx$、$\cos bx$ 均可,用两次分部积分法,而后移项解得结果. 注意,两次分部积分法选 u 要一致.

有的积分换元、分部积分法可解决,在熟练掌握以上四种基本积分法的基础上,可避繁就简,灵活运用.

■ 复习题四

1. 求下列不定积分:

(1) $\int \dfrac{dx}{\sin^2 x \cos^2 x}$;

(2) $\int \sin^2 x \cos^2 x dx$;

(3) $\int \dfrac{\sin \sqrt{x}}{\sqrt{x}} dx$;

(4) $\int \dfrac{1 - \cos x}{1 + \cos x} dx$;

(5) $\int x\sqrt{2x^2 + 1}\, dx$;

(6) $\int \dfrac{(\ln x)^3}{x} dx$;

(7) $\int \dfrac{dx}{x \ln \sqrt{x}}$;

(8) $\int \sqrt{1 - \cos x}\, dx \ (0 < x < 2\pi)$;

(9) $\int \dfrac{dx}{e^{-x} + e^{x}}$;

(10) $\int \dfrac{e^{2x} - 1}{e^{x}} dx$;

(11) $\int \dfrac{(\arctan x)^2}{1 + x^2} dx$;

(12) $\int \dfrac{(\arcsin x)^2}{\sqrt{1 - x^2}} dx$;

(13) $\int \dfrac{dx}{3 + 4x^2}$;

(14) $\int \dfrac{\cos x}{a^2 + \sin^2 x} dx$;

(15) $\int \dfrac{2x - 7}{4x^2 + 12x + 25} dx$;

(16) $\int x^2 \ln(x - 3) dx$;

(17) $\int x^2 \arctan x dx$;

(18) $\int x^2 \cos^2 \dfrac{x}{2} dx$;

(19) $\int (x^2 - 1) \sin 2x dx$;

(20) $\int e^{-2x} \sin \dfrac{x}{2} dx$;

(21) $\int \dfrac{x^2 dx}{\sqrt{a^2 - x^2}} \ (a > 0)$;

(22) $\int \dfrac{dx}{x^2 \sqrt{1 - x^2}}$;

(23) $\int \dfrac{x dx}{\sqrt{5 + x - x^2}}$;

(24) $\int \sin^4 x \cos^3 x dx$;

(25) $\int \cos \sqrt{x}\, dx$;

(26) $\int \dfrac{2x + 3}{\sqrt{3 - 2x - x^2}} dx$.

2. 已知某曲线上切线斜率 $k = \dfrac{1}{2}\left(e^{\frac{x}{a}} - e^{-\frac{x}{a}}\right)$,又知曲线经过点 $M(0, a)$,求此曲线的方程.

3. 设某函数当 $x = 1$ 时有极小值, 当 $x = -1$ 时有极大值为 4, 又知这个函数的导数具有形状 $y' = 3x^2 + bx + c$, 求此函数.

4. 设某函数的图像上有一拐点 $P(2, 4)$, 在拐点 P 处曲线的切线的斜率为 -3, 又知这个函数的二阶导数具有形状 $y'' = 6x + c$, 求此函数.

5. 一物体由静止开始作直线运动, 在任意时刻 t 的速度为 $v = 5t^2 (\text{m/s})$, 求在 3 s 末物体离出发点的距离. 又问需要多长时间, 物体才能离开出发点 360 m?

复习题四答案

6. 设物体运动的速度与时间的平方成正比. 当 $t = 0$ 时, $s = 0$; 当 $t = 3$ 时, $s = 18$. 求物体所经过的距离 s 和时间 t 的关系.

拓展阅读　不定积分背景知识

积分的本质是无穷小的和, 拉丁文中 "Summa" 表示 "和" 的意思. 将 "Summa" 的头一个字母 "S" 拉长就是 $\int$. 发明这个符号的人是德国数学家莱布尼茨. 莱布尼茨具有渊博的知识, 是数学史上伟大的符号学者, 具有符号大师的美誉. 莱布尼茨曾说: "要发明, 就要挑选恰当的符号, 要做到这一点, 就要用含义简明的少量符号来表达和比较忠实地描绘事物的内在本质, 从而最大限度地减少人的思维劳动." 莱布尼茨创设了积分、微分符号, 以及商 "a/b", 比 "$a : b$", 相似 "$\backsim$", 全等 "$\cong$", 并 "$\cup$", 交 "$\cap$" 等符号.

牛顿和莱布尼茨在微积分方面都作出了巨大贡献, 只是两者在选择的方法和途径方面存在一定的差异. 在研究力学的基础上, 牛顿利用几何的方法对微积分进行研究; 在对曲线的切线和面积的问题进行研究的过程中, 莱布尼茨采用分析学方法, 同时引进微积分. 在研究微积分具体内容的先后顺序方面, 牛顿是先有导数概念, 后有积分概念; 莱布尼茨是先有积分概念, 后有导数概念. 在微积分的应用方面, 牛顿充分结合了运动学, 并且造诣较深; 而莱布尼茨则追求简洁与准确. 另外, 牛顿与莱布尼茨在学风方面也迥然不同. 牛顿作为科学家, 具有严谨的治学风格. 牛顿迟迟没有发表他的微积分著作《流数术》的原因, 主要是他没有找到科学、合理的逻辑基础, 另外, 可能也是担心别人的反对. 与此相反, 莱布尼茨作为哲学家, 富于想象, 比较大胆, 勇于推广, 在创作年代方面, 牛顿比莱布尼茨领先 10 年, 然而在发表时间方面, 莱布尼茨却领先牛顿 3 年. 对于微积分的研究, 虽然牛顿和莱布尼茨采用的方法不同, 但是殊途同归, 并且各自完成了创建微积分的盛业.

第 5 章　定积分及其应用

知识导读

定积分的概念起源于求平面图形的面积和其他一些实际问题.定积分的思想在古代数学家的工作中,就已经有了萌芽,比如古希腊时期阿基米德在公元前 240 年左右,就曾用求和的方法计算过抛物线、弓形及其他图形的面积,公元 263 年我国数学家刘徽提出的割圆术也是同一思想.但是直到牛顿和莱布尼茨的工作出现之前(17 世纪下半叶),有关定积分的种种结果还是孤立零散的,比较完整的定积分理论还未能形成,直到牛顿 - 莱布尼茨公式建立后,计算问题得以解决,定积分才迅速建立发展起来.

定积分既是一个基本概念,又是一种基本思想,定积分的思想即"化整为零、近似代替、积零为整、取极限",定积分这种"和的极限"的思想,在数学、物理、工程技术等知识领域以及人们的生产实践活动中具有普遍的意义,很多问题的数学结构与定积分中求"和的极限"的数学结构是一样的.定积分的概念及微积分基本公式,不仅是数学史上,而且是科学思想史上的重要创举.

本章将从实际问题出发,引出定积分的概念,然后讨论定积分的性质、计算方法和它在几何物理方面的应用,最后介绍反常积分的有关知识.

定积分的概念
讲解视频

5.1　定积分的概念

5.1.1　两个实例

1. 曲边梯形的面积

在生产实际和科学技术中,常常需要计算平面图形的面积.虽然同学们在初中已经学习了多边形以及圆的面积的计算方法,但是对于由任意连续曲线围成的平面图形的面积仍不会计算.下面就来研究这类平面图形面积的计算问题.

先讨论这类平面图形中最基本的一种图形 —— 曲边梯形.

曲边梯形是指在直角坐标系中,由连续曲线 $y=f(x)$ 与三条直线 $x=a, x=b, y=0$ 所围成的图形. 如图 5-1 所示, M_1MNN_1 就是一个曲边梯形. 在 x 轴上的线段 M_1N_1 称为曲边梯形的底边, 曲线段 $\overset{\frown}{MN}$ 称为曲边梯形的曲边.

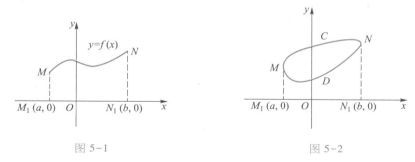

图 5-1   图 5-2

曲线围成的平面图形的面积,在适当选择坐标系后往往可以化为两个曲边梯形的面积的差. 例如,图 5-2 中曲线 $MDNC$ 所围成的面积 A_{MDNC} 可以化为曲边梯形面积 $A_{MM_1N_1NC}$ 和曲边梯形面积 $A_{MM_1N_1ND}$ 的差,即

$$A_{MDNC} = A_{MM_1N_1NC} - A_{MM_1N_1ND}.$$

由此可见,只要求得曲边梯形的面积,计算曲线所围成的平面图形的面积就迎刃而解了.

设 $y=f(x)$ 在 $[a,b]$ 上连续,且 $f(x) \geqslant 0$,求以曲线 $y=f(x)$ 为曲边,$[a,b]$ 为底的曲边梯形的面积 A.

为了计算曲边梯形的面积 A,如图 5-3 所示,用一组垂直于 x 轴的直线把整个曲边梯形分割成许多小曲边梯形. 因为每一个小曲边梯形的底边是很窄的,而 $f(x)$ 又是连续变化的,所以可用这个小曲边梯形的底边作为宽,以它底边上任一点所对应的函数值 $f(x)$ 作为长的小矩形的面积来近似表示这个小曲边梯形的面积. 再把所有这些小矩形面积加起来,就可以得到曲边梯形面积 A 的近似值. 由图 5-3 可知,分割越细密,所有小矩形面积之和就越接近曲边梯形的面积 A. 当分割无限细密时,所有小矩形面积之和的极限就是曲边梯形面积 A 的精确值.

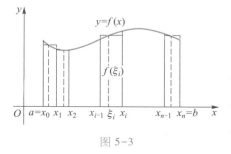

图 5-3

根据上面的分析,曲边梯形的面积可按下述步骤来计算.

① 任取分点

$$a = x_0 < x_1 < x_2 < \cdots < x_{i-1} < x_i < \cdots < x_{n-1} < x_n = b,$$

把曲边梯形的底 $[a,b]$ 分成 n 个小区间

$$[x_0,x_1],[x_1,x_2],\cdots,[x_{i-1},x_i],\cdots,[x_{n-1},x_n].$$

小区间 $[x_{i-1},x_i]$ 的长度记为

$$\Delta x_i = x_i - x_{i-1}(i = 1,2,\cdots,n).$$

过各分点作垂直于 x 轴的直线段,把整个曲边梯形分成了 n 个小曲边梯形,其中第 i 个小曲边梯形的面积记为

$$\Delta A_i (i = 1, 2, \cdots, n).$$

② 在第 i 个小曲边梯形的底 $[x_{i-1}, x_i]$ 上任取一点 $\xi_i (x_{i-1} \leq \xi_i \leq x_i)$，它所对应的函数值是 $f(\xi_i)$. 用相应的宽为 Δx_i，长为 $f(\xi_i)$ 的小矩形面积近似代替这个小曲边梯形的面积，即

$$\Delta A_i \approx f(\xi_i) \Delta x_i (i = 1, 2, \cdots, n).$$

③ 把 n 个小矩形面积相加，得和式 $\sum_{i=1}^{n} f(\xi_i) \Delta x_i$，它就是曲边梯形面积 A 的近似值，即

$$A \approx \sum_{i=1}^{n} f(\xi_i) \Delta x_i.$$

④ 分割越细，$\sum_{i=1}^{n} f(\xi_i) \Delta x_i$ 就越接近于曲边梯形的面积 A. 当最大的小区间长度趋近于零，即 $\| \Delta x_i \| \to 0$（$\| \Delta x_i \|$ 表示最大的小区间的长度）时，和式 $\sum_{i=1}^{n} f(\xi_i) \Delta x_i$ 的极限就是 A，即

$$A = \lim_{\| \Delta x_i \| \to 0} \sum_{i=1}^{n} f(\xi_i) \Delta x_i.$$

可见，曲边梯形的面积是一个和式的极限.

2. 变速直线运动的路程

设一物体作直线运动，已知速度 $v = v(t)$ 是时间区间 $[a, b]$ 上的 t 的连续函数，且 $v(t) \geq 0$，求该物体在这段时间内所经过的路程 s.

对于匀速直线运动有公式：

$$路程 = 速度 \times 时间.$$

现在速度是变量，因此，所求路程 s 不能直接按匀速直线运动的路程公式计算. 因为在很短的一段时间里的速度的变化很小，近似于匀速，所以可以用匀速直线运动的路程作为这段很短时间里的路程的近似值. 因此，可采用与求曲边梯形的面积相仿的四个步骤来计算路程 s.

① 任取分点

$$a = t_0 < t_1 < t_2 < \cdots < t_{i-1} < t_i < \cdots < t_{n-1} < t_n = b,$$

把时间区间 $[a, b]$ 分成 n 个小区间

$$[t_0, t_1], [t_1, t_2], \cdots, [t_{i-1}, t_i], \cdots, [t_{n-1}, t_n].$$

小区间 $[t_{i-1}, t_i]$ 的长度记为

$$\Delta t_i = t_i - t_{i-1} (i = 1, 2, \cdots, n).$$

该物体在第 i 段时间 $[t_{i-1}, t_i]$ 内所走的路程为

$$\Delta s_i (i = 1, 2, \cdots, n).$$

② 在小区间 $[t_{i-1}, t_i]$ 上，用其中任一时刻 ξ_i 的速度 $v(\xi_i)(t_{i-1} \leq \xi_i \leq t_i)$ 来近似代替变化的速度 $v(t)$，从而得到 Δs_i 的近似值

$$\Delta s_i \approx v(\xi_i) \Delta t_i (i = 1, 2, \cdots, n).$$

③ 把 n 段时间上的路程相加，得和式 $\sum_{i=1}^{n} v(\xi_i) \Delta t_i$，它就是时间区间 $[a, b]$ 上的路

程 s 的近似值

$$s \approx \sum_{i=1}^{n} v(\xi_i) \Delta t_i.$$

④ 当最大的小区间长度趋近于零,即 $\| \Delta t_i \| \to 0$ 时,和式 $\sum\limits_{i=1}^{n} v(\xi_i) \Delta t_i$ 的极限就是路程 s 的精确值,即

$$s = \lim_{\| \Delta t_i \| \to 0} \sum_{i=1}^{n} v(\xi_i) \Delta t_i.$$

可见,变速直线运动的路程也是一个和式的极限.

5.1.2　定积分的定义

在上述两个例子中,虽然所计算的量具有不同的实际意义(前者是几何量,后者是物理量),但如果抽去它们的实际意义,可以看出计算这些量的思想方法和步骤都是相同的,并最终归结为求一个和式的极限. 对于这种和式的极限,给出下面的定义.

定义　设函数 $y = f(x)$ 在区间 $[a,b]$ 上有定义,任取分点

$$a = x_0 < x_1 < x_2 < \cdots < x_{i-1} < x_i < \cdots < x_{n-1} < x_n = b,$$

将区间 $[a,b]$ 分成 n 个小区间 $[x_{i-1},x_i]$,其长度为

$$\Delta x_i = x_i - x_{i-1} (i = 1,2,\cdots,n).$$

在每个小区间 $[x_{i-1},x_i]$ 上任取一点 $\xi_i (x_{i-1} \leqslant \xi_i \leqslant x_i)$,作乘积

$$f(\xi_i) \Delta x_i (i = 1,2,\cdots,n)$$

的和式

$$\sum_{i=1}^{n} f(\xi_i) \Delta x_i. \tag{1}$$

如果不论对区间 $[a,b]$ 采取何种分法及 ξ_i 如何选取,当最大的小区间的长度趋于零,即 $\| \Delta x_i \| \to 0$ 时,和式(1)的极限存在且唯一,则此极限值叫做函数 $y = f(x)$ 在区间 $[a,b]$ 上的定积分,记作 $\int_a^b f(x)\mathrm{d}x$,即

$$\lim_{\| \Delta x_i \| \to 0} \sum_{i=1}^{n} f(\xi_i) \Delta x_i = \int_a^b f(x)\mathrm{d}x,$$

其中,$f(x)$ 叫做被积函数,$f(x)\mathrm{d}x$ 叫做被积表达式,x 叫做积分变量,a 与 b 分别叫做积分的下限与上限,区间 $[a,b]$ 叫做积分区间.

如果定积分 $\int_a^b f(x)\mathrm{d}x$ 存在,则称 $f(x)$ 在区间 $[a,b]$ 上可积.

根据定积分的定义,前面两个实例可分别写成定积分的形式如下:

曲边梯形的面积 A 等于其曲边 $y = f(x)$ 在其底所在的区间 $[a,b]$ 上的定积分:

$$A = \int_a^b f(x)\mathrm{d}x.$$

变速直线运动的物体所经过的路程 s 等于其速度 $v = v(t)$ 在时间区间 $[a,b]$ 上的定积分:

$$s = \int_a^b v(t)\,\mathrm{d}t.$$

指点迷津

① 当和式 $\sum_{i=1}^n f(\xi_i)\Delta x_i$ 的极限存在时,其极限值仅与被积函数 $f(x)$ 及积分区间 $[a,b]$ 有关,而与区间 $[a,b]$ 的分法及 ξ_i 的取法无关.

如果不改变被积函数和积分区间,而将积分变量 x 用其他的字母,例如 t 或 u 来代替,那么和的极限值不变,也就是定积分的值不变,即

$$\int_a^b f(x)\,\mathrm{d}x = \int_a^b f(t)\,\mathrm{d}t = \int_a^b f(u)\,\mathrm{d}u.$$

② 在上述定义中,a 总是小于 b 的. 为了以后计算方便起见,对 $a > b$ 及 $a = b$ 的情况给出以下的补充定义:

$$\int_a^b f(x)\,\mathrm{d}x = -\int_b^a f(x)\,\mathrm{d}x\,(a > b),\ \int_a^a f(x)\,\mathrm{d}x = 0.$$

定积分的
几何意义
讲解视频

5.1.3　定积分的几何意义

如果函数 $f(x)$ 在 $[a,b]$ 上连续,且 $f(x) \geqslant 0$,那么定积分 $\int_a^b f(x)\,\mathrm{d}x$ 就表示以 $y = f(x)$ 为曲边的曲边梯形的面积.

如果函数 $f(x)$ 在 $[a,b]$ 上连续,且 $f(x) \leqslant 0$,由于定积分

$$\int_a^b f(x)\,\mathrm{d}x = \lim_{\Delta x \to 0} \sum_{i=1}^n f(\xi_i)\Delta x_i$$

的右端和式中每一项 $f(\xi_i)\Delta x_i$ 都是负值 ($\Delta x_i > 0$),其绝对值 $|f(\xi_i)\Delta x_i|$ 表示小矩形的面积. 因此,定积分 $\int_a^b f(x)\,\mathrm{d}x$ 也是一个负数,从而

$$\int_a^b f(x)\,\mathrm{d}x = -A \ \text{或} \ A = -\int_a^b f(x)\,\mathrm{d}x.$$

其中 A 是由连续曲线 $y = f(x)$,直线 $x = a,x = b$ 及 x 轴所围成的曲边梯形的面积 (图 5-4).

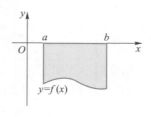

图 5-4

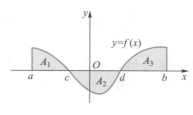

图 5-5

如果 $f(x)$ 在区间 $[a,b]$ 上连续,且有时为正有时为负,如图 5-5 所示,连续曲线 $y=f(x)$,直线 $x=a,x=b$ 及 x 轴所围成的图形是由三个曲边梯形组成,那么由定积分定义可得:

$$\int_a^b f(x)\,\mathrm{d}x = A_1 - A_2 + A_3.$$

总之,定积分 $\int_a^b f(x)\,\mathrm{d}x$ 在各种实际问题所代表的实际意义尽管不同,但它的数值在几何上都可用曲边梯形的面积的代数和来表示,这就是定积分的几何意义.

例   利用定积分表示图 5-6 中的四个图形(阴影部分)的面积:

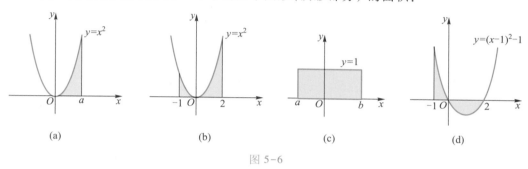

图 5-6

解   图 5-6(a) 中的阴影部分的面积为

$$A = \int_0^a x^2\,\mathrm{d}x;$$

图 5-6(b) 中的阴影部分的面积为

$$A = \int_{-1}^2 x^2\,\mathrm{d}x;$$

图 5-6(c) 中的阴影部分的面积为

$$A = \int_a^b \mathrm{d}x;$$

图 5-6(d) 中的阴影部分的面积为

$$A = \int_{-1}^0 \left[(x-1)^2 - 1 \right]\mathrm{d}x - \int_0^2 \left[(x-1)^2 - 1 \right]\mathrm{d}x.$$

定积分的几何意义直观地告诉人们,如果函数 $y=f(x)$ 在 $[a,b]$ 上连续,那么由 $y=f(x)$,直线 $x=a,x=b$ 及 x 轴所围成的曲边梯形的面积的代数和是一定存在的,也就是说定积分 $\int_a^b f(x)\,\mathrm{d}x$ 一定存在. 这样可以得到下面的定积分的存在定理.

定理   如果函数 $y=f(x)$ 在闭区间 $[a,b]$ 上连续,则函数 $y=f(x)$ 在 $[a,b]$ 上可积,即

$$\int_a^b f(x)\,\mathrm{d}x = \lim_{\|\Delta x_i\| \to 0} \sum_{i=1}^n f(\xi_i)\Delta x_i$$

一定存在.

(证明从略.)

习题 5.1 答案

习题 5.1

1. 用定积分表示曲线 $y = x^2 + 1$ 与直线 $x = 1, x = 3$ 及 x 轴所围成的曲边梯形的面积.

2. 利用定积分的几何意义, 判断下列定积分的值是正的还是负的(不必计算):

(1) $\int_0^{\frac{\pi}{2}} \sin x \, dx$;　　　　　　　　(2) $\int_{-\frac{\pi}{2}}^0 \sin x \cos x \, dx$;　　　　(3) $\int_{-1}^2 x^2 \, dx$.

3. 利用定积分的几何意义说明下列各式成立:

(1) $\int_0^{2\pi} \sin x \, dx = 0$;　　　　　　　(2) $\int_0^{\pi} \sin x \, dx = 2 \int_0^{\frac{\pi}{2}} \sin x \, dx$;

(3) $\int_{-a}^a f(x) \, dx = \begin{cases} 0, & \text{当 } f(x) \text{ 为奇函数}, \\ 2\int_0^a f(x) \, dx, & \text{当 } f(x) \text{ 为偶函数}. \end{cases}$

4. 利用定积分表示图 5-7 中阴影部分的面积.

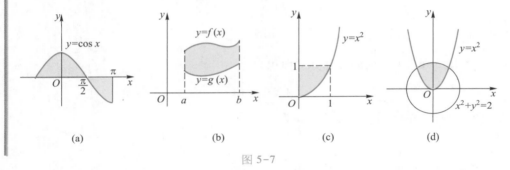

图 5-7

5.2 定积分的性质

定积分的性质
讲解视频

在下列性质中, 假定函数 $f(x)$ 和 $g(x)$ 在区间 $[a, b]$ 上都是连续的.

性质 1 $\int_a^b [f(x) \pm g(x)] \, dx = \int_a^b f(x) \, dx \pm \int_a^b g(x) \, dx.$

这就是说, 函数的代数和的定积分等于它们的定积分的代数和.

证明 由于 $f(x), g(x)$ 在 $[a, b]$ 上连续, 由 5.1 节的定理知它们在 $[a, b]$ 上可积, 即定积分定义中的和式 $\sum_{i=1}^n f(\xi_i) \Delta x_i$ 与 $\sum_{j=1}^m g(\eta_j) \Delta x_j$ 的极限分别存在, 且极限值与区间的分法及 ξ_i, η_j 的取法无关. 故特别地可对 $f(x)$ 和 $g(x)$ 使用统一的分法和 ξ_i 的取法, 则有

$$\int_a^b [f(x) \pm g(x)] \, dx = \lim_{\|\Delta x_i\| \to 0} \sum_{i=1}^n [f(\xi_i) \pm g(\xi_i)] \Delta x_i$$

$$= \lim_{\|\Delta x_i\| \to 0} \left[\sum_{i=1}^n f(\xi_i) \Delta x_i \pm \sum_{i=1}^n g(\xi_i) \Delta x_i \right]$$

$$= \lim_{\|\Delta x_i\| \to 0} \sum_{i=1}^{n} f(\xi_i) \Delta x_i \pm \lim_{\|\Delta x_i\| \to 0} \sum_{i=1}^{n} g(\xi_i) \Delta x_i$$

$$= \int_a^b f(x) \,\mathrm{d}x \pm \int_a^b g(x) \,\mathrm{d}x.$$

这个性质可以推广到有限多个连续函数的代数和的定积分.

性质 2 $\displaystyle\int_a^b kf(x)\,\mathrm{d}x = k\int_a^b f(x)\,\mathrm{d}x\,(k$ 为常数$)$.

证明 $\displaystyle\int_a^b kf(x)\,\mathrm{d}x = \lim_{\|\Delta x_i\| \to 0} \sum_{i=1}^{n} kf(\xi_i)\Delta x_i = k\lim_{\|\Delta x_i\| \to 0} \sum_{i=1}^{n} f(\xi_i)\Delta x_i = k\int_a^b f(x)\,\mathrm{d}x.$

下列几个性质用定积分的几何意义加以说明.

性质 3 $\displaystyle\int_a^b f(x)\,\mathrm{d}x = \int_a^c f(x)\,\mathrm{d}x + \int_c^b f(x)\,\mathrm{d}x.$

这就是说,如果 $f(x)$ 分别在 $[a,b]$, $[a,c]$, $[c,b]$ 上连续,那么 $f(x)$ 在 $[a,b]$ 上的定积分等于 $f(x)$ 在 $[a,c]$ 和 $[c,b]$ 上的定积分的和.

当 $a < c < b$ 时,由图 5-8(a) 可知,由 $y = f(x)$, $x = a$, $x = b$ 及 x 轴围成的曲边梯形的面积 $A = A_1 + A_2$.

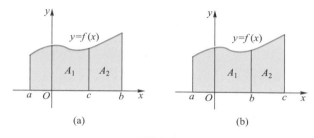

(a)   (b)

图 5-8

因为 $A = \displaystyle\int_a^b f(x)\,\mathrm{d}x$, $A_1 = \displaystyle\int_a^c f(x)\,\mathrm{d}x$, $A_2 = \displaystyle\int_c^b f(x)\,\mathrm{d}x$,所以

$$\int_a^b f(x)\,\mathrm{d}x = \int_a^c f(x)\,\mathrm{d}x + \int_c^b f(x)\,\mathrm{d}x,$$

即性质 3 成立.

当 $a < b < c$ 时,即 c 点在 $[a,b]$ 外,由图 5-8(b) 可知

$$\int_a^c f(x)\,\mathrm{d}x = A_1 + A_2 = \int_a^b f(x)\,\mathrm{d}x + \int_b^c f(x)\,\mathrm{d}x,$$

所以

$$\int_a^b f(x)\,\mathrm{d}x = \int_a^c f(x)\,\mathrm{d}x - \int_b^c f(x)\,\mathrm{d}x = \int_a^c f(x)\,\mathrm{d}x + \int_c^b f(x)\,\mathrm{d}x,$$

显然,性质 3 也成立.

总之,不论 c 点在区间 $[a,b]$ 内还是在 $[a,b]$ 外,只要上述两个积分存在,那么性质 3 总是正确的.

性质 4 $\displaystyle\int_a^b \mathrm{d}x = b - a.$

这就是说被积函数 $f(x) = 1$ 时,

$$\int_a^b \mathrm{d}x = b - a.$$

这个性质从图 5-9 可以直接获得.

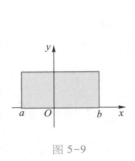

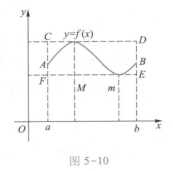

图 5-9   图 5-10

性质 5 设 M 和 m 分别是函数 $f(x)$ 在区间 $[a,b]$ 上的最大值和最小值,则

$$m(b-a) \leqslant \int_a^b f(x)\,\mathrm{d}x \leqslant M(b-a).$$

由图 5-10 可知,曲边梯形 $abBA$ 的面积大于矩形 $abEF$ 的面积,小于矩形 $abDC$ 的面积,即

$$m(b-a) \leqslant \int_a^b f(x)\,\mathrm{d}x \leqslant M(b-a).$$

当 $f(x)$ 恒为一常数时,因为 $M=m=f(x)$,所以上述性质中的等式成立.

性质 6(定积分中值定理) 如果函数 $f(x)$ 在积分区间 $[a,b]$ 上连续,那么在区间 $[a,b]$ 上至少存在一点 ξ,使下式成立:

$$\int_a^b f(x)\,\mathrm{d}x = f(\xi)(b-a) \quad (a \leqslant \xi \leqslant b).$$

由图 5-11 可知,在 $[a,b]$ 上至少能找到一点 ξ,使以 $f(\xi)$ 为高,以 $[a,b]$ 为底的矩形面积等于曲边梯形 $abNM$ 的面积.

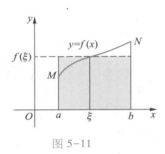

图 5-11

例 1 已知 $\int_0^{\frac{\pi}{2}} \sin x\,\mathrm{d}x = 1$(至于为什么得此值,后面会讲到),求 $\int_0^{\frac{\pi}{2}} (3\sin x - 2)\,\mathrm{d}x$.

解 $\int_0^{\frac{\pi}{2}} (3\sin x - 2)\,\mathrm{d}x = 3\int_0^{\frac{\pi}{2}} \sin x\,\mathrm{d}x - 2\int_0^{\frac{\pi}{2}} \mathrm{d}x$

$$= 3 \times 1 - 2 \times \left(\frac{\pi}{2} - 0\right) = 3 - \pi.$$

例 2 估计定积分 $\int_{-1}^1 \mathrm{e}^{-x^2}\,\mathrm{d}x$ 的值.

解 利用性质 5 来估计.

先求被积函数 $f(x) = \mathrm{e}^{-x^2}$ 在区间 $[-1,1]$ 上的最大值 M 和最小值 m. 因为

$$f'(x) = -2x\mathrm{e}^{-x^2},$$

令 $f'(x) = 0$,得驻点 $x = 0$. 比较函数在驻点及区间端点处的值:

$$f(0) = 1, f(1) = \frac{1}{\mathrm{e}}, f(-1) = \frac{1}{\mathrm{e}},$$

所以
$$M = 1, m = \frac{1}{e},$$

于是
$$\frac{1}{e} \times 2 \leqslant \int_{-1}^{1} e^{-x^2} dx \leqslant 1 \times 2,$$

即
$$\frac{2}{e} \leqslant \int_{-1}^{1} e^{-x^2} dx \leqslant 2.$$

■ 习题 5.2

习题 5.2 答案

1. 已知 $\int_a^b f(x) dx = p, \int_a^b [f(x)]^2 dx = q$, 求下列定积分的值:

(1) $\int_a^b [4f(x) + 3] dx$;   (2) $\int_a^b [4f(x) + 3]^2 dx$;

(3) $\int_a^b \{4[f(x)]^2 - 3\} dx$.

2. 估计下列定积分的值:

(1) $\int_{-1}^{2} (x^2 + 1) dx$;   (2) $\int_{-2}^{2} x e^{-x} dx$.

5.3 牛顿 – 莱布尼茨公式

按照定积分的定义计算定积分的值是十分麻烦的,甚至无法计算. 本节介绍定积分计算的有力工具 —— 牛顿 – 莱布尼茨公式.

回顾一下变速直线运动的路程问题. 如果物体以速度 $v(t)$ 作直线运动,那么在时间区间 $[a, b]$ 上所经过的路程为

$$s = \int_a^b v(t) dt.$$

另一方面,如果物体经过的路程 s 是时间 t 的函数 $s(t)$,那么物体从 $t = a$ 到 $t = b$ 所经过的路程应该是

$$s(b) - s(a),$$

即
$$\int_a^b v(t) dt = s(b) - s(a). \tag{1}$$

由导数的物理意义可知, $s'(t) = v(t)$. 换句话说, $s(t)$ 是 $v(t)$ 的一个原函数,式(1)表示定积分 $\int_a^b v(t) dt$ 的值等于被积函数 $v(t)$ 的原函数 $s(t)$ 在积分上、下限 b、a 处的函数值之差 $s(b) - s(a)$.

这个事实启示我们来考察一般情况,如果 $f(x)$ 在区间 $[a, b]$ 上连续,且 $F(x)$ 是 $f(x)$ 的一个原函数,那么定积分

$$\int_a^b f(x) dx = F(b) - F(a)$$

是否成立? 回答是肯定的,为了证明这个结论,先研究定积分和原函数的关系.

5.3.1 积分上限函数

用定积分的定义可以计算出 $\int_0^0 x^2 \mathrm{d}x = 0$, $\int_0^1 x^2 \mathrm{d}x = \dfrac{1}{3}$, $\int_0^2 x^2 \mathrm{d}x = \dfrac{8}{3}$, $\int_0^3 x^2 \mathrm{d}x = 9$, $\int_0^4 x^2 \mathrm{d}x = \dfrac{64}{3}$, …. 把这一串数列表 5-1 如下:

表 5-1

积分上限 b	0	1	2	3	4	…
$\int_0^b x^2 \mathrm{d}x$	0	$\dfrac{1}{3}$	$\dfrac{8}{3}$	9	$\dfrac{64}{3}$	…

从上表可知,定积分 $\int_0^b x^2 \mathrm{d}x$ 是上限 b 的函数,可以记为

$$\Phi(b) = \int_0^b x^2 \mathrm{d}x.$$

推广到一般情况,如果上限 x 在区间 $[a,b]$ 上任意变动,那么对于每一个取定的 x 值,定积分 $\int_a^x f(t)\mathrm{d}t$ 都有一个确定的值和它对应,所以它是定义在 $[a,b]$ 上的一个函数,记作 $\Phi(x)$,即

$$\Phi(x) = \int_a^x f(t)\mathrm{d}t \quad (a \leqslant x \leqslant b).$$

函数 $\Phi(x)$ 称为积分上限函数.

定理1 如果函数 $f(x)$ 在区间 $[a,b]$ 上连续,则积分上限函数 $\Phi(x) = \int_a^x f(t)\mathrm{d}t$ 在区间 $[a,b]$ 上具有导数,且它的导数是

$$\Phi'(x) = \frac{\mathrm{d}}{\mathrm{d}x}\int_a^x f(t)\mathrm{d}t = f(x) \quad (a \leqslant x \leqslant b).$$

证明 利用导数定义,参看图 5-12,执行以下计算步骤:

① 求增量

$$\Delta\Phi = \Phi(x + \Delta x) - \Phi(x) = \int_a^{x+\Delta x} f(t)\mathrm{d}t - \int_a^x f(t)\mathrm{d}t$$

$$= \int_a^{x+\Delta x} f(t)\mathrm{d}t + \int_x^a f(t)\mathrm{d}t$$

$$= \int_x^{x+\Delta x} f(t)\mathrm{d}t$$

$$= f(\xi)\Delta x \quad (x \leqslant \xi \leqslant x + \Delta x \text{ 或 } x + \Delta x \leqslant \xi \leqslant x);$$

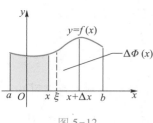

图 5-12

② 算比值

$$\frac{\Delta\Phi}{\Delta x} = \frac{f(\xi)\Delta x}{\Delta x} = f(\xi);$$

③ 取极限

$$\lim_{\Delta x \to 0} \frac{\Delta\Phi}{\Delta x} = \lim_{\Delta x \to 0} f(\xi).$$

因为 $f(x)$ 在区间 $[a,b]$ 上连续,又 $\Delta x \to 0$ 时,$\xi \to x$,所以有

$$\lim_{\Delta x \to 0} f(\xi) = f(x).$$

于是得到

$$\Phi'(x) = f(x).$$

这个定理指出了一个重要的结论:对连续函数 $f(x)$ 的积分上限函数求导,其结果还原为 $f(x)$ 本身.联想到原函数的定义,就可以从定理1推知 $\Phi(x)$ 是连续函数 $f(x)$ 的一个原函数.下面给出原函数的存在定理.

定理2 如果函数 $f(x)$ 在区间 $[a,b]$ 上连续,则 $f(x)$ 的积分上限函数

$$\Phi(x) = \int_a^x f(t)\,\mathrm{d}t$$

就是函数 $f(x)$ 在区间 $[a,b]$ 上的一个原函数.

定理2不仅说明了 $\int_a^x f(t)\,\mathrm{d}t$ 是 $f(x)$ 的一个原函数,而且初步揭示了定积分和不定积分之间的联系,即

$$\int f(x)\,\mathrm{d}x = \int_a^x f(t)\,\mathrm{d}t + C(\text{其中 } a, C \text{ 均为常数}).$$

例1 求 ① $\dfrac{\mathrm{d}}{\mathrm{d}x}\left(\int_0^x \sqrt{1+t^4}\,\mathrm{d}t\right)$; ② $\dfrac{\mathrm{d}}{\mathrm{d}x}\left(\int_2^{x^2} \sin t\,\mathrm{d}t\right)$.

解 ① $\dfrac{\mathrm{d}}{\mathrm{d}x}\left(\int_0^x \sqrt{1+t^4}\,\mathrm{d}t\right) = \sqrt{1+x^4}$.

② $\dfrac{\mathrm{d}}{\mathrm{d}x}\left(\int_2^{x^2} \sin t\,\mathrm{d}t\right) = \dfrac{\mathrm{d}\int_2^{x^2}\sin t\,\mathrm{d}t}{\mathrm{d}(x^2)} \cdot \dfrac{\mathrm{d}(x^2)}{\mathrm{d}x} = (\sin x^2) \cdot 2x = 2x\sin x^2$.

一般地,如果 $g(x)$ 可导,则 $\left[\int_a^{g(x)} f(t)\,\mathrm{d}t\right]' = f[g(x)] \cdot g'(x)$.

5.3.2 牛顿 – 莱布尼茨公式

牛顿 – 莱布
尼茨公式
讲解视频

定理3 设函数 $F(x)$ 是连续函数 $f(x)$ 在区间 $[a,b]$ 上的一个原函数,则

$$\boxed{\int_a^b f(x)\,\mathrm{d}x = F(b) - F(a).} \tag{5-1}$$

证明 因为 $\Phi(x) = \int_a^x f(t)\,\mathrm{d}t$ 是 $f(x)$ 的一个原函数,所以

$$F(x) - \Phi(x) = C \quad (C \text{ 为常数}),$$

即

$$F(x) - \int_a^x f(t)\,\mathrm{d}t = C.$$

将 $x = a$ 代入,得

$$F(a) = C,$$

于是

$$F(x) = \int_a^x f(t)\,\mathrm{d}t + F(a).$$

再将 $x = b$ 代入上式,得

$$\int_a^b f(x)\,dx = F(b) - F(a).$$

为了使用方便,公式(5-1)也写成下面的形式:

$$\int_a^b f(x)\,dx = F(x)\,\bigg|_a^b = F(b) - F(a).$$

上式称为牛顿 – 莱布尼茨(Newton-Leibniz)公式. 它表明了计算定积分只要先用不定积分求出被积函数的一个原函数,再将上、下限代入求其差即可. 这个公式为计算连续函数的定积分提供了有效而简便的方法,通常也叫做微积分基本公式.

例 2 计算 $\int_0^1 x^2\,dx$.

解 因为 $\int x^2\,dx = \dfrac{1}{3}x^3 + C$,而 $\dfrac{1}{3}x^3$ 是 x^2 的一个原函数,所以

$$\int_0^1 x^2\,dx = \left(\frac{1}{3}x^3\right)\bigg|_0^1 = \frac{1}{3} - 0 = \frac{1}{3}.$$

例 3 计算 $\int_{-2}^{-1} \dfrac{1}{x}\,dx$.

解 因为

$$\int \frac{1}{x}\,dx = \ln|x| + C,$$

所以

$$\int_{-2}^{-1} \frac{1}{x}\,dx = (\ln|x|)\,\big|_{-2}^{-1} = \ln 1 - \ln 2$$

$$= -\ln 2.$$

例 4 计算 $\int_{-1}^{\sqrt{3}} \dfrac{\arctan x}{1 + x^2}\,dx$.

解 $\displaystyle\int_{-1}^{\sqrt{3}} \frac{\arctan x}{1 + x^2}\,dx = \int_{-1}^{\sqrt{3}} \arctan x\,d(\arctan x) = \left(\frac{1}{2}\arctan^2 x\right)\bigg|_{-1}^{\sqrt{3}}$

$$= \frac{1}{2}\left(\frac{\pi^2}{9} - \frac{\pi^2}{16}\right) = \frac{7}{288}\pi^2.$$

例 5 求正弦曲线 $y = \sin x$ 在区间 $[0, \pi]$ 上与 x 轴所围成的平面图形的面积 A(图 5-13).

解 这个图形是曲边梯形的一个特例,它的面积

$$A = \int_0^\pi \sin x\,dx = (-\cos x)\,\big|_0^\pi$$

$$= -\cos \pi + \cos 0$$

$$= 1 + 1 = 2.$$

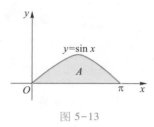

图 5-13

例 6 已知自由落体运动的速度为 $v = gt$,试求在时间区间 $[0, T]$ 上物体下落的距离 s.

解 物体下落距离 s 可以用定积分计算

$$s = \int_0^T gt\,dt = \left(\frac{1}{2}gt^2\right)\bigg|_0^T = \frac{1}{2}gT^2.$$

1. 计算下列定积分：

（1）$\int_1^3 x^3 \mathrm{d}x$；

（2）$\int_{\frac{1}{\sqrt{3}}}^{\sqrt{3}} \frac{1}{1+x^2} \mathrm{d}x$；

（3）$\int_{-\frac{1}{2}}^{\frac{1}{2}} \frac{1}{\sqrt{1-x^2}} \mathrm{d}x$；

（4）$\int_{-\mathrm{e}-1}^{-2} \frac{1}{x+1} \mathrm{d}x$；

（5）$\int_{-\frac{\pi}{2}}^{\frac{\pi}{2}} \cos^2 t \mathrm{d}t$；

（6）$\int_{-1}^0 \frac{3x^4 + 3x^2 + 1}{x^2 + 1} \mathrm{d}x$.

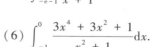

习题 5.3 答案

2. 计算下列定积分：

（1）$\int_{-1}^2 |x| \mathrm{d}x$；

（2）设 $f(x) = \begin{cases} x^2, & -1 \leqslant x \leqslant 0, \\ x-1, & 0 < x < 1, \end{cases}$ 求 $\int_{-\frac{1}{2}}^{\frac{1}{2}} f(x) \mathrm{d}x$.

3. 设 k 为正整数，试证下列各式成立：

（1）$\int_{-\pi}^{\pi} \cos kx \mathrm{d}x = 0$；

（2）$\int_{-\pi}^{\pi} \sin kx \mathrm{d}x = 0$；

（3）$\int_{-\pi}^{\pi} \cos^2 kx \mathrm{d}x = \pi$；

（4）$\int_{-\pi}^{\pi} \sin^2 kx \mathrm{d}x = \pi$.

4. 求下列函数的导数：

（1）$\Phi(x) = \int_0^x t\cos t \mathrm{d}t$，并求 $\Phi'(0), \Phi'(\pi)$；

（2）$\Phi(x) = \int_1^{\sqrt{x}} \sqrt{1+t^4} \mathrm{d}t$.

5. 求下列所给曲线（或直线）围成图形的面积：

（1）$y = 2\sqrt{x}, x = 4, x = 9, y = 0$；

（2）$y = x^2, y = x + 2$.

5.4 定积分的换元积分法和分部积分法

前面介绍过不定积分的换元积分法和分部积分法. 本节将介绍定积分的两种相应的计算方法.

定积分的换元法和分部积分法讲解视频

5.4.1 定积分的换元积分法

定理 1 如果函数 $f(x)$ 在区间 $[a,b]$ 上连续，函数 $x = \varphi(t)$ 在区间 $[\alpha, \beta]$ 上具有连续导数 $\varphi'(t)$，又 $\varphi(\alpha) = a, \varphi(\beta) = b$，且当 t 在区间 $[\alpha, \beta]$ 上变化时，相应的 x 的值不超出 $[a,b]$ 的范围，那么

$$\int_a^b f(x) \mathrm{d}x = \int_\alpha^\beta f[\varphi(t)] \varphi'(t) \mathrm{d}t.$$

（证明从略．）

例1 计算 $\int_0^3 \dfrac{x}{\sqrt{1+x}}\mathrm{d}x$．

解 设 $\sqrt{1+x}=t$，则 $x=t^2-1$，$\mathrm{d}x=2t\mathrm{d}t$．当 $x=0$ 时，$t=1$；当 $x=3$ 时，$t=2$．根据定理1，得

$$\int_0^3 \frac{x}{\sqrt{1+x}}\mathrm{d}x = \int_1^2 \frac{t^2-1}{t}2t\mathrm{d}t = 2\int_1^2 (t^2-1)\mathrm{d}t = 2\left(\frac{1}{3}t^3-t\right)\bigg|_1^2 = \frac{8}{3}.$$

例2 求 $\int_{\frac{\sqrt{3}}{3}a}^{a} \dfrac{\mathrm{d}x}{x^2\sqrt{a^2+x^2}}(a>0)$．

解 设 $x=a\tan t$，则 $\mathrm{d}x=a\sec^2 t\mathrm{d}t$．当 $x=\dfrac{\sqrt{3}}{3}a$ 时，$t=\dfrac{\pi}{6}$；当 $x=a$ 时，$t=\dfrac{\pi}{4}$．

$$\int_{\frac{\sqrt{3}}{3}a}^{a} \frac{\mathrm{d}x}{x^2\sqrt{a^2+x^2}} = \int_{\frac{\pi}{6}}^{\frac{\pi}{4}} \frac{a\sec^2 t}{a^2\tan^2 t|a\sec t|}\mathrm{d}t,$$

因为 $\dfrac{\pi}{6}\le t\le\dfrac{\pi}{4}$ 且 $a>0$，所以 $|a\sec t|=a\sec t$，于是

$$\int_{\frac{\sqrt{3}}{3}a}^{a} \frac{\mathrm{d}x}{x^2\sqrt{a^2+x^2}} = \int_{\frac{\pi}{6}}^{\frac{\pi}{4}} \frac{a\sec^2 t}{a^2\tan^2 t\cdot a\sec t}\mathrm{d}t = \frac{1}{a^2}\int_{\frac{\pi}{6}}^{\frac{\pi}{4}} \frac{\cos t}{\sin^2 t}\mathrm{d}t = \frac{1}{a^2}\left(-\frac{1}{\sin t}\right)\bigg|_{\frac{\pi}{6}}^{\frac{\pi}{4}} = \frac{2-\sqrt{2}}{a^2}.$$

例3讲解视频

例3 证明：① 如果 $f(x)$ 在 $[-a,a]$ 上连续且为奇函数，那么

$$\int_{-a}^{a} f(x)\mathrm{d}x = 0;$$

② 如果 $f(x)$ 在 $[-a,a]$ 上连续且为偶函数，那么

$$\int_{-a}^{a} f(x)\mathrm{d}x = 2\int_0^a f(x)\mathrm{d}x.$$

证明 因为 $\int_{-a}^{a} f(x)\mathrm{d}x = \int_{-a}^{0} f(x)\mathrm{d}x + \int_0^a f(x)\mathrm{d}x$，设 $x=-t$，则 $\mathrm{d}x=-\mathrm{d}t$．当 $x=-a$ 时，$t=a$；当 $x=0$ 时，$t=0$．于是

$$\int_{-a}^{0} f(x)\mathrm{d}x = \int_a^0 f(-t)(-\mathrm{d}t) = \int_0^a f(-t)\mathrm{d}t = \int_0^a f(-x)\mathrm{d}x.$$

所以

$$\int_{-a}^{a} f(x)\mathrm{d}x = \int_{-a}^{0} f(x)\mathrm{d}x + \int_0^a f(x)\mathrm{d}x$$

$$= \int_0^a f(-x)\mathrm{d}x + \int_0^a f(x)\mathrm{d}x$$

$$= \int_0^a [f(-x)+f(x)]\mathrm{d}x.$$

① 如果 $f(x)$ 为奇函数，即 $f(-x)=-f(x)$，则

$$f(-x)+f(x)=0,$$

从而

$$\int_{-a}^{a} f(x)\mathrm{d}x = 0.$$

② 如果 $f(x)$ 为偶函数，即 $f(-x)=f(x)$，则

$$f(-x) + f(x) = 2f(x),$$

从而

$$\int_{-a}^{a} f(x)\mathrm{d}x = \int_{0}^{a} 2f(x)\mathrm{d}x = 2\int_{0}^{a} f(x)\mathrm{d}x.$$

利用例 3 的结论,常可简化计算奇函数、偶函数在对称于原点的区间上的定积分. 在今后的计算中,常可把例 3 的结论作为公式使用.

例 4 计算下列定积分:

① $\displaystyle\int_{-\frac{\pi}{2}}^{\frac{\pi}{2}} \sin^7 x \mathrm{d}x$;   ② $\displaystyle\int_{-\frac{\pi}{4}}^{\frac{\pi}{4}} \frac{x}{1+\cos x}\mathrm{d}x.$

解 ① 因为 $\sin^7 x$ 在 $\left[-\dfrac{\pi}{2}, \dfrac{\pi}{2}\right]$ 上为奇函数,所以

$$\int_{-\frac{\pi}{2}}^{\frac{\pi}{2}} \sin^7 x \mathrm{d}x = 0.$$

② 在 $\displaystyle\int_{-\frac{\pi}{4}}^{\frac{\pi}{4}} \frac{x}{1+\cos x}\mathrm{d}x$ 中,令 $f(x) = \dfrac{x}{1+\cos x}$,因为

$$f(-x) = \frac{-x}{1+\cos(-x)} = -f(x),$$

所以 $f(x)$ 在 $\left[-\dfrac{\pi}{4}, \dfrac{\pi}{4}\right]$ 上为奇函数,于是

$$\int_{-\frac{\pi}{4}}^{\frac{\pi}{4}} \frac{x}{1+\cos x}\mathrm{d}x = 0.$$

5.4.2 定积分的分部积分法

定理 2 如果函数 $u = u(x), v = v(x)$ 在区间 $[a,b]$ 上具有连续导数,那么

$$\int_{a}^{b} u(x)\mathrm{d}[v(x)] = [u(x)v(x)]\Big|_{a}^{b} - \int_{a}^{b} v(x)\mathrm{d}[u(x)].$$

证明 $u(x)\mathrm{d}[v(x)]$ 为连续函数,所以 $\displaystyle\int_{a}^{b} u(x)\mathrm{d}[v(x)]$ 存在.

根据牛顿 – 莱布尼茨公式,有

$$\int_{a}^{b} u(x)\mathrm{d}[v(x)] = \left\{\int u(x)\mathrm{d}[v(x)]\right\}\Big|_{a}^{b} = \left\{u(x)v(x) - \int v(x)\mathrm{d}[u(x)]\right\}\Big|_{a}^{b}$$

$$= [u(x)v(x)]\Big|_{a}^{b} - \int_{a}^{b} v(x)\mathrm{d}[u(x)].$$

上式还可简写为

$$\int_{a}^{b} u\mathrm{d}v = (uv)\Big|_{a}^{b} - \int_{a}^{b} v\mathrm{d}u.$$

例 5 计算 $\displaystyle\int_{0}^{\pi} x\cos x\mathrm{d}x.$

解
$$\int_0^\pi x\cos x\mathrm{d}x = \int_0^\pi x\mathrm{d}(\sin x) = (x\sin x)\Big|_0^\pi - \int_0^\pi \sin x\mathrm{d}x$$
$$= 0 - \int_0^\pi \sin x\mathrm{d}x = (\cos x)\Big|_0^\pi = -2.$$

例 6 计算 $\int_0^1 e^{\sqrt{x}}\mathrm{d}x.$

解 先用换元积分法,再用分部积分法.

设 $\sqrt{x} = t$,则 $x = t^2(t \geqslant 0)$,$\mathrm{d}x = 2t\mathrm{d}t.$ 当 $x = 0$ 时,$t = 0$;当 $x = 1$ 时,$t = 1$,于是

$$\int_0^1 e^{\sqrt{x}}\mathrm{d}x = \int_0^1 2te^t\mathrm{d}t = 2\int_0^1 t\mathrm{d}e^t = 2(te^t)\Big|_0^1 - 2\int_0^1 e^t\mathrm{d}t = 2e - 2(e^t)\Big|_0^1 = 2.$$

例 7 计算 $\int_{\frac{1}{e}}^{e} |\ln x|\mathrm{d}x.$

解 因为在 $\left[\dfrac{1}{e}, 1\right]$ 上,$\ln x \leqslant 0$,所以 $|\ln x| = -\ln x.$ 在 $[1, e]$ 上,$\ln x \geqslant 0$,所以 $|\ln x| = \ln x.$ 于是

$$\int_{\frac{1}{e}}^{e} |\ln x|\mathrm{d}x = \int_{\frac{1}{e}}^{1} (-\ln x)\mathrm{d}x + \int_1^e \ln x\mathrm{d}x$$
$$= -(x\ln x)\Big|_{\frac{1}{e}}^{1} + \int_{\frac{1}{e}}^{1} \mathrm{d}x + (x\ln x)\Big|_1^e - \int_1^e \mathrm{d}x$$
$$= -\frac{1}{e} + 1 - \frac{1}{e} + e - e + 1$$
$$= 2\left(1 - \frac{1}{e}\right).$$

例 8 计算 $\int_0^{\frac{\pi}{2}} x^2\sin x\mathrm{d}x.$

解
$$\int_0^{\frac{\pi}{2}} x^2\sin x\mathrm{d}x = -\int_0^{\frac{\pi}{2}} x^2\mathrm{d}(\cos x) = -(x^2\cos x)\Big|_0^{\frac{\pi}{2}} + 2\int_0^{\frac{\pi}{2}} x\cos x\mathrm{d}x$$
$$= 0 + 2\int_0^{\frac{\pi}{2}} x\cos x\mathrm{d}x = 2\int_0^{\frac{\pi}{2}} x\mathrm{d}(\sin x)$$
$$= 2(x\sin x)\Big|_0^{\frac{\pi}{2}} - 2\int_0^{\frac{\pi}{2}} \sin x\mathrm{d}x = \pi + 2(\cos x)\Big|_0^{\frac{\pi}{2}}$$
$$= \pi - 2.$$

■ **习题 5.4**

1. 计算下列定积分:

(1) $\displaystyle\int_0^1 \frac{x^2}{1 + x^6}\mathrm{d}x;$ (2) $\displaystyle\int_1^{e^2} \frac{1}{x\sqrt{1 + \ln x}}\mathrm{d}x;$

(3) $\displaystyle\int_0^{\frac{\pi}{\omega}} \sin^2(\omega t + \varphi)\mathrm{d}t$(其中 ω, φ 为常数);

(4) $\displaystyle\int_0^{\frac{\pi}{4}} \frac{1 - \cos^4 x}{2}\mathrm{d}x;$ (5) $\displaystyle\int_0^{\frac{\pi}{2}} \frac{\mathrm{d}x}{1 + \cos x};$ (6) $\displaystyle\int_{-\frac{\pi}{2}}^{\frac{\pi}{2}} \cos x\cos 2x\mathrm{d}x;$

习题 5.4 答案

（7）$\int_{-\frac{\pi}{2}}^{\frac{\pi}{2}} 4\cos^4\theta\mathrm{d}\theta.$

2. 计算下列定积分：

（1）$\int_0^1 t\mathrm{e}^t\mathrm{d}t$；

（2）$\int_0^{\frac{1}{2}} \arcsin x\mathrm{d}x$；

（3）$\int_1^e x\ln x\mathrm{d}x$；

（4）$\int_0^{\frac{\pi}{2}} \mathrm{e}^x\sin x\mathrm{d}x$；

（5）$\int_1^4 \frac{\ln x}{\sqrt{x}}\mathrm{d}x$；

（6）$\int_0^1 \frac{1}{2+\sqrt[3]{x}}\mathrm{d}x$；

（7）$\int_1^5 \frac{\sqrt{x-1}}{x}\mathrm{d}x$；

（8）$\int_{\frac{1}{\sqrt{2}}}^1 \frac{\sqrt{1-x^2}}{x^2}\mathrm{d}x$；

（9）$\int_0^{\sqrt{2}} \sqrt{2-x^2}\mathrm{d}x.$

3. 计算下列定积分：

（1）$\int_1^2 \frac{\mathrm{e}^{\frac{1}{x}}}{x^2}\mathrm{d}x$；

（2）$\int_1^e \ln^3 x\mathrm{d}x$；

（3）$\int_{-3}^3 \frac{x\cos x}{2x^4+x^2+1}\mathrm{d}x$；

（4）$\int_{-\frac{1}{2}}^{\frac{1}{2}} \frac{x\arcsin x}{\sqrt{1-x^2}}\mathrm{d}x$；

（5）$\int_0^{\frac{\sqrt{3}}{2}} (\arcsin x)^2\mathrm{d}x$；

（6）$\int_0^1 \frac{\mathrm{d}x}{x^2-x-2}.$

4. 证明：$\int_0^{\frac{\pi}{2}} \cos^n x\mathrm{d}x = \int_0^{\frac{\pi}{2}} \sin^n x\mathrm{d}x$（提示：设 $x = \frac{\pi}{2} - t$）.

5.5 定积分的应用

5.5.1 定积分在几何上的应用

1. 平面图形的面积

① 由连续函数曲线 $y=f(x)$ 与直线 $x=a$, $x=b$, $y=0$ 所围成的平面图形的面积，根据定积分的几何意义，立即得到下列公式：

若 $f(x) \geqslant 0$（图 5-14），则面积为 $A = \int_a^b f(x)\mathrm{d}x$；

平面图形
的面积
讲解视频

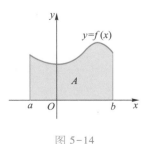

图 5-14

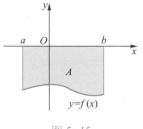

图 5-15

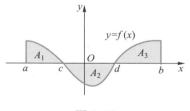

图 5-16

若 $f(x) \le 0$(图 5-15),则面积为 $A = -\displaystyle\int_a^b f(x)\,dx$;

若 $f(x)$ 在 $[a,b]$ 上有时取正值,有时取负值(图 5-16),则面积为

$$A = \int_a^c f(x)\,dx - \int_c^d f(x)\,dx + \int_d^b f(x)\,dx.$$

② 由曲线 $y = f(x), y = g(x)$ 与直线 $x = a, x = b$ 所围成的平面图形的面积.

若 $f(x) \ge g(x) \ge 0 (x \in [a,b])$(图 5-17),则其面积是两个曲边梯形的面积的差,于是

$$A = \int_a^b f(x)\,dx - \int_a^b g(x)\,dx = \int_a^b [f(x) - g(x)]\,dx.$$

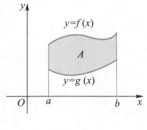

图 5-17

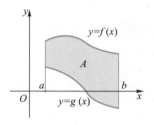

图 5-18

上述公式对于图 5-18 所示的情况也成立.事实上,如果在 $[a,b]$ 内函数值不全为正,则可将曲线 $y = f(x)$ 和 $y = g(x)$ 同时向上平移,直到图形全部位于 x 轴的上方,这时两个函数同时增加了一个常数 C,且 $f(x) + C \ge g(x) + C \ge 0, x \in [a,b]$,于是有

$$A = \int_a^b \{[f(x) + C] - [g(x) + C]\}\,dx = \int_a^b [f(x) - g(x)]\,dx.$$

③ 由曲线 $x = \varphi(y)(\varphi(y) \ge 0)$ 与直线 $y = c, y = d, x = 0$ 所围成的平面图形的面积.

如图 5-19 所示,将 y 作为积分变量,所以其面积为 $A = \displaystyle\int_c^d \varphi(y)\,dy.$

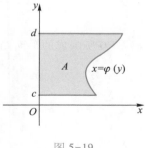

图 5-19

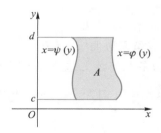

图 5-20

④ 由连续曲线 $x = \varphi(y), x = \psi(y)$,且 $\varphi(y) \ge \psi(y)$,与直线 $y = c, y = d$ 所围成的平面图形(图 5-20)的面积为 $A = \displaystyle\int_c^d [\varphi(y) - \psi(y)]\,dy.$

例 1 求由抛物线 $y = x^2$ 与直线 $x = 1, x = 2$ 及 x 轴围成的图形的面积.

解 画出图形如图 5-21 所示,所求图形的面积为 $A = \displaystyle\int_1^2 x^2\,dx = \dfrac{x^3}{3}\bigg|_1^2 = \dfrac{7}{3}.$

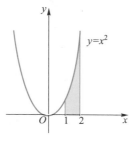

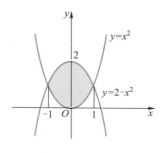

图 5-21　　　　　　　　　　　　图 5-22

例 2　求由抛物线 $y = x^2$ 与 $y = 2 - x^2$ 所围成的平面图形的面积.

解　画出图形如图 5-22 所示,由联立方程组

$$\begin{cases} y = x^2, \\ y = 2 - x^2, \end{cases}$$

解得两抛物线的交点为 $(-1, 1)$ 和 $(1, 1)$,因此图形在直线 $x = -1$ 与 $x = 1$ 之间. 确定 x 为积分变量,于是积分区间为 $[-1, 1]$,故所求平面图形的面积为

$$\begin{aligned} A &= \int_{-1}^{1} \left[(2 - x^2) - x^2 \right] \mathrm{d}x = \int_{-1}^{1} (2 - 2x^2) \mathrm{d}x \\ &= 2\int_{0}^{1} (2 - 2x^2) \mathrm{d}x = 2\left(2x - \frac{2}{3} x^3 \right) \Big|_{0}^{1} \\ &= \frac{8}{3}. \end{aligned}$$

例 3　求椭圆 $\dfrac{x^2}{a^2} + \dfrac{y^2}{b^2} = 1$ 的面积.

解　画出图形如图 5-23 所示,由 $\dfrac{x^2}{a^2} + \dfrac{y^2}{b^2} = 1$,得

$$y = \pm \frac{b}{a} \sqrt{a^2 - x^2}.$$

根据椭圆的对称性,得

$$A = 4\int_{0}^{a} \frac{b}{a} \sqrt{a^2 - x^2} \,\mathrm{d}x = \frac{4b}{a} \int_{0}^{a} \sqrt{a^2 - x^2} \,\mathrm{d}x,$$

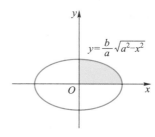

图 5-23

令 $x = a\sin t$,则 $\mathrm{d}x = a\cos t \,\mathrm{d}t$,且当 $x = 0$ 时,$t = 0$;当 $x = a$ 时,$t = \dfrac{\pi}{2}$. 代入上式,得

$$\begin{aligned} A &= \frac{4b}{a} \int_{0}^{\frac{\pi}{2}} a^2 \cos^2 t \,\mathrm{d}t = 4ab \int_{0}^{\frac{\pi}{2}} \cos^2 t \,\mathrm{d}t = 2ab \int_{0}^{\frac{\pi}{2}} (1 + \cos 2t) \,\mathrm{d}t \\ &= 2ab\left(t + \frac{1}{2} \sin 2t \right) \Big|_{0}^{\frac{\pi}{2}} = \pi ab. \end{aligned}$$

特别地,当 $a = b = r$ 时,得圆的面积公式:$A = \pi r^2$.

例 4　求由抛物线 $y^2 = 2x$ 与直线 $y = x - 4$ 所围成的平面图形的面积.

解 画出图形如图 5-24 所示,解联立方程组

$$\begin{cases} y^2 = 2x, \\ y = x - 4, \end{cases}$$

得

$$\begin{cases} x = 2, \\ y = -2, \end{cases} \quad \begin{cases} x = 8, \\ y = 4, \end{cases}$$

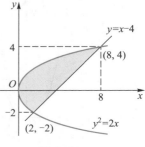

图 5-24

即抛物线 $y^2 = 2x$ 与直线 $y = x - 4$ 的交点为 $(2, -2)$ 和 $(8, 4)$. 选择 y 作为积分变量更简便,即

$$A = \int_{-2}^{4} \left[(y + 4) - \frac{y^2}{2} \right] \mathrm{d}y = \left(\frac{y^2}{2} + 4y - \frac{y^3}{6} \right) \Bigg|_{-2}^{4} = 18.$$

动动脑 本题如果选择 x 作为积分变量,则应怎样计算?

旋转体的体积
讲解视频

2. 旋转体的体积

设 $f(x)$ 是 $[a,b]$ 上的连续函数,由曲线 $y = f(x)$ 与直线 $x = a, x = b, y = 0$ 围成的曲边梯形绕 x 轴旋转一周,得到一个旋转体(图 5-25),怎样求这个旋转体的体积?

为了解决上述问题,先介绍用定积分求解实际问题时的一种常用方法,即微元法.

在面积公式 $A = \int_a^b f(x) \mathrm{d}x (f(x) \geqslant 0)$ 中,被积表达式 $f(x) \mathrm{d}x$ 叫做面积微元,记作 $\mathrm{d}A$,即

$$\mathrm{d}A = f(x) \mathrm{d}x.$$

它的几何意义是明显的,如图 5-26 所示,$\mathrm{d}A = f(x) \mathrm{d}x$ 表示在区间 $[a,b]$ 内点 x 处,以 $f(x)$ 为高,$\mathrm{d}x$ 为宽的微小矩形的面积. 由于 $\mathrm{d}x$ 可以任意小(微分),因此可将这个小矩形的面积作为相应小曲边梯形面积的(近似)值. 再将所有这些小面积"积"起来,得到整个曲边梯形的面积,即

$$A = \int_a^b \mathrm{d}A = \int_a^b f(x) \mathrm{d}x.$$

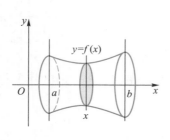

图 5-25

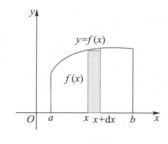

图 5-26

这种方法称为微元法. 用微元法分析问题的一般步骤如下:

① 定变量. 根据问题的具体情况选择一个积分变量,并确定变量的变化范围,如取 x 为积分变量,x 的变化区间为 $[a,b]$.

② 取微元. 在区间 $[a,b]$ 内任意一点处,给 x 以微小的增量 $\mathrm{d}x$,在 $[x, x + \mathrm{d}x]$ 上将 $f(x)$ 看作常值,构造所求量的微元 $\mathrm{d}U = Q(x) \mathrm{d}x$.

③ 求积分. 将上述微元"积"起来,得到所求量

$$U = \int_a^b \mathrm{d}U = \int_a^b Q(x)\,\mathrm{d}x.$$

下面用微元法来求旋转体的体积.

如图 5-27 所示,选定 x 为积分变量,x 的变化范围为 $[a,b]$.在 $[a,b]$ 上任取一小区间 $[x,x+\mathrm{d}x]$,过点 x 作垂直于 x 的平面,则截面是一个以 $|f(x)|$ 为半径的圆,其面积为 $\pi[f(x)]^2$,再过点 $x+\mathrm{d}x$ 作垂直于 x 轴的平面,得到另一个截面.由于 $\mathrm{d}x$ 很小,所以夹在两个截面之间的“小薄片”可以近似地看作一个以 $|f(x)|$ 为底面半径、$\mathrm{d}x$ 为高的圆柱体.其体积为

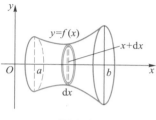

图 5-27

$$\mathrm{d}V = \pi[f(x)]^2\mathrm{d}x,$$

$\mathrm{d}V$ 叫做体积微元.把体积微元在 $[a,b]$ 上求定积分,便得到所求旋转体的体积

$$\boxed{V = \pi\int_a^b [f(x)]^2\mathrm{d}x.} \tag{5-2}$$

类似地可以推出:由曲线 $x = \varphi(y)$ 与直线 $y = c, y = d(c < d), x = 0$ 所围成的曲边梯形绕 y 轴旋转一周而得到的旋转体(图 5-28)的体积为

$$\boxed{V = \pi\int_c^d [\varphi(y)]^2\mathrm{d}y.} \tag{5-3}$$

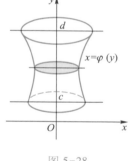

图 5-28

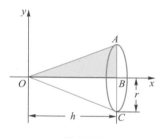

图 5-29

例 5 证明:底面半径为 r,高为 h 的圆锥体的体积为

$$V = \frac{1}{3}\pi r^2 h.$$

证明 如图 5-29 所示,以圆锥的顶点为坐标原点,以圆锥的高为 x 轴,建立直角坐标系,则圆锥可以看成是由直角三角形 ABO 绕 x 轴旋转一周而得到的旋转体.直线 OA 的方程为

$$y = \frac{r}{h}x,$$

于是,所求体积为

$$V = \int_0^h \pi\left(\frac{r}{h}x\right)^2\mathrm{d}x = \frac{\pi r^2}{h^2}\int_0^h x^2\mathrm{d}x = \frac{\pi r^2}{h^2}\left(\frac{x^3}{3}\right)\bigg|_0^h = \frac{1}{3}\pi r^2 h.$$

例 6 求椭圆 $\dfrac{x^2}{a^2} + \dfrac{y^2}{b^2} = 1$ 绕 x 轴旋转一周而成的旋转体(旋转椭球体)的体积

（图 5-30）.

解 由图形的对称性,可得旋转椭球体的体积为

$$V = 2\int_0^a \pi \frac{b^2}{a^2}(a^2 - x^2)\,dx = \frac{2\pi b^2}{a^2}\int_0^a (a^2 - x^2)\,dx$$

$$= \frac{2\pi b^2}{a^2}\left(a^2 x - \frac{x^3}{3}\right)\Big|_0^a = \frac{4}{3}\pi ab^2.$$

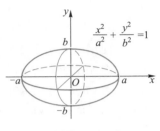

图 5-30

特别地,当 $a = b$ 时,旋转椭球体就变成了半径为 a 的

球体,其体积为 $V = \frac{4}{3}\pi a^3.$

动动脑 该椭圆绕 y 轴旋转一周而成的旋转体体积是多少?

例 7 如图 5-31(a) 所示的一个高 8 cm,上底半径为 5 cm,下底半径为 3 cm 的圆台形工件,中央有一个半径为 2 cm 的孔,求该工件的体积.

解 该工件的体积可看作两个旋转体(一个圆台,一个圆柱)的体积的差. 将工件置于坐标系中,作图如图 5-31(b) 所示.

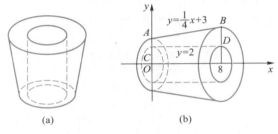

(a)   (b)

图 5-31

根据题意,A 点坐标是 $(0,3)$,B 点坐标是 $(8,5)$,所以过 AB 的直线方程为 $y = \frac{1}{4}x + 3$. 直线 CD 平行于 x 轴,它的方程为 $y = 2$. 于是

$$V = V_{\text{圆台}} - V_{\text{圆柱}} = \pi\int_0^8 \left(\frac{1}{4}x + 3\right)^2 dx - \pi\int_0^8 2^2\,dx = \pi\int_0^8 \left(\frac{1}{16}x^2 + \frac{3}{2}x + 5\right)dx$$

$$= \pi\left(\frac{1}{48}x^3 + \frac{3}{4}x^2 + 5x\right)\Big|_0^8 = \frac{296}{3}\pi\,(\text{cm}^3).$$

3. 平面曲线的弧长

设函数 $y = f(x)$ 在 $[a,b]$ 上具有连续导数,计算曲线 $y = f(x)$ 从 a 到 b 的曲线弧的弧长(图 5-32).

在 $[a,b]$ 上任取一小区间 $[x, x+dx]$,其对应的曲线弧长为 $\overset{\frown}{PQ}$,过点 P 作曲线的切线 PT,由于 dx 很小,于是曲线弧 $\overset{\frown}{PQ}$ 的长度近似地等于切线段 PT 的长度 $|PT|$,因此,把 PT 称为弧长微元,记作 ds,可以看到,dx、dy、ds 构成一个直角三角形,因此有 $ds = \sqrt{(dx)^2 + (dy)^2} = \sqrt{1 + (y')^2}\,dx.$

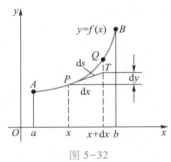

图 5-32

对 ds 在区间 $[a,b]$ 上求定积分,便得到所求弧长为

$$s = \int_a^b \sqrt{1 + (y')^2}\,\mathrm{d}x. \tag{5-4}$$

例 8 求曲线 $y = x^{\frac{3}{2}}$ 上从 $x = 0$ 到 $x = 4$ 之间的一段弧的长度.

解 由于 $y' = \dfrac{3}{2}x^{\frac{1}{2}}$. 于是

$$s = \int_0^4 \sqrt{1 + \left(\frac{3}{2}x^{\frac{1}{2}}\right)^2}\,\mathrm{d}x = \int_0^4 \sqrt{1 + \frac{9}{4}x}\,\mathrm{d}x = \frac{4}{9} \times \frac{2}{3}\left[\left(1 + \frac{9}{4}x\right)^{\frac{3}{2}}\right]\Bigg|_0^4$$

$$= \frac{8}{27}(10\sqrt{10} - 1).$$

5.5.2　定积分在物理学上的应用

前面用微元法探索了定积分在几何上的一些应用,本节将利用微元法探索定积分在物理学上的一些应用.

1. 功的计算

由物理学可知,在一个常力 F 的作用下,物体沿力的方向作直线运动,当物体移动一段距离 s 时,F 所做的功为

$$W = F \cdot s.$$

如果物体在运动过程中受到的力是变化的,就会遇到变力对物体做功的问题. 下面通过具体的例子说明如何计算变力所做的功.

例 9 载人飞船进入轨道 —— 变力做功问题

神舟十三号载人飞船于 2021 年 10 月 16 日 0 时 23 分在酒泉卫星发射中心升空,三名航天员在核心舱在轨驻留 6 个月,2022 年 4 月 16 日,神舟十三号载人飞船返回舱成功着陆,飞行任务取得圆满成功. 中国航天,又站在了一个新的起点.

地球重力场强度随离地心的距离 r 而变化,质量为 m 的载人飞船在其发射期间和发射以后所受的地球重力大小为 $F(r) = \dfrac{Gm_{\mathrm{E}}m}{r^2}$,其中 $m_{\mathrm{E}} = 5.974 \times 10^{24}\,\mathrm{kg}$ 是地球质量,$G = 6.674 \times 10^{-11}\,\mathrm{N \cdot m^2 \cdot kg^{-2}}$ 是引力常量,求把一艘 $8\,000\,\mathrm{kg}$ 的载人飞船送入距离地面 $300\,\mathrm{km}$ 的圆形轨道所需做的功. (这里不考虑运载火箭上升消耗的能量和使载人飞船获得轨道速度消耗的能量;地球平均半径约等于 $6\,370\,\mathrm{km}$.)

解 $W = \displaystyle\int_{6.37 \times 10^6}^{6.67 \times 10^6} \frac{Gm_{\mathrm{E}}m}{r^2}\,\mathrm{d}r$

$$\approx 8\,000 \times 5.974 \times 10^{24} \times 6.674 \times 10^{-11} \times \int_{6.37 \times 10^6}^{6.67 \times 10^6} \frac{1}{r^2}\,\mathrm{d}r$$

$$\approx -3.19 \times 10^{18} \times \frac{1}{r}\Bigg|_{6.37 \times 10^6}^{6.67 \times 10^6}$$

$$\approx 2.23 \times 10^{10}(\mathrm{J}).$$

定积分不仅可以解决变力做功的问题,通过微元法还可以解决有关功的计算问题.

例 10 修建一座大桥的桥墩时先要下围图,并且抽尽其中的水以便施工. 已知围图的直径为 20 m,水深 27 m,围图高出水面 3 m,求抽尽水所做的功.

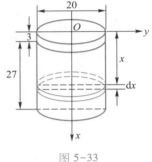

图 5-33

解 如图 5-33 所示,建立直角坐标系.

① 取积分变量为 x,积分区间为 $[3,30]$.

② 在区间 $[3,30]$ 上任取一小区间 $[x, x+\mathrm{d}x]$,与它对应的一薄层(圆柱)水的质量为 $9.8\rho\pi \cdot 10^2 \mathrm{d}x$,其中水的密度 $\rho = 10^3 \ \mathrm{kg/m^3}$.

因将这一薄层水抽出围图所做的功近似于克服这一薄层水的重量所做的功,所以功的微元为 $\mathrm{d}W = 9.8 \times 10^5 \pi x \mathrm{d}x$.

③ 写出定积分的表达式,得所求的功为

$$W = \int_3^{30} 9.8 \times 10^5 \pi x \mathrm{d}x = 9.8 \times 10^5 \pi \left(\frac{x^2}{2}\right)\Bigg|_3^{30}$$

$$\approx 1.37 \times 10^9 (\mathrm{J}).$$

2. 液体的压力计算

由物理学可知,一水平放置在液体中的薄片,若其面积为 A,距离液体表面的深度为 h,则该薄片一侧所受的压力 p 等于以 A 为底、h 为高的液体柱的重量,即

$$p = \rho g A h,$$

其中 ρ 为液体的密度(单位为 $\mathrm{kg/m^3}$).

但在实际问题中,往往要计算与液面垂直放置的薄片(如水渠的闸门)一侧所受的压力. 由于薄片上每个位置距液体表面的深度都不一样,因此不能直接利用上述公式进行计算. 下面通过例子来说明这种薄片所受液体压力的求法.

例 11 设有一竖直的闸门,形状是等腰梯形,尺寸与坐标系如图 5-34 所示. 当水面齐闸门顶时,求闸门所受水的压力.

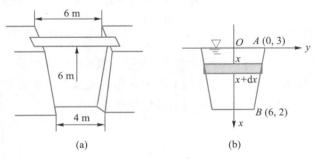

图 5-34

解 ① 取积分变量为 x,积分区间为 $[0,6]$.

② 在图 5-34(b) 所示的坐标系中,AB 的方程为 $y = -\dfrac{x}{6} + 3$. 在区间 $[0,6]$ 上任取

一小区间 $[x, x+dx]$，与它相应的小薄片的面积近似于宽为 dx，长为 $2y = 2\left(-\dfrac{x}{6}+3\right)$ 的小矩形面积. 这个小矩形上受到的压力近似于把这个小矩形放在平行于液体表面且距液体表面深度为 x 的位置上一侧所受到的压力. 由于

$$\rho g = 9.8 \times 10^3, dA = 2\left(-\frac{x}{6}+3\right)dx, h = x,$$

所以压力的微元为

$$dp = 9.8 \times 10^3 \times x \times 2\left(-\frac{x}{6}+3\right)dx,$$

即

$$dp = 9.8 \times 10^3 \times \left(-\frac{x^2}{3}+6x\right)dx.$$

③ 写出定积分的表达式,得所求水压力为

$$p = \int_0^6 9.8 \times 10^3 \times \left(-\frac{x^2}{3}+6x\right)dx = 9.8 \times 10^3 \times \left(-\frac{x^3}{9}+3x^2\right)\Bigg|_0^6$$

$$= 9.8 \times 10^3 \times (-24+108) = 84 \times 9.8 \times 10^3$$

$$\approx 8.23 \times 10^5 (\text{N}).$$

例 12 设一水平放置的水管,其断面是直径为 6 m 的圆,求当水半满时,水管一端的竖立闸门上所受的压力.

解 建立如图 5-35 所示的坐标系,则圆的方程为 $x^2 + y^2 = 9$.

① 取积分变量为 x,积分区间为 $[0,3]$.

② 在区间 $[0,3]$ 上任取一小区间 $[x, x+dx]$,在该区间上,由于

$$\rho = 10^3(\text{kg/m}^3), dA = 2\sqrt{9-x^2}dx, h = x.$$

所以压力的微元为

$$dp = 2 \times 9.8 \times 10^3 \times x \times \sqrt{9-x^2}dx.$$

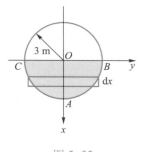

图 5-35

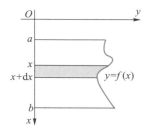

图 5-36

③ 写出定积分的表达式,得所求水压力为

$$p = \int_0^3 19.6 \times 10^3 x\sqrt{9-x^2}dx = 19.6 \times 10^3\left(-\frac{1}{2}\right)\int_0^3 \sqrt{9-x^2}\,d(9-x^2)$$

$$= -9.8 \times 10^3 \times \frac{2}{3}\left[(9-x^2)^{\frac{3}{2}}\right]\Bigg|_0^3$$

$$= -9.8 \times 10^3 \times \frac{2}{3} \times (-27)$$

$$\approx 1.76 \times 10^5 (\text{N}).$$

把上述两例的计算方法推广到一般情形(图5-36),可得出液体压力的计算公式为

$$p = \int_a^b \rho g x f(x) \, dx, \tag{5-5}$$

其中 ρ 为液体的密度,$f(x)$ 为薄片曲边的函数式.

■ 习题 5.5

习题 5.5 答案

1. 计算由下列曲线围成的图形的面积:

(1) $y = x^3, y = x$;   (2) $y = \ln x, y = \ln 2, y = \ln 7, x = 0$;

(3) $xy = 1, y = x, x = 2$;   (4) $y^2 = 2x, 2x + y - 2 = 0$;

(5) $y^2 = x, x^2 + y^2 = 2(x \geqslant 0)$.

2. 求由下列曲线围成的图形绕指定轴旋转所成的旋转体的体积:

(1) $y = x^2 - 4, y = 0$,绕 x 轴;

(2) $x^2 + y^2 = 2(x \geqslant 0), x = \dfrac{1}{2}$,绕 x 轴;

(3) $x^2 + y^2 = 2(y \geqslant 0), y = x^2$,绕 x 轴;

(4) $y^2 = x, y = x^2$,绕 y 轴;

(5) 椭圆 $\dfrac{x^2}{a^2} + \dfrac{y^2}{b^2} = 1$,绕 y 轴;

(6) $y = \sin x, y = \cos x$ 及 x 轴上的线段 $\left[0, \dfrac{\pi}{2}\right]$,绕 x 轴.

3. 有一口锅,其形状可视为抛物线 $y = ax^2$ 绕 y 轴旋转而成,已知锅深为 0.5 m,锅口直径为 1 m,求锅的容积.

4. 求下列曲线上指定两点间的一段曲线弧的长.

(1) $y = \ln(1 - x^2)$ 上自 $(0,0)$ 至 $\left(\dfrac{1}{2}, \ln\dfrac{3}{4}\right)$;

(2) $y^2 = 2px$ 上自 $(0,0)$ 至 $\left(\dfrac{p}{2}, p\right)$.

5. 已知弹簧每压缩 0.005 m 需力 9.8 N,求把弹簧压缩 0.03 m 压力所做的功.

6. 半径为 r m 的半球形水池中充满了水,问将水池中的水全部抽出需做多少功?

7. 一底为 0.08 m,高为 0.06 m 的等腰三角形薄片直立地沉没在水中,其顶点在上,底边与水面平行且距水面 0.09 m.求其一侧所受的水的压力.

8. 一抛物线弓形薄片直立地沉没在水中,抛物线顶点恰与水面平齐,而底边平行于水面,又知薄片的底边为 0.15 m,高为 0.03 m,试求其每侧所受的水的压力.

9. 设有一直径为 6 m 的圆形溢水洞,求当水面齐半圆时,闸门所受水的压力.

5.6 无限区间上的反常积分[①]

无限区间上的
反常积分
讲解视频

在前面所讨论的定积分中都假定积分区间 $[a,b]$ 是有限的. 但在实际问题中, 常会遇到积分区间为无限的情形. 本节介绍这类积分的概念和计算方法.

先看下面的例子.

求曲线 $y = \dfrac{1}{x^2}$, x 轴及直线 $x = 1$ 右边所围成的"开口曲边梯形"的面积(图 5-37).

因为这个图形不是封闭的曲边梯形, 而在 x 轴的正方向是开口的. 也就是说, 这时的积分区间是无限区间 $[1, +\infty)$, 所以不能用前面所学的定积分来计算它的面积.

任意取一个大于 1 的数 b, 那么在区间 $[1, b]$ 上由曲线 $y = \dfrac{1}{x^2}$ 所围成的曲边梯形的面积为

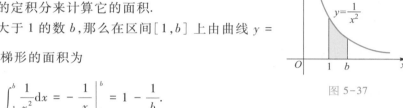

图 5-37

$$\int_1^b \frac{1}{x^2}\mathrm{d}x = -\left.\frac{1}{x}\right|_1^b = 1 - \frac{1}{b}.$$

很明显, 当 b 改变时曲边梯形的面积随之改变, 且随着 b 趋于无穷而趋近于一个确定的极限, 即

$$\lim_{b \to +\infty}\int_1^b \frac{1}{x^2}\mathrm{d}x = \lim_{b \to +\infty}\left(1 - \frac{1}{b}\right) = 1.$$

显然, 这个极限值就表示了所求"开口曲边梯形"的面积.

一般地, 对于积分区间是无限的情形, 给出下面的定义.

定义 设函数 $f(x)$ 在区间 $[a, +\infty)$ 上连续, b 是区间 $[a, +\infty)$ 内的任意数值, 如果极限 $\lim\limits_{b \to +\infty}\int_a^b f(x)\mathrm{d}x$ 存在, 则称这个极限值为函数 $f(x)$ 在无限区间 $[a, +\infty)$ 上的反常积分, 记作 $\int_a^{+\infty} f(x)\mathrm{d}x$, 即

$$\int_a^{+\infty} f(x)\mathrm{d}x = \lim_{b \to +\infty}\int_a^b f(x)\mathrm{d}x.$$

这时也称反常积分 $\int_a^{+\infty} f(x)\mathrm{d}x$ 收敛; 如果极限不存在, 则称反常积分 $\int_a^{+\infty} f(x)\mathrm{d}x$ 发散.

同样地, 可以定义下限为负无穷大或上、下限都是无穷大的反常积分:

$$\int_{-\infty}^b f(x)\mathrm{d}x = \lim_{a \to -\infty}\int_a^b f(x)\mathrm{d}x;$$

$$\int_{-\infty}^{+\infty} f(x)\mathrm{d}x = \int_{-\infty}^0 f(x)\mathrm{d}x + \int_0^{+\infty} f(x)\mathrm{d}x = \lim_{a \to -\infty}\int_a^0 f(x)\mathrm{d}x + \lim_{b \to +\infty}\int_0^b f(x)\mathrm{d}x.$$

---

① 又称"广义积分".

如果第二个等式右端的两个反常积分都收敛,则称反常积分 $\int_{-\infty}^{+\infty} f(x)\,dx$ 收敛,否则,称反常积分 $\int_{-\infty}^{+\infty} f(x)\,dx$ 发散.

为了书写简便,在计算过程中常常省去极限符号,反常积分可表示为

$$\int_a^{+\infty} f(x)\,dx = F(x)\,\big|_a^{+\infty} = F(+\infty) - F(a),$$

$$\int_{-\infty}^b f(x)\,dx = F(x)\,\big|_{-\infty}^b = F(b) - F(-\infty),$$

$$\int_{-\infty}^{+\infty} f(x)\,dx = F(x)\,\big|_{-\infty}^{+\infty} = F(+\infty) - F(-\infty),$$

其中 $F(x)$ 为 $f(x)$ 的原函数,$F(+\infty) = \lim\limits_{x \to +\infty} F(x)$,$F(-\infty) = \lim\limits_{x \to -\infty} F(x)$. 此时,反常积分的敛散性就取决于 $F(+\infty)$,$F(-\infty)$ 是否存在. 若存在则反常积分收敛,否则反常积分发散.

例 1 讲解视频

例 1 计算反常积分 $\int_{-\infty}^{+\infty} \dfrac{1}{1+x^2}\,dx$.

解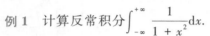
$$\int_{-\infty}^{+\infty} \dfrac{1}{1+x^2}\,dx = \arctan x\,\big|_{-\infty}^{+\infty} = \lim\limits_{x \to +\infty}\arctan x - \lim\limits_{x \to -\infty}\arctan x$$

$$= \dfrac{\pi}{2} - \left(-\dfrac{\pi}{2}\right) = \pi.$$

例 2 计算 $\int_1^{+\infty} \dfrac{1}{x^p}\,dx$.

解 当 $p = 1$ 时,有

$$\int_1^{+\infty} \dfrac{dx}{x} = (\ln x)\,\big|_1^{+\infty} = +\infty.$$

当 $p \neq 1$ 时,有

例 2 讲解视频

$$\int_1^{+\infty} \dfrac{1}{x^p}\,dx = \left(\dfrac{1}{1-p}x^{1-p}\right)\bigg|_1^{+\infty} = \dfrac{1}{1-p}\left(\lim\limits_{x \to +\infty}x^{1-p} - 1\right) = \begin{cases} \dfrac{1}{p-1}, & p > 1, \\[2mm] +\infty, & p < 1. \end{cases}$$

综上所述,反常积分 $\int_1^{+\infty} \dfrac{1}{x^p}\,dx$ 当 $p > 1$ 时收敛,当 $p \leqslant 1$ 时发散.

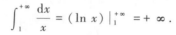
习题 5.6 答案

■ **习题 5.6**

下列反常积分是否收敛? 若收敛,计算出它的值.

1. $\int_1^{+\infty} \dfrac{1}{x^4}\,dx$;

2. $\int_e^{+\infty} \dfrac{\ln x}{x}\,dx$;

3. $\int_0^{+\infty} e^{-x}\sin x\,dx$;

4. $\int_{-\infty}^{+\infty} \dfrac{1}{x^2 + 2x + 2}\,dx$;

5. $\int_1^{+\infty} \dfrac{1}{x\sqrt{x-1}}\,dx$.

5.7 数学实验——用 MATLAB 求解定积分

语法:int(f,t,a,b)　% 求 f 对变量 t 从 a 到 b 的定积分.

参数 t 缺省,返回 f 对其变量的定积分;a 与 b 可以为无穷大,即可计算无限区间上的反常积分.a 与 b 缺省,默认计算不定积分.

例 1 计算 $\int_0^1 x\cos x\,\mathrm{d}x$.

解
```
>> syms x
>> int(x * cos(x),0,1)
ans =
cos 1 + sin 1 - 1
```

即 $\int_0^1 x\cos x\,\mathrm{d}x = \cos 1 + \sin 1 - 1$.

例 2 计算 $\int_1^{+\infty} \dfrac{1}{x^4}\mathrm{d}x$.

解
```
>> syms x
>> int(1/x^4,1,inf)
ans =
1/3
```

即 $\int_1^{+\infty} \dfrac{1}{x^4}\mathrm{d}x = \dfrac{1}{3}$.

本章小结

一、概念与结论

1. 定积分的定义

$$\int_a^b f(x)\,\mathrm{d}x = \lim_{\|\Delta x_i\| \to 0} \sum_{i=1}^n f(\xi_i)\Delta x_i.$$

2. 定积分的几何意义

$\int_a^b f(x)\,\mathrm{d}x$ 表示由曲线 $y = f(x)$,直线 $x = a, x = b$ 及 x 轴所围成的各部分平面图形面积的代数和,其中在 x 轴上方的面积为正,在 x 轴下方的面积为负.

3. 函数可积的条件

① 若函数 $f(x)$ 在 $[a,b]$ 上连续,则 $f(x)$ 在 $[a,b]$ 上可积.

② 若函数 $f(x)$ 在 $[a,b]$ 上有界,且只有有限个间断点,则 $f(x)$ 在 $[a,b]$ 上可积.

4. 积分上限的函数及其导数

若 $f(x)$ 为连续函数,称 $\Phi(x) = \int_a^x f(t)\,\mathrm{d}t$ 为积分上限的函数,且

$$\Phi'(x) = f(x).$$

5. 无限区间上的反常积分

设 $f(x)$ 为连续函数,若 $\lim\limits_{b \to +\infty} \int_a^b f(x)\,\mathrm{d}x$ 存在,则称 $\int_a^{+\infty} f(x)\,\mathrm{d}x$ 收敛;若 $\lim\limits_{a \to -\infty} \int_a^b f(x)\,\mathrm{d}x$ 存在,则称 $\int_{-\infty}^b f(x)\,\mathrm{d}x$ 收敛;若 $\int_{-\infty}^0 f(x)\,\mathrm{d}x$ 与 $\int_0^{+\infty} f(x)\,\mathrm{d}x$ 都收敛,则称 $\int_{-\infty}^{+\infty} f(x)\,\mathrm{d}x$ 收敛.

二、定积分的性质

(1) $\int_a^b f(x)\,\mathrm{d}x = -\int_b^a f(x)\,\mathrm{d}x$;

(2) $\int_a^b kf(x)\,\mathrm{d}x = k\int_a^b f(x)\,\mathrm{d}x$($k$ 为常数);

(3) $\int_a^b [f(x) \pm g(x)]\,\mathrm{d}x = \int_a^b f(x)\,\mathrm{d}x \pm \int_a^b g(x)\,\mathrm{d}x$;

(4) $\int_a^b f(x)\,\mathrm{d}x = \int_a^c f(x)\,\mathrm{d}x + \int_c^b f(x)\,\mathrm{d}x$;

(5) $\int_a^b \mathrm{d}x = b - a$;

(6) 估值定理:设 M 和 m 分别是 $f(x)$ 在 $[a,b]$ 上的最大值和最小值,则

$$m(b-a) \leqslant \int_a^b f(x)\,\mathrm{d}x \leqslant M(b-a);$$

(7) 积分中值定理:若 $f(x)$ 在 $[a,b]$ 上连续,则至少存在一点 $\xi \in [a,b]$,使

$$\int_a^b f(x)\,\mathrm{d}x = f(\xi)(b-a).$$

三、定积分的计算方法

1. 微积分基本公式

设函数 $f(x)$ 在 $[a,b]$ 上连续,$F(x)$ 是 $f(x)$ 在该区间上的任意一个原函数,则

$$\int_a^b f(x)\,\mathrm{d}x = F(x)\Big|_a^b = F(b) - F(a).$$

2. 换元积分法

设 $f(x)$ 在 $[a,b]$ 上连续,$x = \varphi(t)$ 在 $[\alpha,\beta]$ 上单值且有连续导数 $\varphi'(t)$,当 $t \in [\alpha,\beta]$ 时,$x = \varphi(t) \in [a,b]$,又 $\varphi(\alpha) = a$,$\varphi(\beta) = b$,则

$$\int_a^b f(x)\,\mathrm{d}x = \int_\alpha^\beta f[\varphi(t)]\varphi'(t)\,\mathrm{d}t.$$

3. 分部积分法

$$\int_a^b u\,\mathrm{d}v = (uv)\Big|_a^b - \int_a^b v\,\mathrm{d}u.$$

四、定积分的应用

1. 几何应用

① 平面图形的面积

由连续曲线 $y = f(x)$,直线 $x = a$,$x = b$ 及 x 轴围成的平面图形的面积 $A = \int_a^b |f(x)|\,\mathrm{d}x$.

由连续曲线 $x = \varphi(y)$，直线 $y = c, y = d$ 及 y 轴围成的平面图形的面积 $A = \int_c^d |\varphi(y)| \, \mathrm{d}y$.

② 旋转体的体积

由连续曲线 $y = f(x)$，直线 $x = a, x = b$ 及 x 轴围成的平面图形绕 x 轴旋转一周所得立体的体积

$$V_x = \pi \int_a^b [f(x)]^2 \mathrm{d}x \, (\text{简记为 } V_x = \pi \int_a^b y^2 \mathrm{d}x).$$

由连续曲线 $x = \varphi(y)$，直线 $y = c, y = d$ 及 y 轴围成的图形绕 y 轴旋转一周所得到的立体的体积

$$V_y = \pi \int_c^d [\varphi(y)]^2 \mathrm{d}y \, (\text{简记为 } V_y = \pi \int_c^d x^2 \mathrm{d}y).$$

③ 平面曲线的弧长

设 $\overset{\frown}{AB}$ 为平面上的光滑弧段，其长为 s. 若弧段的方程为 $y = f(x) \, (a \leqslant x \leqslant b)$，则 $s = \int_a^b \sqrt{1 + (y')^2} \, \mathrm{d}x$.

2. 物理应用

① 变速直线运动的路程

设物体的运动速度为 $v(t)$，则在时间间隔 $[T_1, T_2]$ 内物体所经过的路程 $s = \int_{T_1}^{T_2} v(t) \, \mathrm{d}t$.

② 变力沿直线做功

物体在变力 $F(x)$ 的作用下从点 a 移动到 b 所做的功 $W = \int_a^b F(x) \, \mathrm{d}x$（其中 $F(x)$ 为连续函数）.

③ 液体的压力

竖直放置在液体中的薄片，一侧所受的压力 $p = \int_a^b \rho g x f(x) \, \mathrm{d}x$，其中 ρ 为液体的密度，$f(x)$ 为薄片曲边的函数式.

■ 复习题五

1. 求下列定积分：

(1) $\int_3^4 \dfrac{x^2 + x - 6}{x - 2} \mathrm{d}x$;

(2) $\int_a^b (x - a)(x - b) \, \mathrm{d}x$;

(3) $\int_{\frac{\pi}{6}}^{\frac{\pi}{3}} \dfrac{\cos 2x}{\cos^2 x \sin^2 x} \mathrm{d}x$;

(4) $\int_{-2}^{-1} \dfrac{1}{(11 + 5x)^3} \mathrm{d}x$;

(5) $\int_0^{\frac{\pi}{2}} \cos^3 x \sin 2x \, \mathrm{d}x$;

(6) $\int_0^1 \dfrac{1}{1 + \mathrm{e}^x} \mathrm{d}x$;

复习题五答案

(7) $\displaystyle\int_0^1 x\arctan x\,\mathrm{d}x$;   (8) $\displaystyle\int_0^\pi \mathrm{e}^x \sin x\,\mathrm{d}x$;

(9) $\displaystyle\int_1^e \frac{1+\ln x}{x}\,\mathrm{d}x$;   (10) $\displaystyle\int_1^4 \frac{\ln x}{\sqrt{x}}\,\mathrm{d}x$.

2. 求抛物线 $y = -x^2 + 4x - 3$ 及其在点 $(0,-3)$ 和点 $(3,0)$ 处的切线所围成图形的面积.

3. 在抛物线 $y^2 = 2(x-1)$ 上横坐标等于 3 的点处作一条切线,试求由所作切线及 x 轴与抛物线所围成的图形绕 x 轴旋转所形成的旋转体的体积.

4. 求曲线 $y = \dfrac{1}{4}x^2 - \dfrac{1}{2}\ln x$ 自点 $\left(1,\dfrac{1}{4}\right)$ 至点 $\left(e,\dfrac{e^2}{4}-\dfrac{1}{2}\right)$ 间的一段曲线的长.

5. 有一圆台形蓄水池,深 10 m,上底直径 20 m,下底直径 15 m,盛满水后用唧筒将水吸尽,问做功多少(精确到 10^6 J)?

6. 水池的一壁视为矩形,长为 60 m,高为 5 m,水池中装满了水,求作一水平直线把此壁分上、下两部分,使此两部分所受的压力相等.

7. 一块高为 a,底为 b 的等腰三角形薄片,直立地沉没在水中,它的顶点在下,底与水面齐,试计算它所受的压力. 如果把薄片倒放,使它的顶点与水面齐,而底平行于水面,问所受的压力是前者的几倍?

8. 计算下列反常积分:

(1) $\displaystyle\int_0^{+\infty} x^3 \mathrm{e}^{-x^2}\,\mathrm{d}x$;   (2) $\displaystyle\int_{\frac{2}{\pi}}^{+\infty} \frac{1}{x^2}\sin\frac{1}{x}\,\mathrm{d}x$.

拓展阅读　辛普森法则

对于某些函数,我们是无法求解定积分的,例如:

$$\int_a^b \sin x^2\,\mathrm{d}x, \quad y = \int_a^b \sqrt{1+x^4}\,\mathrm{d}x$$

对于这样的函数我们可以划分积分区间,在每个子区间上用一个密切拟合的多项式代替 $f(x)$,然后求这些多项式的积分,并且把结果相加作为 $f(x)$ 积分的近似值.

1. 辛普森法则 —— 用抛物线逼近

把闭区间 $[a,b]$ 划分成长度为 $\Delta x = \dfrac{b-a}{n}$ 的 n 个子区间,n 为偶数,在每对相邻的子区间上用抛物线逼近曲线 $y = f(x)$,抛物线穿过曲线上的 3 个相邻的点 (x_{i-1}, y_{i-1}), (x_i, y_i), (x_{i+1}, y_{i+1}). 我们要计算位于 3 个相邻点的抛物线下方的阴影区域的面积 (图 5-38),为了简化计算,首先考虑取 $x_0 = -\Delta x$, $x_1 = 0$ 和 $x_2 = \Delta x$ 的情况(图 5-39), 如果向左或向右移动 y 轴,在抛物线下方的面积不变,抛物线方程的形式为

$$y = Ax^2 + Bx + C.$$

所以从 $x = -\Delta x$ 到 $x = \Delta x$ 的面积等于

$$A_p = \int_{-\Delta x}^{\Delta x} (Ax^2 + Bx + C)\,\mathrm{d}x = \left(\frac{Ax^3}{3} + \frac{Bx^2}{2} + Cx\right)\Big|_{-\Delta x}^{\Delta x} = \frac{2A(\Delta x)^3}{3} + 2C\Delta x$$

$$= \frac{\Delta x}{3}\left[2A(\Delta x)^2 + 6C\right]$$

由于曲线过 $(-\Delta x, y_0)$，$(0, y_1)$，$(\Delta x, y_2)$，则有

$$y_0 = A(\Delta x)^2 - B\Delta x + C,\ y_1 = C,\ y_2 = A(\Delta x)^2 + B\Delta x + C,$$

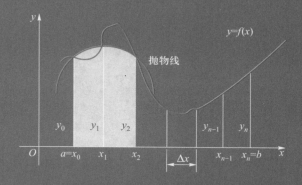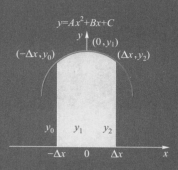

图 5-38　用抛物线逼近曲线的短弧段　　　　　　图 5-39

由此得到，
$$C = y_1,$$
$$A(\Delta x)^2 - B(\Delta x) = y_0 - y_1,$$
$$A(\Delta x)^2 - B(\Delta x) = y_0 - y_1,$$
$$A(\Delta x)^2 + B(\Delta x) = y_2 - y_1$$
$$2A(\Delta x)^2 = y_0 + y_2 - 2y_1,$$

因此，可以用坐标 y_0, y_1, y_2 表示 A_p：

$$A_p = \frac{\Delta x}{3}\left[2A(\Delta x)^2 + 6C\right] = \frac{\Delta x}{3}\left[(y_0 + y_2 - 2y_1) + 6y_1\right] = \frac{\Delta x}{3}(y_0 + 4y_1 + y_2),\text{同}$$

理，经过点 (x_2, y_2)，(x_3, y_3)，(x_4, y_4) 的抛物线下方的面积是

$$\frac{\Delta x}{3}(y_2 + 4y_3 + y_4).$$

计算抛物线下方所有的面积，并且对结果求和，给出逼近

$$\int_a^b f(x)\,\mathrm{d}x \approx \frac{\Delta x}{3}(y_0 + 4y_1 + y_2) + \frac{\Delta x}{3}(y_2 + 4y_3 + y_4) + \cdots + \frac{\Delta x}{3}(y_{n-2} + 4y_{n-1} + y_n).$$

$$= \frac{\Delta x}{3}(y_0 + 4y_1 + 2y_2 + 4y_3 + \cdots + 2y_{n-2} + 4y_{n-1} + y_n).$$

最后这个结果称为辛普森法则，在抛物线逼近中，不要求函数取正值，像推导过程所显示的那样，但是为了应用这个法则，子区间的数目必须是偶数，因为每对抛物线弧使用两个子区间。

辛普森法则 　为了逼近 $\int_a^b f(x)\,\mathrm{d}x$，使用 $S = \dfrac{\Delta x}{3}(y_0 + 4y_1 + 2y_2 + 4y_3 + \cdots + 2y_{n-2} + 4y_{n-1} + y_n)$。$y_i(i = 0, 1, 2, \cdots, n-1, n)$ 是 f 在划分点 $x_0 = a, x_1 = a + \Delta x, x_2 = a + 2\Delta x, \cdots, x_{n-1} = a + (n-1)\Delta x, x_n = b$ 的值，其中 n 为偶数，并且 $\Delta x = \dfrac{b-a}{n}$。

指点迷津

上述法则中的系数模式：$1, 4, 2, 4, 2, 4, 2, \cdots, 4, 1$。

2. 机翼油箱设计

一架新飞机的设计需要在每个机翼上置放截面面积固定的油箱，图 5-40 显示机翼截面的比例图，油箱必须贮存 2 500 kg 航空煤油，它的密度为 777 kg/m³，估计油箱的高度。

$y_0 = 0.45$ m，$y_1 = 0.48$ m，$y_2 = 0.54$ m，$y_3 = 0.57$ m
$y_4 = 0.6$ m，$y_5 = y_6 = 0.63$ m，水平间距 $= 0.3$ m

图 5-40

解 　根据辛普森法则，

$$S_{\text{底}} \approx \frac{\Delta x}{3}(y_0 + 4y_1 + 2y_2 + 4y_3 + 2y_4 + 4y_5 + y_6)$$

$$\approx \frac{0.3}{3}(0.45 + 4 \times 0.48 + 2 \times 0.54 + 4 \times 0.57 + 2 \times 0.6 + 4 \times 0.63 + 0.63)$$

$$= 1.008(\text{m}^2)$$

根据题意得 $1.008h \times 777 = 2\,500$，解得 $h \approx 3.19$ m。

第6章　常微分方程

知识导读

从小学开始,我们接触到了最简单的一元一次方程,之后在初中,又学习了一元二次方程以及二元一次方程组,高中也接触过不定方程.我们对于不同种类方程的学习,由浅入深,从一元过渡到多元,自变量次数由一次到多次不断增加.对于方程的学习,大家都不曾间断过,这一章我们要介绍的是常微分方程,它是数学分析的重要组成部分.

含有一个自变量和未知函数及其导数的方程式叫做常微分方程.含有未知函数导数是微分方程最大的特点,所以常微分方程是伴随着微积分的产生而逐渐发展完善起来的.17世纪,牛顿在他的著作《自然哲学的数学原理》一书中,重点研究微分方程在天文学上的应用.进入18世纪,欧拉、克莱罗、拉格朗日等著名的数学家对于微分方程的发展起到了推波助澜的作用.19世纪是微分方程中解析理论和定性理论发展的时期,数学家柯西、魏尔斯特拉斯等人建立了严格的数学分析基础,将新的方法用于微分方程的求解,并由实数域扩展到了复数域,开创了微分方程的解析理论,同时,对方程的初值问题进行研究,得到了解的唯一存在性理论,奠定了微分方程研究的理论基础.20世纪,常微分方程在理论与应用中得到重大发展,拓扑学、函数论、泛函分析等数学学科的深入发展,为进一步研究常微分方程提供了有力的数学工具.

微分方程的发展,始终伴随着物理问题的研究,物理学中的众多公式理论都是以微分方程的形式给出的,这就极大地鼓舞着众多数学家对不同形式的微分方程展开研究,以供物理学的使用.可以说,每一种数学理论发展的背后都有相应的实际问题推动,数学是一门为其他学科服务的基础科学.

6.1 微分方程的基本概念

为了便于叙述微分方程的基本概念,先看两个实例.

例1　一曲线通过点$(1,1)$且在曲线上任一点$M(x,y)$处的切线斜率等于$3x^2$,求曲线的方程.

设所求曲线方程为 $y = f(x)$,根据导数的几何意义,对曲线上任意一点 $M(x, y)$ 应满足方程

$$y' = 3x^2 \qquad (1)$$

及条件

$$y\big|_{x=1} = 1. \qquad (2)$$

式(1)就是曲线 $y = f(x)$ 应满足的关系式,式中含有未知函数 $y = f(x)$ 的一阶导数. 这样,问题就归结为要求一个满足关系式(1)和条件式(2)的函数 $y = f(x)$.

例 2 在真空中,物体由静止状态自由下落,求物体的运动规律.

设物体的运动规律为 $s = s(t)$,根据牛顿第二定律及二阶导数的力学意义,函数 $s = s(t)$ 应满足

$$\frac{\mathrm{d}^2 s}{\mathrm{d} t^2} = g, \qquad (3)$$

其中 g 为重力加速度. 此外,根据题意,未知函数 $s = s(t)$ 还应满足条件

$$s\big|_{t=0} = 0, v\big|_{t=0} = \frac{\mathrm{d} s}{\mathrm{d} t}\bigg|_{t=0} = 0. \qquad (4)$$

式(3)就是自由落体运动规律 $s = s(t)$ 应满足的关系式. 式中含有未知函数 $s = s(t)$ 的二阶导数. 这样,问题就归结为要求一个满足关系等式(3)和条件式(4)的函数 $s = s(t)$.

上述两个例子中,式(1)和式(3)都含有未知函数的导数. 对于此类方程,我们给出下面的定义.

定义 凡含有未知函数的导数(或微分)的方程叫做微分方程.

例如,$y \mathrm{d} x + (1 + x^2) \mathrm{d} y = 0$、$\dfrac{\mathrm{d}^2 s}{\mathrm{d} t^2} + \omega^2 t = \sin \omega t$、$y''' = x + 1$ 等都是微分方程,为了方便,在不致引起混淆的情况下,微分方程也通常简称为方程.

微分方程中出现的最高阶导数(或微分)的阶数,叫做微分方程的阶,方程(1)和(3)就分别是一阶和二阶微分方程.

如果把一个函数及其导数代入微分方程,能使方程成为恒等式,那么该函数就称为这个微分方程的解. 求微分方程解的过程叫做解微分方程.

现在来求前面两个例题的解.

在例 1 中,所求曲线 $y = f(x)$ 满足方程(1),则有

$$\mathrm{d} y = 3x^2 \mathrm{d} x.$$

对上式两边积分

$$\int \mathrm{d} y = \int 3x^2 \mathrm{d} x,$$

得

$$y = x^3 + C, \qquad (5)$$

其中 C 为任意常数,可以验证式(5)就是方程(1)的解.根据题意,方程(1)的解还应满足条件(2) $y|_{x=1}=1$,将式(2)代入式(5)得 $C=0$,于是方程(1)满足条件(2)的解为

$$y=x^3. \tag{6}$$

这就是例1所要求的曲线方程.

在例2中,把式(3) $\dfrac{\mathrm{d}^2s}{\mathrm{d}t^2}=g$ 两边同时积分,得

$$\frac{\mathrm{d}s}{\mathrm{d}t}=gt+C_1, \tag{7}$$

其中 C_1 是任意常数,将式(7)两边再积分一次,得

$$s=\frac{1}{2}gt^2+C_1t+C_2, \tag{8}$$

其中 C_2 是另一个任意常数,根据题意,方程(3)的解还应满足条件(4) $s|_{t=0}=0$ 和 $v|_{t=0}=\dfrac{\mathrm{d}s}{\mathrm{d}t}\Big|_{t=0}=0$,将其分别代入式(7)、式(8),得 $C_1=0,C_2=0$.于是方程(3)满足条件 $s|_{t=0}=0,v|_{t=0}=\dfrac{\mathrm{d}s}{\mathrm{d}t}\Big|_{t=0}=0$ 的解为

$$s=\frac{1}{2}gt^2. \tag{9}$$

这就是真空中自由落体运动的方程.

指点迷津

从以上两例可见,微分方程的解有两种不同的形式,一种解是包含任意常数,且独立的任意常数的个数等于微分方程的阶数,这样的解叫做微分方程的通解.因此,式(5)就是一阶微分方程(1)的通解,式(8)就是二阶微分方程(3)的通解.另一种解,如式(6)和式(9),由通解依据特定条件确定出其任意常数,所得到的不带常数的解叫做微分方程的特解.像式(2)和式(4)那样来确定特解的条件叫做微分方程的初值条件.因此称 $y=x^3$ 是一阶微分方程 $y'=3x^2$ 满足初值条件 $y|_{x=1}=1$ 的特解. $s=\dfrac{1}{2}gt^2$ 是二阶微分方程 $\dfrac{\mathrm{d}^2s}{\mathrm{d}t^2}=g$ 满足初值条件 $s|_{t=0}=0,v|_{t=0}=\dfrac{\mathrm{d}s}{\mathrm{d}t}\Big|_{t=0}=0$ 的特解.

一般来说,求微分方程的解通常是比较困难的,每一种类型的方程都有特定的解法.在这里讨论一类可通过直接积分求解的微分方程,它的一般形式为

$$y^{(n)}=f(x).$$

例3 求微分方程 $y''=x-1$ 满足 $y|_{x=1}=-\dfrac{1}{3}$ 和 $y'|_{x=1}=\dfrac{1}{2}$ 的特解.

解 因为 y' 是 y'' 的原函数, $x-1$ 是 x 的函数,对方程两边求不定积分,得

$$y'=\int(x-1)\mathrm{d}x=\frac{1}{2}x^2-x+C_1, \tag{10}$$

对式(10)两边再求不定积分,得

$$y = \frac{1}{6}x^3 - \frac{1}{2}x^2 + C_1 x + C_2. \tag{11}$$

在式(11)中含有两个独立的任意常数 C_1, C_2,于是式(11)就是方程 $y'' = x - 1$ 的通解.

下面求满足初值条件 $y|_{x=1} = -\frac{1}{3}$ 和 $y'|_{x=1} = \frac{1}{2}$ 的特解,只要把初值条件分别代入式(10)与式(11),得

$$\begin{cases} \dfrac{1}{2} - 1 + C_1 = \dfrac{1}{2}, \\ \dfrac{1}{6} - \dfrac{1}{2} + C_1 + C_2 = -\dfrac{1}{3}. \end{cases}$$

解此方程组,得 $C_1 = 1, C_2 = -1$,因此微分方程的特解为

$$y = \frac{1}{6}x^3 - \frac{1}{2}x^2 + x - 1.$$

习题 6.1

1. 下列等式中,哪个是微分方程? 哪个不是微分方程?

(1) $xy''' + 2y' + x^2 y = 0$;　　　　(2) $y^2 + 5y + 6 = 0$;

(3) $y'' - 3y' + 2y = 0$;　　　　(4) $2y'' = 2x + 1$;

(5) $y = \frac{1}{2}x + 2$;　　　　(6) $\dfrac{\mathrm{d}^2 s}{\mathrm{d}t^2} = \sin t + 3$;

(7) $(7x - 6y)\mathrm{d}x + (x + y)\mathrm{d}y = 0$.

2. 指出下列微分方程的阶数:

(1) $x(y')^2 - 2xy' + x = 0$;　　　　(2) $y - x\dfrac{\mathrm{d}y}{\mathrm{d}x} = y^2 + \dfrac{\mathrm{d}^3 y}{\mathrm{d}x^3}$;

(3) $xy'' + 2y'' + x^4 y' + y = 0$;　　　　(4) $y'' + 3y' = y + \cos x$.

3. 指出下列各题中的函数是否为所给微分方程的解:

(1) $xy' = 2y, y = 5x^2$;　　　　(2) $y'' + y = 0, y = 3\sin x - 4\cos x$;

(3) $y'' - 2y' + y = 0, y = x^2 \mathrm{e}^x$;　　　　(4) $(x + y)\mathrm{d}x + x\mathrm{d}y = 0, y = \dfrac{1 - x^2}{2x}$.

4. 解下列微分方程:

(1) $\dfrac{\mathrm{d}y}{\mathrm{d}x} = \dfrac{1}{x}$;　　　　(2) $\dfrac{\mathrm{d}^2 y}{\mathrm{d}x^2} = \cos x$;

(3) $\dfrac{\mathrm{d}y}{\mathrm{d}x} = \dfrac{1}{3}x^2 + x$;　　　　(4) $\dfrac{\mathrm{d}^2 y}{\mathrm{d}x^2} = \mathrm{e}^x, y|_{x=0} = -1, y'|_{x=0} = 0$;

(5) $x\ln a\,\mathrm{d}y = \mathrm{d}x, y|_{x=a} = 1$;　　　　(6) $\dfrac{\mathrm{d}^2 y}{\mathrm{d}x^2} = 2\sin \omega x, y|_{x=0} = 0, y'|_{x=0} = \dfrac{1}{\omega}$.

5. 一曲线通过点 $(1,2)$,且在该曲线上任一点 $M(x,y)$ 处的切线斜率等于 $2x$,求曲线的方程.

习题 6.1 答案

6. 一物体作直线运动,其运动速度为 $v = 2\cos t(\text{m/s})$,当 $t = \dfrac{\pi}{4}$ s 时,物体与原点 O 相距 10 m,求物体在时刻 t 与原点 O 的距离.

6.2 一阶微分方程

一阶微分方程的一般形式为 $F(x, y, y') = 0$,本节介绍两种一阶微分方程的解法.

6.2.1 可分离变量的微分方程

可分离变量的微分方程的一般形式为

$$\frac{\mathrm{d}y}{\mathrm{d}x} = f(x) \cdot g(y),$$

求解步骤为:

① 分离变量

$$\frac{\mathrm{d}y}{g(y)} = f(x)\,\mathrm{d}x.$$

② 两边求积分

$$\int \frac{\mathrm{d}y}{g(y)} = \int f(x)\,\mathrm{d}x + C.$$

③ 求出积分,得通解

$$G(y) = F(x) + C(C \text{ 为任意常数}),$$

其中 $G(y), F(x)$ 分别是 $\dfrac{1}{g(y)}, f(x)$ 的原函数.

可分离变量的
微分方程讲解
视频

例 1 求微分方程 $y' + \dfrac{x}{y} = 0$ 的通解,并求满足条件 $y\big|_{x=3} = 4$ 的特解.

解 把方程改写为

$$\frac{\mathrm{d}y}{\mathrm{d}x} = -\frac{x}{y},$$

分离变量,得

$$y\mathrm{d}y = -x\mathrm{d}x,$$

两边积分,得

$$\int y\mathrm{d}y = -\int x\mathrm{d}x,$$

$$\frac{1}{2}y^2 = -\frac{1}{2}x^2 + C_1.$$

化简为

$$y^2 = -x^2 + 2C_1,$$

得方程的通解

$$y^2 + x^2 = C(\text{其中 } C = 2C_1).$$

把初值条件 $y\big|_{x=3} = 4$ 代入上式,求得 $C = 25$,于是所求方程的特解为

$$y^2 + x^2 = 25.$$

例 2 解方程 $xy^2\mathrm{d}x + (1 + x^2)\mathrm{d}y = 0$.

解 把方程改写为

$$(1 + x^2)\mathrm{d}y = -xy^2\mathrm{d}x,$$

分离变量,得

$$\frac{\mathrm{d}y}{y^2} = -\frac{x}{1 + x^2}\mathrm{d}x,$$

两边积分,得

$$\int \frac{\mathrm{d}y}{y^2} = -\int \frac{x}{1 + x^2}\mathrm{d}x,$$

$$\frac{1}{y} = \frac{1}{2}\ln(1 + x^2) + C_1.$$

令 $C_1 = \ln C(C > 0)$,于是有

$$\frac{1}{y} = \ln(C\sqrt{1 + x^2})$$

或

$$y = \frac{1}{\ln(C\sqrt{1 + x^2})}.$$

这就是所求微分方程的通解.

例 3 求方程 $\dfrac{\mathrm{d}y}{\mathrm{d}x} = 2xy$ 的通解.

解 将已知方程分离变量,得 $\quad \dfrac{\mathrm{d}y}{y} = 2x\mathrm{d}x,$

两边积分,得

$$\int \frac{\mathrm{d}y}{y} = \int 2x\mathrm{d}x,$$

$$\ln|y| = x^2 + C_1,$$

于是

$$|y| = e^{x^2 + C_1} = e^{C_1}e^{x^2},$$

即

$$y = \pm e^{C_1}e^{x^2},$$

令 $C = \pm e^{C_1}$,于是方程的通解为

$$y = Ce^{x^2}.$$

以后为了方便起见,可把式中 $\ln|y|$ 写成 $\ln y$,又因为 $y = 0$ 也是方程的解,于是方程通解中的 C 为任意常数.

6.2.2 一阶线性微分方程

一阶线性微分方程的一般形式为

$$\frac{\mathrm{d}y}{\mathrm{d}x} + P(x)y = Q(x), \tag{1}$$

其中 $P(x)$, $Q(x)$ 都是已知的连续函数. 当 $Q(x) \neq 0$ 时,方程(1)称为一阶非齐次线性方程;当 $Q(x) \equiv 0$ 时,方程(1)成为

$$\frac{\mathrm{d}y}{\mathrm{d}x} + P(x)y = 0. \tag{2}$$

方程(2)称为一阶齐次线性方程.

例如,下列一阶微分方程

$$3y' + 2y = x^2,$$

$$y' + \frac{1}{x}y = \frac{\sin x}{x},$$

$$y' + (\sin x)y = 0,$$

所含的 y' 和 y 都是一次的且不含有 $y' \cdot y$ 项,所以它们都是线性微分方程. 这三个方程中,前两个是非齐次的,而最后一个是齐次的.

又如,下列一阶微分方程

$$y' - y^2 = 0(y^2 \text{不是} y \text{的一次式}),$$

$$yy' + y = x(\text{含有} y \cdot y' \text{项,它不是} y \text{或} y' \text{的一次式}),$$

$$y' - \sin y = 0(\sin y \text{不是} y \text{的一次式}),$$

都不是一阶线性微分方程.

为了求方程(1)的解,先讨论对应的齐次方程

$$\frac{dy}{dx} + P(x)y = 0$$

的解.

该方程是可分离变量方程. 分离变量后,得

$$\frac{dy}{y} = -P(x)dx.$$

两边积分,得

$$\ln y = -\int P(x)dx + C_1. \tag{3}$$

 指点迷津

关于上式要做一点说明,按不定积分的定义,在不定积分的记号内包含了积分常数,在上式将不定积分中的积分常数先写了出来,这只是为了方便地写出这个齐次方程的求解公式. 因而,用上式进行具体运算时,其中的不定积分 $\int P(x)dx$ 只表示了 $P(x)$ 的一个原函数. 在以下的推导过程中也作这样的规定.

在式(3)中,令 $C_1 = \ln C(C \neq 0)$,于是

$$y = e^{-\int P(x)dx + \ln C},$$

即

$$\boxed{y = Ce^{-\int P(x)dx}.} \tag{6-1}$$

这就是方程(2)的通解.

在式(6-1)中当 $C = 0$ 时,得到 $y = 0$,它仍是方程(2)的一个解,因而式(6-1)中的任意常数 C 可以取零值,即不受 $C \neq 0$ 的限制.

下面再来讨论非齐次线性方程(1)的解.

如果仍然按齐次方程的求解方法去求解，那么由式（1）可得

$$\frac{\mathrm{d}y}{y} = \left[\frac{Q(x)}{y} - P(x)\right]\mathrm{d}x.$$

一阶线性非齐次微分方程讲解视频

两边积分，得

$$\ln y = \int\frac{Q(x)}{y}\mathrm{d}x - \int P(x)\mathrm{d}x,$$

即

$$y = \mathrm{e}^{\int\frac{Q(x)}{y}\mathrm{d}x - \int P(x)\mathrm{d}x} = \mathrm{e}^{\int\frac{Q(x)}{y}\mathrm{d}x} \cdot \mathrm{e}^{-\int P(x)\mathrm{d}x}. \tag{4}$$

也就是说方程（1）的解可以分为两部分的乘积，一部分是 $\mathrm{e}^{-\int P(x)\mathrm{d}x}$，这是方程（1）所对应的齐次方程（2）的解. 另一部分是 $\mathrm{e}^{\int\frac{Q(x)}{y}\mathrm{d}x}$，因为其中 y 是 x 的函数，因而可将 $\mathrm{e}^{\int\frac{Q(x)}{y}\mathrm{d}x}$ 看作是 x 的一个函数，设 $\mathrm{e}^{\int\frac{Q(x)}{y}\mathrm{d}x} = C(x)$，于是式（4）可表示为

$$y = C(x)\mathrm{e}^{-\int P(x)\mathrm{d}x}, \tag{5}$$

即方程（1）的解是将其相应的齐次方程的通解中任意常数 C 用一个待定的函数 $C(x)$ 来代替. 因此，只要求得函数 $C(x)$ 就可求得方程（1）的解.

将式（5）对 x 求导，得

$$\begin{aligned} y' &= C'(x)\mathrm{e}^{-\int P(x)\mathrm{d}x} + C(x)\left[\mathrm{e}^{-\int P(x)\mathrm{d}x}\right]' \\ &= C'(x)\mathrm{e}^{-\int P(x)\mathrm{d}x} - P(x)C(x)\mathrm{e}^{-\int P(x)\mathrm{d}x}. \end{aligned}$$

把 y 和 y' 代入方程（1）有

$$C'(x)\mathrm{e}^{-\int P(x)\mathrm{d}x} - P(x)C(x)\mathrm{e}^{-\int P(x)\mathrm{d}x} + P(x)C(x)\mathrm{e}^{-\int P(x)\mathrm{d}x} = Q(x),$$

$$C'(x) = Q(x)\mathrm{e}^{\int P(x)\mathrm{d}x},$$

两边积分，得

$$C(x) = \int Q(x)\mathrm{e}^{\int P(x)\mathrm{d}x}\mathrm{d}x + C.$$

将上式代入（5），得

$$\boxed{y = \mathrm{e}^{-\int P(x)\mathrm{d}x}\left[\int Q(x)\mathrm{e}^{\int P(x)\mathrm{d}x}\mathrm{d}x + C\right].} \tag{6-2}$$

这就是一阶非齐次线性微分方程（1）的通解. 其中各个不定积分都只表示了对应的被积函数的一个原函数.

上述求非齐次线性微分方程通解的方法是将对应的齐次线性方程的通解中的常数 C 用一个函数 $C(x)$ 来代替，然后再求出这个待定的函数 $C(x)$，这种方法称为解微分方程的常数变易法.

公式（6-2）也可写成下面的形式：

$$y = \mathrm{e}^{-\int P(x)\mathrm{d}x}\int Q(x)\mathrm{e}^{\int P(x)\mathrm{d}x}\mathrm{d}x + C\mathrm{e}^{-\int P(x)\mathrm{d}x}. \tag{6}$$

式（6）中右端第二项恰好是方程（1）所对应的齐次方程（2）的通解，而第一项可以看作是通解公式（6-2）中取 $C = 0$ 得到的一个特解. 由此可知：一阶非齐次线性方程的通

解等于它的一个特解与对应的齐次线性方程的通解之和.

例 4 分别利用公式(6-2)和常数变易法解方程

$$y' - \frac{2}{x+1}y = (x+1)^3.$$

解 公式法:它是一阶非齐次线性方程,这里

$$P(x) = -\frac{2}{x+1}, Q(x) = (x+1)^3.$$

把它们代入公式(6-2),得

$$\begin{aligned} y &= e^{\int \frac{2}{x+1}dx}\left[\int(x+1)^3 e^{-\int \frac{2}{x+1}dx}dx + C\right] \\ &= e^{2\ln(x+1)}\left[\int(x+1)^3 e^{-2\ln(x+1)}dx + C\right] \\ &= (x+1)^2\left[\int \frac{(x+1)^3}{(x+1)^2}dx + C\right] \\ &= (x+1)^2\left[\frac{1}{2}(x+1)^2 + C\right]. \end{aligned}$$

常数变易法:先求与原方程对应的齐次方程

$$y' - \frac{2}{x+1}y = 0$$

的通解.

用分离变量法,得到

$$\frac{dy}{y} = \frac{2}{x+1}dx.$$

两边积分,得

$$\ln y = 2\ln(x+1) + \ln C,$$
$$y = C(x+1)^2.$$

将上式中的任意常数 C 替换成函数 $C(x)$,即设原来的非齐次方程的通解为

$$y = C(x)(x+1)^2, \tag{7}$$

于是

$$y' = C'(x)(x+1)^2 + 2C(x)(x+1),$$

把 y 和 y' 代入原方程,得

$$C'(x)(x+1)^2 + 2C(x)(x+1) - \frac{2}{x+1}C(x)(x+1)^2 = (x+1)^3.$$

化简,得

$$C'(x) = x + 1.$$

两边积分,得

$$C(x) = \frac{1}{2}(x+1)^2 + C.$$

代入式(7),即得原方程的通解为

$$y = (x+1)^2\left[\frac{1}{2}(x+1)^2 + C\right].$$

例 5 求方程

$$x^2 dy + (2xy - x + 1)dx = 0$$

满足初值条件 $y\big|_{x=1}=0$ 的特解.

解 原方程可改写为

$$\frac{\mathrm{d}y}{\mathrm{d}x} + \frac{2}{x}y = \frac{x-1}{x^2}.$$

这是一阶非齐次线性方程,对应的齐次方程是

$$\frac{\mathrm{d}y}{\mathrm{d}x} + \frac{2}{x}y = 0.$$

用分离变量法求得它的通解为

$$y = C\frac{1}{x^2}.$$

用常数变易法,设非齐次方程的通解为

$$y = C(x)\frac{1}{x^2},$$

则

$$y' = C'(x)\frac{1}{x^2} - \frac{2}{x^3}C(x).$$

把 y 和 y' 代入原方程,得

$$C'(x) = x - 1.$$

两边积分,得

$$C(x) = \frac{1}{2}x^2 - x + C.$$

因此,非齐次方程的通解为

$$y = \frac{1}{2} - \frac{1}{x} + \frac{C}{x^2}.$$

将初值条件 $y\big|_{x=1}=0$ 代入上式,求得 $C = \frac{1}{2}$,故所求微分方程的特解为

$$y = \frac{1}{2} - \frac{1}{x} + \frac{1}{2x^2}.$$

现将一阶微分方程的几种类型和解法归纳如下表 6-1:

表 6-1

类型		标准方程	解法
可分离变量方程		$\dfrac{\mathrm{d}y}{\mathrm{d}x} = f(x)\cdot g(y)$	分离变量、两边积分
一阶线性	齐次	$\dfrac{\mathrm{d}y}{\mathrm{d}x} + P(x)y = 0$	① 分离变量、两边积分 ② 公式法:$y = C\mathrm{e}^{-\int P(x)\mathrm{d}x}$
	非齐次	$\dfrac{\mathrm{d}y}{\mathrm{d}x} + P(x)y = Q(x)$	① 常数变易法 ② 公式法:$y = \mathrm{e}^{-\int P(x)\mathrm{d}x}\left[\int Q(x)\mathrm{e}^{\int P(x)\mathrm{d}x}\mathrm{d}x + C\right]$

1. 求下列微分方程的通解:

(1) $y' = 2xy^2$;

(2) $\sqrt{1 - x^2}\,dy = \sqrt{1 - y^2}\,dx$;

(3) $\dfrac{dy}{dx} = y\sin^2 x$;

(4) $(e^{x+y} - e^x)dx + (e^{x+y} + e^y)dy = 0$;

(5) $\dfrac{dy}{dx} = \dfrac{1 + x^2}{2x^2 y}$;

(6) $y' + 2y = e^{-x}$;

(7) $y' + \dfrac{2}{x}y - \dfrac{x}{a} = 0$;

(8) $y' - 3xy = 2x$;

(9) $2y\,dx + (y^2 - 6x)dy = 0$ (提示: 把 x 看成 y 的函数).

(10) $y' - \dfrac{2}{x}y = x^2\sin 3x$;

2. 求下列微分方程的特解:

(1) $\sin y\cos x\,dy = \cos y\sin x\,dx, y\big|_{x=0} = \dfrac{\pi}{4}$;

(2) $2\sqrt{x}\,y' - y = 0, y\big|_{x=4} = 1$;

(3) $y' = e^{2x-y}, y\big|_{x=0} = 0$;

(4) $\dfrac{dy}{dx} + \dfrac{y}{x} = \dfrac{\sin x}{x}, y\big|_{x=\pi} = 1$;

(5) $\dfrac{dy}{dx} - y\tan x = \sec x, y\big|_{x=0} = 0$;

(6) $y' - \dfrac{2}{x}y = \dfrac{1}{2}x, y\big|_{x=1} = 2$;

(7) $xy' + y - e^x = 0, y\big|_{x=a} = b$.

习题 6.2 答案

6.3 一阶微分方程应用举例

方法指引

利用微分方程寻求实际问题中未知函数的一般步骤是:

① 分析问题, 设所求的未知函数, 建立微分方程, 并确定初值条件;

② 求出微分方程的通解;

③ 根据初值条件确定通解中的任意常数, 求出微分方程相应的特解.

本节将通过一些实例说明一阶微分方程的应用.

例 1 一曲线通过点 $(1,1)$, 且曲线上任意点 $M(x,y)$ 处的切线与直线 OM 垂直, 求此曲线的方程.

解 ① 设所求的曲线方程为 $y = f(x)$, 如图 6-1 所示, α 为曲线在 M 点处的切线的倾斜角,β 为直线 OM 的倾斜角,根据导数的几何意义,得切线的斜率为 $\tan \alpha = \dfrac{\mathrm{d}y}{\mathrm{d}x}$. 又直线 OM 的斜率为

$$\tan \beta = \frac{y}{x}.$$

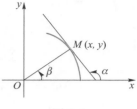

图 6-1

因为切线与直线 OM 垂直,所以

$$\frac{\mathrm{d}y}{\mathrm{d}x} \cdot \frac{y}{x} = -1,$$

或

$$\frac{\mathrm{d}y}{\mathrm{d}x} = -\frac{x}{y}. \tag{1}$$

又因为曲线过点 $(1,1)$,即 $y\big|_{x=1} = 1$,于是得到曲线 $y = f(x)$ 应满足的微分方程及初值条件.

② 方程(1)是可分离变量的微分方程,分离变量后,得

$$y\,\mathrm{d}y = -x\,\mathrm{d}x,$$

两边积分,整理后得方程(1)的通解为

$$x^2 + y^2 = 2C,$$

③ 代入初值条件 $y\big|_{x=1} = 1$,得 $C = 1$. 于是所求曲线的方程为

$$x^2 + y^2 = 2.$$

例 2 已知物体在空气中冷却的速率与该物体及空气的温度之差成正比. 设有一瓶热水,水温原来是 100 ℃,空气的温度是 20 ℃,经过 20 h 以后,瓶内水温降到 60 ℃,求瓶内水温的变化规律.

解 ① 设时间 t 为自变量,物体的温度 θ 为未知函数,即 $\theta = \theta(t)$,瓶内水的冷却速度即温度对时间的变化率为 $\dfrac{\mathrm{d}\theta}{\mathrm{d}t}$,瓶内水与空气温度之差为 $\theta - 20$,根据题意,有

$$\frac{\mathrm{d}\theta}{\mathrm{d}t} = -k(\theta - 20), \tag{2}$$

其中 k 为比例系数 $(k > 0)$,由于 $\theta(t)$ 是单调减少,即 $\dfrac{\mathrm{d}\theta}{\mathrm{d}t} < 0$,而 $\theta - 20 > 0$,所以上式右端前面应加"负号",初值条件是 $\theta\big|_{t=0} = 100$.

② 将方程(2)分离变量,得

$$\frac{\mathrm{d}\theta}{\theta - 20} = -k\,\mathrm{d}t,$$

两边积分,整理后可得方程(2)的通解,即有

$$\ln(\theta - 20) = -kt + \ln C,$$
$$\theta = Ce^{-kt} + 20.$$

③ 把初值条件 $\theta\big|_{t=0} = 100$ 代入上式,得 $C = 80$,于是方程(2)的特解为

$$\theta = 80e^{-kt} + 20, \tag{3}$$

比例系数 k 可由另一条件来确定,将 $\theta\big|_{t=20} = 60$ 代入式(3),即

$$60 = 80e^{-20k} + 20,$$

解得
$$k = \frac{1}{20}\ln 2 \approx 0.034\ 7.$$

于是瓶内水温与时间的函数关系为
$$\theta = 80\mathrm{e}^{-0.034\ 7t} + 20.$$

例 3 设一电路由电阻 R、电感 L 及电动势 E 组成,在时刻 $t = 0$ 时接通电路,试就 E 为常数和 $E = E_\mathrm{m}\sin \omega t(E_\mathrm{m}, \omega$ 为常数) 时,分别求电路中的电流 i.

解 所求电路中电流 i 是时间 t 的函数 $i = i(t)$,根据电学原理知道
$$L\frac{\mathrm{d}i}{\mathrm{d}t} + Ri = E,$$

且有初值条件 $i\big|_{t=0} = 0.$

① 当 E 为常量时(图 6-2),有 $\dfrac{\mathrm{d}i}{\mathrm{d}t} + \dfrac{R}{L}i = \dfrac{E}{L}$,于是

$$i = \mathrm{e}^{-\int \frac{R}{L}\mathrm{d}t}\left(\int \frac{E}{L}\mathrm{e}^{\int \frac{R}{L}\mathrm{d}t}\mathrm{d}t + C\right) = \mathrm{e}^{-\frac{R}{L}t}\left(\frac{E}{R}\mathrm{e}^{\frac{R}{L}t} + C\right) = \frac{E}{R} + C\mathrm{e}^{-\frac{R}{L}t}.$$

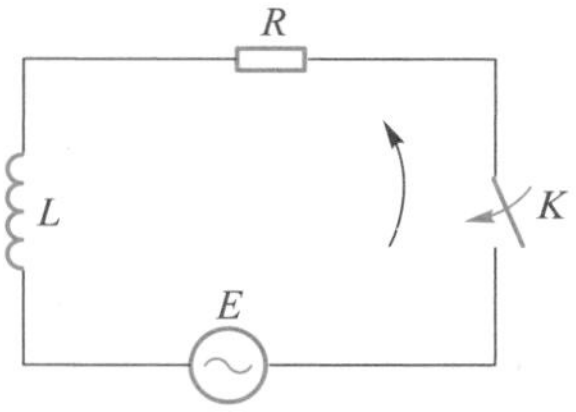

图 6-2

代入初值条件 $i\big|_{t=0} = 0$,得 $C = -\dfrac{E}{R}$,于是所求电流

$$i = \frac{E}{R}(1 - \mathrm{e}^{-\frac{R}{L}t}).$$

② 当 $E = E_\mathrm{m}\sin \omega t$ 时,有 $\dfrac{\mathrm{d}i}{\mathrm{d}t} + \dfrac{R}{L}i = \dfrac{E_\mathrm{m}}{L}\sin \omega t$,于是

$$i = \mathrm{e}^{-\int \frac{R}{L}\mathrm{d}t}\left(\int \frac{E_\mathrm{m}}{L}\sin \omega t\mathrm{e}^{\int \frac{R}{L}\mathrm{d}t}\mathrm{d}t + C\right) = \mathrm{e}^{-\frac{R}{L}t}\left(\frac{E_\mathrm{m}}{L}\int \sin \omega t\mathrm{e}^{\frac{R}{L}t}\mathrm{d}t + C\right)$$

$$= \mathrm{e}^{-\frac{R}{L}t}\left[\frac{E_\mathrm{m}\mathrm{e}^{\frac{R}{L}t}}{L^2\omega^2 + R^2}(R\sin \omega t - L\omega\cos \omega t) + C\right]$$

$$= \frac{E_\mathrm{m}}{L^2\omega^2 + R^2}(R\sin \omega t - L\omega\cos \omega t) + C\mathrm{e}^{-\frac{R}{L}t}.$$

代入初值条件 $i\big|_{t=0} = 0$,得 $C = \dfrac{L\omega E_\mathrm{m}}{L^2\omega^2 + R^2}$,于是所求电流

$$i = \frac{E_\mathrm{m}}{L^2\omega^2 + R^2}(R\sin \omega t - L\omega\cos \omega t + L\omega\mathrm{e}^{-\frac{R}{L}t}).$$

随着中国经济的高速增长,环境污染已成为大家共同关注的问题. 本例说明如何运用微分方程来研究水污染问题.

例 4 设某水库的现有库存量为 V(单位:km^3),水库已被严重污染. 经计算,目前污染物总量已达 Q_0(单位:t),且污染物均匀地分散在水中. 假设现已不再向水库排污,清水以不变的速度 r(单位:km^3／年)流入水库,并立即和水库的水相混合,水库的水也以同样的速度 r 流出. 并且设当前的时刻为 $t = 0$.

① 求在时刻 t,水库中残留污染物的数量 $Q(t)$;

② 问需经多少年才能使水库中污染物的数量降至原来的 10%?

解 ① 根据题意,在时刻 $t(t \geq 0)$,$Q(t)$ 的变化率 = $-$(污染物的流出速度),其中

负号表示禁止排污后,Q 将随时间逐渐减少. 这时,污染物的质量浓度为 $\dfrac{Q(t)}{V}$. 因为水库的水以速度 r 流出,所以

$$污染物流出速度 = 污水流出速度 \times \frac{Q}{V} = \frac{rQ}{V}.$$

由此可得微分方程

$$\frac{\mathrm{d}Q}{\mathrm{d}t} = -\frac{r}{V}Q,$$

这是一个可分离变量的微分方程. 分离变量得

$$\frac{\mathrm{d}Q}{Q} = -\frac{r}{V}\mathrm{d}t.$$

两边积分,得

$$\ln Q = -\frac{r}{V}t + C_1,$$

即

$$Q = C\mathrm{e}^{-\frac{r}{V}t}, C = \mathrm{e}^{C_1}.$$

由题意,初值条件为 $Q\big|_{t=0} = Q_0$,代入上式,得 $C = Q_0$,故微分方程的特解为

$$Q = Q_0\mathrm{e}^{-\frac{r}{V}t}.$$

② 当水库中污染物的数量降至原来的 10% 时,有 $Q(t) = 0.1Q_0$,代入上式得

$$0.1Q_0 = Q_0\mathrm{e}^{-\frac{r}{V}t},$$

解得 $t = -\dfrac{V}{r}\ln 0.1 \approx \dfrac{2.30V}{r}$(年).

例如,当水库的库存量 $V = 500(\mathrm{km}^3)$,流入(出)速度为 $150(\mathrm{km}^3/\text{年})$ 时,可得 $t \approx 7.6$(年).

例 5 2022 年 2 月 6 日,中国女子足球队在亚洲杯决赛中以 3∶2 大逆转击败韩国队,再度捧起亚洲杯冠军奖杯,让国人为之沸腾. 7 日晚 19 点 27 分,中国女足乘坐东航 MU7118 航班平安飞抵上海浦东国际机场. 已知该架飞机质量为 9 000 kg,着陆时水平速度为 700 km/h,同时打开减速伞,飞机所受的总阻力与飞机的速度成正比,比例系数为 $k = 6.0 \times 10^6$. 问从着陆点算起,飞机滑行的最长距离是多少?

解 根据题意,飞机的质量为 $m = 9\,000$ kg,着陆时的水平速度为 $v_0 = 700$ km/h. 从飞机接触跑道开始计时,设 t 时刻飞机的滑行距离为 $x(t)$,滑行速度为 $v(t)$.

由于飞机滑行时所受的阻力为 $-kv$,根据牛顿第二定律,得

$$m\frac{\mathrm{d}v}{\mathrm{d}t} = -kv.$$

由于 $\dfrac{\mathrm{d}v}{\mathrm{d}t} = \dfrac{\mathrm{d}v}{\mathrm{d}x}\dfrac{\mathrm{d}x}{\mathrm{d}t} = v\dfrac{\mathrm{d}v}{\mathrm{d}x}$,所以

$$\mathrm{d}x = -\frac{m}{k}\mathrm{d}v.$$

积分得 $x(t) = -\dfrac{m}{k}v(t) + C.$

由初值条件 $v(0) = v_0, x(0) = 0$，得：$C = \dfrac{m}{k} v_0$，所以

$$x(t) = \frac{m}{k}(v_0 - v(t)).$$

从而当 $v(t) \to 0$ 时，有

$$x(t) \to \frac{mv_0}{k} = \frac{9\,000 \times 700}{6.0 \times 10^6} = 1.05(\text{km}).$$

故飞机滑行的最长距离为 1.05 km.

■ **习题 6.3**

1. 一曲线通过点 $(-1, 1)$，并且曲线上任一点 $M(x, y)$ 处的切线斜率等于 $2x + 1$，求曲线方程.

2. 一曲线通过原点，并且它在任一点 (x, y) 处的切线斜率等于 $\dfrac{y}{x} + 2x^2$，求曲线方程.

3. 已知物体在空气中冷却的速率与该物体及空气两者温度之差成正比，假设室温为 20 ℃ 时，一物体由 100 ℃ 冷却到 60 ℃ 需经 20 min. 问共经过多少时间方可使此物体的温度从开始的 100 ℃ 降低到 30 ℃？

4. 已知汽艇在静水中运动的速度与水的阻力成正比，若一汽艇以 10 km/h 的速度在静水中运动时关闭了发动机，经过 $t = 20$ s 后汽艇的速度减至 $v_1 = 6$ km/h，试确定发动机停止 2 min 后汽艇的速度.

5. 如图 6-3 所示，已知在 RC 电路中，电容 C 的初始电压为 v_0，当开关 K 闭合时电容就开始放电，求开关 K 闭合后电路中的电流 i 的变化规律.

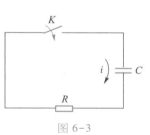

图 6-3

6.4 二阶线性微分方程及其解的结构

从本节开始，将讨论在实际问题中有广泛应用的二阶线性微分方程.

6.4.1 二阶线性微分方程的概念

形如

$$y'' + P(x)y' + Q(x)y = f(x) \tag{1}$$

的方程称为二阶线性微分方程，其中函数 $P(x)$、$Q(x)$、$f(x)$ 是已知连续函数. 当

$f(x) \neq 0$ 时,方程(1)称为二阶非齐次线性微分方程;当 $f(x) \equiv 0$ 时,即

$$y'' + P(x)y' + Q(x)y = 0, \tag{2}$$

方程(2)称为二阶齐次线性微分方程.

为了研究二阶线性方程解法,先来讨论线性方程解的结构.

6.4.2　二阶齐次线性微分方程解的结构

定理1　如果函数 y_1 与 y_2 是方程(2)的两个解,那么

$$y = C_1 y_1 + C_2 y_2 \tag{3}$$

也是方程(2)的解,其中 C_1, C_2 是任意常数.

定理1表明,齐次线性方程的解具有叠加性,叠加起来的解,从形式上看含有两个任意常数 C_1 与 C_2,但它并不一定是方程(2)的通解.

例如,$y_1 = e^{2x}$ 和 $y_2 = 2e^{2x}$ 都是方程 $y'' - 4y = 0$ 的解,若把 y_1, y_2 叠加为式(3)的形式,即

$$y = C_1 y_1 + C_2 y_2 = C_1 e^{2x} + 2C_2 e^{2x} = (C_1 + 2C_2)e^{2x} = Ce^{2x}(C = C_1 + 2C_2),$$

由于 $y = Ce^{2x}$ 只有一个独立的任意常数,所以它不是二阶微分方程 $y'' - 4y = 0$ 的通解.

那么,在什么情况下式(3)才是方程(2)的通解呢? 为了解决这个问题,引进两个函数线性相关和线性无关的概念.

定义　若两个函数 y_1、y_2 的比满足

$$\frac{y_1}{y_2} = k(k \text{ 为常数}),$$

称 y_1 与 y_2 线性相关,否则称 y_1 与 y_2 线性无关.

例如:函数 $y_1 = \sin 2x$,$y_2 = 2\sin 2x$,由于 $\dfrac{y_1}{y_2} = \dfrac{\sin 2x}{2\sin 2x} = \dfrac{1}{2}$,所以 y_1 与 y_2 是线性相关的. 又如函数 $y_1 = \sin 2x$,$y_2 = \cos 2x$,因为 $\dfrac{y_1}{y_2} = \dfrac{\sin 2x}{\cos 2x} = \tan 2x \neq$ 常数,所以 y_1 与 y_2 是线性无关的.

有了两个函数线性相关的概念后,就能得到下面关于二阶齐次线性微分方程的通解的结构定理.

定理2　若函数 y_1 与 y_2 是齐次线性方程(2)的两个线性无关的特解,则 $y = C_1 y_1 + C_2 y_2$ 就是方程(2)的通解,其中 C_1 和 C_2 是任意常数.

(证明从略.)

例如,$y_1 = \sin 2x$,$y_2 = \cos 2x$ 是方程 $y'' + 4y = 0$ 的两个线性无关的特解,所以 $y = C_1 \sin 2x + C_2 \cos 2x$ 是方程 $y'' + 4y = 0$ 的通解.

例1　已知 $y_1 = e^x$,$y_2 = 2e^x$,$y_3 = e^{-x}$ 都是方程 $y'' - y = 0$ 的解,那么 y_1 能否与 y_2 或

y_3 组成方程的通解?

解 由于 $\dfrac{y_1}{y_2} = \dfrac{e^x}{2e^x} = \dfrac{1}{2}, \dfrac{y_1}{y_3} = \dfrac{e^x}{e^{-x}} = e^{2x} \neq$ 常数,由定理 2 可知

$$y = C_1 y_1 + C_2 y_3 = C_1 e^x + C_2 e^{-x}$$

是方程 $y'' - y = 0$ 的通解.

例 2 验证 $y_1 = x$ 与 $y_2 = e^x$ 都是方程 $(x-1)y'' - xy' + y = 0$ 的解,并写出该方程的通解.

解 将 y_1 与 y_2 分别代入方程,得

$$(x-1)x'' - xx' + x = 0,$$

及 $(x-1)(e^x)'' - x(e^x)' + e^x = xe^x - e^x - xe^x + e^x = 0,$

所以 y_1 与 y_2 是该方程的解. 又因为 $\dfrac{y_1}{y_2} = \dfrac{x}{e^x} \neq$ 常数,所以 $y_1 = x$ 与 $y_2 = e^x$ 是方程的两个线性无关的解. 根据定理 2 可知,$y = C_1 x + C_2 e^x$ 是该方程的通解.

6.4.3 二阶非齐次线性微分方程解的结构

定理3 设 $\bar{y}$ 是二阶非齐次线性微分方程(1)的一个特解,Y 是方程(1)所对应的齐次线性方程(2)的通解,那么

$$y = \bar{y} + Y = \bar{y} + C_1 y_1 + C_2 y_2$$

是二阶非齐次线性方程(1)的通解.

(证明从略.)

例如,方程 $y'' - y = -x$ 是二阶非齐次线性微分方程,在例 1 中已知道它的对应的齐次方程 $y'' - y = 0$ 的通解为 $y = C_1 e^x + C_2 e^{-x}$,易验证 $y = x$ 是该非齐次方程的一个特解,所以

$$y = \bar{y} + Y = x + C_1 e^x + C_2 e^{-x}$$

是所给方程的通解.

对于一阶或更高阶线性方程的通解,也有类似定理 3 的结论.

例如,一阶非齐次线性方程 $y' - \dfrac{2}{x}y = 1 + \dfrac{1}{x}$,它所对应的齐次方程 $y' - \dfrac{2}{x}y = 0$ 的通解为 $y = Cx^2$,容易验证 $\bar{y} = -x - \dfrac{1}{2}$ 是该非齐次方程的一个特解,因此 $y = Cx^2 - x - \dfrac{1}{2}$ 是方程 $y' - \dfrac{2}{x}y = 1 + \dfrac{1}{x}$ 的通解,这个解用 6.2 节中的知识也是能够得到的.

定理4 如果 $\bar{y_1}$ 和 $\bar{y_2}$ 分别是方程

$$y'' + P(x)y' + Q(x)y = f_1(x) \tag{4}$$

和 $y'' + P(x)y' + Q(x)y = f_2(x) \tag{5}$

的特解,那么 $\bar{y_1} + \bar{y_2}$ 是方程

$$y'' + P(x)y' + Q(x)y = f_1(x) + f_2(x) \tag{6}$$

的特解.

（证明从略.）

若 Y 是方程(6)对应的齐次方程的通解,由定理 3 可知方程(6)的通解为
$$y = Y + \bar{y}_1 + \bar{y}_2.$$

例 3 验证 $y = C_1 \mathrm{e}^x + C_2 \mathrm{e}^{-x} + x + \sin x$ 是方程 $y'' - y = -x - 2\sin x$ 的通解.

证明 可验证 $\bar{y}_1 = x$ 是 $y'' - y = -x$ 的特解,$\bar{y}_2 = \sin x$ 是 $y'' - y = -2\sin x$ 的特解,由定理 4 知 $\bar{y}_1 + \bar{y}_2 = x + \sin x$ 是 $y'' - y = -x - 2\sin x$ 的特解.

由例 1 知 $y'' - y = 0$ 的通解为 $Y = C_1 \mathrm{e}^x + C_2 \mathrm{e}^{-x}$,根据定理 3,$y'' - y = -x - 2\sin x$ 的通解为
$$y = Y + \bar{y}_1 + \bar{y}_2 = C_1 \mathrm{e}^x + C_2 \mathrm{e}^{-x} + x + \sin x.$$

■ **习题 6.4**

1. 下列各组函数中,哪些是线性相关的? 哪些是线性无关的?

(1) $-2x^2$ 与 x^2; (2) x 与 $2x + 1$;

(3) e^{2x} 与 $3\mathrm{e}^{2x}$; (4) e^{2x} 与 e^{-2x};

(5) e^{x^2} 与 $x\mathrm{e}^{x^2}$; (6) $\sin 2x$ 与 $\cos x \sin x$;

(7) $\mathrm{e}^x \sin 2x$ 与 $\mathrm{e}^x \cos 2x$; (8) $\cos x$ 与 $3\cos x$.

2. 验证 $y_1 = \cos \omega x$ 与 $y_2 = \sin \omega x$ 都是方程 $y'' + \omega^2 y = 0$ 的解,并写出该方程的通解.

3. 验证 $y_1 = \mathrm{e}^{x^2}$ 与 $y_2 = x\mathrm{e}^{x^2}$ 都是方程 $y'' - 4xy' + (4x^2 - 2)y = 0$ 的解,并写出该方程的通解.

4. 验证下列各题:

(1) $y = C_1 \mathrm{e}^x + C_2 \mathrm{e}^{2x} + \dfrac{1}{12} \mathrm{e}^{5x}$ (C_1、C_2 是任意常数) 是方程 $y'' - 3y' + 2y = \mathrm{e}^{5x}$ 的通解;

(2) $y = C_1 \cos 3x + C_2 \sin 3x + \dfrac{1}{32} (4x\cos x + \sin x)$ (C_1、C_2 是任意常数) 是方程 $y'' + 9y = x\cos x$ 的通解.

二阶常系数
齐次微分方程
讲解视频

6.5 二阶常系数齐次线性微分方程

在二阶齐次线性方程 $y'' + P(x)y' + Q(x)y = 0$ 中,如果 y' 和 y 的系数为常数,即
$$y'' + py' + qy = 0, \tag{1}$$
其中 p, q 均为常数,则称式(1)为二阶常系数齐次线性微分方程.

由 6.4 中定理 2 可知,要求方程(1)的通解,关键是求出方程的两个线性无关的特解.

例如,$y_1 = \mathrm{e}^x, y_2 = \mathrm{e}^{-x}$ 是方程 $y'' - y = 0$ 的两个线性无关的特解,因此 $y = C_1 \mathrm{e}^x + C_2 \mathrm{e}^{-x}$ 是该方程的通解. 不难看出,指数函数 $y = \mathrm{e}^{rx}$ 可能使方程(1)成立,这是因为 e^{rx}

的一阶、二阶导数都与 e^{rx} 相差一个常数因子,只要选择适当的 r 值,就能使它满足方程 (1). 为此将 $y = e^{rx}, y' = re^{rx}, y'' = r^2 e^{rx}$ 代入方程(1),得

$$e^{rx}(r^2 + pr + q) = 0. \tag{2}$$

因为 $e^{rx} \neq 0$,所以要使(2)成立只需

$$r^2 + pr + q = 0. \tag{3}$$

由此可见,若 r 是代数方程(3)的一个根,则指数函数 $y = e^{rx}$ 就是微分方程(1)的一个特解. 这样,微分方程(1)的求解问题就转化为代数方程(3)的求根问题了. 称代数方程(3)为方程(1)的特征方程,特征方程的根 r_1 和 r_2 称为方程(1)的特征根.

由于方程(3)的根有三种不同的情形,所以方程(1)的通解相应地也有三种情形,现分别讨论如下.

① 特征根是两个不相等的实根:$r_1 \neq r_2$.

此时,$y_1 = e^{r_1 x}$ 和 $y_2 = e^{r_2 x}$ 是方程(1)的两个特解,且 $\dfrac{y_1}{y_2} = e^{(r_1 - r_2)x} \neq$ 常数,故 y_1, y_2 是两个线性无关的特解. 因此方程(1)的通解为

$$\boxed{y = C_1 e^{r_1 x} + C_2 e^{r_2 x}.} \tag{6-3}$$

例 1 求方程 $y'' - 4y' - 5y = 0$ 的通解.

解 所给方程的特征方程为

$$r^2 - 4r - 5 = 0,$$

即

$$(r + 1)(r - 5) = 0.$$

解得两个不相等的实根 $r_1 = -1, r_2 = 5$. 因此方程的通解为

$$y = C_1 e^{-x} + C_2 e^{5x}.$$

② 特征根是两个相等的实根:$r_1 = r_2$.

这时,只能得到方程的一个特解 $y_1 = e^{r_1 x}$. 为了寻找另一个与 y_1 线性无关的特解 y_2,可令 $\dfrac{y_2}{y_1} = u(x)$,其中 $u(x)$ 为待定函数,即有

$$y_2 = y_1 u(x) = e^{r_1 x} u(x),$$
$$y_2' = e^{r_1 x}[u'(x) + r_1 u(x)],$$
$$y_2'' = e^{r_1 x}[u''(x) + 2r_1 u'(x) + r_1^2 u(x)],$$

将 y_2、y_2' 代入方程(1),整理后得

$$e^{r_1 x}[u''(x) + (2r_1 + p)u'(x) + (r_1^2 + pr_1 + q)u(x)] = 0,$$

其中 $e^{r_1 x} \neq 0$,由于 r_1 是特征根,故 $r_1^2 + pr_1 + q = 0$,又由于 r_1 是重根,故 $2r_1 + p = 0$. 化简上式可得

$$u''(x) = 0.$$

因为只要得到一个不为常数的 $u(x)$,所以可取 $u(x) = x$,即 $y_2 = xe^{r_1 x}$ 为另一个特解,从而方程(1)的通解为

$$\boxed{y = C_1 e^{r_1 x} + C_2 x e^{r_1 x} = e^{r_1 x}(C_1 + C_2 x).} \tag{6-4}$$

例 2 求方程 $y'' + 2y' + y = 0$ 满足初值条件 $y|_{x=0} = 1, y'|_{x=0} = 1$ 的特解.

解 其特征方程为
$$r^2 + 2r + 1 = 0,$$

解得重根 $r_1 = r_2 = -1$，于是方程的通解为
$$y = (C_1 + C_2 x)e^{-x},$$

这时
$$y' = [C_2(1 - x) - C_1]e^{-x},$$

将初值条件 $y|_{x=0} = 1, y'|_{x=0} = 1$ 分别代入以上两式，解得 $C_1 = 1, C_2 = 2$. 所以方程满足初值条件的特解为
$$y = (1 + 2x)e^{-x}.$$

③ 特征根是一对共轭复数：$r_1 = \alpha + \beta i, r_2 = \alpha - \beta i$（其中 α 与 β 是实数，且 $\beta \neq 0$）

这种情况下，方程（1）有两个线性无关的特解，即
$$y_1 = e^{(\alpha + \beta i)x} \text{ 及 } y_2 = e^{(\alpha - \beta i)x},$$

方程的通解可表示为
$$y = Ae^{(\alpha + \beta i)x} + Be^{(\alpha - \beta i)x}$$
$$= e^{\alpha x}(Ae^{i\beta x} + Be^{-i\beta x})（A、B \text{ 为任意常数}）.$$

为了得到应用较为方便的通解形式，利用欧拉公式
$$e^{i\theta} = \cos\theta + i\sin\theta,$$

将通解改写为
$$y = e^{\alpha x}[A(\cos\beta x + i\sin\beta x) + B(\cos\beta x - i\sin\beta x)]$$
$$= e^{\alpha x}[(A + B)\cos\beta x + i(A - B)\sin\beta x].$$

令 $A + B = C_1, i(A - B) = C_2$，则方程的通解又可表示为

$$\boxed{y = e^{\alpha x}(C_1\cos\beta x + C_2\sin\beta x).} \tag{6-5}$$

例 3 求方程 $y'' - 4y' + 13y = 0$ 的通解.

解 特征方程为
$$r^2 - 4r + 13 = 0,$$

解得一对共轭复根 $r_1 = 2 + 3i, r_2 = 2 - 3i$，故方程的通解为
$$y = e^{2x}(C_1\cos 3x + C_2\sin 3x).$$

归纳整理

现将二阶常系数齐次线性方程的形式列成表 6-2：

表 6-2

特征方程 $r^2 + pr + q = 0$ 的根	微分方程 $y'' + py' + qy = 0$ 的通解
两个不相等的实根 $r_1 \neq r_2$	$y = C_1 e^{r_1 x} + C_2 e^{r_2 x}$
两个相等的实根 $r_1 = r_2$	$y = (C_1 + C_2 x)e^{r_1 x}$
一对共轭复根 $r_1 = \alpha + \beta i, r_2 = \alpha - \beta i$	$y = e^{\alpha x}(C_1\cos\beta x + C_2\sin\beta x)$

1. 求下列微分方程的通解：

(1) $y'' - 4y' = 0$；

(2) $y'' + y = 0$；

(3) $y'' - 4y' + 3y = 0$；

(4) $y'' + 6y' + 13y = 0$；

(5) $y'' - 6y' + 9y = 0$；

(6) $y'' + y' - 2y = 0$；

(7) $y'' - 2y' + (1 - a^2)y = 0 \ (a > 0)$.

2. 已知特征方程的根为下面的形式，试写出相应的二阶齐次方程和它们的通解：

(1) $r_1 = 1, r_2 = 3$；

(2) $r_1 = r_2 = -\dfrac{1}{2}$；

(3) $r_1 = -1 + i, r_2 = -1 - i$.

3. 求下列微分方程满足初值条件的特解：

(1) $y'' - 5y' + 6y = 0, y|_{x=0} = -1, y'|_{x=0} = 0$；

(2) $y'' - 3y' - 4y = 0, y|_{x=0} = 0, y'|_{x=0} = -5$；

(3) $9y'' - 6y' + y = 0, y|_{x=0} = 4, y'|_{x=0} = 1$；

(4) $\dfrac{\mathrm{d}^2 s}{\mathrm{d}t^2} + 2\dfrac{\mathrm{d}s}{\mathrm{d}t} + s = 0, s|_{t=0} = 4, \dfrac{\mathrm{d}s}{\mathrm{d}t}\Big|_{t=0} = -2$；

(5) $y'' + 4y' + 29y = 0, y|_{x=0} = 0, y'|_{x=0} = 15$；

(6) $I''(t) + 2I'(t) + 5I(t) = 0, I(0) = 2, I'(0) = 0$.

习题 6.5 答案

6.6 二阶常系数非齐次线性微分方程

二阶常系数非齐次线性微分方程的一般形式是
$$y'' + py' + qy = f(x), \tag{1}$$
其中 p 和 q 是常数.

根据 6.4 中的定理 3 可知，求方程 (1) 的通解时，可先求对应的齐次方程
$$y'' + py' + qy = 0 \tag{2}$$
的通解 Y，再求方程 (1) 的一个特解 $\bar{y}$，然后把 Y 与 $\bar{y}$ 相加，即得方程 (1) 的通解
$$y = Y + \bar{y}.$$

上一节中，已经讨论了齐次方程 (2) 通解的求法，现在需要讨论如何求非齐次方程 (1) 的一个特解. 显然，$\bar{y}$ 与方程 (1) 右端的 $f(x)$ 有关，在实际问题中，$f(x)$ 常见的形式有两种，下面分别来讨论方程 (1) 的特解 $\bar{y}$ 的求法.

6.6.1 $f(x) = e^{\lambda x} P_n(x)$

这里 λ 是常数，$P_n(x)$ 是 x 的一个 n 次多项式，即
$$P_n(x) = b_0 x^n + b_1 x^{n-1} + \cdots + b_{n-1}x + b_n.$$

这时方程(1)为

$$y'' + py' + qy = e^{\lambda x} P_n(x). \tag{3}$$

由于指数函数与多项式乘积的一阶、二阶导数仍是同一类型的函数. 因此,可以推测 $\bar{y} = e^{\lambda x} Q_m(x)$ ($Q_m(x)$ 是待定的多项式) 可能是方程(3)的特解,将 $\bar{y}$ 及

$$\bar{y}' = e^{\lambda x} [\lambda Q_m(x) + Q'_m(x)], \bar{y}'' = e^{\lambda x} [\lambda^2 Q_m(x) + 2\lambda Q'_m(x) + Q''_m(x)]$$

代入方程(3)中,消去 $e^{\lambda x}$ 后得

$$Q''_m(x) + (2\lambda + p) Q'_m(x) + (\lambda^2 + p\lambda + q) Q_m(x) = P_n(x). \tag{4}$$

为使上式成立,则要求它的左端是一个与 $P_n(x)$ 相同的多项式(即次数相等且同次项的系数也相等). 这里需要分三种情况进行讨论.

① 若 λ 不是齐次方程(2)对应的特征方程的根,即

$$\lambda^2 + p\lambda + q \neq 0,$$

这时, $Q_m(x)$ 的次数就是式(4)左端的次数,应等于右端 $P_n(x)$ 的次数,可设 $Q_m(x) = Q_n(x)$. 于是方程(3)特解的形式为

$$\bar{y} = e^{\lambda x} Q_n(x) = e^{\lambda x} (a_0 x^n + a_1 x^{n-1} + \cdots + a_{n-1} x + a_n),$$

其中系数 $a_0, a_1, \cdots, a_{n-1}, a_n$ 可通过式(4)比较两端同次项的系数来确定.

② 若 λ 是特征方程的单根,而不是重根,即

$$\lambda^2 + p\lambda + q = 0, 2\lambda + p \neq 0.$$

这时 $Q'_m(x)$ 应为 n 次多项式,可设 $Q_m(x) = x Q_n(x)$,则方程(3)的特解形式为

$$\bar{y} = e^{\lambda x} x Q_n(x),$$

其中 $Q_n(x)$ 的系数 $a_i (i = 1, 2, \cdots, n)$ 可由

$$[x Q_n(x)]'' + (2\lambda + p) [x Q_n(x)]' = P_n(x)$$

比较同次项系数来确定.

③ 若 λ 是特征方程的二重根,即

$$\lambda^2 + p\lambda + q = 0, 2\lambda + p = 0.$$

这时 $Q''_m(x)$ 应为 n 次多项式,可设 $Q_m(x) = x^2 Q_n(x)$,则方程(3)的特解形式为

$$\bar{y} = e^{\lambda x} x^2 Q_n(x),$$

其中 $Q_n(x)$ 的系数 $a_i (i = 1, 2, \cdots, n)$ 可由

$$[x^2 Q_n(x)]'' = P_n(x)$$

比较同次项系数来确定.

综上所述,方程(3)的特解具有 $\bar{y} = x^k e^{\lambda x} Q_n(x)$ 的形式,其中 $Q_n(x)$ 为待定的 n 次多项式,当 λ 不是特征根时,取 $k = 0$;当 λ 是特征根且为单根时,取 $k = 1$;当 λ 是特征根且是重根时,取 $k = 2$.

例 1 求方程 $y'' + y' + y = x$ 的特解.

解 这里 $f(x) = x$ 是 $f(x) = e^{\lambda x} P_n(x)$ 的特殊情形,即 $\lambda = 0, P_n(x) = x$. 由于 $\lambda = 0$ 不是特征方程 $r^2 + r + 1 = 0$ 的根,故设

$$\bar{y} = a_0 x + a_1 (其中 a_0, a_1 为待定系数).$$

把 $\bar{y}$ 及其一、二阶导数代入所给方程,得

$$a_0 x + a_0 + a_1 = x.$$

比较等式两边同次项的系数,得到

$$\begin{cases} a_0 = 1, \\ a_0 + a_1 = 0, \end{cases}$$

即 $a_0 = 1, a_1 = -1$. 故方程的特解为

$$\bar{y} = x - 1.$$

注意 尽管 $f(x) = x$ 的常数项为零,但特解不能设为 $\bar{y} = a_0 x$,而应设为 $\bar{y} = a_0 x + a_1$.

例 2 求方程 $y'' + 2y' = x$ 的特解.

解 这里 $\lambda = 0, P_n(x) = x$. 由于 $\lambda = 0$ 是特征方程 $r^2 + 2r = 0$ 的单根,故设

$$\bar{y} = x(a_0 x + a_1).$$

把 $\bar{y}$ 及其导数代入所给方程,得

$$4a_0 x + 2a_0 + 2a_1 = x.$$

比较等式两边同次项的系数,得到

$$\begin{cases} 4a_0 = 1, \\ 2a_0 + 2a_1 = 0, \end{cases}$$

即 $a_0 = \dfrac{1}{4}, a_1 = -\dfrac{1}{4}$,故方程的特解为

$$\bar{y} = \frac{1}{4}(x^2 - x).$$

例 3 求方程 $y'' - 6y' + 9y = e^{3x}$ 的通解.

解 对应的齐次方程的特征方程为

$$r^2 - 6r + 9 = 0,$$

特征根为 $r_1 = r_2 = 3$,故齐次方程的通解为

$$y = (C_1 + C_2 x)e^{3x}.$$

由于 $\lambda = 3$ 是特征方程的重根,$P_n(x) = 1$,因此设

$$\bar{y} = ax^2 e^{3x},$$

于是

$$\bar{y}' = (3ax^2 + 2ax)e^{3x},$$
$$\bar{y}'' = (9ax^2 + 12ax + 2a)e^{3x},$$

将其代入方程,得

$$ae^{3x}[(9x^2 + 12x + 2) - 6(3x^2 + 2x) + 9x^2] = e^{3x},$$

解得 $a = \dfrac{1}{2}$,故方程的特解为

$$\bar{y} = \frac{1}{2}x^2 e^{3x}.$$

于是原方程的通解为

$$y = \left(C_1 + C_2 x + \frac{1}{2}x^2\right)e^{3x}.$$

例 4 求方程 $y'' - 5y' + 6y = xe^{2x}$ 的通解.

解 对应的齐次方程的特征方程为

$$r^2 - 5r + 6 = 0,$$

特征根为 $r_1 = 2, r_2 = 3$, 故齐次方程的通解为

$$Y = C_1 e^{2x} + C_2 e^{3x}.$$

由于 $\lambda = 2$ 是特征方程的单根, $P_n(x) = x$, 故设

$$\bar{y} = x(a_0 x + a_1) e^{2x},$$

求导并代入方程, 得

$$-2a_0 x + 2a_0 - a_1 = x,$$

比较两边同次项系数, 有

$$\begin{cases} -2a_0 = 1, \\ 2a_0 - a_1 = 0, \end{cases}$$

解得 $a_0 = -\dfrac{1}{2}, a_1 = -1$. 因此方程的特解为

$$\bar{y} = x\left(-\frac{x}{2} - 1\right) e^{2x}.$$

于是原方程的通解为

$$y = C_1 e^{2x} + C_2 e^{3x} - \frac{x}{2}(x + 2) e^{2x}.$$

6.6.2 $f(x) = e^{\lambda x}(a\cos \omega x + b\sin \omega x)$

这里 a、b、λ、ω 均为常数, 这时方程 (1) 成为

$$y'' + py' + qy = e^{\lambda x}(a\cos \omega x + b\sin \omega x). \tag{5}$$

仿照上面的讨论, 可以证明方程 (5) 的特解具有形式

$$\bar{y} = x^k e^{\lambda x}(A\cos \omega x + B\sin \omega x),$$

其中 A 和 B 为待定常数. 当 $\lambda + \omega i$ 不是特征根时, 取 $k = 0$; 当 $\lambda + \omega i$ 是特征根时, 取 $k = 1$.

注意 当二阶微分方程的特征方程有复数根时, 绝不会出现重根, 所以这里的 k 不可能取 2.

例 5 求方程 $y'' + 2y' = \sin x$ 的特解.

解 这里 $f(x) = \sin x, \lambda = 0, \omega = 1$. 由于 $\lambda + \omega i = i$ 不是特征方程 $r^2 + 2r = 0$ 的根, 所以设

$$\bar{y} = A\cos x + B\sin x,$$

于是

$$\bar{y}' = -A\sin x + B\cos x,$$

$$\bar{y}'' = -A\cos x - B\sin x,$$

将 $\bar{y}', \bar{y}''$ 代入方程, 得

$$(2B - A)\cos x - (B + 2A)\sin x = \sin x.$$

比较系数, 得

$$\begin{cases} 2B - A = 0, \\ -(B + 2A) = 1, \end{cases}$$

解得 $A = -\dfrac{2}{5}, B = -\dfrac{1}{5}$,于是方程的特解为

$$\bar{y} = -\frac{2}{5}\cos x - \frac{1}{5}\sin x.$$

应该注意,这里 $f(x) = \sin x$,不含余弦项,但特解一般仍应设为

$$\bar{y} = x^k e^{\lambda x}(A\cos \omega x + B\sin \omega x)$$

的形式.

例 6   求方程 $y'' + 4y = \sin 2x$ 满足 $y\big|_{x=0} = 1, y'\big|_{x=0} = 1$ 的特解.

解   对应齐次方程的特征方程为

$$r^2 + 4 = 0,$$

特征根为 $r_1 = 2\mathrm{i}, r_2 = -2\mathrm{i}$,于是齐次方程的通解为

$$Y = C_1\cos 2x + C_2\sin 2x,$$

这里 $\lambda = 0, \omega = 2$. 由于 $\lambda + \omega\mathrm{i} = 2\mathrm{i}$ 是特征方程的根,故设方程的特解为

$$\bar{y} = x(A\cos 2x + B\sin 2x),$$

于是 $\bar{y}' = A\cos 2x + B\sin 2x + x(2B\cos 2x - 2A\sin 2x),$

$\bar{y}'' = 4B\cos 2x - 4A\sin 2x + x(-4A\cos 2x - 4B\sin 2x),$

将 $\bar{y}', \bar{y}''$ 代入方程,得

$$-4A\sin 2x + 4B\cos 2x = \sin 2x.$$

比较系数,得 $A = -\dfrac{1}{4}, B = 0$,于是方程的特解为

$$\bar{y} = -\frac{1}{4}x\cos 2x.$$

方程的通解为

$$y = C_1\cos 2x + C_2\sin 2x - \frac{x}{4}\cos 2x,$$

而 $y' = -2C_1\sin 2x + 2C_2\cos 2x - \dfrac{1}{4}\cos 2x + \dfrac{x}{2}\sin 2x,$

代入初值条件 $y\big|_{x=0} = 1, y'\big|_{x=0} = 1$,得 $C_1 = 1, C_2 = \dfrac{5}{8}$,于是所求方程的特解为

$$y = \left(1 - \frac{x}{4}\right)\cos 2x + \frac{5}{8}\sin 2x.$$

例 7   求方程 $y'' + 2y' = x + \sin x$ 的通解.

解   对应的齐次方程的特征方程为 $r^2 + 2r = 0$,特征根为 $r_1 = 0, r_2 = -2$,故齐次方程的通解为

$$Y = C_1 + C_2 e^{-2x}.$$

由 6.4 节定理 4 知,如果能分别求得 $y'' + 2y' = x$ 及 $y'' + 2y' = \sin x$ 的特解 $\bar{y}_1$ 及 $\bar{y}_2$,那么所给方程的特解应为 $\bar{y}_1 + \bar{y}_2$.

现在由例 2 及例 5 得

$$\bar{y}_1 = \frac{1}{4}(x^2 - x), \quad \bar{y}_2 = -\frac{2}{5}\cos x - \frac{1}{5}\sin x,$$

从而得到方程的通解为

$$y = C_1 + C_2 e^{-2x} + \frac{1}{4}(x^2 - x) - \frac{1}{5}(2\cos x + \sin x).$$

归纳整理

现将二阶常系数非齐次线性微分方程 $y'' + py' + qy = f(x)$ 的特解形式列成下表 6-3：

表 6-3

$f(x)$ 的形式	与特征方程的根的关系	特解 $\bar{y}$ 的形式
$f(x) = e^{\lambda x} P_n(x)$	λ 不是特征方程的根	$\bar{y} = Q_n(x) e^{\lambda x}$
	λ 是特征方程的单根	$\bar{y} = x Q_n(x) e^{\lambda x}$
	λ 是特征方程的重根	$\bar{y} = x^2 Q_n(x) e^{\lambda x}$
$f(x) = e^{\lambda x}(a\cos \omega x + b\sin \omega x)$	$\lambda + \omega i$ 不是特征方程的根	$\bar{y} = e^{\lambda x}(A\cos \omega x + B\sin \omega x)$
	$\lambda + \omega i$ 是特征方程的根	$\bar{y} = x e^{\lambda x}(A\cos \omega x + B\sin \omega x)$

■ **习题 6.6**

习题 6.6 答案

1. 求下列微分方程的一个特解：

（1）$y'' + 2y' + 5y = 5x + 2$；　　　　（2）$2y'' + y' - y = 2e^x$；

（3）$y'' + 3y = 2\sin x$.

2. 求下列微分方程的通解：

（1）$\dfrac{\mathrm{d}^2 x}{\mathrm{d}t^2} = 4\sin 2t$；　　　　（2）$y'' - y' + \dfrac{1}{4}y = 5e^{\frac{x}{2}}$；

（3）$y'' - 5y' + 6y = 6x^2 - 10x + 2$；　　（4）$y'' + y = x^2 + \cos x$；

（5）$\dfrac{\mathrm{d}^2 x}{\mathrm{d}t^2} - 6\dfrac{\mathrm{d}x}{\mathrm{d}t} + 13x = 39$.

3. 求下列微分方程满足初值条件的特解：

（1）$y'' + y + \sin 2x = 0, y\big|_{x=\pi} = 1, y'\big|_{x=\pi} = 1$；

（2）$y'' + y' - 2y = 2x, y\big|_{x=0} = 0, y'\big|_{x=0} = 3$；

（3）$\dfrac{\mathrm{d}^2 s}{\mathrm{d}t^2} + s = 2\cos t, s\big|_{t=0} = 2, \dfrac{\mathrm{d}s}{\mathrm{d}t}\Big|_{t=0} = 0$；

（4）$y'' - 3y' + 2y = 5, y\big|_{x=0} = 1, y'\big|_{x=0} = 2$.

4. 方程 $y'' + 4y = \sin x$ 的一条积分曲线通过点 $(0,1)$，并在该点与直线 $y = 1$ 相切，求此曲线方程.

6.7 数学实验——用 MATLAB 求解微分方程

在 MATLAB 中求微分方程(组)是由函数 dsolve 来实现的,其格式为 dsolve('方程 1','方程 2',…,'方程 n','初始条件','自变量').

在表达微分方程时,用字母 D 表示求导数,D2、D3 等表示求高阶导数. 任何 D 后所跟的字母为因变量,自变量可以指定或由系统规则选定为缺省,自变量缺省时,默认变量为 t. 例如,微分方程 $\dfrac{d^2 y}{dx^2} = 0$ 应表达为 D2y = 0.

例 1 求微分方程 $\dfrac{dy}{dx} = 1 + y$ 的通解.

解
```
>> dsolve('Dy = 1 + y','x')
   ans =
     C1 * exp(x) - 1
```
即方程的通解为 $y = Ce^x - 1$.

例 2 求微分方程 $y' - y = x$ 的通解.

解
```
>> dsolve('Dy - y = x','x')
   ans =
     C1 * exp(x) - x - 1
```
即方程的通解为 $y = Ce^x - x - 1$.

例 3 求微分方程 $\begin{cases} \dfrac{d^2 y}{dx^2} + 4\dfrac{dy}{dx} + 29y = 0, \\ y(0) = 0, y'(0) = 15 \end{cases}$ 的特解.

解
```
>> clear
>> y = dsolve('D2y + 4 * Dy + 29 * y = 0','y(0) = 0,Dy(0) = 15','x')
y =
  (3 * sin(5 * x))/exp(2 * x)
```
即方程的特解为 $y = 3\sin 5x \cdot e^{-2x}$

例 4 求微分方程 $y'' - 2y' - 3y = xe^{3x}$ 的通解.

解
```
>> clear
>> y = dsolve('D2y - 2 * Dy - 3 * y = x * exp(3 * x)','x')
y =
exp(-x) * C2 + exp(3 * x) * C1 + 1/16 * (2 * x^2 - x) * exp(3 * x)
```
即方程的通解为 $y = C_1 e^{3x} + C_2 e^{-x} + \dfrac{1}{16} \cdot (2x^2 - x) \cdot e^{3x}$.

本章小结

一、基本概念

(1)微分方程:含有未知函数的导数或微分的方程.

（2）微分方程的阶：微分方程中出现的未知函数的导数或微分的最高阶数.

（3）微分方程的解：代入微分方程中，使其成为恒等式的函数.

（4）微分方程的通解：微分方程的解中含有任意常数，且独立的任意常数的个数与方程阶数相同.

（5）微分方程的特解：不含任意常数的解或通解中任意常数已被初值条件确定出来的解.

（6）初值条件：确定通解中任意常数的条件，即给定自变量取特定值时未知函数及其导数的值.

二、性质与结论

1. 二阶齐次线性微分方程的通解结构

设 $y = y_1(x), y = y_2(x)$ 是方程 $y'' + P(x)y' + Q(x)y = 0$ 的两个线性无关的特解，则 $y = C_1 y_1(x) + C_2 y_2(x)$ 是该方程的通解.

2. 二阶非齐次线性微分方程的通解结构

设 $\bar{y}$ 是方程 $y'' + P(x)y' + Q(x)y = f(x)$ 的一个特解，$Y = C_1 y_1(x) + C_2 y_2(x)$ 是对应的齐次方程的通解，则 $y = \bar{y} + Y$ 是 $y'' + P(x)y' + Q(x)y = f(x)$ 的通解.

3. 非齐次线性微分方程特解的叠加性

设 $\bar{y}_1$ 与 $\bar{y}_2$ 分别是方程 $y'' + P(x)y' + Q(x)y = f_1(x)$ 与 $y'' + P(x)y' + Q(x)y = f_2(x)$ 的两个特解，则 $\bar{y} = \bar{y}_1 + \bar{y}_2$ 是方程 $y'' + P(x)y' + Q(x)y = f_1(x) + f_2(x)$ 的特解.

三、一阶微分方程解法

1. 可分离变量的微分方程 $\dfrac{\mathrm{d}y}{\mathrm{d}x} = f(x) \cdot g(y)$

解法 ① 分离变量 $\dfrac{\mathrm{d}y}{g(y)} = f(x)\mathrm{d}x$；

② 两边积分 $\displaystyle\int \dfrac{\mathrm{d}y}{g(y)} = \int f(x)\mathrm{d}x + C$；

③ 化简得方程的通解.

2. 一阶线性微分方程 $\dfrac{\mathrm{d}y}{\mathrm{d}x} + P(x)y = Q(x)$

通解为
$$y = \mathrm{e}^{-\int P(x)\mathrm{d}x}\left[C + \int Q(x)\mathrm{e}^{\int P(x)\mathrm{d}x}\mathrm{d}x\right].$$

四、二阶线性微分方程解法

1. 二阶常系数齐次线性微分方程 $y'' + py' + qy = 0$ 的通解公式

特征方程 $r^2 + pr + q = 0$ 的两个根 r_1, r_2	微分方程 $y'' + py' + qy = 0$ 的通解
$r_1 \neq r_2$（实根）	$y = C_1 \mathrm{e}^{r_1 x} + C_2 \mathrm{e}^{r_2 x}$
$r_1 = r_2$（实根）	$y = (C_1 + C_2 x)\mathrm{e}^{r_1 x}$
$r_{1,2} = \alpha \pm \beta \mathrm{i}\ (\beta \neq 0)$	$y = \mathrm{e}^{\alpha x}(C_1 \cos \beta x + C_2 \sin \beta x)$

2. 二阶常系数非齐次线性微分方程 $y'' + py' + qy = f(x)$ 的通解公式

① 用特征值法求出 $y'' + py' + qy = 0$ 的通解 $Y = C_1 y_1(x) + C_2 y_2(x)$.

② 用待定系数法求 $y'' + py' + qy = f(x)$ 的一个特解 $\bar{y}$.

当 $f(x) = e^{\lambda x} P_n(x)$ 时,令 $\bar{y} = x^k e^{\lambda x} Q_n(x)$,其中 $Q_n(x)$ 是与 $P_n(x)$ 同次(n 次)的多项式.

$$k = \begin{cases} 0, & \lambda \text{ 不是特征方程的根,} \\ 1, & \lambda \text{ 是特征方程的单根,} \\ 2, & \lambda \text{ 是特征方程的二重根.} \end{cases}$$

当 $f(x) = a\cos\omega x + b\sin\omega x$ 时,令 $\bar{y} = x^k (A\cos\omega x + B\sin\omega x)$,其中

$$k = \begin{cases} 0, & \lambda \quad \pm i\omega \text{ 不是特征方程的根,} \\ 1, & \lambda \quad \pm i\omega \text{ 是特征方程的根.} \end{cases}$$

3. 方程 $y'' + py' + qy = f(x)$ 的通解为 $y = C_1 y_1(x) + C_2 y_2(x) + \bar{y}$.

■ 复习题六

1. 求下列微分方程的通解:

(1) $e^{-s}\left(1 - \dfrac{ds}{dt}\right) = 1$;　　　　(2) $y' + y = \cos x$;

(3) $y' - ay = e^{mx}(m \neq a)$;　　　　(4) $y'' - y' = x^2$;

(5) $y'' + 4y' + 3y = 2\sin x$;　　　　(6) $y'' + k^2 y = 2k\sin kx$.

复习题六答案

2. 求下列微分方程的特解:

(1) $y' = 3x^2 y + x^5 + x^2, y|_{x=0} = 1$;　　　(2) $(1 + e^x)yy' = e^y, y|_{x=0} = 0$.

3. 求下列微分方程的通解:

(1) $y'' - 8y' + 16y = x + e^{4x}$;　　　　(2) $y'' + y = \cos x \cos 2x$.

4. 设有一质量为 m 的质点作直线运动,从速度等于零的时刻起,有一个与运动方向一致,大小与时间成正比(比例系数为 k_1)的力作用于它,此外它还受一个与速度成正比(比例系数为 k_2)的阻力作用.求该质点运动的速度与时间的函数关系.

5. 设某物体运动的速度与该物体到质点的距离成正比,已知物体在 10 s 时与原点相距 100 m,在 15 s 时与原点相距 200 m,求该物体的运动规律.

拓展阅读　微分方程与海王星的发现

随着微积分的建立,微分方程理论也发展起来.牛顿和莱布尼茨创立的微积分是不严格的.在解决实际问题的前提下,18 世纪的数学家们一方面努力探索微积分严格化的途径,一方面又在应用上大胆前进,尤其是微积分与力学的有机结合,极大地扩展了微积分的应用范围.

微积分产生的一个重要动因来自于人们探求物质世界运动规律的需求. 一般地, 事物的规律很难完全靠实验观测认识清楚, 因为人们不可能观测到所有运动的全过程. 但是运动又的确是服从一定的客观规律的, 把这个规律的式子用数学结构写下来就是微分方程. 这就给我们提供了一种研究问题的新思路: 先写出能表示运动关系的微分方程, 然后通过对微分方程的求解来确定各个研究因素之间的关系, 进而弄清楚变量之间的规律和动力学行为.

海王星的发现可以看成是微分方程使用的一个重要标志, 在这个事件中, 正是由于对微分方程的求解才让人们找到海王星这颗行星, 这个事件也可以看成是理论指导实践的一个经典案例.

1781 年发现天王星后, 人们注意到它所在的位置总是和万有引力定律计算出来的结果不符, 于是有人怀疑万有引力定律的正确性, 但也有人认为这可能是受到另外一颗尚未发现的行星吸引所致. 当时虽有不少人相信后一种假设, 但缺乏去寻找这颗未知行星的办法和勇气. 23 岁的英国剑桥大学的学生亚当斯承担了这项任务, 他利用引力定律和对天王星的观测资料建立起微分方程来求解和推测这颗未知行星的轨道. 1843 年 10 月 21 日他把计算结果寄给格林尼治天文台台长艾利, 但艾利不相信"小人物"的成果, 置之不理. 两年后, 法国青年勒威耶也开始从事这项研究, 1846 年 9 月 18 日, 他把计算结果告诉了柏林天文台助理员卡勒, 23 日晚, 卡勒果然在勒威耶预言的位置上发现了海王星.

海王星的发现是人类智慧的结晶, 也是微分方程巨大作用的体现.

拓展模块

第7章 拉普拉斯变换

知识导读

拉普拉斯变换是工程数学中常用的数学工具之一. 它是一个线性变换,可将一个变量为实数 $t(t \geqslant 0)$ 的函数转换为一个参数为复数 p 的函数. 有些情形下一个实变量函数在实数域中进行一些运算并不容易,但若将实变量函数作拉普拉斯变换,并在复数域中做各种运算,再将运算结果作拉普拉斯逆变换来求得实数域中的相应结果,往往在计算上容易得多. 拉普拉斯变换的这种运算方法对于求解线性微分方程尤为有效,它可把微分方程化为容易求解的代数方程来处理,从而使计算简化.

在工程学上,拉普拉斯变换的重大意义在于:将一个信号从时域上转换为复频域上来表示.这在线性系统、控制自动化上都有广泛的应用.在经典控制理论中,对控制系统的分析和综合,都是建立在拉普拉斯变换的基础上的.引入拉普拉斯变换的一个主要优点是可采用传递函数代替常系数微分方程来描述系统的特性.这就为采用直观和简便的图解方法来确定控制系统的整个特性、分析控制系统的运动过程,以及综合控制系统的校正装置提供了可能性.

本章介绍拉普拉斯变换(简称拉氏变换)的基本概念、主要性质、逆变换以及应用.

7.1 拉氏变换的基本概念

定义 设函数 $f(t)$ 的定义域为 $[0, +\infty)$,若反常积分

$$\int_0^{+\infty} f(t) e^{-pt} dt$$

对于数 p 在某一范围内的值收敛,则此积分就确定了一个参数为 p 的函数,记作 $F(p)$,即

$$F(p) = \int_0^{+\infty} f(t) e^{-pt} dt. \tag{7-1}$$

函数 $F(p)$ 称为 $f(t)$ 的拉普拉斯(Laplace)变换,简称拉氏变换. 这时 $F(p)$ 称为 $f(t)$ 的像函数,$f(t)$ 称为 $F(p)$ 的像原函数. 公式(7-1)称为函数 $f(t)$ 的拉氏变换式,用记号 $L[f(t)]$ 表示,即

$$F(p) = L[f(t)].$$

指点迷津

① 在定义中只要求 $f(t)$ 在 $t \geq 0$ 时有定义,为了研究的方便,总假定当 $t < 0$ 时,$f(t) \equiv 0$. 做这种假设并不影响对实际问题的研究.

② 拉氏变换中的参数 p 是在复数范围内取值,为了方便起见,把 p 作为实数来讨论.

③ 一个函数存在拉氏变换是有条件的,并不是所有函数的拉氏变换都存在,一般说来,在科学技术中遇到的函数,它们的拉氏变换总是存在的,所以这里略去存在性的研究.

④ 拉氏变换是将给定的函数通过特定的反常积分转换成一个新的函数,它是一种积分变换.

例1 求指数函数 $f(t) = e^{at}(t \geq 0, a$ 为常数$)$ 的拉氏变换.

解 根据公式(7-1),有

$$L[e^{at}] = \int_0^{+\infty} e^{at} e^{-pt} dt = \int_0^{+\infty} e^{-(p-a)t} dt.$$

这个积分在 $p > a$ 时收敛,所以有

$$L[e^{at}] = \int_0^{+\infty} e^{-(p-a)t} dt = \frac{1}{p-a} \quad (p > a).$$

例2 求一次函数 $f(t) = at(t \geq 0, a$ 为常数$)$ 的拉氏变换.

解 $L[at] = \int_0^{+\infty} at e^{-pt} dt = -\frac{a}{p} \int_0^{+\infty} t de^{-pt} = -\left(\frac{at}{p} e^{-pt}\right)\Big|_0^{+\infty} + \frac{a}{p} \int_0^{+\infty} e^{-pt} dt.$

根据洛必达法则,有

$$\lim_{t \to +\infty} \left(-\frac{at}{p} e^{-pt}\right) = -\lim_{t \to +\infty} \frac{at}{pe^{pt}} = -\lim_{t \to +\infty} \frac{a}{p^2 e^{pt}}.$$

上述极限当 $p > 0$ 时收敛于 0,所以有

$$\lim_{t \to +\infty} \left(-\frac{at}{p} e^{-pt}\right) = 0.$$

因此,$L[at] = \frac{a}{p} \int_0^{+\infty} e^{-pt} dt = -\left(\frac{a}{p^2} e^{-pt}\right)\Big|_0^{+\infty} = \frac{a}{p^2} (p > 0).$

例3 求正弦函数 $f(t) = \sin \omega t(t \geq 0)$ 的拉氏变换.

解 $L[\sin \omega t] = \int_0^{+\infty} \sin \omega t e^{-pt} dt = \left(-\frac{1}{p^2 + \omega^2} e^{-pt} (p \sin \omega t + \omega \cos \omega t)\right)\Big|_0^{+\infty}$

$$= \frac{\omega}{p^2 + \omega^2} (p > 0).$$

用同样的方法可求得

$$L[\cos \omega t] = \frac{p}{p^2 + \omega^2} \quad (p > 0).$$

例 4 求分段函数

$$f(t) = \begin{cases} 0, & t < 0, \\ c, & 0 \leqslant t < a, \\ 2c, & a \leqslant t < 3a, \\ 0, & 3a \leqslant t \end{cases}$$

的拉氏变换.

解 $L[f(t)] = \displaystyle\int_0^{+\infty} f(t) \mathrm{e}^{-pt} \mathrm{d}t = \int_0^a c \mathrm{e}^{-pt} \mathrm{d}t + \int_a^{3a} 2c \mathrm{e}^{-pt} \mathrm{d}t$

$$= \left(-\frac{c}{p} \mathrm{e}^{-pt} \right) \Big|_0^a + \left(-\frac{2c}{p} \mathrm{e}^{-pt} \right) \Big|_a^{3a}$$

$$= \frac{c}{p}(1 - \mathrm{e}^{-ap} + 2\mathrm{e}^{-ap} - 2\mathrm{e}^{-3ap})$$

$$= \frac{c}{p}(1 + \mathrm{e}^{-ap} - 2\mathrm{e}^{-3ap}).$$

在自动控制系统中,经常会用到下述两个函数:

(1) 单位阶梯函数

$$u(t) = \begin{cases} 0, & t < 0, \\ 1, & t \geqslant 0. \end{cases}$$

容易求得 $L[u(t)] = \displaystyle\int_0^{+\infty} u(t) \mathrm{e}^{-pt} \mathrm{d}t = \int_0^{+\infty} \mathrm{e}^{-pt} \mathrm{d}t = \frac{1}{p} \quad (p > 0).$

(2) 狄拉克函数

在许多实际问题中,常会遇到一种集中在极短时间内作用的量,这种瞬间作用的量不能用通常的函数表示,为此假设

$$\delta_\tau(t) = \begin{cases} 0, & t < 0, \\ \dfrac{1}{\tau}, & 0 \leqslant t < \tau, \\ 0, & t \geqslant \tau, \end{cases}$$

其中 τ 是一个很小的正数. 当 $\tau \to 0$ 时,$\delta_\tau(t)$ 的极限

$$\delta(t) = \lim_{\tau \to 0} \delta_\tau(t)$$

称为狄拉克(Dirac) 函数,简称为 δ - 函数.

显然对任何 $\tau > 0$,有 $\displaystyle\int_{-\infty}^{+\infty} \delta_\tau(t) \mathrm{d}t = \int_0^\tau \frac{1}{\tau} \mathrm{d}t = 1$,所以规定

$$\int_{-\infty}^{+\infty} \delta(t) \mathrm{d}t = 1.$$

工程技术中常将 $\delta(t)$ 称为单位脉冲函数.

例 5 求狄拉克函数的拉氏变换.

解 先对 $\delta_\tau(t)$ 作拉氏变换

$$L[\delta_\tau(t)] = \int_0^{+\infty} \delta_\tau(t) \mathrm{e}^{-pt} \mathrm{d}t = \int_0^\tau \frac{1}{\tau} \mathrm{e}^{-pt} \mathrm{d}t = \frac{1}{\tau p}(1 - \mathrm{e}^{-\tau p}).$$

$\delta(t)$ 的拉氏变换为

$$L[\delta(t)] = \lim_{\tau \to 0} L[\delta_\tau(t)] = \lim_{\tau \to 0} \frac{1 - e^{-\tau p}}{\tau p}.$$

用洛必达法则求极限,得

$$\lim_{\tau \to 0} \frac{1 - e^{-\tau p}}{\tau p} = \lim_{\tau \to 0} \frac{p e^{-\tau p}}{p} = 1,$$

所以 $L[\delta(t)] = 1$.

7.2 拉氏变换的性质

拉氏变换有以下几个主要性质,利用这些性质可以求一些较为复杂的函数的拉氏变换.

性质1(线性性质)   若 a_1, a_2 是常数,并设 $L[f_1(t)] = F_1(p)$,$L[f_2(t)] = F_2(p)$,则

$$\boxed{\begin{aligned} L[a_1 f_1(t) + a_2 f_2(t)] &= a_1 L[f_1(t)] + a_2 L[f_2(t)] \\ &= a_1 F_1(p) + a_2 F_2(p). \end{aligned}} \tag{7-2}$$

证明   由公式(7-1),得

$$\begin{aligned} L[a_1 f_1(t) + a_2 f_2(t)] &= \int_0^{+\infty} [a_1 f_1(t) + a_2 f_2(t)] e^{-pt} dt \\ &= a_1 \int_0^{+\infty} f_1(t) e^{-pt} dt + a_2 \int_0^{+\infty} f_2(t) e^{-pt} dt \\ &= a_1 L[f_1(t)] + a_2 L[f_2(t)]. \end{aligned}$$

例 1   求函数 $f(t) = \dfrac{1}{a}(1 - e^{-at})$ 的拉氏变换.

解 $L\left[\dfrac{1}{a}(1 - e^{-at})\right] = \dfrac{1}{a} L[1 - e^{-at}] = \dfrac{1}{a}(L[1] - L[e^{-at}])$

$$= \frac{1}{a}\left(\frac{1}{p} - \frac{1}{p+a}\right) = \frac{1}{p(p+a)}.$$

性质2(平移性质)   若 $L[f(t)] = F(p)$,则

$$\boxed{L[e^{at}f(t)] = F(p-a).} \tag{7-3}$$

证明:$L[e^{at}f(t)] = \int_0^{+\infty} e^{at} f(t) e^{-pt} dt = \int_0^{+\infty} f(t) e^{-(p-a)t} dt = F(p-a)$.

 指点迷津

这个性质说明,像原函数乘以 e^{at} 等于其像函数做位移 a,因此,这个性质称为平移性质.

例 2   求 $L[te^{at}]$ 和 $L[e^{-at}\sin \omega t]$.

解   由 7.1 的例 2、例 3 知

$$L[t] = \frac{1}{p^2}, \quad L[\sin \omega t] = \frac{\omega}{p^2 + \omega^2}.$$

根据平移性质,可以得出

$$L[te^{at}] = \frac{1}{(p-a)^2}, \quad L[e^{-at}\sin \omega t] = \frac{\omega}{(p+a)^2 + \omega^2}.$$

性质 3(延滞性质) 若 $L[f(t)] = F(p)$,则

$$\boxed{L[f(t-a)] = e^{-ap}F(p).} \tag{7-4}$$

证明 因为在函数 $f(t)$ 中,当 $t < 0$ 时,$f(t) \equiv 0$,因此,当 $t < a$ 时,$f(t-a) \equiv 0$,所以由公式(7-4),得

$$L[f(t-a)] = \int_0^{+\infty} f(t-a)e^{-pt}dt$$
$$= \int_0^a f(t-a)e^{-pt}dt + \int_a^{+\infty} f(t-a)e^{-pt}dt.$$

在第一个积分中,因为 $f(t-a) \equiv 0$,所以 $\int_0^a f(t-a)e^{-pt}dt = 0$.

在第二个积分中,令 $t - a = \tau$,则

$$L[f(t-a)] = \int_0^{+\infty} f(\tau)e^{-p(\tau+a)}d\tau = e^{-ap}\int_0^{+\infty} f(\tau)e^{-p\tau}d\tau = e^{-ap}F(p).$$

指点迷津

函数 $f(t-a)$ 表示函数 $f(t)$ 在时间上滞后 a 个单位(图 7-1),所以这个性质称为延滞性质. 在实际应用中,为了突出"滞后"这一特点,常在 $f(t-a)$ 这个函数上再乘以 $u(t-a)$,所以,延滞性质也表示为

$$L[u(t-a)f(t-a)] = e^{-ap}F(p).$$

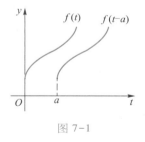

图 7-1

例 3 求 $L[u(t-a)]$.

解 因为 $L[u(t)] = \frac{1}{p}$,所以,根据性质 3 得

$$L[u(t-a)] = e^{-ap}\frac{1}{p} \quad (p > 0).$$

例 4 求 $L[u(t-\tau)e^{a(t-\tau)}]$.

解 因为 $L[e^{at}] = \frac{1}{p-a}$,所以

$$L[u(t-\tau)e^{a(t-\tau)}] = e^{-\tau p}\frac{1}{p-a} \quad (p > a).$$

性质 4(微分性质) 若 $L[f(t)] = F(p)$,$f(t)$ 在 $[0, +\infty)$ 上连续,$f'(t)$ 为分段连续,则

$$\boxed{L[f'(t)] = pF(p) - f(0).} \tag{7-5}$$

证明 由公式(7-1)得

$$L[f'(t)] = \int_0^{+\infty} f'(t)e^{-pt}dt = [f(t)e^{-pt}]\Big|_0^{+\infty} + p\int_0^{+\infty} f(t)e^{-pt}dt.$$

可以证明,在 $L[f(t)]$ 存在的条件下,必有

$$\lim_{t\to+\infty} f(t)e^{-pt} = 0,$$

因此 $\qquad L[f'(t)] = 0 - f(0) + pL[f(t)] = pF(p) - f(0).$

类似地,在相应条件成立时,还可推得

$$L[f''(t)] = p^2 F(p) - [pf(0) + f'(0)].$$

一般地

$$\boxed{L[f^{(n)}(t)] = p^n F(p) - [p^{n-1}f(0) + p^{n-2}f'(0) + \cdots + f^{(n-1)}(0)].} \qquad (7\text{-}6)$$

特别地,当初始值 $f(0) = f'(0) = \cdots = f^{(n-1)}(0) = 0$ 时,有

$$\boxed{L[f^{(n)}(t)] = p^n F(p) \ (n = 1,2,\cdots).} \qquad (7\text{-}7)$$

以下性质证明从略.

性质 5(积分性质) 若 $L[f(t)] = F(p)(p \neq 0)$,且设 $f(t)$ 连续,则

$$\boxed{L\left[\int_0^t f(x)dx\right] = \frac{F(p)}{p}.} \qquad (7\text{-}8)$$

性质 6(相似性质) 若 $L[f(t)] = F(p)$,则当 $a > 0$ 时,有

$$\boxed{L[f(at)] = \frac{1}{a}F\left(\frac{p}{a}\right).} \qquad (7\text{-}9)$$

性质 7(像函数的微分性质) 若 $L[f(t)] = F(p)$,则

$$\boxed{L[t^n f(t)] = (-1)^n F^{(n)}(p).} \qquad (7\text{-}10)$$

性质 8(像函数的积分性质) 若 $L[f(t)] = F(p)$,且 $\lim\limits_{t\to0}\dfrac{f(t)}{t}$ 存在,则

$$\boxed{L\left[\frac{f(t)}{t}\right] = \int_p^{+\infty} F(p)dp.} \qquad (7\text{-}11)$$

例 5 求 $L[t^n]\ (n = 1,2,\cdots)$.

解 1 设 $f(t) = t^n$,则

$$f(0) = f'(0) = f''(0) = \cdots = f^{(n-1)}(0) = 0.$$

由公式(7-7),得

$$L[f^{(n)}(t)] = p^n L[f(t)],$$

$$L[f(t)] = \frac{1}{p^n}L[f^{(n)}(t)] = \frac{1}{p^n}L[n!] = \frac{n!}{p^n}L[u(t)] = \frac{n!}{p^n p} = \frac{n!}{p^{n+1}}.$$

解 2 因为

$$t = \int_0^t 1dx,\ t^2 = \int_0^t 2xdx,\cdots,t^n = \int_0^t nx^{n-1}dx,$$

所以,根据公式(7-8),得

$$L[t] = L\left[\int_0^t 1\mathrm{d}x\right] = \frac{1}{p}L[1] = \frac{1}{p^2},$$

$$L[t^2] = L\left[\int_0^t 2x\mathrm{d}x\right] = \frac{2}{p}L[t] = \frac{2}{p^3},$$

$$L[t^3] = L\left[\int_0^t 3x^2\mathrm{d}x\right] = \frac{3}{p}L[t^2] = \frac{3\cdot 2}{p^4},$$

$$\cdots\cdots\cdots$$

一般地,有

$$L[t^n] = L\left[\int_0^t nx^{n-1}\mathrm{d}x\right] = \frac{n}{p}L[t^{n-1}] = \frac{(n-1)!\ n}{p^{n+1}} = \frac{n!}{p^{n+1}}.$$

例 6　求下列函数的拉氏变换:

① $f(t) = u(2t - 1)$;

② $f(t) = \dfrac{\sin t}{t}$;

③ $f(t) = te^{at}\sin \omega t\,(a,\omega\text{ 为常数})$.

解　① 方法 1　因为 $L[u(t)] = \dfrac{1}{p}$,根据延滞性质得

$$L[u(t-1)] = e^{-p}\frac{1}{p},$$

再根据相似性质得

$$L[u(2t-1)] = \frac{1}{2}e^{-\frac{p}{2}}\frac{1}{\frac{p}{2}},$$

所以

$$L[u(2t-1)] = \frac{1}{p}e^{-\frac{p}{2}}.$$

方法 2　因为 $L[u(t)] = \dfrac{1}{p}$,根据相似性质得

$$L[u(2t)] = \frac{1}{2}\cdot\frac{1}{\frac{p}{2}} = \frac{1}{p},$$

再根据延滞性质得

$$L[u(2t-1)] = L\left\{u\left[2\left(t - \frac{1}{2}\right)\right]\right\} = \frac{1}{p}e^{-\frac{p}{2}},$$

所以

$$L[u(2t-1)] = \frac{1}{p}e^{-\frac{p}{2}}.$$

② 因为 $L[\sin t] = \dfrac{1}{p^2 + 1}$,而且 $\lim\limits_{t\to 0}\dfrac{\sin t}{t} = 1$,所以由像函数的积分性质,得

$$L\left[\frac{\sin t}{t}\right] = \int_p^{+\infty}\frac{1}{p^2 + 1}\mathrm{d}p = \arctan p\,\Big|_p^{+\infty} = \frac{\pi}{2} - \arctan p.$$

③ 方法 1　因为 $L[\sin \omega t] = \dfrac{\omega}{p^2 + \omega^2}$,由平移性质得

$$L[\mathrm{e}^{at}\sin\omega t] = \frac{\omega}{(p-a)^2 + \omega^2}.$$

再由像函数的微分性质得

$$L[t\mathrm{e}^{at}\sin\omega t] = -\frac{\mathrm{d}}{\mathrm{d}p}\left[\frac{\omega}{(p-a)^2 + \omega^2}\right] = \frac{2\omega(p-a)}{[(p-a)^2 + \omega^2]^2}.$$

方法 2　因为 $L[\sin\omega t] = \dfrac{\omega}{p^2 + \omega^2}$，由像函数的微分性质得

$$L[t\sin\omega t] = -\frac{\mathrm{d}}{\mathrm{d}p}\left(\frac{\omega}{p^2 + \omega^2}\right) = \frac{2\omega p}{(p^2 + \omega^2)^2},$$

再由平移性质得

$$L[t\mathrm{e}^{at}\sin\omega t] = \frac{2\omega(p-a)}{[(p-a)^2 + \omega^2]^2}.$$

运用性质和已知函数的拉氏变换间接求函数的拉氏变换是一种常用的方法，现将拉氏变换的主要性质和常用的一些函数的像函数分别列表如下（表 7-1 和表 7-2）：

表 7-1　拉氏变换的性质

序号	设 $L[f(t)] = F(p)$
1	$L[a_1 f_1(t) + a_2 f_2(t)] = a_1 L[f_1(t)] + a_2 L[f_2(t)]$
2	$L[\mathrm{e}^{at}f(t)] = F(p-a)$
3	$L[f(t-a)] = \mathrm{e}^{-ap}F(p)$ 或 $L[u(t-a)f(t-a)] = \mathrm{e}^{-ap}F(p)$
4	$L[f'(t)] = pF(p) - f(0)$ $L[f^{(n)}(t)] = p^n F(p) - [p^{n-1}f(0) + p^{n-2}f'(0) + \cdots + f^{(n-1)}(0)]$
5	$L\left[\displaystyle\int_0^t f(x)\,\mathrm{d}x\right] = \dfrac{F(p)}{p}$
6	$L[f(at)] = \dfrac{1}{a}F\left(\dfrac{p}{a}\right) \ (a>0)$
7	$L[t^n f(t)] = (-1)^n F^{(n)}(p)$
8	$L\left[\dfrac{f(t)}{t}\right] = \displaystyle\int_p^{+\infty} F(p)\,\mathrm{d}p$

表 7-2　常用函数的拉氏变换

序号	像原函数 $f(t)$	像函数 $F(p)$	序号	像原函数 $f(t)$	像函数 $F(p)$
1	$\delta(t)$	1	4	e^{at}	$\dfrac{1}{p-a}$
2	$u(t)$	$\dfrac{1}{p}$	5	$\sin\omega t$	$\dfrac{\omega}{p^2 + \omega^2}$
3	$t^n(n=1,2,\cdots)$	$\dfrac{n!}{p^{n+1}}$	6	$\cos\omega t$	$\dfrac{p}{p^2 + \omega^2}$

习题 7.2 答案

■ 习题 7.2

1. 求下列函数的拉氏变换.

(1) $f(t) = 3e^{-4t}$;

(2) $f(t) = t^3 + 6t + 3$;

(3) $f(t) = \sin 2t \cos 2t$;

(4) $f(t) = 8\sin^2 3t$;

(5) $f(t) = e^{3t}\sin 4t$;

(6) $f(t) = t^n e^{at}$;

(7) $f(t) = e^{-4t}\sin 3t \cos 2t$;

(8) $f(t) = te^t \cos t$;

(9) $f(t) = \dfrac{1 - e^t}{t}$;

(10) $f(t) = \displaystyle\int_0^t \dfrac{\sin x}{x}\mathrm{d}x$;

(11) $f(t) = \begin{cases} e, & 0 \leqslant t < t_0, \\ 0, & t \geqslant t_0; \end{cases}$

(12) $f(t) = \begin{cases} \sin t, & 0 \leqslant t < \pi, \\ t, & t \geqslant \pi. \end{cases}$

2. 试证平移性质和相似性质.

3. 设 $f(t) = t \sin at$.

(1) 验证 $f''(t) + a^2 f(t) = 2a\cos at$;

(2) 利用(1)及拉氏变换的微分性质,求 $L[f(t)]$.

7.3 拉氏变换的逆变换

前面讨论了函数 $f(t)$ 的拉氏变换,即由已知函数 $f(t)$ 求它的像函数 $F(p)$. 现在讨论拉氏变换的逆变换(简称拉氏逆变换),即由像函数 $F(p)$ 求它的像原函数 $f(t)$,并记成

$$L^{-1}[F(p)].$$

对于简单的像函数 $F(p)$ 的拉氏逆变换可以直接从表 7 - 2 中查得. 至于较复杂的函数求拉氏变换,一般是运用拉氏逆变换的性质,再借助拉氏变换表 7 - 2. 为此,下面把常用的拉氏变换性质用逆变换形式一一列出,即为拉氏逆变换的性质.

性质 1(线性性质)

$$\begin{aligned} L^{-1}[a_1 F_1(p) + a_2 F_2(p)] &= a_1 L^{-1}[F_1(p)] + a_2 L^{-1}[F_2(p)] \\ &= a_1 f_1(t) + a_2 f_2(t). \end{aligned} \tag{7-12}$$

性质 2(平移性质)

$$L^{-1}[F(p - a)] = e^{at} L^{-1}[F(p)] = e^{at} f(t). \tag{7-13}$$

性质 3(延滞性质)

$$L^{-1}[e^{-ap} F(p)] = f(t - a)u(t - a). \tag{7-14}$$

例 1 求下列像函数的逆变换:

(1) $F(p) = \dfrac{1}{p + 3}$;

(2) $F(p) = \dfrac{1}{(p - 2)^3}$;

(3) $F(p) = \dfrac{2p - 5}{p^2}$;   (4) $F(p) = \dfrac{e^p}{p^2 + 4}$.

解 （1）将 $a = -3$ 代入表 $7 - 2(4)$，得

$$f(t) = L^{-1}\left[\dfrac{1}{p + 3}\right] = e^{-3t}.$$

（2）由性质 2 及表 $7 - 2(3)$，得

$$f(t) = L^{-1}\left[\dfrac{1}{(p - 2)^3}\right] = e^{2t}L^{-1}\left[\dfrac{1}{p^3}\right] = \dfrac{e^{2t}}{2}L^{-1}\left[\dfrac{2!}{p^3}\right] = \dfrac{1}{2}t^2 e^{2t}.$$

（3）由性质 1 及表 $7 - 2$ 中公式 (2)、(3) 得

$$f(t) = L^{-1}\left[\dfrac{2p - 5}{p^2}\right] = 2L^{-1}\left[\dfrac{1}{p}\right] - L^{-1}\left[\dfrac{5}{p^2}\right]$$

$$= 2L^{-1}\left[\dfrac{1}{p}\right] - 5L^{-1}\left[\dfrac{1}{p^2}\right] = 2 - 5t.$$

（4）由性质 3 及表 $7 - 2(5)$，得

$$f(t) = L^{-1}\left[\dfrac{e^p}{p^2 + 4}\right] = \dfrac{1}{2}L^{-1}\left[\dfrac{2}{p^2 + 2^2}e^p\right]$$

$$= \dfrac{1}{2}\sin 2(t + 1) = \dfrac{1}{2}\sin(2t + 2).$$

动动脑 怎样求较为复杂的有理分式函数的拉氏逆变换？

例 2 求 $L^{-1}\left[\dfrac{2p + 3}{p^2 - 2p + 5}\right]$.

解

$$f(t) = L^{-1}\left[\dfrac{2p + 3}{p^2 - 2p + 5}\right] = L^{-1}\left[\dfrac{2(p - 1) + 5}{(p - 1)^2 + 2^2}\right]$$

$$= 2L^{-1}\left[\dfrac{p - 1}{(p - 1)^2 + 4}\right] + \dfrac{5}{2}L^{-1}\left[\dfrac{2}{(p - 1)^2 + 2^2}\right]$$

$$= 2e^t L^{-1}\left[\dfrac{p}{p^2 + 2^2}\right] + \dfrac{5}{2}e^t L^{-1}\left[\dfrac{2}{p^2 + 2^2}\right]$$

$$= 2e^t \cos 2t + \dfrac{5}{2}e^t \sin 2t$$

$$= \dfrac{1}{2}e^t(4\cos 2t + 5\sin 2t).$$

例 3 求 $L^{-1}\left[\dfrac{p + 9}{p^2 + 5p + 6}\right]$.

解 用待定系数法可得部分分式

$$\dfrac{p + 9}{p^2 + 5p + 6} = \dfrac{p + 9}{(p + 2)(p + 3)} = \dfrac{7}{p + 2} - \dfrac{6}{p + 3},$$

于是

$$f(t) = L^{-1}\left[\dfrac{p + 9}{p^2 + 5p + 6}\right] = L^{-1}\left[\dfrac{7}{p + 2} - \dfrac{6}{p + 3}\right]$$

$$= 7L^{-1}\left[\dfrac{1}{p + 2}\right] - 6L^{-1}\left[\dfrac{1}{p + 3}\right] = 7e^{-2t} - 6e^{-3t}.$$

例 4 求 $L^{-1}\left[\dfrac{p^2}{(p+2)(p^2+2p+2)}\right]$.

解 用待定系数法可得

$$\frac{p^2}{(p+2)(p^2+2p+2)} = \frac{2}{p+2} - \frac{p+2}{p^2+2p+2} = \frac{2}{p+2} - \frac{p+1}{(p+1)^2+1} - \frac{1}{(p+1)^2+1},$$

于是

$$
\begin{aligned}
L^{-1}\left[\frac{p^2}{(p+2)(p^2+2p+2)}\right] &= L^{-1}\left[\frac{2}{p+2} - \frac{p+1}{(p+1)^2+1} - \frac{1}{(p+1)^2+1}\right] \\
&= 2L^{-1}\left[\frac{1}{p+2}\right] - L^{-1}\left[\frac{p+1}{(p+1)^2+1}\right] - L^{-1}\left[\frac{1}{(p+1)^2+1}\right] \\
&= 2\mathrm{e}^{-2t} - \mathrm{e}^{-t}\cos t - \mathrm{e}^{-t}\sin t \\
&= 2\mathrm{e}^{-2t} - \mathrm{e}^{-t}(\cos t + \sin t).
\end{aligned}
$$

指点迷津

运用拉氏变换解决工程技术中的应用问题时,遇到的像函数常常是有理分式,对于较复杂的有理分式一般先化为部分分式,然后再利用拉氏逆变换性质及表 7-3 求出像原函数.

表 7-3　拉氏逆变换的性质

序号	$L^{-1}[F(p)] = f(t)$
1	$L^{-1}[a_1 F_1(p) + a_2 F_2(p)] = a_1 L^{-1}[F_1(p)] + a_2 L^{-1}[F_2(p)]$
2	$L^{-1}[F(p-a)] = \mathrm{e}^{at}f(t)$
3	$L^{-1}[\mathrm{e}^{-ap}F(p)] = f(t-a)u(t-a)$

■ 习题 7.3

求下列函数的拉氏逆变换:

1. $F(p) = \dfrac{1}{3p+5}$.

2. $F(p) = \dfrac{4p}{p^2+16}$.

3. $F(p) = \dfrac{2p-8}{p^2+36}$.

4. $F(p) = \dfrac{p}{(p+3)(p+5)}$.

5. $F(p) = \dfrac{4}{p^2+4p+10}$.

6. $F(p) = \dfrac{p^2+2}{p^3+5p^2+6p}$.

7. $F(p) = \dfrac{p^2+1}{p(p-1)^2}$.

8. $F(p) = \dfrac{150}{(p^2+2p+5)(p^2-4p+8)}$.

9. $F(p) = \dfrac{(2p+1)^2}{p^5}$.

10. $F(p) = \dfrac{4p-2}{(p^2+1)^2}$.

习题 7.3 答案

7.4 拉氏变换的应用举例

7.4.1 解微分方程

例1 求微分方程 $y'' + a^2 y = 0$ 满足初值条件 $y(0) = b, y'(0) = c$ 的解(其中 a、b、c 为常数);

解 将方程两边进行拉氏变换,并设 $L[y(t)] = Y(p)$,得

$$p^2 Y(p) - py(0) - y'(0) + a^2 Y(p) = 0,$$

将初值条件代入,得

$$p^2 Y(p) - pb - c + a^2 Y(p) = 0,$$

从而

$$Y(p) = \frac{pb + c}{p^2 + a^2}.$$

两边取拉氏逆变换得

$$y(t) = L^{-1}[Y(p)] = L^{-1}\left[\frac{pb + c}{p^2 + a^2}\right]$$

$$= bL^{-1}\left[\frac{p}{p^2 + a^2}\right] + \frac{c}{a}L^{-1}\left[\frac{a}{p^2 + a^2}\right]$$

$$= b\cos at + \frac{c}{a}\sin at.$$

方法总结 拉氏变换解常系数线性微分方程的步骤如下:
① 对方程两边取拉氏变换,并代入初值条件.
② 解关于像函数的代数方程得像函数.
③ 分别对像函数取拉氏逆变换得像原函数,即得微分方程的解.

7.4.2 解积分方程

例2 求解积分方程

$$y(t) = a\sin t + \int_0^t y(x)\,dx.$$

解 设 $L[y(t)] = Y(p)$,对方程两边取拉氏变换,得

$$Y(p) = \frac{a}{p^2 + 1} + \frac{1}{p}Y(p),$$

解得

$$Y(p) = \frac{ap}{(p - 1)(p^2 + 1)} = \frac{a}{2}\left(\frac{1}{p - 1} + \frac{1}{p^2 + 1} - \frac{p}{p^2 + 1}\right).$$

再取拉氏逆变换,得

$$y(t) = \frac{a}{2}(e^t + \sin t - \cos t).$$

7.4.3 电学上的应用

例 3 在图 7-2 所示的电路中,设输入电压

$$u_0(t) = \begin{cases} 1, & 0 \leqslant t < T, \\ 0, & t \geqslant T, \end{cases}$$

求输出电压 $u_R(t)$(电容 c 在 $t = 0$ 时不带电).

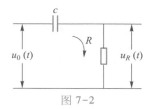

图 7-2

解 设电路中的电流为 $i(t)$,由图 7-2 可得关于 $i(t)$ 的方程为

$$\begin{cases} Ri(t) + \dfrac{1}{c}\displaystyle\int_0^t i(t)\,\mathrm{d}t = u_0(t), \\ u_R(t) = Ri(t). \end{cases}$$

对所列的方程作拉氏变换,设 $L[i(t)] = I(p)$,$L[u_R(t)] = U_R(p)$,又因为

$$u_0(t) = u(t) - u(t - T),$$

这里 $u(t)$ 是单位阶梯函数,所以有

$$L[u_0(t)] = L[u(t)] - L[u(t - T)] = \frac{1}{p} - \frac{e^{-Tp}}{p} = \frac{1}{p}(1 - e^{-Tp}),$$

因此得到

$$\begin{cases} RI(p) + \dfrac{1}{pc}I(p) = \dfrac{1}{p}(1 - e^{-Tp}), \\ U_R(p) = RI(p). \end{cases}$$

解方程组得

$$I(p) = \frac{c(1 - e^{-Tp})}{Rcp + 1}, U_R(p) = \frac{Rc(1 - e^{-Tp})}{Rcp + 1}.$$

求拉氏逆变换得 $u_R(t) = e^{-\frac{t}{Rc}} - u(t - T)e^{-\frac{t-T}{Rc}}$.

输入、输出的电压与时间 t 的关系分别如图 7-3 的 (a)、(b) 所示.

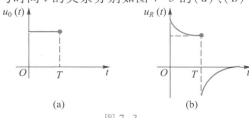

(a)

(b)

图 7-3

7.4.4　力学上的应用

例 4(弹簧机械振动问题)　机械振动是工程技术中常遇到的现象. 例如,振动沉桩机利用振动来克服土壤和桩之间的摩擦以及桩前部的阻力,将桩打入土中;混凝土振动台利用振动来克服混凝土颗粒的起始移动阻力和内摩擦力,将混凝土捣实. 另一方面,工程技术中也需要减弱不必要的振动,以保证机械的稳定性,保障操作人员的安全. 下面介绍一个弹簧振动的例子.

有一个弹簧,它的上端固定,质量为 m 的物体挂在弹簧上,如图 7-4 所示. 弹簧的弹性系数为 k,设物体自平衡位置 $x=0$ 开始运动. 给物体一个离开平衡位置的冲击力 $A\delta(t)$,其中 $\delta(t)$ 为狄拉克函数,那么物体便在平衡位置附近上下振动. 在振动过程中,物体的位置 x 随时间 t 变化,即 x 是 t 的函数. 求该物体的运动规律 $x(t)$.

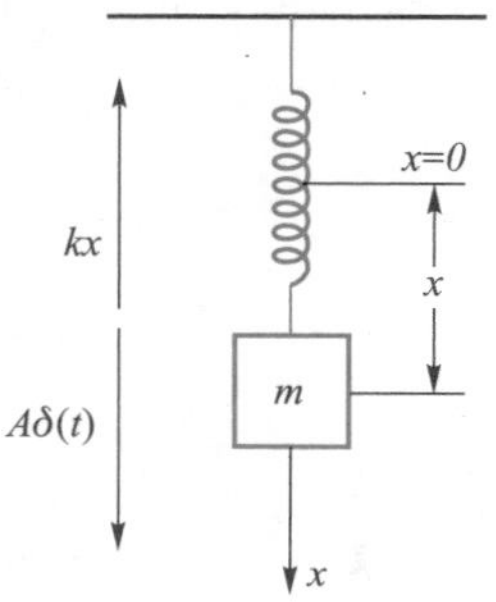

图 7-4

解　首先建立描述物体离开平衡位置的位移 $x(t)$ 的数学模型. 根据胡克定律,物体离开平衡位置的位移 $x(t)$ 满足的微分方程为

$$m\frac{\mathrm{d}^2x}{\mathrm{d}t^2} = A\delta(t) - kx, 且 \ x(0) = 0, \frac{\mathrm{d}x}{\mathrm{d}t}\Big|_{t=0} = 0,$$

解此微分方程满足初值条件的解即得物体的运动规律 $x(t)$.

设 $L[x(t)] = X(p)$,对 $m\dfrac{\mathrm{d}^2x}{\mathrm{d}t^2} = A\delta(t) - kx$ 两边作拉氏变换,并将初值条件代入,得

$$X(p) = \frac{A}{mp^2 + k},$$

作拉氏逆变换,得

$$x(t) = \frac{A}{\sqrt{mk}}\sin\sqrt{\frac{k}{m}}t.$$

可见振动物体按正弦规律运动,振幅为 $\dfrac{A}{\sqrt{mk}}$,角频率为 $\sqrt{\dfrac{k}{m}}$.

■ 习题 7.4

习题 7.4 答案

1. 用拉氏变换解下列微分方程:

(1) $\dfrac{\mathrm{d}^2y}{\mathrm{d}t^2} + \omega^2 y = 0, y(0) = 0, y'(0) = \omega$;

(2) $y''(t) - 3y'(t) + 2y(t) = 4, y(0) = 0, y'(0) = 1$;

(3) $x'''(t) + x(t) = 1, x(0) = x'(0) = x''(0) = 0$.

2. 在 RL 串联电路中,当 $t = 0$ 时,将开关闭合接上直流电源,求电路中的电流 $i(t)$.

7.5 数学实验——用MATLAB求函数的拉氏变换和拉氏逆变换

1. 用 MATLAB 求函数的拉氏变换

语法:F = laplace(f,t,p)　　% 求函数 f(t) 的拉氏变换 F.

说明:F 是 p 的函数,参数 p 省略,返回结果 F 默认为 p 的函数;f 为 t 的函数,当参数 t 省略,默认自由变量为 t.

例1　求函数 $f(t) = \sin at$ 的拉氏变换.

解　>> syms a t p

　　　>> F = laplace(sin(a * t),t,p);　% 求函数 sin(at) 的拉氏变换

　　　F =

　　　　a/(p^2 + a^2)

即拉氏变换为 $\dfrac{a}{p^2 + a^2}$

2. 用 MATLAB 求函数的拉氏逆变换

语法:F = ilaplace(f,t,p)　% 求 F 的拉氏逆变换 f.

例2　求函数 $F(p) = \dfrac{1}{p + a}$ 的拉氏逆变换.

解　>> syms a t p

　　　>> f = ilaplace(1/(p + a),p,t);　% 求函数 1/(p + a) 的拉氏逆变换

　　　f =

　　　　exp(-a * t)

即拉氏逆变换为 e^{-at}

本章小结

1. 拉氏变换的基本概念:

设函数 $f(t)\,(t \geq 0)$,令 $F(p) = \displaystyle\int_0^{+\infty} f(t)\,e^{-pt}\mathrm{d}t$,

则从 $f(t) \to F(p)$ 称为拉氏变换,记作 $L[f(t)] = F(p)$;

从 $F(p) \to f(t)$ 称为拉氏逆变换,记作 $L^{-1}[F(p)] = f(t)$.

2. 拉氏变换的性质(表7-1).

3. 常用函数的拉氏变换(表7-2).

4. 拉氏逆变换的性质(表7-3).

5. 拉氏变换解常系数线性微分方程的步骤:

(1) 对方程两边取拉氏变换,并代入初值条件.

(2) 解关于像函数的代数方程得像函数.

(3) 分别对像函数作拉氏逆变换得像原函数,即得微分方程的解.

■ 复习题七

复习题七答案

1. 求下列函数的拉氏变换:

(1) $f(t) = e^{4t}\cos 3t\cos 4t$;

(2) $f(t) = \begin{cases} \cos t, & 0 \leqslant t < \pi, \\ t, & t \geqslant \pi; \end{cases}$

(3) $f(t) = t^2 e^t \cos 2t$.

2. 求下列像函数的逆变换:

(1) $F(p) = \dfrac{1}{p(p-1)^2}$;

(2) $F(p) = \dfrac{3p+9}{p^2+2p+10}$;

(3) $F(p) = \dfrac{5p^2-15p+7}{(p+1)(p+2)^2}$;

(4) $F(p) = \dfrac{2e^{-p}-e^{-3p}}{p}$;

(5) $F(p) = \dfrac{p^3}{(p-1)^4}$;

(6) $F(p) = \dfrac{p^2}{(p^2+1)^2}$.

3. 用拉氏变换解下列微分方程:

(1) $y'' + 9y = \cos 3t, y(0) = y'(0) = 0$;

(2) $y'' + 8y = 32t^3 - 16t, y(0) = y'(0) = 0$.

拓展阅读 拉氏变换的产生和发展

1. 拉氏变换的前身是赫维赛德的微积分算子

奥列弗·赫维赛德(1850—1925)是英国人,人们熟悉他是因为 MATLAB 中有一个赫维赛德(Heaviside)函数,而他的另一个鲜为人知的卓著贡献就是发明了运算微积分,把微分、积分运算用一个简单的算子来代替,将常微分方程转换为普通代数方程,很好地解决了电力工程计算中遇到的一些基本问题.赫维赛德的算子验算虽然缺乏严密的数学基础,但总能给出重要且正确的结果,方法确实有效,无法驳倒.于是,数学家们开始尝试把算子理论进行严格化.后来,人们在法国数学家拉普拉斯(1749—1827)的一本有关概率论的著作上,找到了这种算法的严格定义.于是这种方法便被取名为拉普拉斯变换.

2. 傅里叶变换是简单的拉普拉斯变换

1807 年,傅里叶向法国科学院提交了一篇论文,运用正弦曲线来描述温度分布,论文里有个在当时具有争议性的观点:任何连续周期信号可以由一组适当的正弦曲线组合而成.傅里叶没有作出严格的数学论证.这篇论文的审稿人中,有著名的数学家拉格朗日和拉普拉斯,当拉普拉斯和其他审稿人投票通过并要发表这篇论文时,拉格朗日坚决反对,他认为傅里叶的方法无法表示带有棱角的信号.法国科学院屈服于拉格朗日的威望,拒绝了傅里叶的观点.直到 1822 年,傅里叶变换才随其著作《热的解析理论》发表.1829 年,狄利克雷通过推导其适用范围,完善了傅里叶变换.傅里叶变换说的是自然界的很多现象,都可以用三角函数进行分解.

3. 拉普拉斯变换

傅里叶变换分析法在信号分析和处理等方面(如分析谐波成分、系统的频率响应、波形失真、抽样、滤波等)十分有效. 它能帮助我们解决很多问题, 一经问世便受到工程师们的喜爱. 但是, 傅里叶变换有一个很大的局限性, 那就是信号必须满足狄利克雷条件才行, 特别是绝对可积的条件, 这个条件拦截掉了一大批函数. 而且, 求傅里叶逆变换有时也是比较困难的. 因此, 有必要寻求更有效且简便的方法. 他们想到了一个绝佳的主意: 把不满足绝对可积的函数乘以一个快速衰减的函数, 这样在变量趋于无穷时原函数也衰减到零了, 从而满足绝对可积, 这就是拉普拉斯变换.

20世纪70年代以后, 计算机辅助设计(CAD)技术迅速发展, 人们借助于CAD程序, 可以很方便地求解电路分析问题, 这样就导致拉氏变换在这方面的应用相对减少了. 此外, 随着技术的发展和实际的需要, 离散的、非线性的等类型系统的研究与应用日益广泛, 而拉氏变换在这些方面却无能为力. 于是, 它长期占据的传统重要地位正让位给一些新的方法.

第8章 行列式

知识导读

行列式是线性代数的一个基本内容,它主要应用于解线性方程组和研究有关矩阵的问题.利用行列式的性质与计算方法,可以比较容易地解决实际中的一些较烦琐较难解决的问题.

本章从解线性方程组的问题引入二阶、三阶行列式的定义,在此基础上,得出 n 阶行列式的定义,并且介绍了行列式的性质,讨论了行列式的计算方法,给出用行列式解线性方程组的克拉默法则.

8.1 行列式的概念

8.1.1 二阶行列式

设二元线性方程组为

$$\begin{cases} a_{11}x_1 + a_{12}x_2 = b_1, \\ a_{21}x_1 + a_{22}x_2 = b_2, \end{cases} \tag{1}$$

当 $a_{11}a_{22} - a_{12}a_{21} \neq 0$ 时,用消元法解得

$$\begin{cases} x_1 = \dfrac{b_1 a_{22} - a_{12} b_2}{a_{11}a_{22} - a_{12}a_{21}}, \\ x_2 = \dfrac{a_{11} b_2 - a_{21} b_1}{a_{11}a_{22} - a_{12}a_{21}}. \end{cases} \tag{2}$$

用记号

$$\begin{vmatrix} a_{11} & a_{12} \\ a_{21} & a_{22} \end{vmatrix}$$

表示代数和 $a_{11}a_{22} - a_{12}a_{21}$,称为二阶行列式,即

$$\begin{vmatrix} a_{11} & a_{12} \\ a_{21} & a_{22} \end{vmatrix} = a_{11}a_{22} - a_{12}a_{21}, \tag{8-1}$$

其中，$a_{ij}(i,j = 1,2)$ 叫做行列式的元素. 第一个下标 i 表示 a_{ij} 所在的行数；第二个下标 j 表示 a_{ij} 所在的列数. 式(8-1)的右端叫做二阶行列式的展开式，可用图8-1的方法记忆，即实线上的两个元素的乘积减去虚线上两个元素的乘积.

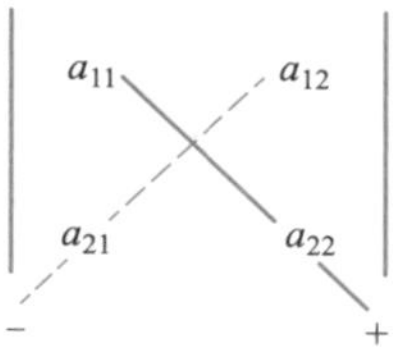

图 8-1

引入二阶行列式的概念之后，线性方程组(1)的解(2)可以表示为

$$\begin{cases} x_1 = \dfrac{D_1}{D}, \\ x_2 = \dfrac{D_2}{D} \end{cases} (D \neq 0),$$

其中，D 是方程组(1)的系数按它们在方程组中的次序排列构成的行列式，即

$$D = \begin{vmatrix} a_{11} & a_{12} \\ a_{21} & a_{22} \end{vmatrix},$$

称为方程组(1)的系数行列式，D_1 和 D_2 是以 b_1、b_2 分别替换行列式 D 中的第一列、第二列的元素所得到的二阶行列式，即

$$D_1 = \begin{vmatrix} b_1 & a_{12} \\ b_2 & a_{22} \end{vmatrix}, D_2 = \begin{vmatrix} a_{11} & b_1 \\ a_{21} & b_2 \end{vmatrix}.$$

例 1　解二元线性方程组 $\begin{cases} 2x_1 - 3x_2 = 9, \\ 4x_1 - x_2 = 8. \end{cases}$

解　因为

$$D = \begin{vmatrix} 2 & -3 \\ 4 & -1 \end{vmatrix} = 2 \times (-1) - 4 \times (-3) = 10,$$

$$D_1 = \begin{vmatrix} 9 & -3 \\ 8 & -1 \end{vmatrix} = 9 \times (-1) - 8 \times (-3) = 15,$$

$$D_2 = \begin{vmatrix} 2 & 9 \\ 4 & 8 \end{vmatrix} = 2 \times 8 - 4 \times 9 = -20,$$

所以方程组的解是

$$\begin{cases} x_1 = \dfrac{D_1}{D} = \dfrac{3}{2}, \\ x_2 = \dfrac{D_2}{D} = -2. \end{cases}$$

8.1.2　三阶行列式

用消元法解三元线性方程组

$$\begin{cases} a_{11}x_1 + a_{12}x_2 + a_{13}x_3 = b_1, \\ a_{21}x_1 + a_{22}x_2 + a_{23}x_3 = b_2, \\ a_{31}x_1 + a_{32}x_2 + a_{33}x_3 = b_3. \end{cases} \qquad (3)$$

当 $D = a_{11}a_{22}a_{33} + a_{12}a_{23}a_{31} + a_{13}a_{21}a_{32} - a_{11}a_{23}a_{32} - a_{12}a_{21}a_{33} - a_{13}a_{22}a_{31} \neq 0$ 时，其解为

$$\begin{cases} x_1 = \dfrac{1}{D}(b_1a_{22}a_{33} + a_{12}a_{23}b_3 + a_{13}b_2a_{32} - b_1a_{23}a_{32} - a_{12}b_2a_{33} - a_{13}a_{22}b_3), \\ x_2 = \dfrac{1}{D}(a_{11}b_2a_{33} + b_1a_{23}a_{31} + a_{13}a_{21}b_3 - a_{11}a_{23}b_3 - b_1a_{21}a_{33} - a_{13}b_2a_{31}), \\ x_3 = \dfrac{1}{D}(a_{11}a_{22}b_3 + a_{12}b_2a_{31} + b_1a_{21}a_{32} - a_{11}b_2a_{32} - a_{12}a_{21}b_3 - b_1a_{22}a_{31}). \end{cases} \qquad (4)$$

用记号

$$\begin{vmatrix} a_{11} & a_{12} & a_{13} \\ a_{21} & a_{22} & a_{23} \\ a_{31} & a_{32} & a_{33} \end{vmatrix}$$

表示 D，即

$$\begin{aligned} D &= \begin{vmatrix} a_{11} & a_{12} & a_{13} \\ a_{21} & a_{22} & a_{23} \\ a_{31} & a_{32} & a_{33} \end{vmatrix} \\ &= a_{11}a_{22}a_{33} + a_{12}a_{23}a_{31} + a_{13}a_{21}a_{32} - a_{11}a_{23}a_{32} - a_{12}a_{21}a_{33} - a_{13}a_{22}a_{31}. \end{aligned} \qquad (8-2)$$

式（8-2）第二个等号的左边称为三阶行列式，右边称为三阶行列式的展开式，可用图 8-2 的方法记忆．其中各实线上的三个元素之积取正号，各虚线上连接的三个元素之积取负号，这种展开法叫做对角线展开法．从左上角到右下角的对角线叫做主对角线，从右上角到左下角的对角线叫做次对角线．引入三阶行列式之后，线性方程组（3）的解（4）可表示为

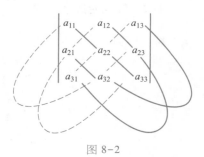

图 8-2

$$x_1 = \frac{D_1}{D}, x_2 = \frac{D_2}{D}, x_3 = \frac{D_3}{D} \quad (D \neq 0).$$

其中分母 D 称为方程组（3）的系数行列式，分子 D_1、D_2、D_3 是将 b_1、b_2、b_3 分别替换行列式 D 中的第一列、第二列、第三列的对应元素而得到的三个三阶行列式．

例 2 解三元线性方程组

$$\begin{cases} 2x_1 - x_2 + x_3 = 0, \\ 3x_1 + 2x_2 - 5x_3 = 1, \\ x_1 + 3x_2 - 2x_3 = 4. \end{cases}$$

解 因为

$$D = \begin{vmatrix} 2 & -1 & 1 \\ 3 & 2 & -5 \\ 1 & 3 & -2 \end{vmatrix} = 28 \neq 0,$$

$$D_1 = \begin{vmatrix} 0 & -1 & 1 \\ 1 & 2 & -5 \\ 4 & 3 & -2 \end{vmatrix} = 13,$$

$$D_2 = \begin{vmatrix} 2 & 0 & 1 \\ 3 & 1 & -5 \\ 1 & 4 & -2 \end{vmatrix} = 47,$$

$$D_3 = \begin{vmatrix} 2 & -1 & 0 \\ 3 & 2 & 1 \\ 1 & 3 & 4 \end{vmatrix} = 21,$$

所以方程组的解为

$$x_1 = \frac{D_1}{D} = \frac{13}{28}, x_2 = \frac{D_2}{D} = \frac{47}{28}, x_3 = \frac{D_3}{D} = \frac{3}{4}.$$

8.1.3 n 阶行列式

n 阶行列式
讲解视频

为了定义 n 阶行列式,先介绍余子式和代数余子式的概念.

在三阶行列式

$$\begin{vmatrix} a_{11} & a_{12} & a_{13} \\ a_{21} & a_{22} & a_{23} \\ a_{31} & a_{32} & a_{33} \end{vmatrix}$$

中,划去 $a_{ij}(i=1,2,3;j=1,2,3)$ 所在的第 i 行和第 j 列的元素,余下的元素按原来的次序排成的二阶行列式称为元素 a_{ij} 的余子式,记为 M_{ij},并称 $(-1)^{i+j}M_{ij}$ 为元素 a_{ij} 的代数余子式,记为 A_{ij},即

$$A_{ij} = (-1)^{i+j}M_{ij}.$$

例如,元素 a_{21} 的余子式为

$$M_{21} = \begin{vmatrix} a_{12} & a_{13} \\ a_{32} & a_{33} \end{vmatrix}.$$

代数余子式为

$$A_{21} = (-1)^{2+1}M_{21} = -\begin{vmatrix} a_{12} & a_{13} \\ a_{32} & a_{33} \end{vmatrix}.$$

由三阶行列式的定义,不难得到

$$\begin{vmatrix} a_{11} & a_{12} & a_{13} \\ a_{21} & a_{22} & a_{23} \\ a_{31} & a_{32} & a_{33} \end{vmatrix} = a_{11}\begin{vmatrix} a_{22} & a_{23} \\ a_{32} & a_{33} \end{vmatrix} - a_{12}\begin{vmatrix} a_{21} & a_{23} \\ a_{31} & a_{33} \end{vmatrix} + a_{13}\begin{vmatrix} a_{21} & a_{22} \\ a_{31} & a_{32} \end{vmatrix}$$

$$= a_{11}A_{11} + a_{12}A_{12} + a_{13}A_{13},$$

即一个三阶行列式可以表示成第一行的各元素与它们对应的代数余子式的乘积之和,也就是说,一个三阶行列式可以由相应的三个二阶行列式来定义.

仿此,把四阶行列式定义为

$$\begin{vmatrix} a_{11} & a_{12} & a_{13} & a_{14} \\ a_{21} & a_{22} & a_{23} & a_{24} \\ a_{31} & a_{32} & a_{33} & a_{34} \\ a_{41} & a_{42} & a_{43} & a_{44} \end{vmatrix} = a_{11}A_{11} + a_{12}A_{12} + a_{13}A_{13} + a_{14}A_{14},$$

其中 $A_{1j}(j = 1, 2, 3, 4)$ 是元素 $a_{1j}(j = 1, 2, 3, 4)$ 的代数余子式. 依此类推,一般地,可用 n 个 $n - 1$ 阶行列式来定义 n 阶行列式.

定义 设 $n - 1$ 阶行列式已定义,则规定 n 阶行列式

$$D = \begin{vmatrix} a_{11} & a_{12} & \cdots & a_{1n} \\ a_{21} & a_{22} & \cdots & a_{2n} \\ \vdots & \vdots & & \vdots \\ a_{n1} & a_{n2} & \cdots & a_{nn} \end{vmatrix} = a_{11}A_{11} + a_{12}A_{12} + \cdots + a_{1n}A_{1n} = \sum_{j=1}^{n} a_{1j}A_{1j},$$

其中 A_{1j} 是元素 $a_{1j}(j = 1, 2, 3, \cdots, n)$ 的代数余子式,是 $n - 1$ 阶行列式.

如

$$A_{11} = (-1)^{1+1}M_{11} = \begin{vmatrix} a_{22} & a_{23} & \cdots & a_{2n} \\ a_{32} & a_{33} & \cdots & a_{3n} \\ \vdots & \vdots & & \vdots \\ a_{n2} & a_{n3} & \cdots & a_{nn} \end{vmatrix}.$$

例 3 计算行列式 $D = \begin{vmatrix} 2 & 0 & 0 & -4 \\ 7 & -1 & 0 & 5 \\ -2 & 6 & 1 & 0 \\ 8 & 4 & -3 & -5 \end{vmatrix}$.

解 $D = 2 \times (-1)^{1+1} \begin{vmatrix} -1 & 0 & 5 \\ 6 & 1 & 0 \\ 4 & -3 & -5 \end{vmatrix} + 0 \times (-1)^{1+2} \begin{vmatrix} 7 & 0 & 5 \\ -2 & 1 & 0 \\ 8 & -3 & -5 \end{vmatrix}$

$+ 0 \times (-1)^{1+3} \begin{vmatrix} 7 & -1 & 5 \\ -2 & 6 & 0 \\ 8 & 4 & -5 \end{vmatrix} + (-4) \times (-1)^{1+4} \begin{vmatrix} 7 & -1 & 0 \\ -2 & 6 & 1 \\ 8 & 4 & -3 \end{vmatrix}$

$= 2 \times (-105) + 4 \times (-156)$

$= -834.$

规定由一个元素 a 组成的行列式 $|a|$ 就是 a 本身.

1. 求下列行列式的值:

(1) $\begin{vmatrix} 1+\sqrt{2} & 2-\sqrt{3} \\ 2+\sqrt{3} & 1-\sqrt{2} \end{vmatrix}$;

(2) $\begin{vmatrix} \cos 15° & \sin 75° \\ \sin 15° & \cos 75° \end{vmatrix}$;

(3) $\begin{vmatrix} a & 3 & 5 \\ 0 & b & -1 \\ 0 & 0 & c \end{vmatrix}$;

(4) $\begin{vmatrix} 0 & -\cos\alpha & \cos\beta \\ -\cos\alpha & 0 & \cos\gamma \\ -\cos\beta & \cos\gamma & 0 \end{vmatrix}$.

习题 8.1 答案

2. 验证下列各式:

(1) $\begin{vmatrix} a_{11} & a_{12} & a_{13} \\ a_{21} & a_{22} & a_{23} \\ a_{31} & a_{32} & a_{33} \end{vmatrix} = \begin{vmatrix} a_{11} & a_{21} & a_{31} \\ a_{12} & a_{22} & a_{32} \\ a_{13} & a_{23} & a_{33} \end{vmatrix}$;

(2) $\begin{vmatrix} a_{11} & a_{12} & a_{13} \\ a_{21} & a_{22} & a_{23} \\ a_{31} & a_{32} & a_{33} \end{vmatrix} = a_{11}\begin{vmatrix} a_{22} & a_{23} \\ a_{32} & a_{33} \end{vmatrix} - a_{21}\begin{vmatrix} a_{12} & a_{13} \\ a_{32} & a_{33} \end{vmatrix} + a_{31}\begin{vmatrix} a_{12} & a_{13} \\ a_{22} & a_{23} \end{vmatrix}$.

3. 已知 $D = \begin{vmatrix} 1 & 2 & -1 & 3 \\ 3 & -5 & 0 & -4 \\ -8 & 4 & 0 & 11 \\ 2 & 5 & 0 & 7 \end{vmatrix}$, 求 A_{11}, A_{41}, A_{44}.

4. 用行列式解下列方程组:

(1) $\begin{cases} x_1 + 3x_2 + x_3 = 5, \\ x_1 + x_2 + 3x_3 = -3, \\ 2x_1 + 3x_2 - 3x_3 = 14; \end{cases}$

(2) $\begin{cases} ax_1 + bx_2 = -1, \\ bx_2 - x_3 = a, \\ ax_1 - x_3 = b, \end{cases}$ 其中 $ab \neq 0$.

8.2 行列式的性质

利用对角线展开法可以证明三阶行列式具有下面的一些性质,这些性质对于 n 阶行列式也是成立的. 行列式的一系列性质能简化行列式的计算.

性质 1 把行列式 D 的行与相应的列互换后得到的新行列式称为行列式 D 的转置行列式,记作 D^{T}.

行列式与它的转置行列式相等. 例如

性质 1 讲解
视频

$$D = \begin{vmatrix} 2 & 1 & 2 \\ -4 & 3 & 1 \\ 1 & 1 & 2 \end{vmatrix}, D^{\mathrm{T}} = \begin{vmatrix} 2 & -4 & 1 \\ 1 & 3 & 1 \\ 2 & 1 & 2 \end{vmatrix}.$$

即

$$D = D^{\mathrm{T}}.$$

显然,$(D^{\mathrm{T}})^{\mathrm{T}} = D$.

由此可知,对于行列式的行具有的性质,它的列也具有相应的性质,反之亦然.

性质 2 讲解
视频

性质 2 交换行列式的任意两行(列),行列式的值只改变符号. 例如

$$\begin{vmatrix} a_{11} & a_{12} & a_{13} \\ a_{21} & a_{22} & a_{23} \\ a_{31} & a_{32} & a_{33} \end{vmatrix} = - \begin{vmatrix} a_{31} & a_{32} & a_{33} \\ a_{21} & a_{22} & a_{23} \\ a_{11} & a_{12} & a_{13} \end{vmatrix}.$$

推论 如果行列式中某两行(列)的对应元素都相等,则行列式的值为零.

性质 3 讲解
视频

性质 3 用常数 k 乘以行列式的某一行(列)的各元素,等于用数 k 乘此行列式. 例如

$$\begin{vmatrix} ka_{11} & ka_{12} & ka_{13} \\ a_{21} & a_{22} & a_{23} \\ a_{31} & a_{32} & a_{33} \end{vmatrix} = k \begin{vmatrix} a_{11} & a_{12} & a_{13} \\ a_{21} & a_{22} & a_{23} \\ a_{31} & a_{32} & a_{33} \end{vmatrix}.$$

推论 1 如果行列式某行(列)的各元素有公因子,公因子可提到行列式的外面.

推论 2 如果行列式的两行(列)对应元素成比例,则行列式的值为零.

性质 4 如果行列式某行(列)的元素都是两项和,那么这个行列式等于把该行(列)各取一项作为相应的行(列),而其余的行(列)不变的两个行列式的和.

性质 4 讲解
视频

例如

$$\begin{vmatrix} a_{11} & a_{12} & a_{13} \\ a_{21}+b_1 & a_{22}+b_2 & a_{23}+b_3 \\ a_{31} & a_{32} & a_{33} \end{vmatrix} = \begin{vmatrix} a_{11} & a_{12} & a_{13} \\ a_{21} & a_{22} & a_{23} \\ a_{31} & a_{32} & a_{33} \end{vmatrix} + \begin{vmatrix} a_{11} & a_{12} & a_{13} \\ b_1 & b_2 & b_3 \\ a_{31} & a_{32} & a_{33} \end{vmatrix}.$$

性质 5 用常数 k 乘行列式的某行(列)的各元素加到另一行(列)的对应元素上去,行列式的值不变.

性质 5 讲解
视频

例如

$$\begin{vmatrix} a_{11} & a_{12} & a_{13} \\ a_{21} & a_{22} & a_{23} \\ a_{31} & a_{32} & a_{33} \end{vmatrix} = \begin{vmatrix} a_{11}+ka_{31} & a_{12}+ka_{32} & a_{13}+ka_{33} \\ a_{21} & a_{22} & a_{23} \\ a_{31} & a_{32} & a_{33} \end{vmatrix}.$$

性质 5 可由性质 4 及性质 3 的推论 2 证明.

性质 6 (行列式按行(列)展开性质)行列式等于它的任意一行(列)的各元素与其对应的代数余子式乘积的和.

例如

$$\begin{vmatrix} a_{11} & a_{12} & a_{13} \\ a_{21} & a_{22} & a_{23} \\ a_{31} & a_{32} & a_{33} \end{vmatrix} = \sum_{k=1}^{3} a_{ik}A_{ik}(i=1,2,3),\text{或} = \sum_{k=1}^{3} a_{kj}A_{kj}(j=1,2,3).$$

性质 7 行列式某一行(列)的各元素与另一行(列)对应元素的代数余子式乘积的和等于零.

例如

$$\sum_{k=1}^{3} a_{ik}A_{jk} = 0, \quad \sum_{k=1}^{3} a_{ki}A_{kj} = 0,$$

其中 $i \neq j; i,j = 1,2,3$.

由于行列式的计算过程变化较多,为了便于书写和复查,约定采用下列标记方法:

① 以 r 代表行,c 代表列.

② 把第 i 行(列)的每一个元素加上第 j 行(列)对应元素的 k 倍,记作 $r_i + kr_j(c_i + kc_j)$.

③ 互换 i 行(列)和 j 行(列),记作 $r_i \leftrightarrow r_j(c_i \leftrightarrow c_j)$.

例1 计算行列式 $\begin{vmatrix} 0 & -1 & -1 & 2 \\ 1 & -1 & 0 & 2 \\ -1 & 2 & -1 & 0 \\ 2 & 1 & 1 & 0 \end{vmatrix}$ 的值.

解
$$\begin{vmatrix} 0 & -1 & -1 & 2 \\ 1 & -1 & 0 & 2 \\ -1 & 2 & -1 & 0 \\ 2 & 1 & 1 & 0 \end{vmatrix} \xrightarrow[r_4 - 2r_2]{r_3 + r_2} \begin{vmatrix} 0 & -1 & -1 & 2 \\ 1 & -1 & 0 & 2 \\ 0 & 1 & -1 & 2 \\ 0 & 3 & 1 & -4 \end{vmatrix} \xrightarrow{\text{按第一列展开}} - \begin{vmatrix} -1 & -1 & 2 \\ 1 & -1 & 2 \\ 3 & 1 & -4 \end{vmatrix}$$

$$\xrightarrow[r_2 + r_3]{r_1 + r_3} - \begin{vmatrix} 2 & 0 & -2 \\ 4 & 0 & -2 \\ 3 & 1 & -4 \end{vmatrix} \xrightarrow{\text{按第二列展开}} \begin{vmatrix} 2 & -2 \\ 4 & -2 \end{vmatrix} = 4.$$

运用行列式的性质把某行(列)化为只有一个非零元素后,再按该行(列)展开,是计算行列式的主要方法.

例2 计算行列式 $\begin{vmatrix} 1 & 1 & 1 & 1 \\ -1 & x & 2 & 2 \\ 2 & 2 & x & 3 \\ 3 & 3 & 3 & x \end{vmatrix}$.

解
$$\begin{vmatrix} 1 & 1 & 1 & 1 \\ -1 & x & 2 & 2 \\ 2 & 2 & x & 3 \\ 3 & 3 & 3 & x \end{vmatrix} \xrightarrow[\substack{r_3 - 2r_1 \\ r_4 - 3r_1}]{r_2 + r_1} \begin{vmatrix} 1 & 1 & 1 & 1 \\ 0 & x+1 & 3 & 3 \\ 0 & 0 & x-2 & 1 \\ 0 & 0 & 0 & x-3 \end{vmatrix}$$

$$\xrightarrow[\text{列展开}]{\text{依次按第一}} (x+1)(x-2)(x-3).$$

运用行列式的性质把行列式化为主对角线一侧的元素都是零的行列式(称为三角行列式),是计算行列式的又一个主要方法.显然,三角行列式的值等于主对角线上各元素之积.

例3 计算行列式 $\begin{vmatrix} 3 & 2 & 6 & 2 \\ 8 & 10 & 9 & 1 \\ 6 & -2 & 21 & 6 \\ 1 & 4 & -3 & 11 \end{vmatrix}$.

解

$$\begin{vmatrix} 3 & 2 & 6 & 2 \\ 8 & 10 & 9 & 1 \\ 6 & -2 & 21 & 6 \\ 1 & 4 & -3 & 11 \end{vmatrix} \xrightarrow[\substack{c_2 \text{ 提取 } 2 \\ c_3 \text{ 提取 } 3}]{} 6 \begin{vmatrix} 3 & 1 & 2 & 2 \\ 8 & 5 & 3 & 1 \\ 6 & -1 & 7 & 6 \\ 1 & 2 & -1 & 11 \end{vmatrix}$$

$$\xrightarrow[]{c_2 + c_3} 6 \begin{vmatrix} 3 & 3 & 2 & 2 \\ 8 & 8 & 3 & 1 \\ 6 & 6 & 7 & 6 \\ 1 & 1 & -1 & 11 \end{vmatrix} = 6 \times 0 = 0.$$

在运用行列式性质进行等值变换过程中,如果发现某两行(列)的对应元素相等,或对应成比例,或某行(列)的元素全为零,则行列式的值为零.

例 4   计算行列式 $\begin{vmatrix} b & a & a & a \\ a & b & a & a \\ a & a & b & a \\ a & a & a & b \end{vmatrix}$.

解   这个行列式每一列元素之和都等于 $3a + b$,将第二、三、四行逐一加到第一行上去,可简化计算.

$$\begin{vmatrix} b & a & a & a \\ a & b & a & a \\ a & a & b & a \\ a & a & a & b \end{vmatrix} \xrightarrow[]{r_1 + r_2 + r_3 + r_4} \begin{vmatrix} b+3a & b+3a & b+3a & b+3a \\ a & b & a & a \\ a & a & b & a \\ a & a & a & b \end{vmatrix}$$

$$= (b + 3a) \begin{vmatrix} 1 & 1 & 1 & 1 \\ a & b & a & a \\ a & a & b & a \\ a & a & a & b \end{vmatrix} \xrightarrow[\substack{r_3 - ar_1 \\ r_4 - ar_1}]{r_2 - ar_1} (b + 3a) \begin{vmatrix} 1 & 1 & 1 & 1 \\ 0 & b-a & 0 & 0 \\ 0 & 0 & b-a & 0 \\ 0 & 0 & 0 & b-a \end{vmatrix}$$

$$= (b + 3a)(b - a)^3.$$

■ 习题 8.2

1. 计算下列行列式:

(1) $\begin{vmatrix} 0 & 1 & 3 & 5 \\ 1 & 0 & 5 & 3 \\ 3 & 5 & 0 & 1 \\ 5 & 3 & 1 & 0 \end{vmatrix}$;

(2) $\begin{vmatrix} \cos\alpha & \sin\alpha & 0 & 0 \\ -\sin\alpha & \cos\alpha & 0 & 0 \\ 0 & 0 & \cos\alpha & \sin\alpha \\ 0 & 0 & -\sin\alpha & \cos\alpha \end{vmatrix}$;

(3) $\begin{vmatrix} -1 & 3 & 1 & 2 \\ 1 & 1 & 2 & 0 \\ -1 & 2 & 0 & 3 \\ 1 & 1 & 3 & 5 \end{vmatrix}$;

(4) $\begin{vmatrix} 5 & 6 & 0 & 0 & 0 \\ 1 & 5 & 6 & 0 & 0 \\ 0 & 1 & 5 & 6 & 0 \\ 0 & 0 & 1 & 5 & 6 \\ 0 & 0 & 0 & 1 & 5 \end{vmatrix}$.

习题 8.2 答案

2. 利用行列式的性质证明下列各式:

（1）$\begin{vmatrix} 1 & a & a^2 - bc \\ 1 & b & b^2 - ca \\ 1 & c & c^2 - ab \end{vmatrix} = 0$;

（2）$\begin{vmatrix} a_{11} + ma_{12} & a_{12} & a_{13} \\ a_{21} + ma_{22} & a_{22} & a_{23} \\ a_{31} + ma_{32} & a_{32} & a_{33} \end{vmatrix} = \begin{vmatrix} a_{11} & a_{12} & a_{13} \\ a_{21} & a_{22} & a_{23} \\ a_{31} & a_{32} & a_{33} \end{vmatrix}$.

8.3 克拉默法则

二元和三元线性方程组的解可以用二阶和三阶行列式来表示,那么 n 元线性方程组的解能否用行列式来表示呢? 下面的克拉默法则回答了这个问题.

克拉默法则:如果 n 元线性方程组

$$\begin{cases} a_{11}x_1 + a_{12}x_2 + \cdots + a_{1n}x_n = b_1, \\ a_{21}x_1 + a_{22}x_2 + \cdots + a_{2n}x_n = b_2, \\ \qquad\qquad \cdots\cdots\cdots\cdots \\ a_{n1}x_1 + a_{n2}x_2 + \cdots + a_{nn}x_n = b_n \end{cases}$$

的系数行列式

$$D = \begin{vmatrix} a_{11} & a_{12} & \cdots & a_{1n} \\ a_{21} & a_{22} & \cdots & a_{2n} \\ \vdots & \vdots & & \vdots \\ a_{n1} & a_{n2} & \cdots & a_{nn} \end{vmatrix} \neq 0,$$

则它有唯一解

$$x_j = \frac{D_j}{D}(j = 1, 2, \cdots, n),$$

其中 D_j 是将 D 中第 j 列的元素对应地换为方程组右端的常数项后得到的行列式,即

$$D_j = \begin{vmatrix} a_{11} & a_{12} & \cdots & a_{1,j-1} & b_1 & a_{1,j+1} & \cdots & a_{1n} \\ a_{21} & a_{22} & \cdots & a_{2,j-1} & b_2 & a_{2,j+1} & \cdots & a_{2n} \\ \vdots & \vdots & & \vdots & \vdots & \vdots & & \vdots \\ a_{n1} & a_{n2} & \cdots & a_{n,j-1} & b_n & a_{n,j+1} & \cdots & a_{nn} \end{vmatrix}$$

例   用克拉默法则解线性方程组 $\begin{cases} x_1 - x_2 + x_3 - 2x_4 = 2, \\ 2x_1 \qquad - x_3 + 4x_4 = 4, \\ 3x_1 + 2x_2 + x_3 \qquad = -1, \\ -x_1 + 2x_2 - x_3 + 2x_4 = -4. \end{cases}$

解

$$D = \begin{vmatrix} 1 & -1 & 1 & -2 \\ 2 & 0 & -1 & 4 \\ 3 & 2 & 1 & 0 \\ -1 & 2 & -1 & 2 \end{vmatrix} = -2 \neq 0,$$

$$D_1 = \begin{vmatrix} 2 & -1 & 1 & -2 \\ 4 & 0 & -1 & 4 \\ -1 & 2 & 1 & 0 \\ -4 & 2 & -1 & 2 \end{vmatrix} = -2,$$

$$D_2 = \begin{vmatrix} 1 & 2 & 1 & -2 \\ 2 & 4 & -1 & 4 \\ 3 & -1 & 1 & 0 \\ -1 & -4 & -1 & 2 \end{vmatrix} = 4,$$

$$D_3 = \begin{vmatrix} 1 & -1 & 2 & -2 \\ 2 & 0 & 4 & 4 \\ 3 & 2 & -1 & 0 \\ -1 & 2 & -4 & 2 \end{vmatrix} = 0,$$

$$D_4 = \begin{vmatrix} 1 & -1 & 1 & 2 \\ 2 & 0 & -1 & 4 \\ 3 & 2 & 1 & -1 \\ -1 & 2 & -1 & -4 \end{vmatrix} = -1,$$

所以方程组的解为

$$x_1 = \frac{D_1}{D} = 1, x_2 = \frac{D_2}{D} = -2, x_3 = \frac{D_3}{D} = 0, x_4 = \frac{D_4}{D} = \frac{1}{2}.$$

■ **习题 8.3**

用克拉默法则解下列线性方程组：

习题 8.3 答案

1. $\begin{cases} 2x_1 + x_2 - 5x_3 + x_4 = 8, \\ x_1 - 3x_2 \qquad - 6x_4 = 9, \\ \qquad 2x_2 - x_3 + 2x_4 = -5, \\ x_1 + 4x_2 - 7x_3 + 6x_4 = 0; \end{cases}$

2. $\begin{cases} x_1 - x_2 \qquad + 2x_4 = -5, \\ 3x_1 + 2x_2 - x_3 - 2x_4 = 6, \\ 4x_1 + 3x_2 - x_3 - x_4 = 0, \\ 2x_1 - \qquad x_3 \qquad = 0; \end{cases}$

3. $\begin{cases} x_1 + x_2 + x_3 + x_4 = 5, \\ x_1 + 2x_2 - x_3 + x_4 = -2, \\ 2x_1 + 3x_2 - x_3 - 5x_4 = -2, \\ 3x_1 + x_2 + 2x_3 + 3x_4 = 4. \end{cases}$

例 1 计算行列式 $\begin{vmatrix} 0 & -1 & -1 & 2 \\ 1 & -1 & 0 & 2 \\ -1 & 2 & -1 & 0 \\ 2 & 1 & 1 & 0 \end{vmatrix}$ 的值.

解 在 MATLAB 命令窗口输入:

```
>> A = [0, -1, -1,2;1, -1,0,2; -1,2, -1,0;2,1,1,0]
>> det(A)
```

执行结果:

```
      0   -1   -1   2
      1   -1    0   2
A =  -1    2   -1   0
      2    1    1   0

ans = 4
```

即行列式的值为 4.

用 MATLAB 软件求解方程组的解也很方便.

例 2 用克拉默法则解下列方程组:
$$\begin{cases} x_1 + x_2 + x_3 + x_4 = 5, \\ x_1 + 2x_2 - x_3 + 4x_4 = -2, \\ 2x_1 - 3x_2 - x_3 - 5x_4 = -2, \\ 3x_1 + x_2 + 2x_3 + 11x_4 = 0. \end{cases}$$

解

在 MATLAB 命令窗口输入:

```
>> D = [1 1 1 1;1 2 -1 4;2 -3 -1 -5;3 1 2 11];A = [5;-2;-2;0];
>> D1 = det([A,D(:,[2 3 4])]);        % 计算行列式 D1
>> D2 = det([D(:,1),A,D(:,[3 4])]);   % 计算行列式 D2
>> D3 = det([D(:,[1 2]),A,D(:,[4])]); % 计算行列式 D3
>> D4 = det([D(:,[1 2 3]),A]);        % 计算行列式 D4
>> d = det(D);x1 = D1/d,x2 = D2/d,x3 = D3/d,x4 = D4/d
```

执行结果:

```
x1 = 1,x2 = 2, x3 = 3, x4 = -1
```

即方程的解为 $x_1 = 1, x_2 = 2, x_3 = 3, x_4 = -1$.

本章小结

一、行列式的概念

（1）二阶行列式 $\begin{vmatrix} a_{11} & a_{12} \\ a_{21} & a_{22} \end{vmatrix} = a_{11}a_{22} - a_{12}a_{21}$.

（2）三阶行列式

$$\begin{vmatrix} a_{11} & a_{12} & a_{13} \\ a_{21} & a_{22} & a_{23} \\ a_{31} & a_{32} & a_{33} \end{vmatrix} = a_{11}a_{22}a_{33} + a_{12}a_{23}a_{31} + a_{13}a_{21}a_{32} - a_{11}a_{23}a_{32} - a_{12}a_{21}a_{33} - a_{13}a_{22}a_{31}.$$

（3）n 阶行列式

$$\begin{vmatrix} a_{11} & a_{12} & \cdots & a_{1n} \\ a_{21} & a_{22} & \cdots & a_{2n} \\ \vdots & \vdots & & \vdots \\ a_{n1} & a_{n2} & \cdots & a_{nn} \end{vmatrix} = \sum_{j=1}^{n} a_{1j}A_{1j},$$

其中 A_{1j} 是元素 $a_{1j}(j = 1, 2, 3, \cdots, n)$ 的代数余子式.

二、行列式的性质

性质 1　行列式的行与相应的列互换,行列式的值不变.

性质 2　交换行列式的任意两行(列),行列式的值只改变符号.

推论　如果行列式中某两行(列)的对应元素都相等,则行列式的值为零.

性质 3　用常数 k 乘以行列式的某一行(列)的各元素,等于用数 k 乘此行列式.

推论 1　如果行列式某行(列)的各元素有公因子,公因子可提到行列式的外面.

推论 2　如果行列式的两行(列)对应元素成比例,则行列式的值为零.

性质 4　如果行列式某行(列)的元素都是两项和,那么这个行列式等于把该行(列)各取一项相应行(列),而其余的行(列)不变的两个行列式的和.

性质 5　用常数 k 乘行列式的某行(列)的各元素加到另一行(列)的对应元素上去,行列式的值不变.

性质 6　行列式等于它的任意一行(列)的各元素与对应的代数余子式乘积的和.

性质 7　行列式某一行(列)的各元素与另一行(列)对应元素的代数余子式乘积的和等于零.

三、克拉默法则

克拉默法则:如果 n 元线性方程组

$$\begin{cases} a_{11}x_1 + a_{12}x_2 + \cdots + a_{1n}x_n = b_1, \\ a_{21}x_1 + a_{22}x_2 + \cdots + a_{2n}x_n = b_2, \\ \cdots\cdots\cdots\cdots \\ a_{n1}x_1 + a_{n2}x_2 + \cdots + a_{nn}x_n = b_n \end{cases}$$

的系数行列式

$$D = \begin{vmatrix} a_{11} & a_{12} & \cdots & a_{1n} \\ a_{21} & a_{22} & \cdots & a_{2n} \\ \vdots & \vdots & & \vdots \\ a_{n1} & a_{n2} & \cdots & a_{nn} \end{vmatrix} \neq 0.$$

则它有唯一解

$$x_j = \frac{D_j}{D}(j = 1, 2, \cdots, n),$$

其中 D_j 是将 D 中第 j 列的元素对应地换为方程组右端的常数项后得到的行列式，即

$$D_j = \begin{vmatrix} a_{11} & a_{12} & \cdots & a_{1,j-1} & b_1 & a_{1,j+1} & \cdots & a_{1n} \\ a_{21} & a_{22} & \cdots & a_{2,j-1} & b_2 & a_{2,j+1} & \cdots & a_{2n} \\ \vdots & \vdots & & \vdots & \vdots & \vdots & & \vdots \\ a_{n1} & a_{n2} & \cdots & a_{n,j-1} & b_n & a_{n,j+1} & \cdots & a_{nn} \end{vmatrix}.$$

■ **复习题八**

复习题八
答案

1. 求方程 $\begin{vmatrix} x^2 & 4 & -9 \\ x & 2 & 3 \\ 1 & 1 & 1 \end{vmatrix} = 0$ 的解.

2. 计算行列式 $\begin{vmatrix} a - b - c & 2a & 2a \\ 2b & b - a - c & 2b \\ 2c & 2c & c - a - b \end{vmatrix}$ 的值.

3. 解方程组 $\begin{cases} x + y + z = a + b + c, \\ ax + by + cz = a^2 + b^2 + c^2, \\ bcx + acy + baz = 3abc. \end{cases}$

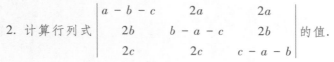

问 a、b、c 满足什么条件时,方程组有唯一解? 并求出唯一解.

拓展阅读　行列式的发展历史

　　行列式的概念最早是由 17 世纪日本数学家关孝和提出来的,他在 1683 年写了一部叫做《解伏题之法》的著作,标题的意思是"解行列式问题的方法",书里对行列式的概念和它的展开已经有了清楚的叙述.

　　1693 年 4 月,莱布尼茨在写给洛必达的一封信中使用并给出了行列式.1750 年,瑞士数学家克拉默(1704—1752)在其著作《线性代数分析导引》中,对行列式的定义和展开法则给出了比较完整、明确的阐述,并给出了现在我们所称的解线性方程组的克拉默法则.稍后,数学家贝祖(1730—1783)将确定行列式每一项符号的方法进行了系统化,利用系数行列式概念指出了如何判断一个齐次线性方程组有非零解.

总之,在很长一段时间内,行列式只是作为解线性方程组的一种工具使用,并没有人意识到它可以独立于线性方程组之外单独形成一门理论加以研究.

　　在行列式的发展史上,第一个对行列式理论做出连贯的逻辑的阐述,即把行列式理论与线性方程组求解相分离的人,是法国数学家范德蒙德(1735—1796).范德蒙德自幼在父亲的指导下学习音乐,但对数学有浓厚的兴趣,后来终于成为法兰西科学院院士.特别是,他给出了用二阶子式和它们的余子式来展开行列式的法则.就对行列式这一点来说,他是这门理论的奠基人.

第 9 章　矩阵与线性方程组

知识导读

　　"矩阵"这一概念是由 19 世纪英国数学家凯利首先提出的,它是重要的数学工具,也是线性代数的主要内容之一. 矩阵的作用在于它能把头绪纷繁的事物按一定的规则清晰地展现出来,使我们抛开表面杂乱无章的关系,恰当地刻画事物内在联系. 它不仅在数学中地位十分重要,而且在计算机学、光学、商业、航天等领域的应用也非常广泛.

　　我国发射的诸多卫星,通过卫星上的传感器,可同步获得地球上任何区域的七幅图像,传感器可以利用不同的波段来记录能量,包括三种可见光谱和四种红外光谱,每个图片可以数字化存储为矩阵,每一个数表示图像上对应点的信号强度,这七幅图像当中的每一幅都是多波段或多谱图像的一个波段的图像,构成一个完整的图片.

　　本章主要介绍矩阵的基本概念以及用矩阵求解一般线性方程组的问题.

9.1　矩阵及其运算

9.1.1　矩阵的概念

　　例 1　2022 年 2 月 8 日北京冬奥会女子自由式滑雪女子大跳台决赛成绩(单位:分)如表 9-1.

表 9-1

名次	国籍	姓名	滑行 1	滑行 2	滑行 3
1	中国	谷爱凌	93.75	88.50	94.50
2	法国	泰丝·勒德	94.50	93.00	73.50
3	瑞士	玛蒂尔德·格雷莫德	89.25	93.25	26.00
4	加拿大	梅甘·奥尔德姆	85.00	89.25	88.75

用每一行表示一名队员的成绩,得到如下形式的数表:

$$\begin{bmatrix} 93.75 & 88.50 & 94.50 \\ 94.50 & 93.00 & 73.50 \\ 89.25 & 93.25 & 26.00 \\ 85.00 & 89.25 & 88.75 \end{bmatrix}.$$

例 2 新冠疫情在全球蔓延,新冠疫苗成为全球急需公共产品.我国已有 5 款新冠疫苗获批使用,除了本国使用外,还向其他国家出口.2021 年我国新冠疫苗出口达到世界第一,表 9-2 为 2021 年 1—7 月新冠疫苗出口情况.

表 9-2

序号	国家	出口量 /kg	出口额 / 亿元
1	印度尼西亚	130 340	60.11
2	土耳其	33 286	33.20
3	巴西	50 554	32.80
4	墨西哥	11 564	30.83

我们可以把各国的出口量和出口额写成两个数表:

$$出口量: \begin{bmatrix} 130\,340 \\ 33\,286 \\ 50\,554 \\ 11\,564 \end{bmatrix},$$

$$出口额: \begin{bmatrix} 60.11 \\ 33.20 \\ 32.80 \\ 30.83 \end{bmatrix}.$$

___**定义 1** 由 $m \times n$ 个数 $a_{ij}(i = 1,2,\cdots,m; j = 1,2,\cdots,n)$ 排成 m 行 n 列的数表

$$A = \begin{pmatrix} a_{11} & a_{12} & \cdots & a_{1n} \\ a_{21} & a_{22} & \cdots & a_{2n} \\ \vdots & \vdots & & \vdots \\ a_{m1} & a_{m2} & \cdots & a_{mn} \end{pmatrix}$$

叫做 m 行 n 列矩阵,a_{ij} 为矩阵 A 第 i 行第 j 列的元素.

矩阵一般用大写黑体字母 $A, B, C, \cdots$ 表示,为了强调矩阵的行数 m 和列数 n,可用 $A_{m \times n}$ 或 $(a_{ij})_{m \times n}$ 来表示.

下面给出几种特殊的矩阵:

(1) 方阵

在矩阵 $A_{m \times n}$ 中,当 $m = n$ 时,把 $A_{m \times n}$ 称为 n 阶方阵,记作 A_n 或 $(a_{ij})_n$

动动脑:n 阶行列式和 n 阶矩阵是一样的吗?

（2）行矩阵

只有一行的矩阵 $A = (a_1 \quad a_2 \quad \cdots \quad a_n)$ 称为行矩阵或 n 维行向量.

（3）列矩阵

只有一列的矩阵 $B = \begin{pmatrix} b_1 \\ b_2 \\ \vdots \\ b_n \end{pmatrix}$ 称为列矩阵或 n 维列向量.

（4）零矩阵

所有元素都是零的矩阵称为零矩阵,记作 O 或 $O_{m \times n}$.

___定义 2___　如果两个矩阵具有相同的行数与相同的列数,则称这两个矩阵为同型矩阵.

如果矩阵 A、B 为同型矩阵且相同位置元素均相等,则称矩阵 A 与矩阵 B 相等,记作 $A = B$.

动动脑:任意两个零矩阵都相等吗?

例 3　设矩阵 $A = \begin{pmatrix} 2 & 6+x & 5 \\ 9 & 2 & z-3 \\ 10-y & 7 & 0 \end{pmatrix}$,$B = \begin{pmatrix} 2 & 10 & 5 \\ 9 & 2 & 6 \\ 4 & x+3 & 0 \end{pmatrix}$,已知 $A = B$,求 x, y, z.

解　当 $A = B$ 时,相同位置元素相等,则得

$$6 + x = 10, \quad x = 4;$$
$$z - 3 = 6, \quad z = 9;$$
$$10 - y = 4, \quad y = 6.$$

（5）对角矩阵

n 阶方阵 $\begin{pmatrix} a_{11} & 0 & \cdots & 0 \\ 0 & a_{22} & \cdots & 0 \\ \vdots & \vdots & & \vdots \\ 0 & 0 & \cdots & a_{nn} \end{pmatrix}$ 称为 n 阶对角矩阵.

其特点是主对角线以外全是零,对角矩阵也可记为 $A = \mathrm{diag}(a_{11}, a_{22}, \cdots, a_{nn})$.

 指点迷津

对角矩阵均为方阵,因为只有方阵有主对角线.

（6）单位矩阵

主对角线上的元素都是 1,其余都是 0 的对角矩阵,叫做单位矩阵,记作 $I = I_n$（或 $E = E_n$）,

$$I_n = \begin{pmatrix} 1 & 0 & \cdots & 0 \\ 0 & 1 & \cdots & 0 \\ \vdots & \vdots & & \vdots \\ 0 & 0 & \cdots & 1 \end{pmatrix}.$$

（7）三角矩阵

主对角线一侧的元素都是零的方阵,叫做三角矩阵,其一般形式为

$$\begin{pmatrix} a_{11} & a_{12} & \cdots & a_{1n} \\ 0 & a_{22} & \cdots & a_{2n} \\ \vdots & \vdots & & \vdots \\ 0 & 0 & \cdots & a_{nn} \end{pmatrix} 或 \begin{pmatrix} a_{11} & 0 & \cdots & 0 \\ a_{21} & a_{22} & \cdots & 0 \\ \vdots & \vdots & & \vdots \\ a_{n1} & a_{n2} & \cdots & a_{nn} \end{pmatrix}.$$

其中前者为上三角矩阵,后者为下三角矩阵.

（8）对称矩阵

$$n 阶方阵 \ \mathbf{A} = \begin{pmatrix} a_{11} & a_{12} & \cdots & a_{1n} \\ a_{21} & a_{22} & \cdots & a_{2n} \\ \vdots & \vdots & & \vdots \\ a_{n1} & a_{n2} & \cdots & a_{nn} \end{pmatrix}$$

其中 $a_{ij} = a_{ji}$,$\mathbf{A}$ 称为对称矩阵.

9.1.2　矩阵的运算

1. 矩阵的加法和减法

2021 年 7 月河南发生暴雨水灾,全国人民向河南捐赠物资,据统计有两家公司 A、B,分别向郑州四个区捐赠帐篷、饮用水、棉被等物资(单位:t),其捐赠方案分别用两个矩阵表示:

$$\mathbf{D}_1 = \begin{pmatrix} 13 & 15 & 17 & 21 \\ 22 & 8 & 7 & 13 \\ 9 & 11 & 19 & 5 \end{pmatrix}, \mathbf{D}_2 = \begin{pmatrix} 18 & 10 & 11 & 28 \\ 20 & 12 & 9 & 19 \\ 10 & 17 & 12 & 30 \end{pmatrix}.$$

那么,捐赠物品到各区的总运量(单位:t)为

$$\begin{pmatrix} 13+18 & 15+10 & 17+11 & 21+28 \\ 22+20 & 8+12 & 7+9 & 13+19 \\ 9+10 & 11+17 & 19+12 & 5+30 \end{pmatrix}$$

一般地,两个 m 行 n 列的矩阵 $\mathbf{A} = (a_{ij})_{m \times n}$ 和 $\mathbf{B} = (b_{ij})_{m \times n}$ 的对应元素相加而得到的矩阵,称为 $\mathbf{A}$ 与 $\mathbf{B}$ 的和,记作 $\mathbf{A} + \mathbf{B}$,即

$$\mathbf{A} + \mathbf{B} = (a_{ij} + b_{ij})_{m \times n}.$$

同样可以定义矩阵 $\mathbf{A}$ 与 $\mathbf{B}$ 的差为

$$\mathbf{A} - \mathbf{B} = (a_{ij} - b_{ij})_{m \times n}.$$

显然,两个 m 行 n 列的矩阵相加(减)得到的和(差)仍是一个 m 行 n 列的矩阵,容易验证,矩阵的加法和减法满足以下规律:

① 加法交换律:$\mathbf{A} + \mathbf{B} = \mathbf{B} + \mathbf{A}$;

② 加法结合律:$(\mathbf{A} + \mathbf{B}) + \mathbf{C} = \mathbf{A} + (\mathbf{B} + \mathbf{C})$;

③ $\mathbf{A} - \mathbf{B} = \mathbf{A} + (-\mathbf{B})$,

其中 A、B、C 都是 m 行 n 列的矩阵，$-B$ 称为 B 的负矩阵，即

$$-B = -(b_{ij}) = (-b_{ij}).$$

2. 数乘矩阵

某产品的三个产地与四个销地的距离(单位:km)用矩阵表示为

$$A = \begin{pmatrix} 120 & 175 & 80 & 90 \\ 80 & 130 & 40 & 50 \\ 125 & 190 & 95 & 105 \end{pmatrix},$$

每吨千米的运费为 1.5 元,那么,各产地到各销地的运费可用矩阵表示为

$$\begin{pmatrix} 1.5 \times 120 & 1.5 \times 175 & 1.5 \times 80 & 1.5 \times 90 \\ 1.5 \times 80 & 1.5 \times 130 & 1.5 \times 40 & 1.5 \times 50 \\ 1.5 \times 125 & 1.5 \times 190 & 1.5 \times 95 & 1.5 \times 105 \end{pmatrix}.$$

一般地,数 k 与矩阵 $A = (a_{ij})$ 的每一个元素相乘所得到的矩阵,称为数 k 与矩阵 A 的乘积,记作 kA,即

$$kA = (ka_{ij}).$$

容易验证,数乘矩阵满足以下规律:

① 分配律:$k(A + B) = kA + kB$,$(k_1 + k_2)A = k_1A + k_2A$;

② 结合律:$k_1(k_2A) = (k_1k_2)A$;

③ $(k + l)A = kA + lA$(k, l 为常数);

④ $OA = O$,

其中 A, B 都是 m 行 n 列的矩阵,k, k_1, k_2 都是常数.

矩阵的加法和数乘统称为矩阵的线性运算.

例 4 设 $A = \begin{pmatrix} 3 & 4 & -6 \\ 2 & 5 & 7 \end{pmatrix}$,$B = \begin{pmatrix} 5 & 2 & 3 \\ 1 & -4 & -2 \end{pmatrix}$,求 $3A - 2B$.

解 $3A - 2B = 3\begin{pmatrix} 3 & 4 & -6 \\ 2 & 5 & 7 \end{pmatrix} - 2\begin{pmatrix} 5 & 2 & 3 \\ 1 & -4 & -2 \end{pmatrix}$

$$= \begin{pmatrix} 9 & 12 & -18 \\ 6 & 15 & 21 \end{pmatrix} - \begin{pmatrix} 10 & 4 & 6 \\ 2 & -8 & -4 \end{pmatrix} = \begin{pmatrix} -1 & 8 & -24 \\ 4 & 23 & 25 \end{pmatrix}.$$

例 5 已知 $A = \begin{pmatrix} 3 & -1 & 2 & 0 \\ 1 & 5 & 7 & 9 \\ 2 & 4 & 6 & 8 \end{pmatrix}$,$B = \begin{pmatrix} 7 & 5 & -2 & 4 \\ 5 & 1 & 9 & 7 \\ 3 & 2 & -1 & 6 \end{pmatrix}$,并且 $A + 2X = B$,求

矩阵 X.

解 由 $A + 2X = B$,得

$$X = \frac{1}{2}(B - A) = \frac{1}{2}\left[\begin{pmatrix} 7 & 5 & -2 & 4 \\ 5 & 1 & 9 & 7 \\ 3 & 2 & -1 & 6 \end{pmatrix} - \begin{pmatrix} 3 & -1 & 2 & 0 \\ 1 & 5 & 7 & 9 \\ 2 & 4 & 6 & 8 \end{pmatrix}\right]$$

$$= \frac{1}{2}\begin{pmatrix} 4 & 6 & -4 & 4 \\ 4 & -4 & 2 & -2 \\ 1 & -2 & -7 & -2 \end{pmatrix} = \begin{pmatrix} 2 & 3 & -2 & 2 \\ 2 & -2 & 1 & -1 \\ \frac{1}{2} & -1 & -\frac{7}{2} & -1 \end{pmatrix}.$$

3. 矩阵的乘法

设有 Ⅰ、Ⅱ、Ⅲ 三个工厂,生产甲、乙两种产品,矩阵 A 表示一年中各工厂生产两种产品的数量,矩阵 B 表示两种产品的单位价格和单位利润,矩阵 C 表示工厂的总收入、总利润.

$$A = \begin{pmatrix} a_{11} & a_{12} \\ a_{21} & a_{22} \\ a_{31} & a_{32} \end{pmatrix} \begin{matrix} Ⅰ \\ Ⅱ \\ Ⅲ \end{matrix}, \qquad B = \begin{pmatrix} b_{11} & b_{12} \\ b_{21} & b_{22} \end{pmatrix} \begin{matrix} 甲 \\ 乙 \end{matrix},$$

甲 乙 单位 单位

价格 利润

$$C = \begin{pmatrix} c_{11} & c_{12} \\ c_{21} & c_{22} \\ c_{31} & c_{32} \end{pmatrix} \begin{matrix} Ⅰ \\ Ⅱ \\ Ⅲ \end{matrix},$$

总 总

收入 利润

那么矩阵 A、B、C 的元素之间有下列关系:

$$\begin{pmatrix} a_{11}b_{11} + a_{12}b_{21} & a_{11}b_{12} + a_{12}b_{22} \\ a_{21}b_{11} + a_{22}b_{21} & a_{21}b_{12} + a_{22}b_{22} \\ a_{31}b_{11} + a_{32}b_{21} & a_{31}b_{12} + a_{32}b_{22} \end{pmatrix} = \begin{pmatrix} c_{11} & c_{12} \\ c_{21} & c_{22} \\ c_{31} & c_{32} \end{pmatrix},$$

即矩阵 C 中第 i 行第 j 列的元素等于矩阵 A 的第 i 行与矩阵 B 中第 j 列对应位置元素乘积的和($i = 1,2,3; j = 1,2$),并且矩阵 C 的行数等于 A 的行数,矩阵 C 的列数等于 B 的列数,即

$$c_{ij} = a_{i1}b_{1j} + a_{i2}b_{2j}(i = 1,2,3; j = 1,2).$$

一般地,设矩阵 $A = (a_{ik})_{m \times k}$ 和 $B = (b_{kj})_{k \times n}$,则由元素

$$c_{ij} = a_{i1}b_{1j} + a_{i2}b_{2j} + \cdots + a_{ik}b_{kj}(i = 1,2,\cdots,m; j = 1,2,\cdots,n),$$

构成的矩阵 $C = (c_{ij})_{m \times n}$ 叫做矩阵 A 与 B 的乘积,记作 AB,即 $C = AB$,常读作 A 左乘 B 或 B 右乘 A.

例如,c_{23} 这个元素(即 $i = 2, j = 3$)就是 A 的第 2 行与 B 的第 3 列对应位置元素乘积的和,用图表示如下:

$$\begin{pmatrix} c_{11} & c_{12} & c_{13} & \cdots & c_{1n} \\ c_{21} & c_{22} & \boxed{c_{23}} & \cdots & c_{2n} \\ \vdots & \vdots & \vdots & & \vdots \\ c_{m1} & c_{m2} & c_{m3} & \cdots & c_{mn} \end{pmatrix} = \begin{pmatrix} a_{11} & a_{12} & a_{13} & \cdots & a_{1k} \\ \boxed{a_{21} \quad a_{22} \quad a_{23} \quad \cdots \quad a_{2k}} \\ \vdots & \vdots & \vdots & & \vdots \\ a_{m1} & a_{m2} & a_{m3} & \cdots & a_{mk} \end{pmatrix} \begin{pmatrix} b_{11} & b_{12} & \boxed{b_{13}} & \cdots & b_{1n} \\ b_{21} & b_{22} & \boxed{b_{23}} & \cdots & b_{2n} \\ \vdots & \vdots & \vdots & & \vdots \\ b_{k1} & b_{k2} & \boxed{b_{k3}} & \cdots & b_{kn} \end{pmatrix}$$

 指点迷津

只有当矩阵 A(左矩阵)的列数与矩阵 B(右矩阵)的行数相等时,才能做乘法运算 AB(称为 A 左乘 B 或者 B 右乘 A),并且 AB 的行数等于 A 的行数,AB 的列数等于 B 的列数.

例6 已知 $A = \begin{pmatrix} 3 & 2 & -1 \\ 2 & -3 & 5 \end{pmatrix}, B = \begin{pmatrix} 1 & 3 \\ -5 & 4 \\ 3 & 6 \end{pmatrix}$, 求 AB 和 BA.

解 $AB = \begin{pmatrix} 3 & 2 & -1 \\ 2 & -3 & 5 \end{pmatrix} \begin{pmatrix} 1 & 3 \\ -5 & 4 \\ 3 & 6 \end{pmatrix}$

$$= \begin{pmatrix} 3 \times 1 + 2 \times (-5) + (-1) \times 3 & 3 \times 3 + 2 \times 4 + (-1) \times 6 \\ 2 \times 1 + (-3) \times (-5) + 5 \times 3 & 2 \times 3 + (-3) \times 4 + 5 \times 6 \end{pmatrix}$$

$$= \begin{pmatrix} -10 & 11 \\ 32 & 24 \end{pmatrix},$$

$$BA = \begin{pmatrix} 1 & 3 \\ -5 & 4 \\ 3 & 6 \end{pmatrix} \begin{pmatrix} 3 & 2 & -1 \\ 2 & -3 & 5 \end{pmatrix}$$

$$= \begin{pmatrix} 1 \times 3 + 3 \times 2 & 1 \times 2 + 3 \times (-3) & 1 \times (-1) + 3 \times 5 \\ (-5) \times 3 + 4 \times 2 & (-5) \times 2 + 4 \times (-3) & (-5) \times (-1) + 4 \times 5 \\ 3 \times 3 + 6 \times 2 & 3 \times 2 + 6 \times (-3) & 3 \times (-1) + 6 \times 5 \end{pmatrix}$$

$$= \begin{pmatrix} 9 & -7 & 14 \\ -7 & -22 & 25 \\ 21 & -12 & 27 \end{pmatrix}.$$

由此可知,矩阵的乘法不满足交换律,但是可以证明矩阵的乘法满足下面的规律:

① 结合律: $(AB)C = A(BC)$,

$$k(AB) = (kA)B = A(kB),$$

其中 k 是任意常数;

② 分配律: $A(B + C) = AB + AC$,

$$(B + C)A = BA + CA.$$

指点迷津

① 矩阵相乘不满足消去律. 例如,$A = \begin{pmatrix} 3 & 1 \\ 4 & 0 \end{pmatrix}, B = \begin{pmatrix} 2 & 1 \\ 4 & 0 \end{pmatrix}, C = \begin{pmatrix} 0 & 0 \\ 1 & 1 \end{pmatrix}$,

则有

$$AC = \begin{pmatrix} 3 & 1 \\ 4 & 0 \end{pmatrix} \begin{pmatrix} 0 & 0 \\ 1 & 1 \end{pmatrix} = \begin{pmatrix} 1 & 1 \\ 0 & 0 \end{pmatrix}, BC = \begin{pmatrix} 2 & 1 \\ 4 & 0 \end{pmatrix} \begin{pmatrix} 0 & 0 \\ 1 & 1 \end{pmatrix} = \begin{pmatrix} 1 & 1 \\ 0 & 0 \end{pmatrix}.$$

即 $AC = BC$,且 $C \neq 0$,但是 $A \neq B$.

② 两个非零矩阵的乘积可能是零矩阵. 例如,

$$\begin{pmatrix} 2 & 4 \\ 3 & 6 \end{pmatrix} \begin{pmatrix} 2 & 4 \\ -1 & -2 \end{pmatrix} = \begin{pmatrix} 4-4 & 8-8 \\ 6-6 & 12-12 \end{pmatrix} = \begin{pmatrix} 0 & 0 \\ 0 & 0 \end{pmatrix} = O.$$

4. 矩阵的转置

定义3 将 $m \times n$ 矩阵 $\boldsymbol{A}$ 的行列互换,得到一个 $n \times m$ 矩阵,称为矩阵 $\boldsymbol{A}$ 的转置矩阵,记作 $\boldsymbol{A}^{\mathrm{T}}$,即

$$\boldsymbol{A} = \begin{pmatrix} a_{11} & a_{12} & \cdots & a_{1n} \\ a_{21} & a_{22} & \cdots & a_{2n} \\ \vdots & \vdots & & \vdots \\ a_{m1} & a_{m2} & \cdots & a_{mn} \end{pmatrix}, \text{则 } \boldsymbol{A}^{\mathrm{T}} = \begin{pmatrix} a_{11} & a_{21} & \cdots & a_{m1} \\ a_{12} & a_{22} & \cdots & a_{m2} \\ \vdots & \vdots & & \vdots \\ a_{1n} & a_{2n} & \cdots & a_{mn} \end{pmatrix}$$

转置矩阵具有以下性质:

(1) $(\boldsymbol{A}^{\mathrm{T}})^{\mathrm{T}} = \boldsymbol{A}$;

(2) $(\boldsymbol{A} + \boldsymbol{B})^{\mathrm{T}} = \boldsymbol{A}^{\mathrm{T}} + \boldsymbol{B}^{\mathrm{T}}$;

(3) $(k\boldsymbol{A})^{\mathrm{T}} = k\boldsymbol{A}^{\mathrm{T}}$;

(4) $(\boldsymbol{A}\boldsymbol{B})^{\mathrm{T}} = \boldsymbol{B}^{\mathrm{T}}\boldsymbol{A}^{\mathrm{T}}$.

5. 方阵的幂和行列式

定义4 设方阵 $\boldsymbol{A}_n$,规定 k 个 $\boldsymbol{A}$ 相乘称为 $\boldsymbol{A}$ 的 k 次幂,记作 $\boldsymbol{A}^k$.

方阵的幂有以下性质:

(1) $\boldsymbol{A}^m \boldsymbol{A}^n = \boldsymbol{A}^{m+n}$;

(2) $(\boldsymbol{A}^m)^n = \boldsymbol{A}^{mn}$.

其中 m, n 为自然数

定义5 由 n 阶矩阵 $\boldsymbol{A}$ 的元素构成的行列式(各元素的位置不变),称为 $\boldsymbol{A}$ 的行列式,记作 $|\boldsymbol{A}|$ 或 $\det\boldsymbol{A}$,即 $\boldsymbol{A} = \begin{pmatrix} a_{11} & a_{12} & \cdots & a_{1n} \\ a_{21} & a_{22} & \cdots & a_{2n} \\ \vdots & \vdots & & \vdots \\ a_{n1} & a_{n2} & \cdots & a_{nn} \end{pmatrix}$,而它的行列式

$$|\boldsymbol{A}| = \begin{vmatrix} a_{11} & a_{12} & \cdots & a_{1n} \\ a_{21} & a_{22} & \cdots & a_{2n} \\ \vdots & \vdots & & \vdots \\ a_{n1} & a_{n2} & \cdots & a_{nn} \end{vmatrix}.$$

方阵的行列式具有以下性质:

(1) $|\boldsymbol{A}^{\mathrm{T}}| = A$;

(2) $|k\boldsymbol{A}| = k^n A$;

(3) $|\boldsymbol{A}\boldsymbol{B}| = |\boldsymbol{A}||\boldsymbol{B}|$;

(4) $|\boldsymbol{A}\boldsymbol{B}| = |\boldsymbol{B}\boldsymbol{A}|$.

应用矩阵的乘法,如果令

$$A = \begin{pmatrix} a_{11} & a_{12} & \cdots & a_{1n} \\ a_{21} & a_{22} & \cdots & a_{2n} \\ \vdots & \vdots & & \vdots \\ a_{m1} & a_{m2} & \cdots & a_{mn} \end{pmatrix}, X = \begin{pmatrix} x_1 \\ x_2 \\ \vdots \\ x_n \end{pmatrix}, B = \begin{pmatrix} b_1 \\ b_2 \\ \vdots \\ b_m \end{pmatrix},$$

那么线性方程组

$$\begin{cases} a_{11}x_1 + a_{12}x_2 + \cdots + a_{1n}x_n = b_1, \\ a_{21}x_1 + a_{22}x_2 + \cdots + a_{2n}x_n = b_2, \\ \qquad\qquad \cdots\cdots\cdots\cdots \\ a_{m1}x_1 + a_{m2}x_2 + \cdots + a_{mn}x_n = b_m \end{cases} \tag{9-1}$$

可以表示为矩阵形式

$$AX = B, \tag{9-2}$$

其中 A 称为方程组(9-1)的系数矩阵,X 称为未知矩阵,B 称为常数项矩阵,式(9-2)称为矩阵方程.

方程组的系数和常数项组成的矩阵

$$\widetilde{A} = \begin{pmatrix} a_{11} & a_{12} & \cdots & a_{1n} & b_1 \\ a_{21} & a_{22} & \cdots & a_{2n} & b_2 \\ \vdots & \vdots & & \vdots & \vdots \\ a_{m1} & a_{m2} & \cdots & a_{mn} & b_m \end{pmatrix} \tag{9-3}$$

称为方程组(9-1)的增广矩阵.

例如,方程组

$$\begin{cases} x_1 + 2x_2 + 3x_3 + 4x_4 = 1, \\ 4x_1 + x_2 + 2x_3 + 3x_4 = 2, \\ 3x_1 + 4x_2 + x_3 + 2x_4 = 2, \\ 2x_1 + 3x_2 + 4x_3 + x_4 = 1 \end{cases}$$

可以表示为

$$\begin{pmatrix} 1 & 2 & 3 & 4 \\ 4 & 1 & 2 & 3 \\ 3 & 4 & 1 & 2 \\ 2 & 3 & 4 & 1 \end{pmatrix} \begin{pmatrix} x_1 \\ x_2 \\ x_3 \\ x_4 \end{pmatrix} = \begin{pmatrix} 1 \\ 2 \\ 2 \\ 1 \end{pmatrix},$$

而增广矩阵是 $\widetilde{A} = \begin{pmatrix} 1 & 2 & 3 & 4 & 1 \\ 4 & 1 & 2 & 3 & 2 \\ 3 & 4 & 1 & 2 & 2 \\ 2 & 3 & 4 & 1 & 1 \end{pmatrix}.$

■ 习题 9.1

1. 已知 $A = \begin{pmatrix} 3 & 6 & 2 \\ 2 & 4 & 7 \\ -1 & 2 & 5 \end{pmatrix}$,求 $A + A^T$ 和 $A - A^T$.

2. 设 $A = \begin{pmatrix} -1 & 2 & 3 & 1 \\ 0 & 3 & -2 & 1 \\ 4 & 0 & 3 & 2 \end{pmatrix}$，$B = \begin{pmatrix} 4 & 3 & 2 & 1 \\ 5 & -3 & 0 & 1 \\ 1 & 2 & -5 & 0 \end{pmatrix}$，并且 $A + 2X = B$，求 X.

3. 计算

$(1)\ \begin{pmatrix} 1 \\ 0 \end{pmatrix} \begin{pmatrix} 0 & 1 \end{pmatrix}$；

$(2)\ \begin{pmatrix} 1 & 0 \end{pmatrix} \begin{pmatrix} 0 \\ 1 \end{pmatrix}$；

$(3)\ \begin{pmatrix} 2 \\ 1 \\ -1 \\ 3 \end{pmatrix} \begin{pmatrix} -2 & 1 & 0 \end{pmatrix}$；

$(4)\ \begin{pmatrix} 1 & 0 & 3 & -1 \\ 2 & 1 & 0 & 2 \end{pmatrix} \begin{pmatrix} 4 & 1 & 0 \\ -1 & 1 & 3 \\ 2 & 0 & 1 \\ 1 & 3 & 4 \end{pmatrix}$；

$(5)\ \begin{pmatrix} 9 & 9 & 2 & -12 \\ 0 & 1 & 0 & 0 \\ 0 & 0 & 1 & 0 \\ 0 & 0 & 0 & 1 \end{pmatrix} \begin{pmatrix} -1 & 0 & 1 & 2 \\ 9 & 9 & 2 & -12 \\ 0 & 1 & 0 & 0 \\ 0 & 0 & 1 & 0 \end{pmatrix} \begin{pmatrix} \dfrac{1}{9} & -1 & -\dfrac{2}{9} & \dfrac{12}{9} \\ 0 & 1 & 0 & 0 \\ 0 & 0 & 1 & 0 \\ 0 & 0 & 0 & 1 \end{pmatrix}$.

4. 设 $A = \begin{pmatrix} \cos\theta & \sin\theta \\ -\sin\theta & \cos\theta \end{pmatrix}$，$B = A^{\mathrm{T}}$，求证 $AB = BA = I$.

5. 用矩阵 $A = \begin{pmatrix} 1 & 1 \\ 0 & 3 \end{pmatrix}$，$B = \begin{pmatrix} 1 & 0 \\ 2 & 1 \end{pmatrix}$，验证 $(AB)^{\mathrm{T}} = B^{\mathrm{T}}A^{\mathrm{T}}$.

6. 已知 $A = \begin{pmatrix} a_{11} & a_{12} & a_{13} \\ a_{21} & a_{22} & a_{23} \\ a_{31} & a_{32} & a_{33} \end{pmatrix}$，求证：$(1) A + A^{\mathrm{T}}$ 为对称矩阵；$(2) |kA| = k^3|A|$，其中 k 为常数.

习题 9.1 答案

矩阵的初等变换讲解视频

9.2 矩阵的初等变换 矩阵的秩

9.2.1 矩阵的初等变换

用消元法求解线性方程组的基本思想是利用方程组中方程之间的算术运算，使一部分方程所含未知量的个数减少（消元）. 现举例说明用消元法解线性方程组的规律.

例 1 解三元线性方程组

$$\begin{cases} \dfrac{1}{2}x_1 + \dfrac{1}{3}x_2 + x_3 = 1, & (1) \\[2mm] x_1 + \dfrac{5}{3}x_2 + 3x_3 = 3, & (2) \\[2mm] 2x_1 + \dfrac{4}{3}x_2 + 5x_3 = 2. & (3) \end{cases}$$

解 交换方程(1)、(2)的位置，得

$$\begin{cases} x_1 + \dfrac{5}{3}x_2 + 3x_3 = 3, & (2) \\[2mm] \dfrac{1}{2}x_1 + \dfrac{1}{3}x_2 + x_3 = 1, & (1) \\[2mm] 2x_1 + \dfrac{4}{3}x_2 + 5x_3 = 2. & (3) \end{cases}$$

把方程(2)乘以$\left(-\dfrac{1}{2}\right)$和$(-2)$,分别加到方程(1)和(3),得

$$\begin{cases} x_1 + \dfrac{5}{3}x_2 + 3x_3 = 3, & (2) \\[2mm] -\dfrac{1}{2}x_2 - \dfrac{1}{2}x_3 = -\dfrac{1}{2}, & (4) \\[2mm] -2x_2 - x_3 = -4. & (5) \end{cases}$$

把方程(4)乘以(-2),得

$$\begin{cases} x_1 + \dfrac{5}{3}x_2 + 3x_3 = 3 & (2) \\[2mm] x_2 + x_3 = 1 & (6) \\[2mm] -2x_2 - x_3 = -4 & (5) \end{cases}$$

把方程(6)乘以2加到方程(5),得

$$\begin{cases} x_1 + \dfrac{5}{3}x_2 + 3x_3 = 3, & (2) \\[2mm] x_2 + x_3 = 1, & (6) \\[2mm] x_3 = -2. & (7) \end{cases}$$

最后一个方程组称为阶梯形方程组,只要把方程(7)依次代入方程(6)、方程(2),就可求得原方程组的一个解

$$x_1 = 4, x_2 = 3, x_3 = -2.$$

上述求解过程运用了下面三种对方程组的变换方法:

① 交换两个方程的位置;

② 用一个非零的数乘方程;

③ 用一个非零的数乘某个方程后加到另一个方程上去.

将任一方程组进行上述三种变换所得到的新方程组与原方程组是同解方程组,这三种变换称为线性方程组的初等变换.

对方程组作初等变换时,只是对方程组的系数和常数项进行运算,而未知量并未加入运算. 因此,对方程组进行初等变换,实质上是对方程组的增广矩阵进行相应的变换,现将上述变换过程用矩阵重新写出:

$$\begin{pmatrix} \dfrac{1}{2} & \dfrac{1}{3} & 1 & 1 \\[2mm] 1 & \dfrac{5}{3} & 3 & 3 \\[2mm] 2 & \dfrac{4}{3} & 5 & 2 \end{pmatrix} \xrightarrow{r_1 \leftrightarrow r_2} \begin{pmatrix} 1 & \dfrac{5}{3} & 3 & 3 \\[2mm] \dfrac{1}{2} & \dfrac{1}{3} & 1 & 1 \\[2mm] 2 & \dfrac{4}{3} & 5 & 2 \end{pmatrix} \xrightarrow[r_3 - 2r_1]{r_2 - \frac{1}{2}r_1} \begin{pmatrix} 1 & \dfrac{5}{3} & 3 & 3 \\[2mm] 0 & -\dfrac{1}{2} & -\dfrac{1}{2} & -\dfrac{1}{2} \\[2mm] 0 & -2 & -1 & -4 \end{pmatrix}$$

$$\xrightarrow{-2r_2}\begin{pmatrix} 1 & \dfrac{5}{3} & 3 & 3 \\ 0 & 1 & 1 & 1 \\ 0 & -2 & -1 & -4 \end{pmatrix}\xrightarrow{r_3+2r_2}\begin{pmatrix} 1 & \dfrac{5}{3} & 3 & 3 \\ 0 & 1 & 1 & 1 \\ 0 & 0 & 1 & -2 \end{pmatrix}$$

$$\xrightarrow[r_1-3r_3]{r_2-r_3}\begin{pmatrix} 1 & \dfrac{5}{3} & 0 & 9 \\ 0 & 1 & 0 & 3 \\ 0 & 0 & 1 & -2 \end{pmatrix}\xrightarrow{r_1-\frac{5}{3}r_2}\begin{pmatrix} 1 & 0 & 0 & 4 \\ 0 & 1 & 0 & 3 \\ 0 & 0 & 1 & -2 \end{pmatrix}.$$

类似于线性方程组的初等变换,有下面的定义.

定义 1　对矩阵的行(列)作以下三种变换,称为矩阵的行(列)初等变换:

① 交换矩阵的任意两行(列),记作 $r_i \leftrightarrow r_j (c_i \leftrightarrow c_j)$;

② 用一个非零的数乘矩阵的某一行(列),记作 $r_i \times k (c_i \times k)$;

③ 用一个常数乘矩阵的某一行(列)加到另一行(列)上去,记作 $r_i + kr_j (c_i + kc_j)$.

其中 r 表示行,c 表示列.

矩阵的行初等变换与列初等变换统称为矩阵的初等变换.

例 2　用行初等变换化矩阵 $A = \begin{pmatrix} 2 & 3 & 1 \\ 0 & 1 & 3 \\ 1 & 2 & 5 \end{pmatrix}$ 为单位阵.

解　$A = \begin{pmatrix} 2 & 3 & 1 \\ 0 & 1 & 3 \\ 1 & 2 & 5 \end{pmatrix}\xrightarrow{r_1 \leftrightarrow r_3}\begin{pmatrix} 1 & 2 & 5 \\ 0 & 1 & 3 \\ 2 & 3 & 1 \end{pmatrix}\xrightarrow{r_3-2r_1}\begin{pmatrix} 1 & 2 & 5 \\ 0 & 1 & 3 \\ 0 & -1 & -9 \end{pmatrix}\xrightarrow{r_3+r_2}\begin{pmatrix} 1 & 2 & 5 \\ 0 & 1 & 3 \\ 0 & 0 & -6 \end{pmatrix}$

$$\xrightarrow{-\frac{1}{6}r_3}\begin{pmatrix} 1 & 2 & 5 \\ 0 & 1 & 3 \\ 0 & 0 & 1 \end{pmatrix}\xrightarrow[r_1-5r_3]{r_2-3r_3}\begin{pmatrix} 1 & 2 & 0 \\ 0 & 1 & 0 \\ 0 & 0 & 1 \end{pmatrix}\xrightarrow{r_1-2r_2}\begin{pmatrix} 1 & 0 & 0 \\ 0 & 1 & 0 \\ 0 & 0 & 1 \end{pmatrix}.$$

定理 1　当方阵 A 的行列式 $|A| \neq 0$ 时,A 可以用行初等变换化为单位矩阵.

对 n 个方程 n 个未知元的线性方程组,当它的系数行列式不等于零时,只要对方程组的增广矩阵施以适当的行初等变换使它变为:

$$\begin{pmatrix} 1 & 0 & \cdots & 0 & e_1 \\ 0 & 1 & \cdots & 0 & e_2 \\ \vdots & \vdots & & \vdots & \vdots \\ 0 & 0 & \cdots & 1 & e_n \end{pmatrix},$$

那么方程组的解即为

$$x_1 = e_1, x_2 = e_2, \cdots, x_n = e_n.$$

这种解方程组的方法称为高斯-约当消元法.

例 3　用高斯-约当消元法解线性方程组 $\begin{cases} x_1 + 2x_2 - x_3 = -4, \\ x_1 + x_2 + x_3 = 3, \\ 3x_1 - 2x_2 - x_3 = 2. \end{cases}$

解 $\widetilde{\boldsymbol{A}} = \begin{pmatrix} 1 & 2 & -1 & -4 \\ 1 & 1 & 1 & 3 \\ 3 & -2 & -1 & 2 \end{pmatrix} \xrightarrow[r_3 - 3r_1]{r_2 - r_1} \begin{pmatrix} 1 & 2 & -1 & -4 \\ 0 & -1 & 2 & 7 \\ 0 & -8 & 2 & 14 \end{pmatrix}$

$\xrightarrow[r_3 - 8r_2]{r_1 + 2r_2} \begin{pmatrix} 1 & 0 & 3 & 10 \\ 0 & -1 & 2 & 7 \\ 0 & 0 & -14 & -42 \end{pmatrix} \xrightarrow[-\frac{1}{14}r_3]{(-1) \times r_2} \begin{pmatrix} 1 & 0 & 3 & 10 \\ 0 & 1 & -2 & -7 \\ 0 & 0 & 1 & 3 \end{pmatrix}$

$\xrightarrow[r_2 + 2r_3]{r_1 - 3r_3} \begin{pmatrix} 1 & 0 & 0 & 1 \\ 0 & 1 & 0 & -1 \\ 0 & 0 & 1 & 3 \end{pmatrix},$

所以方程组的解为

$$x_1 = 1, x_2 = -1, x_3 = 3.$$

9.2.2 矩阵的秩

矩阵的秩
讲解视频

下面介绍矩阵的子式和矩阵的秩的概念.

定义 2 在 m 行 n 列的矩阵 $\boldsymbol{A}$ 中任取 k 行 k 列,位于这些行、列相交处的 k^2 个元素按在原来的相对位置所构成的行列式,叫做矩阵 $\boldsymbol{A}$ 的 k 阶子式.

例如,矩阵

$$\boldsymbol{A} = \begin{pmatrix} 1 & 2 & 2 & 11 \\ 1 & -3 & -3 & -14 \\ 3 & 1 & 1 & 8 \end{pmatrix}$$

中,第一、二两行和第二、四两列相交处的元素构成的二阶子式是 $\begin{vmatrix} 2 & 11 \\ -3 & -14 \end{vmatrix}$.

一个 n 阶方阵 $\boldsymbol{A}$ 的 n 阶子式就是 $\boldsymbol{A}$ 的行列式 $|\boldsymbol{A}|$.

定义 3 设 $\boldsymbol{A}$ 为 $m \times n$ 矩阵,如果存在 $\boldsymbol{A}$ 的 r 阶子式不为零,而任何 $r + 1$ 阶子式(如果存在的话)皆为零,则称 r 为矩阵 $\boldsymbol{A}$ 的秩,并规定零矩阵的秩为零.

指点迷津

一个非零矩阵 $\boldsymbol{A}$ 的秩,一般说来,应从二阶子式开始逐一计算,如果所有二阶子式都为零,则 $R(\boldsymbol{A}) = 1$;如果其中有一个二阶子式不为零,则计算 $\boldsymbol{A}$ 的三阶子式. 如果所有三阶子式都为零,则 $R(\boldsymbol{A}) = 2$;如果其中有一个三阶子式不为零,则计算 $\boldsymbol{A}$ 的四阶子式,直到求出 $\boldsymbol{A}$ 的秩.

例 4 求矩阵 $\boldsymbol{A} = \begin{pmatrix} 1 & 2 & 2 & 11 \\ 1 & -3 & -3 & -14 \\ 3 & 1 & 1 & 8 \end{pmatrix}$ 的秩.

解　首先计算 A 的二阶子式,因为

$$\begin{vmatrix} 1 & 2 \\ 1 & -3 \end{vmatrix} \neq 0,$$

不难验证 A 的四个三阶子式

$$\begin{vmatrix} 1 & 2 & 2 \\ 1 & -3 & -3 \\ 3 & 1 & 1 \end{vmatrix}, \begin{vmatrix} 1 & 2 & 11 \\ 1 & -3 & -14 \\ 3 & 1 & 8 \end{vmatrix}, \begin{vmatrix} 1 & 2 & 11 \\ 1 & -3 & -14 \\ 3 & 1 & 8 \end{vmatrix}, \begin{vmatrix} 2 & 2 & 11 \\ -3 & -3 & -14 \\ 1 & 1 & 8 \end{vmatrix}$$

都为零,所以 $R(A) = 2$.

定义 4　对于 n 阶方阵,当 $|A| \neq 0, R(A) = n, A$ 称为满秩矩阵或非奇异矩阵.

定理 2　矩阵的初等变换不改变矩阵的秩,即 $A \sim B, R(A) = R(B)$.

根据定理 2,我们可以通过初等变换将矩阵化为阶梯形矩阵,其中非零行的行数即为矩阵的秩.

例 5　用初等变换求矩阵 $A = \begin{pmatrix} 1 & 2 & 3 & 4 \\ 1 & -3 & -3 & 7 \\ 3 & 0 & 1 & 2 \end{pmatrix}$ 的秩.

解

$$A = \begin{pmatrix} 1 & 2 & 3 & 4 \\ 1 & -3 & -3 & 7 \\ 3 & 0 & 1 & 2 \end{pmatrix} \xrightarrow[r_3 - 3r_1]{r_2 - r_1} \begin{pmatrix} 1 & 2 & 3 & 4 \\ 0 & -5 & -6 & 3 \\ 0 & -6 & -8 & -10 \end{pmatrix} \xrightarrow[(-5)r_3]{r_3 - \frac{6}{5}r_2} \begin{pmatrix} 1 & 2 & 3 & 4 \\ 0 & -5 & -6 & 3 \\ 0 & 0 & 4 & 68 \end{pmatrix} = B.$$

因为 $R(B) = 3$,所以 $R(A) = 3$.

例 6　求矩阵 $A = \begin{pmatrix} 1 & 1 & 2 & 2 & 1 \\ 0 & 2 & 1 & 5 & -1 \\ 2 & 0 & 3 & -1 & 3 \\ 1 & 1 & 0 & 4 & -1 \end{pmatrix}$ 的秩.

解　$A = \begin{pmatrix} 1 & 1 & 2 & 2 & 1 \\ 0 & 2 & 1 & 5 & -1 \\ 2 & 0 & 3 & -1 & 3 \\ 1 & 1 & 0 & 4 & -1 \end{pmatrix} \xrightarrow[r_4 - r_1]{r_3 - 2r_1} \begin{pmatrix} 1 & 1 & 2 & 2 & 1 \\ 0 & 2 & 1 & 5 & -1 \\ 0 & -2 & -1 & -5 & 1 \\ 0 & 0 & -2 & 2 & -2 \end{pmatrix}$

$\xrightarrow{r_3 + r_2} \begin{pmatrix} 1 & 1 & 2 & 2 & 1 \\ 0 & 2 & 1 & 5 & -1 \\ 0 & 0 & 0 & 0 & 0 \\ 0 & 0 & -2 & 2 & -2 \end{pmatrix} \xrightarrow{r_3 \leftrightarrow r_4} \begin{pmatrix} 1 & 1 & 2 & 2 & 1 \\ 0 & 2 & 1 & 5 & -1 \\ 0 & 0 & -2 & 2 & -2 \\ 0 & 0 & 0 & 0 & 0 \end{pmatrix} = B.$

因为 $R(B) = 3$,所以 $R(A) = 3$.

可以看出,阶梯形矩阵的特点是:(1) 零行在最后(若有的话),(2) 非零行随着行数的增加,每行第一个非零元的位置右移,且每行的第一个非零元正下方元素都是零.

对上述矩阵 B 还可以用行初等变换再化成行简化阶梯形矩阵.

$$B = \begin{pmatrix} 1 & 1 & 2 & 2 & 1 \\ 0 & 2 & 1 & 5 & -1 \\ 0 & 0 & -2 & 2 & -2 \\ 0 & 0 & 0 & 0 & 0 \end{pmatrix} \xrightarrow[-\frac{1}{2}r_3]{\frac{1}{2}r_2} \begin{pmatrix} 1 & 1 & 2 & 2 & 1 \\ 0 & 1 & \frac{1}{2} & \frac{5}{2} & -\frac{1}{2} \\ 0 & 0 & 1 & -1 & 1 \\ 0 & 0 & 0 & 0 & 0 \end{pmatrix}$$

$$\xrightarrow{r_1 - r_2} \begin{pmatrix} 1 & 0 & \frac{3}{2} & -\frac{1}{2} & \frac{3}{2} \\ 0 & 1 & \frac{1}{2} & \frac{5}{2} & -\frac{1}{2} \\ 0 & 0 & 1 & -1 & 1 \\ 0 & 0 & 0 & 0 & 0 \end{pmatrix} \xrightarrow[r_2 - \frac{1}{2}r_3]{r_1 - \frac{3}{2}r_3} \begin{pmatrix} 1 & 0 & 0 & 1 & 0 \\ 0 & 1 & 0 & 3 & -1 \\ 0 & 0 & 1 & -1 & 1 \\ 0 & 0 & 0 & 0 & 0 \end{pmatrix}.$$

行简化阶梯形矩阵的特点是:非零行的首非零元为 1,且所有首非零元所在列的其余元素都是 0.

■ 习题 9.2

1. 用高斯 - 约当消元法解下列方程组:

(1) $\begin{cases} x_1 + 2x_2 + 3x_3 = -7, \\ 2x_1 - x_2 + 2x_3 = -8, \\ x_1 + 3x_2 = 7; \end{cases}$
(2) $\begin{cases} 2x_1 - 3x_2 + x_3 - x_4 = 3, \\ 3x_1 + x_2 + x_3 + x_4 = 0, \\ 4x_1 - x_2 - x_3 - x_4 = 7, \\ -2x_1 - x_2 + x_3 + x_4 = -5. \end{cases}$

2. 求下列矩阵的秩:

(1) $\begin{pmatrix} 1 & 2 & -3 \\ -1 & -3 & 4 \\ 1 & 1 & -2 \end{pmatrix}$;
(2) $\begin{pmatrix} 4 & 1 & -1 & 2 \\ -2 & 2 & 8 & 14 \\ 1 & -2 & -7 & 13 \end{pmatrix}$;

(3) $\begin{pmatrix} 2 & 0 & 2 & 0 & 2 \\ 0 & 1 & 0 & 1 & 0 \\ 2 & 1 & 0 & 2 & 1 \\ 0 & 1 & 0 & 1 & 0 \end{pmatrix}$;
(4) $\begin{pmatrix} 1 & 0 & 0 & 1 & 4 \\ 0 & 1 & 0 & 2 & 5 \\ 0 & 0 & 1 & 3 & 6 \\ 1 & 2 & 3 & 14 & 32 \\ 4 & 5 & 6 & 32 & 77 \end{pmatrix}$.

习题 9.2 答案

9.3 逆矩阵

9.3.1 逆矩阵的概念

逆矩阵的概念
讲解视频

在数的乘法中,如果常数 $a \neq 0$,则存在 a 的逆 a^{-1},$a^{-1} = \dfrac{1}{a}$,使 $a^{-1}a = aa^{-1} = 1$,这

使得 $ax = b$ 变得非常简单. 在矩阵的乘法中, I 与数字 1 在数量乘法中的作用类似, 那么 $AX = b$ 时, 是不是也存在一个矩阵, 使 $X = A^{-1}b$?

> **定义 1** 设 n 阶矩阵 A, 如果存在 n 阶矩阵 C, 使得
> $$AC = CA = I,$$
> 则称 A 是可逆的, C 叫做 A 的逆矩阵, 记作 A^{-1}, 即
> $$AA^{-1} = A^{-1}A = I.$$

逆矩阵的性质
讲解视频

9.3.2　逆矩阵的性质

性质 1　如果 A 有逆矩阵, 则其逆矩阵是唯一的.

事实上, 设 B、C 都是 A 的逆矩阵, 则
$$AB = BA = I, AC = CA = I,$$
于是
$$B = BI = B(AC) = (BA)C = IC = C.$$

性质 2　A 的逆矩阵的逆矩阵是 A, 即
$$(A^{-1})^{-1} = A.$$

性质 3　如果 n 阶矩阵 A、B 的逆矩阵都存在, 那么, 它们乘积的逆矩阵也存在, 并且
$$(AB)^{-1} = B^{-1}A^{-1}.$$

事实上,
$$(AB)B^{-1}A^{-1} = A(BB^{-1})A^{-1} = AIA^{-1} = AA^{-1} = I,$$
$$(B^{-1}A^{-1})(AB) = B^{-1}(A^{-1}A)B = B^{-1}IB = B^{-1}B = I,$$
于是
$$(AB)^{-1} = B^{-1}A^{-1}.$$

性质 4　若矩阵 A 可逆, 数 $k \neq 0$, 则 kA 也可逆, 且 $(kA)^{-1} = \dfrac{1}{k}A^{-1}$.

性质 5　若 A 可逆, 则 $|A^{-1}| = \dfrac{1}{|A|}$, 且 $(A^{\mathrm{T}})^{-1} = (A^{-1})^{\mathrm{T}}$

动动脑　单位矩阵 I 的逆矩阵是什么?

9.3.3　逆矩阵的求法

> **定义 2**　行列式 $|A|$ 的各元素的代数余子式 A_{ij} 所构成的矩阵

$$A^* = \begin{pmatrix} A_{11} & A_{12} & \cdots & A_{1n} \\ A_{21} & A_{22} & \cdots & A_{2n} \\ \vdots & \vdots & & \vdots \\ A_{n1} & A_{n2} & \cdots & A_{nn} \end{pmatrix},$$

称为矩阵 A 的伴随矩阵.

设 $A = (a_{ij})$，记 $AA^* = (b_{ij})$，则

$$b_{ij} = a_{i1}A_{i1} + a_{i2}A_{i2} + \cdots + a_{in}A_{in} = \begin{cases} |A|, & i = j, \\ 0, & i \neq j. \end{cases}$$

故 $AA^* = \begin{pmatrix} |A| & & & \\ & |A| & & \\ & & \ddots & \\ & & & |A| \end{pmatrix} = |A|I.$

对上面式子左乘 A^{-1}，除以 $|A|$，得到 $A^{-1} = \dfrac{A^*}{|A|}$.

___定理___ n 阶矩阵 A 可逆的充要条件是 A 为非奇异矩阵，并且

$$A^{-1} = \frac{1}{|A|}A^*.$$

容易验证，当 $|A| \neq 0$ 时，$\dfrac{A^*}{|A|}$ 右乘矩阵 A 的结果也为单位矩阵.

例 1 判断矩阵

$$A = \begin{pmatrix} 1 & 2 & 3 \\ 2 & 0 & 1 \\ -1 & 1 & 0 \end{pmatrix}$$

是否可逆；如果可逆，求 A^{-1}.

解 因为

$$\begin{vmatrix} 1 & 2 & 3 \\ 2 & 0 & 1 \\ -1 & 1 & 0 \end{vmatrix} = 3 \neq 0,$$

所以矩阵 A 是可逆的. 又因为

$$A_{11} = \begin{vmatrix} 0 & 1 \\ 1 & 0 \end{vmatrix} = -1, A_{12} = -\begin{vmatrix} 2 & 1 \\ -1 & 0 \end{vmatrix} = -1, A_{13} = \begin{vmatrix} 2 & 0 \\ -1 & 1 \end{vmatrix} = 2,$$

$$A_{21} = -\begin{vmatrix} 2 & 3 \\ 1 & 0 \end{vmatrix} = 3, A_{22} = \begin{vmatrix} 1 & 3 \\ -1 & 0 \end{vmatrix} = 3, \quad A_{23} = -\begin{vmatrix} 1 & 2 \\ -1 & 1 \end{vmatrix} = -3,$$

$$A_{31} = \begin{vmatrix} 2 & 3 \\ 0 & 1 \end{vmatrix} = 2, \quad A_{32} = -\begin{vmatrix} 1 & 3 \\ 2 & 1 \end{vmatrix} = 5, \quad A_{33} = \begin{vmatrix} 1 & 2 \\ 2 & 0 \end{vmatrix} = -4,$$

所以

$$A^{-1} = \frac{1}{3}\begin{pmatrix} -1 & 3 & 2 \\ -1 & 3 & 5 \\ 2 & -3 & -4 \end{pmatrix} = \begin{pmatrix} -\dfrac{1}{3} & 1 & \dfrac{2}{3} \\ -\dfrac{1}{3} & 1 & \dfrac{5}{3} \\ \dfrac{2}{3} & -1 & -\dfrac{4}{3} \end{pmatrix}.$$

一般说来,用伴随矩阵求逆矩阵是比较麻烦的. 例如,求一个五阶矩阵的逆矩阵,要计算一个五阶行列式和 25 个四阶行列式. 下面介绍用初等变换求逆矩阵的方法.

首先把方阵 A 和同阶的单位矩阵 I 写成矩阵

$$(A \vdots I),$$

然后对该矩阵施以行初等变换,当 A 化为单位矩阵 I 时,虚线右边的 I 就变成了 A^{-1},即

$$(A \vdots I) \xrightarrow{\text{行初等变换}} (I \vdots A^{-1}).$$

例 2　用初等变换的方法求例 1 矩阵 A 的逆矩阵 A^{-1},其中

$$A = \begin{pmatrix} 1 & 2 & 3 \\ 2 & 0 & 1 \\ -1 & 1 & 0 \end{pmatrix}.$$

解　$(A \vdots I) = \begin{pmatrix} 1 & 2 & 3 & 1 & 0 & 0 \\ 2 & 0 & 1 & 0 & 1 & 0 \\ -1 & 1 & 0 & 0 & 0 & 1 \end{pmatrix} \xrightarrow[r_3 + r_1]{r_2 - 2r_1} \begin{pmatrix} 1 & 2 & 3 & 1 & 0 & 0 \\ 0 & -4 & -5 & -2 & 1 & 0 \\ 0 & 3 & 3 & 1 & 0 & 1 \end{pmatrix}$

$$\xrightarrow[r_3 + \frac{3}{4}r_2]{r_1 + \frac{1}{2}r_2} \begin{pmatrix} 1 & 0 & \dfrac{1}{2} & 0 & \dfrac{1}{2} & 0 \\ 0 & -4 & -5 & -2 & 1 & 0 \\ 0 & 0 & -\dfrac{3}{4} & -\dfrac{1}{2} & \dfrac{3}{4} & 1 \end{pmatrix}$$

$$\xrightarrow[-\frac{4}{3}r_3]{-\frac{1}{4}r_2} \begin{pmatrix} 1 & 0 & \dfrac{1}{2} & 0 & \dfrac{1}{2} & 0 \\ 0 & 1 & \dfrac{5}{4} & \dfrac{1}{2} & -\dfrac{1}{4} & 0 \\ 0 & 0 & 1 & \dfrac{2}{3} & -1 & -\dfrac{4}{3} \end{pmatrix}$$

$$\xrightarrow[r_2 - \frac{5}{4}r_3]{r_1 - \frac{1}{2}r_3} \begin{pmatrix} 1 & 0 & 0 & -\dfrac{1}{3} & 1 & \dfrac{2}{3} \\ 0 & 1 & 0 & -\dfrac{1}{3} & 1 & \dfrac{5}{3} \\ 0 & 0 & 1 & \dfrac{2}{3} & -1 & -\dfrac{4}{3} \end{pmatrix}.$$

于是

$$A^{-1} = \begin{pmatrix} -\dfrac{1}{3} & 1 & \dfrac{2}{3} \\ -\dfrac{1}{3} & 1 & \dfrac{5}{3} \\ \dfrac{2}{3} & -1 & -\dfrac{4}{3} \end{pmatrix}.$$

用初等变换求方阵 A 的逆矩阵,事先不必考虑 A^{-1} 是否存在,在初等变换过程中,如果发现虚线左边某一行的元素全为零,这就说明 A^{-1} 是不存在的.

9.3.4 用逆矩阵解线性方程组

对于矩阵方程(9-2)

$$AX = B,$$

如果存在 A^{-1},那么

$$X = A^{-1}B.$$

例 3 用逆矩阵解线性方程组

$$\begin{cases} x_1 + 2x_2 + 3x_3 = -6, \\ 2x_1 \quad\quad + x_3 = 0, \\ -x_1 + x_2 \quad\quad = 9. \end{cases}$$

解 由例 2 知,所给线性方程组的系数矩阵的逆矩阵为

$$A^{-1} = \begin{pmatrix} -\dfrac{1}{3} & 1 & \dfrac{2}{3} \\ -\dfrac{1}{3} & 1 & \dfrac{5}{3} \\ \dfrac{2}{3} & -1 & -\dfrac{4}{3} \end{pmatrix},$$

于是

$$X = \begin{pmatrix} -\dfrac{1}{3} & 1 & \dfrac{2}{3} \\ -\dfrac{1}{3} & 1 & \dfrac{5}{3} \\ \dfrac{2}{3} & -1 & -\dfrac{4}{3} \end{pmatrix} \begin{pmatrix} -6 \\ 0 \\ 9 \end{pmatrix} = \begin{pmatrix} 8 \\ 17 \\ -16 \end{pmatrix},$$

所以方程组的解为

$$x_1 = 8, x_2 = 17, x_3 = -16.$$

■ 习题 9.3

1. 求下列矩阵的逆矩阵:

$(1)\ \begin{pmatrix} 1 & 2 & -3 \\ 0 & 1 & 2 \\ 0 & 0 & 1 \end{pmatrix}$;

$(2)\ \begin{pmatrix} 3 & 2 & 1 \\ 6 & 4 & 2 \\ 1 & 2 & 5 \end{pmatrix}$;

$(3)\ \begin{pmatrix} \cos\alpha & \sin\alpha & 0 \\ -\sin\alpha & \cos\alpha & 0 \\ 0 & 0 & 1 \end{pmatrix}$;

$(4)\ \begin{pmatrix} 3 & 0 & 8 \\ 3 & -1 & 6 \\ -2 & 0 & -5 \end{pmatrix}$;

习题 9.3 答案

$$(5) \begin{pmatrix} 1 & -1 & 1 \\ 3 & 0 & 5 \\ -1 & 2 & 0 \end{pmatrix}; \qquad (6) \begin{pmatrix} 1 & 0 & 1 \\ 2 & 1 & 0 \\ -3 & 2 & -5 \end{pmatrix}.$$

2. 求下列矩阵方程中的未知矩阵 X：

$$(1) \begin{pmatrix} 2 & 5 \\ 1 & 3 \end{pmatrix} X = \begin{pmatrix} 4 & -6 \\ 2 & 1 \end{pmatrix}; \qquad (2) \begin{pmatrix} 1 & 2 \\ 2 & 4 \end{pmatrix} X = \begin{pmatrix} 1 & 0 \\ 0 & 1 \end{pmatrix};$$

$$(3) \begin{pmatrix} 3 & 0 & 8 \\ 3 & -1 & 6 \\ -2 & 0 & -5 \end{pmatrix} X = \begin{pmatrix} 1 & -1 & 2 \\ -1 & 3 & 4 \\ -2 & 0 & 5 \end{pmatrix}.$$

3. 用逆矩阵解下列线性方程组：

$$(1) \begin{cases} 2x_1 + 3x_2 + x_3 = 11, \\ x_1 + x_2 + x_3 = 6, \\ 3x_1 - x_2 - x_3 = -2; \end{cases} \qquad (2) \begin{cases} \dfrac{5}{8}x_1 - \dfrac{1}{2}x_2 + \dfrac{1}{8}x_3 = 0, \\ -\dfrac{1}{2}x_1 + x_2 - \dfrac{1}{2}x_3 = 0, \\ \dfrac{1}{8}x_1 - \dfrac{1}{2}x_2 + \dfrac{5}{8}x_3 = 1. \end{cases}$$

4. 设 $|A| \neq 0$，并且 $AB = BA$，求证 $A^{-1}B = BA^{-1}$.

5. 设矩阵 A 是非奇异的，并且 $AX = AY$，求证 $X = Y$.

9.4 线性方程组解的判定

本节主要讨论下面两个问题：
① 线性方程组在什么条件下有解？
② 如果有解，有多少解？

9.4.1 非齐次线性方程组

设 n 个未知量，m 个方程的方程组

$$\begin{cases} a_{11}x_1 + a_{12}x_2 + \cdots + a_{1n}x_n = b_1, \\ a_{21}x_1 + a_{22}x_2 + \cdots + a_{2n}x_n = b_2, \\ \qquad\qquad \cdots\cdots\cdots\cdots \\ a_{m1}x_1 + a_{m2}x_2 + \cdots + a_{mn}x_n = b_m, \end{cases} \qquad (\text{I})$$

式中，系数 a_{ij}、常数 b_i 都是已知数，x_j 是未知数（$i = 1, 2, \cdots, m; j = 1, 2, \cdots, n$），当右端常数项 $b_1, b_2, \cdots, b_m$ 不全为零时，称方程组（I）为非齐次线性方程组.

由 9.2 可知，对线性方程组的增广矩阵施以行初等变换，相当于解线性方程组的消元过程，不改变线性方程组的解. 因此，对线性方程组的增广矩阵施以行初等变换，将其化为阶梯形矩阵，求其秩，进而判定线性方程组的解.

例1 解线性方程组
$$\begin{cases} x_1 + 2x_2 + 3x_3 = -7, \\ 2x_1 - x_2 + 2x_3 = -8, \\ x_1 + 3x_2 \qquad = 7. \end{cases}$$

解 $\widetilde{A} = \begin{pmatrix} 1 & 2 & 3 & -7 \\ 2 & -1 & 2 & -8 \\ 1 & 3 & 0 & 7 \end{pmatrix} \xrightarrow[r_3 - r_1]{r_2 - 2r_1} \begin{pmatrix} 1 & 2 & 3 & -7 \\ 0 & -5 & -4 & 6 \\ 0 & 1 & -3 & 14 \end{pmatrix}$

$\xrightarrow[r_2 + 5r_3]{r_1 - 2r_3} \begin{pmatrix} 1 & 0 & 9 & -35 \\ 0 & 0 & -19 & 76 \\ 0 & 1 & -3 & 14 \end{pmatrix} \xrightarrow{-\frac{1}{19}r_2} \begin{pmatrix} 1 & 0 & 9 & -35 \\ 0 & 0 & 1 & -4 \\ 0 & 1 & -3 & 14 \end{pmatrix}$

$\xrightarrow[r_3 + 3r_2]{r_1 - 9r_2} \begin{pmatrix} 1 & 0 & 0 & 1 \\ 0 & 0 & 1 & -4 \\ 0 & 1 & 0 & 2 \end{pmatrix} \xrightarrow{r_2 \leftrightarrow r_3} \begin{pmatrix} 1 & 0 & 0 & 1 \\ 0 & 1 & 0 & 2 \\ 0 & 0 & 1 & -4 \end{pmatrix} = \boldsymbol{B}.$

所以方程组的解是
$$x_1 = 1, x_2 = 2, x_3 = -4.$$

由 $\boldsymbol{B}$ 可知，$R(\boldsymbol{A}) = R(\widetilde{\boldsymbol{A}}) = 3$，而此方程组未知量的个数也是 3.

例2 解线性方程组
$$\begin{cases} x_1 + 2x_2 + 3x_3 = -7, \\ 2x_1 - x_2 + 2x_3 = -8, \\ -3x_1 - 6x_2 - 9x_3 = 21. \end{cases}$$

解 $\widetilde{A} = \begin{pmatrix} 1 & 2 & 3 & -7 \\ 2 & -1 & 2 & -8 \\ -3 & -6 & -9 & 21 \end{pmatrix} \xrightarrow[r_3 + 3r_1]{r_2 - 2r_1} \begin{pmatrix} 1 & 2 & 3 & -7 \\ 0 & -5 & -4 & 6 \\ 0 & 0 & 0 & 0 \end{pmatrix}$

$\xrightarrow{-\frac{1}{5}r_2} \begin{pmatrix} 1 & 2 & 3 & -7 \\ 0 & 1 & \frac{4}{5} & -\frac{6}{5} \\ 0 & 0 & 0 & 0 \end{pmatrix} \xrightarrow{r_1 - 2r_2} \begin{pmatrix} 1 & 0 & \frac{7}{5} & -\frac{23}{5} \\ 0 & 1 & \frac{4}{5} & -\frac{6}{5} \\ 0 & 0 & 0 & 0 \end{pmatrix} = \boldsymbol{B},$

所以方程组的解是
$$\begin{cases} x_1 = -\dfrac{23}{5} - \dfrac{7}{5}c, \\ x_2 = -\dfrac{6}{5} - \dfrac{4}{5}c, \\ x_3 = c \end{cases} \quad (c\ 为任意常数).$$

由 $\boldsymbol{B}$ 可知，$R(\boldsymbol{A}) = R(\widetilde{\boldsymbol{A}}) = 2$，而方程组未知量的个数是 3.

例3 解方程组
$$\begin{cases} x_1 + 2x_2 + 3x_3 = -7, \\ 2x_1 - x_2 + 2x_3 = -8, \\ -3x_1 - 6x_2 - 9x_3 = 22. \end{cases}$$

解 $\widetilde{A} = \begin{pmatrix} 1 & 2 & 3 & -7 \\ 2 & -1 & 2 & -8 \\ -3 & -6 & -9 & 22 \end{pmatrix} \xrightarrow[r_3 + 3r_1]{r_2 - 2r_1} \begin{pmatrix} 1 & 2 & 3 & -7 \\ 0 & -5 & -4 & 6 \\ 0 & 0 & 0 & 1 \end{pmatrix} = \boldsymbol{B}.$

由 $\boldsymbol{B}$ 看出,不论 x_1, x_2, x_3 取哪一组值,都不能使方程 $0 = 1$ 成立,所以方程组无解.

由 $\boldsymbol{B}$ 可知,$R(\boldsymbol{A}) = 2, R(\widetilde{\boldsymbol{A}}) = 3.$

关于线性方程组解的情况,有下面的定理:

定理 1 n 元线性方程组(Ⅰ)有解的充要条件是 $R(\boldsymbol{A}) = R(\widetilde{\boldsymbol{A}})$.

① 如果 $R(\boldsymbol{A}) = R(\widetilde{\boldsymbol{A}}) = r = n$,则该线性方程组有唯一解.

② 如果 $R(\boldsymbol{A}) = R(\widetilde{\boldsymbol{A}}) = r < n$,则该线性方程组有无穷多解.

例 4 设线性方程组

$$\begin{cases} \lambda x_1 + x_2 + x_3 = 1, \\ x_1 + \lambda x_2 + x_3 = \lambda, \\ x_1 + x_2 + \lambda x_3 = \lambda^2, \end{cases}$$

问 λ 为何值时,方程组无解? 有唯一解? 有无穷多解?

解 $\widetilde{A} = \begin{pmatrix} \lambda & 1 & 1 & 1 \\ 1 & \lambda & 1 & \lambda \\ 1 & 1 & \lambda & \lambda^2 \end{pmatrix} \xrightarrow{r_1 + r_2 + r_3} \begin{pmatrix} \lambda+2 & \lambda+2 & \lambda+2 & 1+\lambda+\lambda^2 \\ 1 & \lambda & 1 & \lambda \\ 1 & 1 & \lambda & \lambda^2 \end{pmatrix} = \boldsymbol{B}.$

由 $\boldsymbol{B}$ 可知,当 $\lambda = -2$ 时,$R(\boldsymbol{A}) = 2, R(\widetilde{\boldsymbol{A}}) = 3$,根据定理 1,方程组无解;当 $\lambda \neq -2$ 时,对 $\boldsymbol{B}$ 施行初等变换如下

$$\boldsymbol{B} = \begin{pmatrix} \lambda+2 & \lambda+2 & \lambda+2 & 1+\lambda+\lambda^2 \\ 1 & \lambda & 1 & \lambda \\ 1 & 1 & \lambda & \lambda^2 \end{pmatrix} \xrightarrow{\frac{1}{\lambda+2}r_1} \begin{pmatrix} 1 & 1 & 1 & \dfrac{1+\lambda+\lambda^2}{\lambda+2} \\ 1 & \lambda & 1 & \lambda \\ 1 & 1 & \lambda & \lambda^2 \end{pmatrix}$$

$$\xrightarrow[r_3 - r_1]{r_2 - r_1} \begin{pmatrix} 1 & 1 & 1 & \dfrac{1+\lambda+\lambda^2}{\lambda+2} \\ 0 & \lambda-1 & 0 & \dfrac{\lambda-1}{\lambda+2} \\ 0 & 0 & \lambda-1 & \dfrac{(\lambda-1)(\lambda+1)^2}{\lambda+2} \end{pmatrix} = \boldsymbol{C}.$$

由矩阵 $\boldsymbol{C}$ 可知,当 $\lambda = 1$ 时,$R(\boldsymbol{A}) = R(\widetilde{\boldsymbol{A}}) = 1$,根据定理 1,方程组有无穷多解;当 $\lambda \neq 1$ 且 $\lambda \neq -2$ 时,方程组有唯一解

$$x_1 = -\frac{\lambda+1}{\lambda+2}, x_2 = \frac{1}{\lambda+2}, x_3 = \frac{(\lambda+1)^2}{\lambda+2}.$$

9.4.2　齐次线性方程组解的讨论

如果线性方程组（Ⅰ）中，常数项 $b_1 = b_2 = \cdots = b_m = 0$，即

$$\begin{cases} a_{11}x_1 + a_{12}x_2 + \cdots + a_{1n}x_n = 0, \\ a_{21}x_1 + a_{22}x_2 + \cdots + a_{2n}x_n = 0, \\ \qquad\qquad\cdots\cdots\cdots\cdots \\ a_{m1}x_1 + a_{m2}x_2 + \cdots + a_{mn}x_n = 0, \end{cases} \qquad (Ⅱ)$$

则称方程组（Ⅱ）为齐次线性方程组.

由于齐次线性方程组（Ⅱ）的系数矩阵 A 与增广矩阵 $\widetilde{A}$ 的秩总是相等的，所以齐次线性方程组（Ⅱ）总有解，而且零向量一定是它的解. 由定理 1 可得下面的定理：

定理 2　设 n 元齐次线性方程组（Ⅱ）的系数矩阵的秩 $R(A) = r$.

① 如果 $r = n$，则齐次线性方程组只有零解.

② 如果 $r < n$，则齐次线性方程组有非零解.

事实上，当 $r = n$ 时，由定理 1 知只有零解；当 $r < n$ 时，它有无穷多解，所以除零解外，还有非零解.

推论 1　如果 $m = n$，则齐次线性方程组（Ⅱ）有非零解的充要条件是它的系数行列式 $|A|$ 等于零.

推论 2　如果 $m < n$，则齐次线性方程组（Ⅱ）必有非零解.

例 5　解齐次线性方程组

$$\begin{cases} x_1 - x_2 + 5x_3 - x_4 = 0, \\ x_1 + x_2 - 2x_3 + 3x_4 = 0, \\ 3x_1 - x_2 + 8x_3 + x_4 = 0, \\ x_1 + 3x_2 - 9x_3 + 7x_4 = 0. \end{cases}$$

解　$A = \begin{pmatrix} 1 & -1 & 5 & -1 \\ 1 & 1 & -2 & 3 \\ 3 & -1 & 8 & 1 \\ 1 & 3 & -9 & 7 \end{pmatrix} \xrightarrow[\substack{r_3 - 3r_1 \\ r_4 - r_1}]{r_2 - r_1} \begin{pmatrix} 1 & -1 & 5 & -1 \\ 0 & 2 & -7 & 4 \\ 0 & 2 & -7 & 4 \\ 0 & 4 & -14 & 8 \end{pmatrix}$

$\xrightarrow[\substack{r_3 - r_2 \\ r_4 - 2r_2}]{} \begin{pmatrix} 1 & -1 & 5 & -1 \\ 0 & 2 & -7 & 4 \\ 0 & 0 & 0 & 0 \\ 0 & 0 & 0 & 0 \end{pmatrix} \xrightarrow[\substack{r_1 + \frac{1}{2}r_2}]{} \begin{pmatrix} 1 & 0 & \dfrac{3}{2} & 1 \\ 0 & 2 & -7 & 4 \\ 0 & 0 & 0 & 0 \\ 0 & 0 & 0 & 0 \end{pmatrix}$

$$\xrightarrow{\frac{1}{2}r_2} \begin{pmatrix} 1 & 0 & \frac{3}{2} & 1 \\ 0 & 1 & -\frac{7}{2} & 2 \\ 0 & 0 & 0 & 0 \\ 0 & 0 & 0 & 0 \end{pmatrix} = \boldsymbol{B}.$$

由 $\boldsymbol{B}$ 可知, $R(\boldsymbol{A}) = 2 < 4$, 所以齐次线性方程组有无穷多解.

$$\begin{cases} x_1 = -\dfrac{3}{2}c_1 - c_2, \\ x_2 = \dfrac{7}{2}c_1 - 2c_2, \quad (c_1, c_2 \text{ 为任意常数}). \\ x_3 = c_1, \\ x_4 = c_2 \end{cases}$$

例 6 m 取何值时, 方程组

$$\begin{cases} x_1 + 2x_2 + 3x_3 = mx_1, \\ 2x_1 + x_2 + 3x_3 = mx_2, \\ 3x_1 + 3x_2 + 6x_3 = mx_3 \end{cases}$$

有非零解?

解 将原方程组整理为

$$\begin{cases} (1-m)x_1 + 2x_2 + 3x_3 = 0, \\ 2x_1 + (1-m)x_2 + 3x_3 = 0, \\ 3x_1 + 3x_2 + (6-m)x_3 = 0, \end{cases}$$

由定理 2 的推论 1 知, 它有非零解的充要条件是

$$|\boldsymbol{A}| = \begin{vmatrix} 1-m & 2 & 3 \\ 2 & 1-m & 3 \\ 3 & 3 & 6-m \end{vmatrix} = 0,$$

即 $|\boldsymbol{A}| = \begin{vmatrix} 1-m & 2 & 3 \\ 2 & 1-m & 3 \\ 3 & 3 & 6-m \end{vmatrix} \xlongequal{c_1 - c_2} \begin{vmatrix} -(m+1) & 2 & 3 \\ m+1 & 1-m & 3 \\ 0 & 3 & 6-m \end{vmatrix}$

$\xlongequal{r_2 + r_1} \begin{vmatrix} -(m+1) & 2 & 3 \\ 0 & 3-m & 6 \\ 0 & 3 & 6-m \end{vmatrix} \xlongequal{r_3 - r_2} \begin{vmatrix} -(m+1) & 2 & 3 \\ 0 & 3-m & 6 \\ 0 & m & -m \end{vmatrix}$

$\xlongequal{c_2 + c_3} \begin{vmatrix} -(m+1) & 5 & 3 \\ 0 & 9-m & 6 \\ 0 & 0 & -m \end{vmatrix} = m(m+1)(9-m) = 0.$

所以当 $m = 0$ 或 $m = -1$ 或 $m = 9$ 时, 原方程组有非零解.

9.4.3　线性方程组的应用

线性方程组在实际中有非常广泛的应用,下面通过实际案例向同学们展示.

例 7　经济系统的平衡问题

假设一个经济体系由 3 个行业:化工、能源(如煤炭、电力等)、科技构成,每个行业的产出在各个行业中的分配如表 9-3 所示,每一列中的元素表示占该行业总产出的比例,以第一列为例,化工产业的总产出的分配如下:30% 分配到能源行业,50% 分配到科技行业,余下的供本行业使用.因为考虑了所有的产出,所以每列的数的和为 1,把化工、能源、科技行业每年产出的价格(即货币价值)分别用 x_1, x_2, x_3 表示,请求出使每个行业的投入与产出都相等的平衡价格.

表 9-3

产出分配			
化工	能源	科技	购买者
0.2	0.8	0.4	化工
0.3	0.1	0.4	能源
0.5	0.1	0.2	科技

注:列昂惕夫的"交换模型":假设一个国家的经济分为很多的产业,例如建筑业、制造业、通信业等,我们知道每个产业一年的总产出,并准确了解其产出在经济的其他产业之间如何分配,把一个部门产出的总货币价值称为该产出的价格,列昂惕夫证明了如下的结论:存在赋给各产业的平衡价格,使得每个部门的投入和产出都相等.

解　从表 9-3 中可以看出,每列表示每个行业的产出分配到何处,每行表示每个行业所需的投入.例如,第一行说明化工行业购买了 20% 的本行业产出、80% 的能源产出、40% 的科技产出,由于三个行业的总产出价格分别是 x_1, x_2, x_3,因此化工行业必须分别向三个行业支付 $0.2x_1, 0.8x_2, 0.4x_3$ 元.化工行业的总支出为 $0.2x_1 + 0.8x_2 + 0.4x_3$.为了使化工行业的收入 x_1 等于它的支出,因此希望 $x_1 = 0.2x_1 + 0.8x_2 + 0.4x_3$.

采用类似的方法处理表中的第 2、3 行,同上式一起构成齐次线性方程组

$$\begin{cases} x_1 = 0.2x_1 + 0.8x_2 + 0.4x_3, \\ x_2 = 0.3x_1 + 0.1x_2 + 0.4x_3, \\ x_3 = 0.5x_1 + 0.1x_2 + 0.2x_3. \end{cases}$$

该方程组的通解为

$$\begin{cases} x_1 = 1.417x_3, \\ x_2 = 0.917x_3, \\ x_3 = 1.000x_3. \end{cases}$$

这就是经济系统的平衡价格向量,每个 x_3 的非负取值都确定一个平衡价格的取值.

1. 解下列方程组:

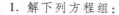

(1) $\begin{cases} x_1 + x_2 + 2x_3 + 3x_4 = 1, \\ x_1 + 2x_2 + 3x_3 - x_4 = -4, \\ 3x_1 - x_2 - x_3 - 2x_4 = -4, \\ 2x_1 + 3x_2 - x_3 - x_4 = -6; \end{cases}$ (2) $\begin{cases} x_1 + 5x_2 - x_3 - x_4 = -1, \\ x_1 - 2x_2 + x_3 + 3x_4 = 3, \\ 3x_1 + 8x_2 - x_3 + x_4 = 1, \\ x_1 - 9x_2 + 3x_3 + 7x_4 = 7; \end{cases}$

(3) $\begin{cases} 5x_1 - x_2 + 2x_3 + x_4 = 7, \\ 2x_1 + x_2 + 4x_3 - 2x_4 = 1, \\ x_1 - 3x_2 - 6x_3 + 5x_4 = 0; \end{cases}$ (4) $\begin{cases} x_1 + x_2 + x_3 + x_4 = 0, \\ x_1 + x_2 + 2x_3 + 3x_4 = 0, \\ x_1 + 5x_2 + x_3 + 2x_4 = 0, \\ x_1 + 5x_2 + 5x_3 + 2x_4 = 0. \end{cases}$

2. 判定下列方程组是否有解:

(1) $\begin{cases} 2x_1 - x_2 + x_3 + x_4 = 1, \\ x_1 + 2x_2 - x_3 + 4x_4 = 2, \\ x_1 + 7x_2 - 4x_3 + 11x_4 = 5; \end{cases}$ (2) $\begin{cases} x_1 + 2x_2 - x_3 = 1, \\ 2x_1 - 3x_2 + x_3 = 0, \\ 4x_1 + x_2 - x_3 = -1. \end{cases}$

3. 下列方程组中的 λ 为何值时,方程组有解? 并求出它的解.

(1) $\begin{cases} x_1 + x_2 + x_3 + x_4 = 1, \\ 3x_1 + 2x_2 + x_3 - 3x_4 = \lambda, \\ x_2 + 2x_3 + 6x_4 = 3; \end{cases}$ (2) $\begin{cases} 2x_1 - x_2 + x_3 + x_4 = 1, \\ x_1 + 2x_2 - x_3 + 4x_4 = 2, \\ x_1 + 7x_2 - 4x_3 + 11x_4 = \lambda. \end{cases}$

4. 设下列线性方程组有非零解,求 m.

(1) $\begin{cases} (m-2)x_1 + x_2 = 0, \\ x_1 + (m-2)x_2 + x_3 = 0, \\ x_2 + (m-2)x_3 = 0; \end{cases}$

(2) $\begin{cases} 4x_1 + 3x_2 + x_3 = mx_1, \\ 3x_1 - 4x_2 + 7x_3 = mx_2, \\ x_1 + 7x_2 - 6x_3 = mx_3. \end{cases}$

9.5 向量与线性方程组解的结构

为了对方程组的内在联系和解的结构等问题作进一步讨论,引进 n 维向量以及与之有关的一些概念.

9.5.1 n 维向量及其相关性

1. n 维向量

定义1 由 n 个数组成的一个有序数组

$$\boldsymbol{\alpha} = (a_1, a_2, \cdots, a_n)$$

称为一个 n 维向量,其中 $a_1, a_2, \cdots, a_n$ 称为向量 $\boldsymbol{\alpha}$ 的分量.

根据讨论问题的需要,向量 $\boldsymbol{\alpha}$ 也可以竖起来写成

$$\boldsymbol{\alpha} = \begin{pmatrix} a_1 \\ a_2 \\ \vdots \\ a_n \end{pmatrix}.$$

为了区别,前者称为行向量,后者称为列向量.

向量一般用小写黑体希腊字母 $\boldsymbol{\alpha}, \boldsymbol{\beta}, \boldsymbol{\gamma}, \cdots$ 表示.

一个 3×4 矩阵

$$A = \begin{pmatrix} 1 & 2 & 1 & 3 \\ 1 & 3 & -4 & 4 \\ 2 & 5 & -3 & 7 \end{pmatrix}$$

中的每一行都是由有序的 4 个数组成的,因此都可以看作 4 维向量. 把这三个 4 维向量

$$(1, 2, 1, 3), (1, 3, -4, 4), (2, 5, -3, 7)$$

称为矩阵 A 的行向量. 同样 A 中的每一列都是由有序的 3 个数组成的,因此亦都可以看作 3 维向量. 把这四个 3 维向量

$$\begin{pmatrix} 1 \\ 1 \\ 2 \end{pmatrix}, \begin{pmatrix} 2 \\ 3 \\ 5 \end{pmatrix}, \begin{pmatrix} 1 \\ -4 \\ -3 \end{pmatrix}, \begin{pmatrix} 3 \\ 4 \\ 7 \end{pmatrix}$$

称为矩阵 A 的列向量.

由此可知,n 维向量和 $1 \times n$ 矩阵(即行矩阵)是本质相同的两个概念. 所以,在 n 维向量之间,规定 n 维向量相等、相加、数乘与行矩阵之间的相等、相加、数乘都是对应相同的.

分量全为零的向量,称为零向量,记作 $\mathbf{0}$,即 $\mathbf{0} = (0, 0, \cdots, 0)$.

向量 $\boldsymbol{\alpha} = (a_1, a_2, \cdots, a_n)$ 的各分量的相反数所组成的向量,称为 $\boldsymbol{\alpha}$ 的**负向量**,记作 $-\boldsymbol{\alpha}$,即 $-\boldsymbol{\alpha} = (-a_1, -a_2, \cdots, -a_n)$.

如果 $\boldsymbol{\alpha} = (a_1, a_2, \cdots, a_n)$,$\boldsymbol{\beta} = (b_1, b_2, \cdots, b_n)$,当 $a_i = b_i (i = 1, 2, \cdots, n)$ 时,称这两个向量相等,记作 $\boldsymbol{\alpha} = \boldsymbol{\beta}$.

2. 向量的运算和性质

设 $\boldsymbol{\alpha} = (a_1, a_2, \cdots, a_n)$,$\boldsymbol{\beta} = (b_1, b_2, \cdots, b_n)$,$k$ 为任意实数,则向量 $(ka_1, ka_2, \cdots, ka_n)$ 称为向量 $\boldsymbol{\alpha}$ 与数 k 的数乘,记作 $k\boldsymbol{\alpha}$,即 $k\boldsymbol{\alpha} = (ka_1, ka_2, \cdots, ka_n)$.(有时为了行文方便,我们也将 $k\boldsymbol{\alpha}$ 写成 $\boldsymbol{\alpha}k$.)

向量 $(a_1 + b_1, a_2 + b_2, \cdots, a_n + b_n)$ 称为向量 $\boldsymbol{\alpha}$ 与 $\boldsymbol{\beta}$ 之和,记作 $\boldsymbol{\alpha} + \boldsymbol{\beta}$,即

$$\boldsymbol{\alpha} + \boldsymbol{\beta} = (a_1 + b_1, a_2 + b_2, \cdots, a_n + b_n).$$

向量的加法和数乘运算统称为向量的线性运算.

n 维向量的加法和数乘运算满足下列八条基本性质：

① $\boldsymbol{\alpha} + \boldsymbol{\beta} = \boldsymbol{\beta} + \boldsymbol{\alpha}$；

② $(\boldsymbol{\alpha} + \boldsymbol{\beta}) + \boldsymbol{\gamma} = \boldsymbol{\alpha} + (\boldsymbol{\beta} + \boldsymbol{\gamma})$；

③ $\boldsymbol{\alpha} + \mathbf{0} = \boldsymbol{\alpha}$；

④ $\boldsymbol{\alpha} + (-\boldsymbol{\alpha}) = \mathbf{0}$；

⑤ $k(\boldsymbol{\alpha} + \boldsymbol{\beta}) = k\boldsymbol{\alpha} + k\boldsymbol{\beta}$；

⑥ $(k + l)\boldsymbol{\alpha} = k\boldsymbol{\alpha} + l\boldsymbol{\alpha}$；

⑦ $(kl)\boldsymbol{\alpha} = k(l\boldsymbol{\alpha})$；

⑧ $1 \cdot \boldsymbol{\alpha} = \boldsymbol{\alpha}$.

例 1 设 $\boldsymbol{\alpha} = (7,2,0,-8), \boldsymbol{\beta} = (2,1,-4,3)$，求 $3\boldsymbol{\alpha} + 7\boldsymbol{\beta}$.

解 $3\boldsymbol{\alpha} + 7\boldsymbol{\beta} = 3(7,2,0,-8) + 7(2,1,-4,3)$

$\qquad = (21,6,0,-24) + (14,7,-28,21)$

$\qquad = (35,13,-28,-3)$.

例 2 设 $\boldsymbol{\alpha} = (5,-1,3,2,4), \boldsymbol{\beta} = (3,1,-2,2,1)$，且 $3\boldsymbol{\alpha} + \boldsymbol{\gamma} = 4\boldsymbol{\beta}$，求 $\boldsymbol{\gamma}$.

解 因为 $3\boldsymbol{\alpha} + \boldsymbol{\gamma} = 4\boldsymbol{\beta}$，所以

$\qquad \boldsymbol{\gamma} = 4\boldsymbol{\beta} - 3\boldsymbol{\alpha} = 4 \times (3,1,-2,2,1) - 3 \times (5,-1,3,2,4)$

$\qquad\qquad = (12,4,-8,8,4) + (-15,3,-9,-6,-12)$

$\qquad\qquad = (-3,7,-17,2,-8)$.

例 3 将以下线性方程组写成向量形式：

$$\begin{cases} a_{11}x_1 + a_{12}x_2 + \cdots + a_{1n}x_n = b_1, \\ a_{21}x_1 + a_{22}x_2 + \cdots + a_{2n}x_n = b_2, \\ \qquad\qquad \cdots\cdots\cdots\cdots \\ a_{m1}x_1 + a_{m2}x_2 + \cdots + a_{mn}x_n = b_m. \end{cases} \tag{1}$$

解 根据向量的运算法则，方程组（1）可表示为

$$\begin{pmatrix} a_{11} \\ a_{21} \\ \vdots \\ a_{m1} \end{pmatrix} x_1 + \begin{pmatrix} a_{12} \\ a_{22} \\ \vdots \\ a_{m2} \end{pmatrix} x_2 + \cdots + \begin{pmatrix} a_{1n} \\ a_{2n} \\ \vdots \\ a_{mn} \end{pmatrix} x_n = \begin{pmatrix} b_1 \\ b_2 \\ \vdots \\ b_m \end{pmatrix}.$$

若记

$$\boldsymbol{\alpha}_1 = \begin{pmatrix} a_{11} \\ a_{21} \\ \vdots \\ a_{m1} \end{pmatrix}, \boldsymbol{\alpha}_2 = \begin{pmatrix} a_{12} \\ a_{22} \\ \vdots \\ a_{m2} \end{pmatrix}, \cdots, \boldsymbol{\alpha}_n = \begin{pmatrix} a_{1n} \\ a_{2n} \\ \vdots \\ a_{mn} \end{pmatrix}, \boldsymbol{\beta} = \begin{pmatrix} b_1 \\ b_2 \\ \vdots \\ b_m \end{pmatrix},$$

则方程组（1）的向量形式为

$$\boldsymbol{\alpha}_1 x_1 + \boldsymbol{\alpha}_2 x_2 + \cdots + \boldsymbol{\alpha}_n x_n = \boldsymbol{\beta}.$$

3. 向量组的线性相关性

考察下述三个向量的关系：

$$\boldsymbol{\alpha}_1 = (2,3,1,0), \boldsymbol{\alpha}_2 = (1,2,-1,0), \boldsymbol{\alpha}_3 = (4,7,-1,0),$$

不难发现,第一个向量加上第二个向量的 2 倍等于第三个向量,即
$$\boldsymbol{\alpha}_3 = \boldsymbol{\alpha}_1 + 2\boldsymbol{\alpha}_2,$$
即 $\boldsymbol{\alpha}_3$ 可由 $\boldsymbol{\alpha}_1, \boldsymbol{\alpha}_2$ 经线性运算而得到,这时称 $\boldsymbol{\alpha}_3$ 是 $\boldsymbol{\alpha}_1, \boldsymbol{\alpha}_2$ 的线性组合. 一般地有

定义 2 设 $\boldsymbol{\alpha}_1, \boldsymbol{\alpha}_2, \cdots, \boldsymbol{\alpha}_m$ 为 m 个 n 维向量,若存在 $k_1, k_2, \cdots, k_m$ 使得向量
$$\boldsymbol{\beta} = k_1 \boldsymbol{\alpha}_1 + k_2 \boldsymbol{\alpha}_2 + \cdots + k_m \boldsymbol{\alpha}_m,$$
则称 $\boldsymbol{\beta}$ 为 $\boldsymbol{\alpha}_1, \boldsymbol{\alpha}_2, \cdots, \boldsymbol{\alpha}_m$ 的一个线性组合,或称 $\boldsymbol{\beta}$ 可由 $\boldsymbol{\alpha}_1, \boldsymbol{\alpha}_2, \cdots, \boldsymbol{\alpha}_m$ 线性表示(或线性表出).

指点迷津

由例 3 知,如果存在一组数 $x_1, x_2, \cdots, x_n$ 是线性方程组(1)的解,则(1)的常数列构成的向量 $\boldsymbol{\beta}$ 就可由方程组的系数构成的向量 $\boldsymbol{\alpha}_1, \boldsymbol{\alpha}_2, \cdots, \boldsymbol{\alpha}_n$ 线性表出. 反之,若(1)的常数列构成的向量 $\boldsymbol{\beta}$ 可由向量组 $\boldsymbol{\alpha}_1, \boldsymbol{\alpha}_2, \cdots, \boldsymbol{\alpha}_n$ 线性表出,即
$$\boldsymbol{\beta} = \boldsymbol{\alpha}_1 x_1 + \boldsymbol{\alpha}_2 x_2 + \cdots + \boldsymbol{\alpha}_n x_n,$$
则数组 $x_1, x_2, \cdots, x_n$ 必是线性方程组(1)的解.

例 4 证明向量 $\boldsymbol{\alpha}_4 = (1, 1, -1)$ 可由向量 $\boldsymbol{\alpha}_1 = (1, 1, 1), \boldsymbol{\alpha}_2 = (1, 2, 5), \boldsymbol{\alpha}_3 = (0, 3, 6)$ 线性表示,并将 $\boldsymbol{\alpha}_4$ 用 $\boldsymbol{\alpha}_1, \boldsymbol{\alpha}_2, \boldsymbol{\alpha}_3$ 表示出来.

解 设 $\boldsymbol{\alpha}_4 = k_1 \boldsymbol{\alpha}_1 + k_2 \boldsymbol{\alpha}_2 + k_3 \boldsymbol{\alpha}_3$,即
$$(1, 1, -1) = (k_1 + k_2, k_1 + 2k_2 + 3k_3, k_1 + 5k_2 + 6k_3).$$
由向量相等,可得
$$\begin{cases} k_1 + k_2 = 1, \\ k_1 + 2k_2 + 3k_3 = 1, \\ k_1 + 5k_2 + 6k_3 = -1. \end{cases}$$
因为
$$D = \begin{vmatrix} 1 & 1 & 0 \\ 1 & 2 & 3 \\ 1 & 5 & 6 \end{vmatrix} = -6 \neq 0,$$
所以,根据克拉默法则,方程组有唯一解,且其解为
$$k_1 = 2, k_2 = -1, k_3 = \frac{1}{3}.$$
于是 $\boldsymbol{\alpha}_4$ 能由 $\boldsymbol{\alpha}_1, \boldsymbol{\alpha}_2, \boldsymbol{\alpha}_3$ 线性表示,即
$$\boldsymbol{\alpha}_4 = 2\boldsymbol{\alpha}_1 - \boldsymbol{\alpha}_2 + \frac{1}{3}\boldsymbol{\alpha}_3.$$

上式也可以表示为
$$2\boldsymbol{\alpha}_1 - \boldsymbol{\alpha}_2 + \frac{1}{3}\boldsymbol{\alpha}_3 - \boldsymbol{\alpha}_4 = \mathbf{0}.$$

即这 4 个向量的线性组合等于 $\mathbf{0}$,这时称这 4 个向量是线性相关的. 一般地,有

定义 3 设 $\alpha_1, \alpha_2, \cdots, \alpha_m$ 是 m 个 n 维向量,若存在一组不全为 0 的数 $k_1, k_2, \cdots, k_m$,使

$$k_1\alpha_1 + k_2\alpha_2 + \cdots + k_m\alpha_m = \mathbf{0},$$

则称 $\alpha_1, \alpha_2, \cdots, \alpha_m$ 线性相关,如果仅当 $k_1 = k_2 = \cdots = k_m = 0$ 时,上式才成立,则称 $\alpha_1, \alpha_2, \cdots, \alpha_m$ 线性无关.

例 5 证明下列 3 个向量

$$\alpha_1 = (3, -6, 9), \alpha_2 = (1, -2, 3), \alpha_3 = (-2, 4, -6)$$

线性相关.

解 因为 $\alpha_1 = 3\alpha_2$,若取 $k_1 = 1, k_2 = -3, k_3 = 0$,则它们不全为 0,且有

$$1\alpha_1 - 3\alpha_2 + 0\alpha_3 = \mathbf{0},$$

所以 $\alpha_1, \alpha_2, \alpha_3$ 线性相关.

结论 1 一个向量 α 线性相关的充要条件是 $\alpha = \mathbf{0}$,即 α 是一个零向量.

证 由定义知,若 α 线性相关,则存在 $k \neq 0$,使得 $k\alpha = \mathbf{0}$,因此得 $\alpha = \mathbf{0}$;反之,若 $\alpha = \mathbf{0}$,取 $k = 1 \neq 0$,有 $1\alpha = \mathbf{0}$,即 α 线性相关.

结论 2 任意一个非零向量总是线性无关的(由结论 1 直接可得).

结论 3 含有零向量的向量组必线性相关.

证明 设向量组 $\alpha_1, \alpha_2, \cdots, \alpha_m$,不妨设 $\alpha_1 = \mathbf{0}$,则取 $k_1 = 1, k_2 = k_3 = \cdots = k_m = 0$,这是一组不全为零的数,且有

$$1\alpha_1 + 0\alpha_2 + \cdots + 0\alpha_m = \mathbf{0}.$$

所以向量组 $\alpha_1, \alpha_2, \cdots, \alpha_m$ 线性相关.

结论 4 n 个 n 维向量 $e_1 = \begin{pmatrix} 1 \\ 0 \\ \vdots \\ 0 \end{pmatrix}, e_2 = \begin{pmatrix} 0 \\ 1 \\ \vdots \\ 0 \end{pmatrix}, \cdots, e_n = \begin{pmatrix} 0 \\ 0 \\ \vdots \\ 1 \end{pmatrix}$ 组成的向量组必线性

无关.

证明 设 $k_1, k_2, \cdots, k_n$ 使 $k_1e_1 + k_2e_2 + \cdots + k_ne_n = \mathbf{0}$,即

$$k_1\begin{pmatrix} 1 \\ 0 \\ \vdots \\ 0 \end{pmatrix} + k_2\begin{pmatrix} 0 \\ 1 \\ \vdots \\ 0 \end{pmatrix} + \cdots + k_n\begin{pmatrix} 0 \\ 0 \\ \vdots \\ 1 \end{pmatrix} = \mathbf{0}.$$

解之,得

$$\begin{pmatrix} k_1 \\ k_2 \\ \vdots \\ k_n \end{pmatrix} = \begin{pmatrix} 0 \\ 0 \\ \vdots \\ 0 \end{pmatrix},$$

即 $k_1 = k_2 = \cdots = k_n = 0$,因此 $e_1, e_2, \cdots, e_n$ 线性无关.

向量组 $e_1, e_2, \cdots, e_n$ 称为 n 维基本单位向量组.

例 6 设 $\alpha_1 = (1, 2, -1), \alpha_2 = (2, -3, 1), \alpha_3 = (4, 1, -1)$,试讨论它们的线性

相关性.

解 设 k_1, k_2, k_3, 使 $k_1\boldsymbol{\alpha}_1 + k_2\boldsymbol{\alpha}_2 + k_3\boldsymbol{\alpha}_3 = \boldsymbol{0}$, 即
$$k_1(1,2,-1) + k_2(2,-3,1) + k_3(4,1,-1) = \boldsymbol{0},$$
由此得线性方程组
$$\begin{cases} k_1 + 2k_2 + 4k_3 = 0, \\ 2k_1 - 3k_2 + k_3 = 0, \\ -k_1 + k_2 - k_3 = 0. \end{cases}$$
因为它的系数行列式
$$\begin{vmatrix} 1 & 2 & 4 \\ 2 & -3 & 1 \\ -1 & 1 & -1 \end{vmatrix} = 0,$$

所以, 上述线性方程组有非零解. 这就是说, 存在一组不全为零的数(如 $k_1 = -2, k_2 = -1, k_3 = 1$), 使得 $k_1\boldsymbol{\alpha}_1 + k_2\boldsymbol{\alpha}_2 + k_3\boldsymbol{\alpha}_3 = \boldsymbol{0}$ 成立, 所以向量组 $\boldsymbol{\alpha}_1, \boldsymbol{\alpha}_2, \boldsymbol{\alpha}_3$ 线性相关.

例 6 表明, n 个 n 维向量的线性相关性与它们的分量构成的行列式密切相关. 可以证明:

结论 5 若 n 个 n 维向量的分量组成的 n 阶行列式
$$\begin{vmatrix} a_{11} & a_{12} & \cdots & a_{1n} \\ a_{21} & a_{22} & \cdots & a_{2n} \\ \vdots & \vdots & & \vdots \\ a_{n1} & a_{n2} & \cdots & a_{nn} \end{vmatrix}$$
不等于零, 则这 n 个 n 维向量线性无关; 若行列式的值等于零, 则这 n 个 n 维向量线性相关.

下面来讨论线性表出与线性相关这两个概念之间的关系.

设 $\boldsymbol{\alpha}_1 = (1,2,3), \boldsymbol{\alpha}_2 = (2,4,6), \boldsymbol{\alpha}_3 = (3,5,7)$, 显然有 $2\boldsymbol{\alpha}_1 - \boldsymbol{\alpha}_2 + 0\boldsymbol{\alpha}_3 = \boldsymbol{0}$, 即 $\boldsymbol{\alpha}_1, \boldsymbol{\alpha}_2, \boldsymbol{\alpha}_3$ 线性相关. 这时, 有
$$\boldsymbol{\alpha}_1 = \frac{1}{2}\boldsymbol{\alpha}_2 + 0\boldsymbol{\alpha}_3,$$
即 $\boldsymbol{\alpha}_1$ 可以用 $\boldsymbol{\alpha}_2, \boldsymbol{\alpha}_3$ 线性表出. 反之亦然.

一般地, 有下面的定理.

定理 1 向量组 $\boldsymbol{\alpha}_1, \boldsymbol{\alpha}_2, \cdots, \boldsymbol{\alpha}_m (m \geqslant 2)$ 线性相关的充要条件是向量组中至少有一个向量可由其余向量线性表出.

4. 向量组的秩

例 7 设 $\boldsymbol{\alpha}_1 = (1,0,1), \boldsymbol{\alpha}_2 = (1,-1,1), \boldsymbol{\alpha}_3 = (3,0,3)$. 显然, 向量组 $\boldsymbol{\alpha}_1, \boldsymbol{\alpha}_2, \boldsymbol{\alpha}_3$ 线性相关, 但其中部分向量 $\boldsymbol{\alpha}_1, \boldsymbol{\alpha}_2$ 及 $\boldsymbol{\alpha}_2, \boldsymbol{\alpha}_3$ 是线性无关的, 它们都含有两个线性无关的向量. 并且, 这两个线性无关的向量组中, 若再添加 $\boldsymbol{\alpha}_1, \boldsymbol{\alpha}_2, \boldsymbol{\alpha}_3$ 中的一个向量进去, 则变为线性相关. 这就是说, $\boldsymbol{\alpha}_1, \boldsymbol{\alpha}_2$ 及 $\boldsymbol{\alpha}_2, \boldsymbol{\alpha}_3$ 在向量组 $\boldsymbol{\alpha}_1, \boldsymbol{\alpha}_2, \boldsymbol{\alpha}_3$ 中作为一个线性无关向量组, 所包含的向量的个数最多, 因此称之为极大线性无关组.

一般地, 有

___定义4___ 设有向量组 A，若其中的 r 个向量 $\boldsymbol{\alpha}_1,\boldsymbol{\alpha}_2,\cdots,\boldsymbol{\alpha}_r$ 满足：

① $\boldsymbol{\alpha}_1,\boldsymbol{\alpha}_2,\cdots,\boldsymbol{\alpha}_r$ 线性无关；

② A 中任意一个另外的向量 $\boldsymbol{\alpha}_{r+1}$（如果还有的话），都使 $\boldsymbol{\alpha}_1,\boldsymbol{\alpha}_2,\cdots,\boldsymbol{\alpha}_r,\boldsymbol{\alpha}_{r+1}$ 线性相关，则称 $\boldsymbol{\alpha}_1,\boldsymbol{\alpha}_2,\cdots,\boldsymbol{\alpha}_r$ 是向量组 A 的一个极大线性无关组，简称极大无关组.

上述的"极大性"也可理解为：A 中任何一个向量都能由 $\boldsymbol{\alpha}_1,\boldsymbol{\alpha}_2,\cdots,\boldsymbol{\alpha}_r$ 线性表示.

可以证明，极大无关组的向量可能不同，但它们所含向量的个数是相等的，具体的例子可看前面的例 7.

___定义5___ 向量组 $\boldsymbol{\alpha}_1,\boldsymbol{\alpha}_2,\cdots,\boldsymbol{\alpha}_m$ 的极大无关组所含向量的个数叫做该向量组的秩，记作

$$R(\boldsymbol{\alpha}_1,\boldsymbol{\alpha}_2,\cdots,\boldsymbol{\alpha}_m).$$

由定义知，一个线性无关的向量组，它的极大无关组就是自身，其秩就是所含向量的个数. 特别地，n 维基本向量组 $\boldsymbol{e}_1,\boldsymbol{e}_2,\cdots,\boldsymbol{e}_n$ 的秩 $R(\boldsymbol{e}_1,\boldsymbol{e}_2,\cdots,\boldsymbol{e}_n)=n$. 全部由零向量组成的向量组的秩为零.

求向量组的极大无关组及其秩，还可以借助于矩阵.

___定理2___ $m \times n$ 矩阵 A 的秩为 r 的充要条件是 A 的行向量（或列向量）组的秩为 r.（证明从略.）

根据这个定理，可将所讨论的 n 维向量组 $\boldsymbol{\alpha}_1,\boldsymbol{\alpha}_2,\cdots,\boldsymbol{\alpha}_m$ 写成一个 n 行 m 列的矩阵，并对这个矩阵施以初等行变换，将它化为阶梯形矩阵，即可求出极大线性无关组和它的秩.

例 8 求向量组 $\boldsymbol{\alpha}_1=(1,1,1,0),\boldsymbol{\alpha}_2=(0,1,1,0),\boldsymbol{\alpha}_3=(1,0,0,0),\boldsymbol{\alpha}_4=(0,1,0,1)$ 的一个极大线性无关组和秩.

解 将 $\boldsymbol{\alpha}_1,\boldsymbol{\alpha}_2,\boldsymbol{\alpha}_3,\boldsymbol{\alpha}_4$ 写成

$$(\boldsymbol{\alpha}_1^{\mathrm{T}} \quad \boldsymbol{\alpha}_2^{\mathrm{T}} \quad \boldsymbol{\alpha}_3^{\mathrm{T}} \quad \boldsymbol{\alpha}_4^{\mathrm{T}}) = \begin{pmatrix} 1 & 0 & 1 & 0 \\ 1 & 1 & 0 & 1 \\ 1 & 1 & 0 & 0 \\ 0 & 0 & 0 & 1 \end{pmatrix} \xrightarrow[r_2-r_1]{r_3-r_2} \begin{pmatrix} 1 & 0 & 1 & 0 \\ 0 & 1 & -1 & 1 \\ 0 & 0 & 0 & -1 \\ 0 & 0 & 0 & 1 \end{pmatrix} \xrightarrow{r_4+r_3} \begin{pmatrix} 1 & 0 & 1 & 0 \\ 0 & 1 & -1 & 1 \\ 0 & 0 & 0 & -1 \\ 0 & 0 & 0 & 0 \end{pmatrix}.$$

由此可以看出，$\boldsymbol{\alpha}_1,\boldsymbol{\alpha}_2,\boldsymbol{\alpha}_4$ 是它的一个极大线性无关组. $R(\boldsymbol{\alpha}_1,\boldsymbol{\alpha}_2,\boldsymbol{\alpha}_3,\boldsymbol{\alpha}_4)=3$. 这 4 个向量中的 $\boldsymbol{\alpha}_1,\boldsymbol{\alpha}_3,\boldsymbol{\alpha}_4$ 和 $\boldsymbol{\alpha}_2,\boldsymbol{\alpha}_3,\boldsymbol{\alpha}_4$ 也是极大线性无关组，但 $\boldsymbol{\alpha}_1,\boldsymbol{\alpha}_2,\boldsymbol{\alpha}_3$ 不是极大线性无关组.

注意 ① $\boldsymbol{\alpha}_i^{\mathrm{T}}(i=1,2,3,4)$ 为 $\boldsymbol{\alpha}_i$ 的转置向量.

② 主元（非零行的首非零元）所在的列对应的原来的向量组就是极大无关组.

9.5.2　线性方程组解的结构

上节已经讨论了线性方程组解的存在性问题，在方程组有解的情况下，特别是有无穷多解的情况下，如何去求这些解？这些解之间有怎样的关系？如何去表述这些解

呢？这就是方程组解的结构问题.

1. 齐次线性方程组解的结构
齐次线性方程组

$$\begin{cases} a_{11}x_1 + a_{12}x_2 + \cdots + a_{1n}x_n = 0, \\ a_{21}x_1 + a_{22}x_2 + \cdots + a_{2n}x_n = 0, \\ \cdots\cdots\cdots\cdots \\ a_{m1}x_1 + a_{m2}x_2 + \cdots + a_{mn}x_n = 0 \end{cases}$$

线性方程组
解的结构
讲解视频

的矩阵形式为

$$AX = 0.$$

齐次线性方程组的解有以下两个性质.

性质 1 若 X_1, X_2 是齐次线性方程组 $AX = 0$ 的解,则 $X_1 + X_2$ 也是 $AX = 0$ 的解.

证 因为 X_1, X_2 是 $AX = 0$ 的解,所以

$$A(X_1 + X_2) = AX_1 + AX_2 = 0 + 0 = 0,$$

即 $X_1 + X_2$ 也是 $AX = 0$ 的解.

性质 2 若 X_1 是 $AX = 0$ 的解,k 为任意常数,则 kX_1 也是 $AX = 0$ 的解.

证 因为 X_1 是 $AX = 0$ 的解,所以

$$A(kX_1) = k(AX_1) = 0,$$

即 kX_1 也是 $AX = 0$ 的解.

综合性质 1、性质 2,得

性质 3 若 $X_1, X_2, \cdots, X_s$ 是 $AX = 0$ 的解,$k_1, k_2, \cdots, k_s$ 为任意常数,则这些解的线性组合 $k_1X_1 + k_2X_2 + \cdots + k_sX_s$ 也是 $AX = 0$ 的解.

性质 2 表明,如果 $AX = 0$ 有非零解,则非零解一定有无穷多个. 由于方程组的一个解可以看作是一个解向量,所以,对于 $AX = 0$ 的无穷多个解来说,它们构成了一个 n 维的解向量组. 这个解向量组中一定存在一个极大无关的解向量组,其他的所有解向量都可以由它们的线性组合表示. 因此,解齐次线性方程组实际上就是求它的解向量组的极大线性无关向量组.

> **定义 6** 设 $\boldsymbol{\eta}_1, \boldsymbol{\eta}_2, \cdots, \boldsymbol{\eta}_s$ 是齐次线性方程组 $AX = 0$ 的一组解向量,且满足:
> ① $\boldsymbol{\eta}_1, \boldsymbol{\eta}_2, \cdots, \boldsymbol{\eta}_s$ 线性无关;
> ② 齐次线性方程组 $AX = 0$ 的任一解向量都可以由 $\boldsymbol{\eta}_1, \boldsymbol{\eta}_2, \cdots, \boldsymbol{\eta}_s$ 线性表出,
> 则称 $\boldsymbol{\eta}_1, \boldsymbol{\eta}_2, \cdots, \boldsymbol{\eta}_s$ 为齐次线性方程组 $AX = 0$ 的基础解系.

例 9 求齐次线性方程组的一个基础解系

$$\begin{cases} x_1 + x_2 - x_3 = 0, \\ 2x_1 - x_2 + 4x_3 = 0, \\ x_1 + 4x_2 - 7x_3 = 0. \end{cases}$$

解 因为 $A = \begin{pmatrix} 1 & 1 & -1 \\ 2 & -1 & 4 \\ 1 & 4 & -7 \end{pmatrix} \xrightarrow[r_3 - r_1]{r_2 - 2r_1} \begin{pmatrix} 1 & 1 & -1 \\ 0 & -3 & 6 \\ 0 & 3 & -6 \end{pmatrix} \xrightarrow{r_3 + r_2} \begin{pmatrix} 1 & 1 & -1 \\ 0 & -3 & 6 \\ 0 & 0 & 0 \end{pmatrix}$

$$\xrightarrow{-\frac{1}{3}r_2} \begin{pmatrix} 1 & 1 & -1 \\ 0 & 1 & -2 \\ 0 & 0 & 0 \end{pmatrix} \xrightarrow{r_1-r_2} \begin{pmatrix} 1 & 0 & 1 \\ 0 & 1 & -2 \\ 0 & 0 & 0 \end{pmatrix},$$

最后一个矩阵对应的方程组为

$$\begin{cases} x_1 + x_3 = 0, \\ x_2 - 2x_3 = 0, \\ x_3 = x_3, \end{cases} \text{或} \begin{cases} x_1 = -x_3, \\ x_2 = 2x_3, \\ x_3 = x_3, \end{cases}$$

其中 x_3 为自由未知量. 令 $x_3 = 1$, 得齐次线性方程组的一个解为

$$\boldsymbol{\eta} = \begin{pmatrix} -1 \\ 2 \\ 1 \end{pmatrix}.$$

因为 $\boldsymbol{\eta} \neq \boldsymbol{0}$, 所以其作为只有一个向量的向量组而言线性无关；又因为齐次线性方程的任意解都可表示为 $\boldsymbol{X} = C\boldsymbol{\eta}$ (C 为任意常数). 因此, 它就是齐次线性方程组的一个基础解系, 只含有一个解向量. 很明显, 如果令 $x_3 = 2$, 则可得齐次线性方程组的另一个基础解系

$$\boldsymbol{\eta} = \begin{pmatrix} -2 \\ 4 \\ 2 \end{pmatrix}.$$

上例表明, 基础解系不唯一. 而且, 在上例中, 未知量的个数 $n = 3$, 系数矩阵的秩 $r = 2$, 因此, 基础解系所含解向量的个数等于未知量的个数减去系数矩阵的秩, 即 $n - r = 3 - 2 = 1$.

一般地, 有

定理 3 若齐次线性方程组 $\boldsymbol{AX} = \boldsymbol{0}$ 的未知量个数为 n, 系数矩阵 $\boldsymbol{A}$ 的秩 $R(\boldsymbol{A}) = r < n$, 则它一定有基础解系, 且基础解系包括的解向量个数为 $n - r$.

例 10 解齐次线性方程组

$$\begin{cases} x_1 + x_2 + x_3 + 4x_4 - 3x_5 = 0, \\ x_1 - x_2 + 3x_3 - 2x_4 - x_5 = 0, \\ 2x_1 - 3x_2 + 7x_3 - 7x_4 - x_5 = 0, \\ 3x_1 + x_2 + 5x_3 + 6x_4 - 7x_5 = 0. \end{cases}$$

解 对系数矩阵作行初等变换, 得

$$\boldsymbol{A} = \begin{pmatrix} 1 & 1 & 1 & 4 & -3 \\ 1 & -1 & 3 & -2 & -1 \\ 2 & -3 & 7 & -7 & -1 \\ 3 & 1 & 5 & 6 & -7 \end{pmatrix} \xrightarrow[\substack{\frac{1}{5}(r_3-2r_1) \\ r_4-3r_1}]{r_2-r_1} \begin{pmatrix} 1 & 1 & 1 & 4 & -3 \\ 0 & -2 & 2 & -6 & 2 \\ 0 & -1 & 1 & -3 & 1 \\ 0 & -2 & 2 & -6 & 2 \end{pmatrix}$$

$$\xrightarrow[\substack{r_3+r_2 \\ r_4+2r_2}]{-\frac{1}{2}r_2} \begin{pmatrix} 1 & 1 & 1 & 4 & -3 \\ 0 & 1 & -1 & 3 & -1 \\ 0 & 0 & 0 & 0 & 0 \\ 0 & 0 & 0 & 0 & 0 \end{pmatrix} \xrightarrow{r_1-r_2} \begin{pmatrix} 1 & 0 & 2 & 1 & -2 \\ 0 & 1 & -1 & 3 & -1 \\ 0 & 0 & 0 & 0 & 0 \\ 0 & 0 & 0 & 0 & 0 \end{pmatrix}.$$

最后一个矩阵所对应的线性方程组为

$$\begin{cases} x_1 + 2x_3 + x_4 - 2x_5 = 0, \\ x_2 - x_3 + 3x_4 - x_5 = 0, \\ x_3 = x_3, \\ x_4 = x_4, \\ x_5 = x_5, \end{cases} \text{或} \begin{cases} x_1 = -2x_3 - x_4 + 2x_5, \\ x_2 = x_3 - 3x_4 + x_5, \\ x_3 = x_3, \\ x_4 = x_4, \\ x_5 = x_5, \end{cases}$$

其中 x_3, x_4, x_5 为自由未知量. 分别令 $x_3 = 1, x_4 = 0, x_5 = 0; x_3 = 0, x_4 = 1, x_5 = 0; x_3 = 0,$ $x_4 = 0, x_5 = 1$, 得基础解系:

$$\boldsymbol{\eta}_1 = \begin{pmatrix} -2 \\ 1 \\ 1 \\ 0 \\ 0 \end{pmatrix}, \boldsymbol{\eta}_2 = \begin{pmatrix} -1 \\ -3 \\ 0 \\ 1 \\ 0 \end{pmatrix}, \boldsymbol{\eta}_3 = \begin{pmatrix} 2 \\ 1 \\ 0 \\ 0 \\ 1 \end{pmatrix}.$$

所以, 原方程的全部解为

$$\boldsymbol{X} = C_1 \boldsymbol{\eta}_1 + C_2 \boldsymbol{\eta}_2 + C_3 \boldsymbol{\eta}_3 (C_1, C_2, C_3 \text{ 为任意常数}).$$

2. 非齐次线性方程组解的结构

非齐次线性方程组

$$\begin{cases} a_{11}x_1 + a_{12}x_2 + \cdots + a_{1n}x_n = b_1, \\ a_{21}x_1 + a_{22}x_2 + \cdots + a_{2n}x_n = b_2, \\ \cdots\cdots\cdots\cdots \\ a_{m1}x_1 + a_{m2}x_2 + \cdots + a_{mn}x_n = b_m \end{cases}$$

的矩阵形式为

$$\boldsymbol{AX} = \boldsymbol{B}.$$

若令 $\boldsymbol{B} = \boldsymbol{0}$, 则得到对应的齐次线性方程组

$$\boldsymbol{AX} = \boldsymbol{0},$$

称为 $\boldsymbol{AX} = \boldsymbol{B}$ 的导出组. 利用导出组的解的结构, 可以得出非齐次线性方程组 $\boldsymbol{AX} = \boldsymbol{B}$ 的解的结构.

非齐次线性方程组 $\boldsymbol{AX} = \boldsymbol{B}$ 及其导出组的解, 有如下性质:

性质 1 非齐次线性方程组 $\boldsymbol{AX} = \boldsymbol{B}$ 的任意两个解的差是其导出组 $\boldsymbol{AX} = \boldsymbol{0}$ 的一个解.

证明 设 $\boldsymbol{X}_1, \boldsymbol{X}_2$ 是 $\boldsymbol{AX} = \boldsymbol{B}$ 的两个解, 则

$$\boldsymbol{AX}_1 = \boldsymbol{B}, \quad \boldsymbol{AX}_2 = \boldsymbol{B},$$

于是

$$\boldsymbol{A}(\boldsymbol{X}_1 - \boldsymbol{X}_2) = \boldsymbol{AX}_1 - \boldsymbol{AX}_2 = \boldsymbol{0},$$

即 $\boldsymbol{X}_1 - \boldsymbol{X}_2$ 是 $\boldsymbol{AX} = \boldsymbol{0}$ 的解.

性质 2 非齐次线性方程组 $\boldsymbol{AX} = \boldsymbol{B}$ 的一个解 $\boldsymbol{X}_1$, 与其导出组 $\boldsymbol{AX} = \boldsymbol{0}$ 的一个解 $\boldsymbol{X}_0$ 的和 $\boldsymbol{X}_1 + \boldsymbol{X}_0$ 是 $\boldsymbol{AX} = \boldsymbol{B}$ 的一个解.

证 因为 $\boldsymbol{X}_1$ 是 $\boldsymbol{AX} = \boldsymbol{B}$ 的解, $\boldsymbol{X}_0$ 是 $\boldsymbol{AX} = \boldsymbol{0}$ 的解, 所以

$$AX_1 = B, AX_0 = 0.$$

于是

$$A(X_1 + X_0) = AX_1 + AX_0 = B + 0 = B,$$

即 $X_1 + X_0$ 是 $AX = B$ 的一个解.

定理 4 设 X_1 是非齐次线性方程组 $AX = B$ 的一个解,则 $AX = B$ 的任意解 X 可以用 X_1 与导出组 $AX = 0$ 的某个解 η 之和来表示,即

$$X = X_1 + \eta.$$

证明 因为 X 与 X_1 是 $AX = B$ 的解,由性质 1 可知,$X - X_1$ 是导出组 $AX = 0$ 的一个解,记这个解为 $X - X_1 = \eta$,则得

$$X = X_1 + \eta.$$

定理 4 表明,非齐次线性方程组 $AX = B$ 的任意一解都可用它的某个解 X_1(称为特解)与导出组的某个解 η 之和来表示,当 η 取遍 $AX = 0$ 的全部解时,$X = X_1 + \eta$ 就是 $AX = B$ 的所有解. 如果设 $\eta_1, \eta_2, \cdots, \eta_{n-r}$ 是导出组 $AX = 0$ 的一个基础解系,$C_1, C_2, \cdots, C_{n-r}$ 是任一组数,则非齐次线性方程组 $AX = B$ 的全部解为

$$X = C_1\eta_1 + C_2\eta_2 + \cdots + C_{n-r}\eta_{n-r} + X_1.$$

这就是说,要求一个非齐次线性方程组的解,只需求它的某个特解,再求出其导出组的基础解系,然后将它们写成上述形式,即得非齐次线性方程组 $AX = B$ 的全部解.

例 11 求下列线性方程组的解:

$$\begin{cases} 2x_1 - x_2 + 3x_3 - x_4 = 1, \\ 3x_1 - 2x_2 - 2x_3 + 3x_4 = 3, \\ x_1 - x_2 - 5x_3 + 4x_4 = 2, \\ 7x_1 - 5x_2 - 9x_3 + 10x_4 = 8. \end{cases}$$

解 $\widetilde{A} = \begin{pmatrix} 2 & -1 & 3 & -1 & 1 \\ 3 & -2 & -2 & 3 & 3 \\ 1 & -1 & -5 & 4 & 2 \\ 7 & -5 & -9 & 10 & 8 \end{pmatrix} \xrightarrow{r_1 \leftrightarrow r_3} \begin{pmatrix} 1 & -1 & -5 & 4 & 2 \\ 3 & -2 & -2 & 3 & 3 \\ 2 & -1 & 3 & -1 & 1 \\ 7 & -5 & -9 & 10 & 8 \end{pmatrix}$

$\xrightarrow[\begin{subarray}{l} r_2 - 3r_1 \\ r_3 - 2r_1 \\ r_4 - 7r_1 \end{subarray}]{} \begin{pmatrix} 1 & -1 & -5 & 4 & 2 \\ 0 & 1 & 13 & -9 & -3 \\ 0 & 1 & 13 & -9 & -3 \\ 0 & 2 & 26 & -18 & -6 \end{pmatrix} \xrightarrow[\begin{subarray}{l} r_1 + r_2 \\ r_3 - r_2 \\ r_4 - 2r_2 \end{subarray}]{} \begin{pmatrix} 1 & 0 & 8 & -5 & -1 \\ 0 & 1 & 13 & -9 & -3 \\ 0 & 0 & 0 & 0 & 0 \\ 0 & 0 & 0 & 0 & 0 \end{pmatrix}.$

从最后一个矩阵可以看出,$R(A) = R(\widetilde{A}) = 2$,秩小于未知数的个数,故方程组有无穷多解. 上述最后一个矩阵对应的方程组为

$$\begin{cases} x_1 = -8x_3 + 5x_4 - 1, \\ x_2 = -13x_3 + 9x_4 - 3. \end{cases}$$

令 $x_3 = x_4 = 0$,得 $x_1 = -1, x_2 = -3$. 由此得非齐次线性方程组的一个特解为

$$X_1 = \begin{pmatrix} -1 \\ -3 \\ 0 \\ 0 \end{pmatrix}.$$

对应的导出组的一般解为

$$\begin{cases} x_1 = -8x_3 + 5x_4, \\ x_2 = -13x_3 + 9x_4, \\ x_3 = x_3, \\ x_4 = x_4. \end{cases}$$

对自由未知量 x_3, x_4 可分别令 $x_3 = 1, x_4 = 0; x_3 = 0, x_4 = 1$ 得导出组的一个基础解系

$$\boldsymbol{\eta}_1 = \begin{pmatrix} -8 \\ -13 \\ 1 \\ 0 \end{pmatrix}, \boldsymbol{\eta}_2 = \begin{pmatrix} 5 \\ 9 \\ 0 \\ 1 \end{pmatrix}.$$

于是原方程组的所有解为

$$\boldsymbol{X} = C_1\boldsymbol{\eta}_1 + C_2\boldsymbol{\eta}_2 + \boldsymbol{X}_1 = C_1 \begin{pmatrix} -8 \\ -13 \\ 1 \\ 0 \end{pmatrix} + C_2 \begin{pmatrix} 5 \\ 9 \\ 0 \\ 1 \end{pmatrix} + \begin{pmatrix} -1 \\ -3 \\ 0 \\ 0 \end{pmatrix} (C_1, C_2 \text{ 为任意常数}).$$

■ 习题 9.5

1. 已知向量 $\boldsymbol{\alpha} = (2, -1, 1), \boldsymbol{\beta} = (3, 0, -1), \boldsymbol{\gamma} = (0, -2, 2)$，求 $2\boldsymbol{\alpha} + \boldsymbol{\beta} - 4\boldsymbol{\gamma}$.

2. 设有向量组 $\boldsymbol{\alpha}_1 = (a, b, 1), \boldsymbol{\alpha}_2 = (1, a, c), \boldsymbol{\alpha}_3 = (c, 1, b)$，试确定 a, b, c 的值使得 $\boldsymbol{\alpha}_1 + 2\boldsymbol{\alpha}_2 - 3\boldsymbol{\alpha}_3 = \boldsymbol{0}$.

3. 试将下列线性方程组写成向量的形式:

$(1) \begin{cases} x + y - z = 3, \\ x - 2y + z = 0, \\ -x + 3y - z = -1; \end{cases}$ $(2) \begin{cases} 2x + y - 3z = -1, \\ 3x - y + 2z = 1, \\ x + 3y - z = -3. \end{cases}$

4. 判定向量组 $\boldsymbol{\alpha}_1 = (2, 3, 1, 0), \boldsymbol{\alpha}_2 = (1, 2, -1, 0), \boldsymbol{\alpha}_3 = (4, 7, -1, 0)$ 是否线性相关.

5. 设 $\boldsymbol{\alpha}_1, \boldsymbol{\alpha}_2, \boldsymbol{\alpha}_3, \boldsymbol{\alpha}_4$ 线性无关,讨论下列向量组的线性相关性:

$(1) \boldsymbol{\alpha}_1 - \boldsymbol{\alpha}_2, \boldsymbol{\alpha}_2 - \boldsymbol{\alpha}_3, \boldsymbol{\alpha}_3 - \boldsymbol{\alpha}_1; (2) \boldsymbol{\alpha}_1 + \boldsymbol{\alpha}_2, \boldsymbol{\alpha}_2 + \boldsymbol{\alpha}_3, \boldsymbol{\alpha}_3 + \boldsymbol{\alpha}_4, \boldsymbol{\alpha}_4 + \boldsymbol{\alpha}_1$.

6. 判断下列向量组是否线性相关,并求出一个极大无关组:

$(1) \boldsymbol{\alpha}_1 = (1, 1, 0), \boldsymbol{\alpha}_2 = (0, 2, 0), \boldsymbol{\alpha}_3 = (0, 0, 3);$

$(2) \boldsymbol{\alpha}_1 = (1, 1, 1), \boldsymbol{\alpha}_2 = (0, 2, 5), \boldsymbol{\alpha}_3 = (2, 4, 7);$

$(3) \boldsymbol{\alpha}_1 = (1, 2, 1, 3), \boldsymbol{\alpha}_2 = (4, -1, -5, -6), \boldsymbol{\alpha}_3 = (1, -3, -4, -7), \boldsymbol{\alpha}_4 = (2, 1, -1, 0).$

7. 求向量组的秩: $\boldsymbol{\alpha}_1 = (1, 0, -1), \boldsymbol{\alpha}_2 = (-1, 0, 1), \boldsymbol{\alpha}_3 = (0, 1, -1), \boldsymbol{\alpha}_4 = (1, 2, -1).$

8. 求下列齐次线性方程组的一个基础解系及全部解:

习题 9.5 答案

$$(1)\begin{cases} x_1 + x_2 + 2x_3 - x_4 = 0, \\ 2x_1 + x_2 + x_3 - x_4 = 0, \\ 2x_1 + 2x_2 + x_3 + 2x_4 = 0; \end{cases}$$

$$(2)\begin{cases} x_1 + 2x_2 + 3x_3 + 3x_4 + 7x_5 = 0, \\ 3x_1 + 2x_2 + x_3 + x_4 - 3x_5 = 0, \\ x_2 + 2x_3 + 2x_4 + 6x_5 = 0, \\ 5x_1 + 4x_2 + 3x_3 + 3x_4 - x_5 = 0. \end{cases}$$

9. 求解下列非齐次线性方程组:

$$(1)\begin{cases} x_1 - 2x_2 + 3x_3 - 4x_4 = 4, \\ x_2 - x_3 + x_4 = -3, \\ x_1 + 3x_2 - 3x_4 = 1, \\ -7x_2 + 3x_3 + x_4 = -3; \end{cases}$$

$$(2)\begin{cases} x_1 - 4x_2 - 3x_3 = 1, \\ x_1 - 5x_2 - 3x_3 = 0, \\ -x_1 + 6x_2 + 4x_3 = 0. \end{cases}$$

9.6 数学实验——MATLAB 在矩阵和线性方程组中的应用

9.6.1 用 MATLAB 做矩阵运算

1. **MATLAB 中矩阵的生成**

在 MATLAB 中,矩阵的生成有多种方法,常用的有四种方法:

(1) 在命令窗口直接输入;

(2) 通过语句和函数产生矩阵;

(3) 在 M 文件中建立矩阵;

(4) 从外部的数据文件中导入矩阵.

其中第一种是最简单、最常用的创建数值矩阵的方法. 比较适合阶数较低的简单矩阵,把矩阵的元素直接排列到方括号中,每行内的元素用空格或逗号相隔,行与行之间的内容用分号相隔,所有标点为英文半角状态.

例 1 在 MATLAB 中创建矩阵 $\begin{pmatrix} 2 & 1 & 3 \\ 1 & 3 & 5 \\ 4 & 7 & 1 \end{pmatrix}$.

解 在命令窗口中输入下面命令,并按 Enter 键确认.

```
>> clear
>> matrix = [2,1,3;1,3,5;4,7,1]
```

```
matrix =
     2    1    3
     1    3    5
     4    7    1
```

2. 矩阵的加法和数乘运算

例 2 求 $\begin{pmatrix} 2 & 1 & 3 \\ 1 & 3 & 5 \\ 4 & 7 & 1 \end{pmatrix} + 3\begin{pmatrix} 1 & -1 & 1 \\ 2 & 2 & 5 \\ 3 & 1 & 1 \end{pmatrix}$.

解 >> clear
　　　>> A = [2,1,3;1,3,5;4,7,1];
　　　>> B = 3 * [1, -1,1;2,2,5;3,1,1];
　　　>> C = A + B
　　　C =
　　　　　5   -2   6
　　　　　7   9   20
　　　　13   10   4

即结果为 $\begin{pmatrix} 5 & -2 & 6 \\ 7 & 9 & 20 \\ 13 & 10 & 4 \end{pmatrix}$

3. 矩阵乘法

在 MATLAB 中,矩阵的乘法用运算符"*".

例 3 已知 $A = \begin{pmatrix} 2 & 1 & 3 \\ 1 & 3 & 5 \\ 4 & 7 & 1 \end{pmatrix}$, $B = \begin{pmatrix} 1 & -1 & 1 \\ 2 & 2 & 5 \\ 3 & 1 & 1 \end{pmatrix}$, $C = AB$, $D = BA$, 求 C, D.

解 >> clear
　　　>> A = [2,1,3;1,3,5;4,7,1];
　　　>> B = [1, -1,1;2,2,5;3,1,1];
　　　>> C = A * B
　　　C =
　　　　13   3   10
　　　　22   10   21
　　　　21   11   40
　　　>> D = B * A
　　　D =
　　　　　5   5   -1
　　　　26   43   21
　　　　11   13   15

即 C 与 D 分别为 $\begin{pmatrix} 13 & 3 & 10 \\ 22 & 10 & 21 \\ 21 & 11 & 40 \end{pmatrix}$, $\begin{pmatrix} 5 & 5 & -1 \\ 26 & 43 & 21 \\ 11 & 13 & 15 \end{pmatrix}$.

4. 矩阵的逆、矩阵的秩、矩阵的行列式

在 MATLAB 中,矩阵 A 的逆、矩阵 A 的秩、矩阵 A 的行列式分别用函数 inv(A),rank(A),det(A) 表示.

例 4 求矩阵 $A = \begin{pmatrix} 1 & -1 & 0 & 1 \\ 1 & 2 & -1 & 1 \\ 3 & -1 & 3 & 4 \\ 1 & 4 & 5 & 1 \end{pmatrix}$ 的逆、秩、行列式.

解   >> clear
　　　>> A = [1, -1,0,1;1,2, -1,1;3, -1,3,4;1,4,5,1];
　　　>> inv(A)
　　　ans =

　　　 3.4000   0.0000   -1.0000   0.6000
　　　 -0.3000   0.2500   0.0000   0.0500
　　　 0.1000   -0.2500   0.0000   0.1500
　　　 -2.7000   0.2500   1.0000   -0.5500

　　　>> rank(A)
　　　ans =
　　　 4
　　　>> det(A)
　　　ans =
　　　 -20

即 $A^{-1} = \begin{pmatrix} 3.4 & 0 & -1 & 0.6 \\ -0.3 & 0.25 & 0 & 0.05 \\ 0.1 & -0.25 & 0 & 0.15 \\ -2.7 & 0.25 & 1 & -0.55 \end{pmatrix}, R(A) = 4, |A| = -20.$

9.6.2　用 MATLAB 解线性方程组

1. 解齐次线性方程组

主要命令为 rref( ),用来化系数矩阵为行简化阶梯形矩阵.

例 5 求方程组 $\begin{cases} -8x_1 + x_2 + 6x_3 = 0, \\ 4x_1 - 5x_2 + x_3 = 0, \\ 4x_1 + 4x_2 - 7x_3 = 0. \end{cases}$

解   >> clear
　　　>> A = [-8,1,6;4, -5,1;4,4, -7]
　　　A =

　　　 -8   1   6
　　　 4   -5   1
　　　 4   4   -7

```
>> format rat        % 用分数格式表示数据
>> rref(A)           % 化简矩阵 A 为行简化阶梯形矩阵
ans =
      1       0      - 31/36
      0       1      - 8/9
      0       0        0
```

与此等价的齐次线性方程组为

$$\begin{cases} x_1 - \dfrac{31}{36}x_3 = 0, \\ x_2 - \dfrac{8}{9}x_3 = 0. \end{cases}$$

根据齐次线性方程组基础解系的理论,齐次线性方程组的通解为

$$\begin{pmatrix} x_1 \\ x_2 \\ x_3 \end{pmatrix} = k \begin{pmatrix} \dfrac{31}{36} \\ \dfrac{8}{9} \\ 1 \end{pmatrix}.$$

2. 解非齐次线性方程组

主要命令为 rref( ),用来化增广矩阵为行简化阶梯形矩阵.

例 6   求方程组 $\begin{cases} 3x_1 + 7x_2 + 7x_3 = 1, \\ 2x_1 + 3x_2 + 0x_3 = 2, \\ 2x_1 + 3x_2 + 5x_3 = 3 \end{cases}$ 的解.

解
```
>> clear
>> A = [3,7,7;2,3,0;2,3,5];
b = [1,2,3]';
>> r1 = rank(A)
r1 =
      3
>> r2 = rank([A  b])
r2 =
      3
>> rref([A  b])
ans =
      1       0       0       76/25
      0       1       0      - 34/25
      0       0       1       1/5
```

即方程组的解为 $x_1 = \dfrac{76}{25}, x_2 = -\dfrac{34}{25}, x_3 = \dfrac{1}{5}$.

也可以用 inv(A) * b 解非齐次线性方程组.

例 7　2022 年北京冬季奥运会盛大召开,中国水饺也成为各国运动员喜欢的食品.假设水饺用面粉、猪肉、蔬菜、虾肉加工而成,且蛋白质、脂肪和碳水化合物的含量分别为 15%、5% 和 12%,而面粉、猪肉、蔬菜、虾肉中蛋白质、脂肪和碳水化合物的含量见表 9-4,如何用这四种原料做出最营养的饺子呢?

表 9-4

成分	面粉	猪肉	蔬菜	虾肉
蛋白质 /%	20	17	6	20
脂肪 /%	3	37	2	2
碳水化合物 /%	24	3	2	7

解　设水饺中 4 种原料面粉、猪肉、蔬菜、虾肉所占比例分别为 x_1, x_2, x_3, x_4,则可得线性方程组

$$\begin{cases} x_1 + x_2 + x_3 + x_4 = 1, \\ 20x_1 + 17x_2 + 6x_3 + 20x_4 = 15, \\ 3x_1 + 37x_2 + 2x_3 + 2x_4 = 5, \\ 24x_1 + 3x_2 + 2x_3 + 7x_4 = 12. \end{cases}$$

在命令窗口输入以下命令

```
>> A = [1,1,1,1;20,17,6,20;3,37,2,2;24,3,2,7]
>> b = [1;15;5;12]
>> x = inv(A)*b
```

计算结果如下.

```
x =
0.4119
0.0739
0.3413
0.1729
```

即 $x_1 = 0.4119 = 41.19\%, x_2 = 0.0739 = 7.39\%, x_3 = 0.3413 = 34.13\%, x_4 = 0.1729 = 17.29\%$.

即水饺中面粉占 41.19%,猪肉占 7.39%,蔬菜占 34.13%,虾肉占 17.29%.

本章小结

一、矩阵及其运算

1. 定义

矩阵是由 $m \times n$ 个数 $a_{ij}(i = 1, 2, \cdots, m; j = 1, 2, \cdots, n)$ 排成的矩形数表,当 $m = n$ 时,称为 n 阶矩阵;当 $m = 1$ 或 $n = 1$ 时,分别称为行矩阵和列矩阵.

要注意矩阵与行列式是有本质区别的,行列式是一个算式,一个数字行列式通过计算可求得其值,而矩阵仅仅是一个数表,它的行数和列数可以不同.

2. 类型

矩阵按其结构和性质,可分为零矩阵、单位矩阵、对角矩阵、三角矩阵、对称矩阵、转置矩阵等.

注意:只有方阵才有可逆矩阵的概念,只有非奇异矩阵才存在逆矩阵.

3. 运算

矩阵的运算主要包括:矩阵的加法、数乘矩阵,矩阵乘法,矩阵转置和方阵的幂运算.

注意:① 矩阵乘法的条件是:左矩阵 A 的列数 = 右矩阵 B 的行数.

② 一般情况下矩阵乘法不满足交换律和消去律. 即 $AB \neq BA$;当 $AB = AC$ 时,即使有 $A \neq O$,也不能得出 $B = C$ 的结论. 只有当 A 是可逆矩阵(即 $|A| \neq 0$)时,由 $AB = AC \Rightarrow B = C$.

二、矩阵的初等变换、矩阵的秩

1. 矩阵的初等变换

① 交换矩阵的任意两行(列);

② 用一个非零的数乘矩阵的某一行(列);

③ 用一个常数乘矩阵的某一行(列)加到另一行(列).

注意:矩阵经过初等行变换后,对应元素一般不相等,因此矩阵之间不能用等号连接,而是用"→"连接,表示两个矩阵之间存在某种关系.

高斯 - 约当消元法:首先写出增广矩阵 $\widetilde{A}$ (或系数矩阵 A),并用初等行变换将其化成阶梯形矩阵;将阶梯形矩阵化成行简化阶梯形矩阵,写出方程组的一般解.

2. 矩阵的秩

用初等行变换将矩阵 A 化为阶梯形矩阵,则 $R(A)$ 等于阶梯形矩阵中非零行的行数.

要记住矩阵的初等行变换不改变矩阵的秩.

三、逆矩阵

1. 逆矩阵的概念

2. 逆矩阵的性质

① 逆矩阵的唯一性;

② 逆矩阵的逆矩阵为其本身;

③ $(AB)^{-1} = B^{-1}A^{-1}$.

3. 逆矩阵的求法

4. 求逆矩阵的方法

① 伴随矩阵法:$A^{-1} = \dfrac{1}{|A|}A^*$.

注意:伴随矩阵 A^* 中元素的排列顺序与一般矩阵中的元素的排列顺序不同.

② 初等行变换法：$(A \vdots I) \xrightarrow{\text{行初等变换}} (I \vdots A^{-1})$.

注意，用行初等变换求逆矩阵时，不能用列变换.

四、线性方程组解的判定

1. 线性方程组的分类

2. 线性方程组的解的判定方法

$$AX = B \begin{cases} R(A) \neq R(\widetilde{A})，\text{无解} \\ R(A) = R(\widetilde{A}) = r，\text{有解} \end{cases} \begin{cases} r = n \Rightarrow \text{唯一解} \\ r < n \Rightarrow \text{无穷多解} \end{cases}$$

$$AX = 0 \begin{cases} R(A) = n，\text{只有零解} \\ R(A) < n，\text{有非零解.} \end{cases}$$

3. 线性方程组的应用

五、向量与线性方程组解的结构

1. n 维向量及其相关性

（1）向量的运算和性质

（2）线性相关与线性无关

对一组向量 $\boldsymbol{\alpha}_1, \boldsymbol{\alpha}_2, \cdots, \boldsymbol{\alpha}_m$，只要存在一组不全为 0 的数 $k_1, k_2 \cdots, k_m$，使

$$k_1 \boldsymbol{\alpha}_1 + k_2 \boldsymbol{\alpha}_2 + \cdots + k_m \boldsymbol{\alpha}_m = \boldsymbol{0}, \tag{1}$$

则称 $\boldsymbol{\alpha}_1, \boldsymbol{\alpha}_2, \cdots, \boldsymbol{\alpha}_m$ 线性相关. 也就是说，该向量组中至少有一个向量可以被其余向量线性表出.

如果只有当 $k_1 = k_2 = \cdots = k_m = 0$ 时，才能使式（1）成立，则 $\boldsymbol{\alpha}_1, \boldsymbol{\alpha}_2, \cdots, \boldsymbol{\alpha}_m$ 线性无关. 也就是说，只要有一个数 $k_j \neq 0 (1 \leqslant j \leqslant m)$，式（1）就不成立. 即当 $\boldsymbol{\alpha}_1, \boldsymbol{\alpha}_2, \cdots, \boldsymbol{\alpha}_m$ 线性无关时，向量组中任一向量都不能被其余向量线性表出.

向量组线性相关性的常用判别方法：先求向量组的秩，然后根据向量组的秩是否等于向量的个数，判别向量组是否线性相关.

2. 线性方程组解的结构

（1）求齐次线性方程组 $AX = 0$ 的基础解系的一般步骤：

① 对方程组的系数矩阵施行初等变换，将它化为行简化阶梯形矩阵；

② 求出基础解系：$\boldsymbol{\eta}_1, \boldsymbol{\eta}_2, \cdots, \boldsymbol{\eta}_s$；

③ 写出齐次线性方程组的全部解：$X = k_1 \boldsymbol{\eta}_1 + k_2 \boldsymbol{\eta}_2 + \cdots + k_s \boldsymbol{\eta}_s$.

（2）求非齐次线性方程组 $AX = B$ 解的一般步骤：

① 对方程组的增广矩阵施行初等变换，将增广矩阵化为行简化阶梯形矩阵；

② 求出非齐次方程组的一个特解 X_1；

③ 求出导出组的基础解系：$\boldsymbol{\eta}_1, \boldsymbol{\eta}_2, \cdots, \boldsymbol{\eta}_s$；

④ 写出非齐次线性方程组的全部解：$X = C_1 \boldsymbol{\eta}_1 + C_2 \boldsymbol{\eta}_2 + \cdots + C_s \boldsymbol{\eta}_s + X_1$.

复习题九

1. 计算下列各题:

$(1)\ (2\quad 0\quad -3)\begin{pmatrix} 4 & -1 & 3 \\ -2 & 0 & 5 \\ 5 & 6 & -7 \end{pmatrix};$ $(2)\ \begin{pmatrix} 1 & 2 & -1 \\ 0 & -2 & 1 \\ 0 & 0 & 1 \end{pmatrix}\begin{pmatrix} 2 & -2 \\ 3 & 0 \\ 1 & 4 \end{pmatrix}.$

2. 求下列矩阵的逆矩阵:

$(1)\ \begin{pmatrix} 1 & 2 & -1 \\ 3 & 5 & 0 \\ -1 & 0 & 5 \end{pmatrix};$ $(2)\ \begin{pmatrix} 1 & 2 & 3 & 4 \\ 2 & 3 & 1 & 2 \\ 1 & 1 & 1 & -1 \\ 1 & 0 & -2 & -6 \end{pmatrix}.$

3. 利用逆矩阵解线性方程组:

$(1)\ \begin{cases} x_1 - x_2 + 3x_3 = 8, \\ 2x_1 - x_2 + 4x_3 = 11, \\ -x_1 + 2x_2 - 4x_3 = -11; \end{cases}$ $(2)\ \begin{cases} x + 2y - z = 1, \\ x + y + 2z = 2, \\ x - y - z = 3. \end{cases}$

4. 求下列矩阵的秩:

$(1)\ \begin{pmatrix} 1 & 2 & 1 \\ 0 & 1 & 0 \\ 2 & 1 & -1 \end{pmatrix};$ $(2)\ \begin{pmatrix} 1 & 0 & -1 & -2 \\ 1 & -1 & 2 & 3 \\ 0 & 2 & 1 & 1 \\ 1 & -4 & 4 & 5 \end{pmatrix}.$

5. 设 $\boldsymbol{\alpha}_1 = (1,2,3,-1)^{\mathrm{T}}, \boldsymbol{\alpha}_2 = (0,1,-1,2)^{\mathrm{T}}, \boldsymbol{\alpha}_3 = (-3,1,0,-5)^{\mathrm{T}}$, 求

(1) $3\boldsymbol{\alpha}_1 - 2\boldsymbol{\alpha}_2 - \boldsymbol{\alpha}_3$;

(2) $x_1\boldsymbol{\alpha}_1 + x_2\boldsymbol{\alpha}_2 + x_3\boldsymbol{\alpha}_3$.

6. 设 $\boldsymbol{\alpha} = (-1,3,2,4), \boldsymbol{\beta} = (1,-2,2,1)$, 且 $3\boldsymbol{\alpha} + \boldsymbol{\gamma} = 4\boldsymbol{\beta}$, 求 $\boldsymbol{\gamma}$.

7. 判断向量 $\boldsymbol{\beta}$ 能否由向量组 $\boldsymbol{\alpha}_1, \boldsymbol{\alpha}_2, \boldsymbol{\alpha}_3$ 线性表示. 若能, 请写出它的一种表示方法:

(1) $\boldsymbol{\beta} = (8,3,-1,25), \boldsymbol{\alpha}_1 = (-1,3,0,-5), \boldsymbol{\alpha}_2 = (2,0,7,-3), \boldsymbol{\alpha}_3 = (-4,1,-2,6)$.

(2) $\boldsymbol{\beta} = (2,-30,13,-26), \boldsymbol{\alpha}_1 = (3,-5,2,-4), \boldsymbol{\alpha}_2 = (-1,7,-3,6), \boldsymbol{\alpha}_3 = (3,11,-5,10)$.

8. 判断下列向量组的线性相关性:

(1) $\boldsymbol{\alpha}_1 = (1,1,1), \boldsymbol{\alpha}_2 = (0,2,5), \boldsymbol{\alpha}_3 = (1,3,6)$;

(2) $\boldsymbol{\alpha}_1 = (1,-2,4,-8), \boldsymbol{\alpha}_2 = (1,3,9,27), \boldsymbol{\alpha}_3 = (1,4,16,64), \boldsymbol{\alpha}_4 = (1,-1,1,-1)$.

9. 求下列向量组的秩及向量组的一个极大线性无关组:

(1) $\boldsymbol{\alpha}_1 = (1,1,1), \boldsymbol{\alpha}_2 = (1,3,2), \boldsymbol{\alpha}_3 = (1,1,4)$;

(2) $\boldsymbol{\alpha}_1 = (1,1,1,2), \boldsymbol{\alpha}_2 = (3,1,2,5), \boldsymbol{\alpha}_3 = (2,0,1,3), \boldsymbol{\alpha}_4 = (1,-1,0,1)$.

10. 求下列齐次线性方程组的一个基础解系和全部解:

(1) $\begin{cases} x_1 - 3x_2 + x_3 - 2x_4 = 0, \\ -5x_1 + x_2 - 2x_3 + 3x_4 = 0, \\ -x_1 - 11x_2 + 2x_3 - 5x_4 = 0, \\ 3x_1 + 5x_2 + x_4 = 0; \end{cases}$

(2) $\begin{cases} 3x_1 - x_2 - 8x_3 + 2x_4 + x_5 = 0, \\ x_1 + 11x_2 - 12x_3 + 34x_4 - 5x_5 = 0, \\ 2x_1 - x_2 - 3x_3 - 7x_4 + 2x_5 = 0, \\ x_1 - 5x_2 + 2x_3 - 16x_4 + 3x_5 = 0. \end{cases}$

11. 求下列线性方程组的全部解:

(1) $\begin{cases} 2x_1 + 7x_2 + 3x_3 + x_4 = 6, \\ 3x_1 + 5x_2 + 2x_3 + 2x_4 = 4, \\ 9x_1 + 4x_2 + x_3 + 7x_4 = 2; \end{cases}$

(2) $\begin{cases} 2x_1 + 3x_2 + x_3 = 4, \\ x_1 - 2x_2 + 4x_3 = -5, \\ 3x_1 + 8x_2 - 2x_3 = 13, \\ 4x_1 - x_2 + 9x_3 = -6. \end{cases}$

12. 当 t 为何值时,下面的齐次线性方程组只有零解?有非零解?若有非零解,请求出这些非零解.

$$\begin{cases} x_1 - 2x_2 + x_3 - x_4 = 0, \\ 2x_1 + x_2 - x_3 + x_4 = 0, \\ x_1 + 7x_2 - 5x_3 + 5x_4 = 0, \\ 3x_1 - x_2 - 2x_3 - tx_4 = 0. \end{cases}$$

13. 设非齐次线性方程组

$$\begin{cases} ax_1 + x_2 + x_3 = 4, \\ x_1 + bx_2 + x_3 = 3, \\ x_1 + 2bx_2 + x_3 = 4, \end{cases}$$

问 a, b 取何值时,方程组无解?有解?若有解,请求出其解.

拓展阅读　中国古代数学中的方程问题

　　中国古代对于线性方程组的解法称为方程术,其核心是以逐步消元来减少方程的行数及未知数的个数,最终消成每行只存在一个未知数的情况,然后依次把第二、第三个未知数求出来.在古代这种消元的方法称为"遍乘直除".我们来看《九章算术》中的一个问题.

　　例:今有上禾三秉,中禾二秉,下禾一秉,实三十九斗;上禾二秉,中禾三秉,下禾一秉,实三十四斗;上禾一秉,中禾二秉,下禾三秉,实二十六斗,问上、中、下禾实一秉各几何?

　　题中"禾"为黍米,"秉"指捆,"实"是指打下来的粮食.

　　此题目可译为:今有上禾3束,中禾2束,下禾1束,收获粮食39斗;上禾2束,中禾

3束,下禾1束,收获粮食34斗;上禾1束,中禾2束,下禾3束,收获粮食26斗,问上、中、下禾每一束收获粮食各为多少?

假若设上禾、中禾、下禾各一秉打出的粮食分别为 x,y,z(斗),对应到现在的方程组就是

$$\begin{cases} 3x + 2y + z = 39, \\ 2x + 3y + z = 34, \\ x + 2y + 3z = 26, \end{cases}$$

我国古代方程中的未知数都是用汉字来表示的,如"上禾""中禾""下禾"以及"天""地""人"就通常被指代成现在的未知数 x、y、z,列出方程组之后,随之而来的是解法.

《九章算术》用算筹列式演算(图9-1):"方程术曰,置上禾三秉,中禾二秉,下禾一秉,实三十九斗,于右方;中、左行列如右方;以右行上禾徧乘(即遍乘)中行而以直除(这里"除"是减,"直除"即连续相减.)……".将筹算数码转为阿拉伯数字,按意演算,则为

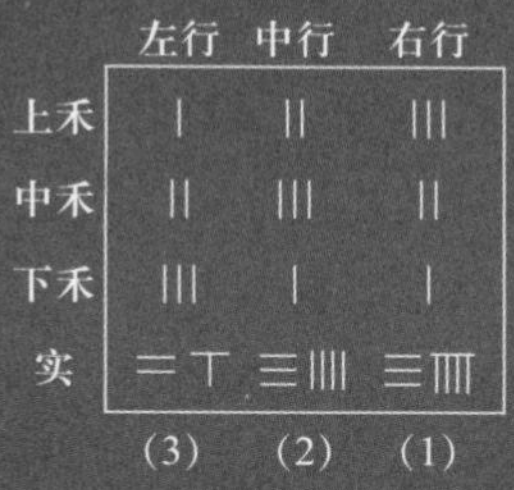

	左行	中行	右行
上禾	丨	丨丨	丨丨丨
中禾	丨丨	丨丨丨	丨丨
下禾	丨丨丨	丨	丨
实	二丅	三丨丨丨	三丨丨丨丨
	(3)	(2)	(1)

图9-1 上中下禾图

$$\begin{array}{cccc} 1 & 2 & 3 \\ 2 & 3 & 2 \\ 3 & 1 & 1 \\ 26 & 34 & 39 \end{array} \rightarrow \begin{array}{cccc} 0 & 0 & 3 \\ 4 & 5 & 2 \\ 8 & 1 & 1 \\ 39 & 24 & 39 \end{array}$$

我们把方程组的系数以方程的形式横着写,就是线性方程组的增广矩阵,筹算过程就是现在矩阵的初等变换。如上的筹算过程用方程组的变换可以翻译为:

$$\begin{cases} 3x + 2y + z = 39, \\ 2x + 3y + z = 34, \\ x + 2y + 3z = 26 \end{cases} \rightarrow \begin{cases} 3x + 2y + z = 39, \\ 6x + 9y + 3z = 102, \\ 3x + 6y + 9z = 78 \end{cases} \rightarrow \begin{cases} 3x + 2y + z = 39, \\ 5y + z = 24, \\ 4y + 8z = 39. \end{cases}$$

继续演算 $\rightarrow \begin{array}{cccc} 0 & 0 & 3 \\ 0 & 5 & 2 \\ 4 & 1 & 1 \\ 11 & 24 & 39 \end{array} \rightarrow \begin{array}{cccc} 0 & 0 & 4 \\ 0 & 4 & 0 \\ 4 & 0 & 0 \\ 11 & 17 & 37 \end{array}$

"答曰:上禾一秉,九斗四分斗之一 $\left(9\dfrac{1}{4}斗\right)$;中禾一秉,四斗四分斗之一 $\left(4\dfrac{1}{4}斗\right)$;下禾一秉,二斗四分斗之三 $\left(2\dfrac{3}{4}斗\right)$".

当时人们借助的运算工具是算筹,方程的各项系数、常数项都用算筹排列成长方形,通过对算筹的移动和重组达到解方程的目的,它的性质和运算过程跟我们今天的矩阵是差不多的,所以我们可以很自豪地说,中国是矩阵最早出现的地方.

《九章算术》方程术的遍乘直除法,实质上就是我们今天所使用的解线性方程组的高斯消元法,中国解线性方程的方法比欧洲早了一千年左右,《九章算术》中遍乘直除法不仅是中国古代数学中的伟大成就,也是世界数学史上宝贵的精神财富.

参 考 文 献

[1] Finney,Weir,Giordano.托马斯微积分[M].10 版.叶其孝,王耀东,唐兢,译. 北京:高等教育出版社,2004.

[2] 胡秀平,魏俊领,齐晓东.高职应用数学[M].上海:上海交通大学出版 社,2017.

[3] 王琦,邓芳芳.高等数学[M].西安:西安电子科技大学出版社,2020.

[4] 马明环.高等数学[M].3 版.北京:高等教育出版社,2018.

[5] 蒋诗泉,叶飞,钟志水.线性代数及其应用[M].北京:人民邮电出版社,2019.

[6] 胡桐春.应用高等数学[M].2 版.北京:航空工业出版社,2018.

[7] 邓云辉.高等数学[M].北京:机械工业出版社,2017.

[8] 刘兰明,张莉,杨建法.高等应用数学基础[M].北京:高等教育出版社,2018.

[9] 王建平.高等数学[M].北京:人民邮电出版社,2014.

[10] 盛祥耀.高等数学(简明版)[M].6 版.北京:高等教育出版社,2021.

[11] 吴赣昌.线性代数(理工类)[M].5 版.北京:中国人民大学出版社,2017.

[12] 李晓东.MATLAB 从入门到实战[M].北京:清华大学出版社,2019.

[13] 方文波.线性代数及其应用[M].北京:高等教育出版社,2014.

[14] 赵益坤.高等数学应用基础[M].北京:化学工业出版社,2005.

[15] 李文林.数学史概论[M].3 版.北京:高等教育出版社,2011.

读者意见反馈

为收集对教材的意见建议，进一步完善教材编写并做好服务工作，读者可将对本教材的意见建议通过如下渠道反馈至我社。

咨询电话　400-810-0598

反馈邮箱　gjdzfwb@ pub.hep.cn

通信地址　北京市朝阳区惠新东街 4 号富盛大厦 1 座

　　　　　高等教育出版社总编辑办公室

邮政编码　100029

资源服务提示

授课教师如需获得本书配套教学资源，请登录"高等教育出版社产品信息检索系统"（http://xuanshu.hep.com.cn/）搜索本书并下载资源，首次使用本系统的用户，请先注册并进行教师资格认证。也可发送电邮至资源服务支持邮箱：cuimp@hep.com.cn，申请获得相关资源。

扫描如下二维码可优惠购得本书配套的《高等数学学习指导和习题详解》，助您更好地理解掌握有关知识点。